U0539242

ON FOOD & COOKING :
THE SCIENCE & LORE OF THE KITCHEN
食物與廚藝 |奶|蛋|肉|魚|

哈洛德‧馬基————著　邱文寶、林慧珍————譯

（二版）

I

BY
HAROLD MCGEE

食物與廚藝1：奶、蛋、肉、魚/哈洛德．馬基
(Harold McGee)著；邱文寶、林慧珍譯.
— 二版. — 臺北縣新店市；大家出版：
遠足文化發行, 2025.04
　　面；公分.
譯自：On Food and Cooking: The Sience and Lore of the Kitchen
ISBN 978-626-7561-29-4（平裝）
1.CST: 烹飪 2.CST: 食物

427　　　　　　　　　　　　　　　114002703

食物與廚藝1：奶、蛋、肉、魚（二版）
On Food and Cooking: The Sience and Lore of the Kitchen

作　　　者	哈洛德．馬基（Harold McGee）
譯　　　者	邱文寶、林慧珍
全文審定	陳聖明、謝鴻鎮、簡怡雯
校　　　對	魏秋綢、宋宜真、賴淑玲
插　　　畫	李啟哲（中文版增添部分）
內頁設計	林宜賢
內頁排版	黃暐鵬
行銷企劃	洪靖宜
總 編 輯	賴淑玲
出 版 者	大家出版／遠足文化事業股份有限公司
發　　　行	遠足文化事業股份有限公司（讀書共和國出版集團）
	231新北市新店區民權路108-2號9樓
	電話　(02) 2218-1417　　傳真　(02) 8667-1851
	劃撥帳號 19504465　　戶名 遠足文化事業有限公司
法律顧問	華洋國際專利商標事務所　蘇文生律師
定　　　價	450元
二版 1 刷	2025年4月

版權所有，翻印必究
本書如有缺頁、裝訂錯誤，請寄回更換
本書僅代表作者言論，不代表本公司／出版集團之立場與意見

ON FOOD AND COOKING The Science and Lore of the Kitchen
Copyright © 1984, 2004, Harold McGee
　Illustrations copyright © Patricia Dorfman
　Illustrations copyright © Justin Greene
　Line drawings by Ann B. McGee
Traditional Chinese edition copyright: Common Master Press,
an imprint of Walkers Cultural Enterprises, Ltd.
　All rights reserved.

- 013 致謝
- 016 英文版再版序

part one

chapter 1　Milk and Dairy Products
乳與乳製品

- **024 哺乳動物和乳**
  - 024　乳的演化
  - 024　反芻動物崛起
  - 025　世界的產乳動物
  - 027　酪農業的起源
  - 028　多樣的乳品傳統
  - 029　歐洲與美洲的酪乳發展：從農莊進入工廠
- **030 牛乳與健康**
  - 031　乳汁的營養
  - 032　嬰幼兒時期的哺乳：營養與過敏
  - 032　嬰兒期後的牛乳：消化乳糖
  - 033　關於牛乳的新問題
- **034 牛乳的生物學與化學**
  - 034　乳牛如何生產牛乳
  - 036　牛乳的糖分：乳糖
  - 037　乳脂
  - 039　乳蛋白：以酸與酵素凝結
  - 041　乳品風味
- **042 未發酵乳製品**
  - 042　牛乳
  - 048　鮮奶油
  - 054　奶油與人造奶油
  - 062　冰淇淋
  - 064　冰淇淋的結構與質地
- **068 新鮮發酵乳與鮮奶油**
  - 068　乳酸菌
  - 069　新鮮發酵乳家族

	070	優格（優酪乳）
	072	酸奶油、白脫乳與法式酸奶油
	074	發酵乳入菜
■	**075**	**乳酪**
	075	乳酪的演化
	079	乳酪的原料
	084	製造乳酪
	086	乳酪多樣性的來源
	087	選擇、儲存及上桌
	090	以乳酪入菜
	093	加工與低脂乳酪
	094	乳酪與健康

chapter 2	Eggs

蛋

■	**098**	**雞與蛋**
	098	蛋的演化
	099	雞從野外叢林進入文明穀倉
	100	工業化雞蛋
■	**103**	**雞蛋生物學與化學**
	103	母雞如何製造雞蛋
	105	蛋黃
	106	蛋白
	108	雞蛋的營養價值
■	**110**	**蛋的品質、處理與安全**
	111	雞蛋等級
	112	雞蛋品質的劣化
	113	蛋的處理與儲藏
	114	雞蛋安全：沙門氏菌的問題
■	**116**	**雞蛋烹飪化學：** **雞蛋變硬、卡士達變濃的過程**
	116	蛋白質凝結
	119	從化學看雞蛋的風味

	120	**蛋的基本料理**
	120	連殼烹煮
	122	去殼烹煮
	126	**蛋液混合：卡士達與奶油濃醬**
	126	卡士達與奶油濃醬的定義
	126	稀釋必須細緻
	128	卡士達的理論與實作
	132	奶油濃醬理論與實作
	134	**蛋泡沫：手作料理**
	135	雞蛋的蛋白質如何穩定泡沫
	136	蛋白質如何使泡沫不穩定
	138	蛋白泡沫的敵人
	138	調味料的效果
	139	打蛋基本技巧
	141	蛋白霜：自成一格的甜泡沫
	145	舒芙蕾：熱空氣的氣息
	150	蛋黃泡沫：薩巴里安尼與沙巴雍
	152	**蛋的保存和醃製**
	153	醃蛋
	153	中國保存蛋的方法

chapter 3 | Meat

肉

	158	**食用動物**
	158	動物的本質：有肌肉可活動
	160	人類，肉食性動物
	161	人類食肉歷史
	162	**食肉和健康**
	162	人們為什麼喜歡吃肉？
	162	古代肉食的營養特點
	163	現代飲食的缺點
	164	肉品與食物引起的感染
	166	狂牛症

part one

- **167 當代肉業的爭議**
  - 167　激素（荷爾蒙）
  - 168　抗生素
  - 168　人道的畜肉產業
- **169 肉的結構和品質**
  - 169　肌肉組織和肉的質地
  - 172　肌肉纖維的種類：肉的顏色
  - 174　肌肉纖維、組織和肉類的風味
  - 176　生產方式和肉類品質
- **179 供肉動物及其特點**
  - 179　畜養的供肉動物
  - 182　畜養的供肉禽鳥
  - 184　野生動物和禽鳥
- **185 動物肌肉變為盤中肉**
  - 185　屠宰
  - 187　屠體僵直
  - 187　熟成
  - 189　分割與包裝
- **190 肉類的腐敗和保存**
  - 190　肉的腐壞
  - 191　肉的冷藏
  - 193　輻射殺菌
- **194 肉類烹調的幾項原則**
  - 194　溫度和肉的風味
  - 194　溫度和肉的色澤
  - 195　溫度和肉的質地
  - 197　如何烹調出軟硬適中的質地
  - 199　肉品的熟度和安全
- **201 鮮肉烹調方法**
  - 202　烹煮前與烹煮後對肉質的調整
  - 204　火焰、熾熱的煤炭，以及電子線圈
  - 206　熱空氣及爐壁：烤箱烘烤
  - 208　熾熱的金屬鍋：煎、炒
  - 208　熱油：淺炸和深炸

210		熱水：中溫水煮、熬、燜、燉
211		水蒸氣：蒸煮法
213		微波爐烹調
213		調理完畢：靜置、切割、上桌
214		二度加熱

■ **215 內臟**

215		肝
216		鵝肝
217		皮、軟骨和骨頭
218		脂肪

■ **219 肉類混合料**

219		香腸
221		法式肉派和肉凍

■ **222 肉的防腐**

222		脫水肉：肉乾
223		鹽漬肉：火腿、培根和鹹牛肉
226		煙燻肉
227		發酵肉製品：臘腸
228		油封肉
229		罐頭肉

chapter 4　Fish and Shellfish

魚貝蝦蟹

■ **232 漁場與水產養殖**

233		水產養殖的優缺點

■ **234 海鮮與健康**

234		對健康的助益
235		對健康的危害

■ **239 水中生物與魚類特性**

239		魚肉的白軟特性
240		魚貝蝦蟹的風味
241		魚油有益健康
241		魚貝蝦蟹類容易腐敗

part one

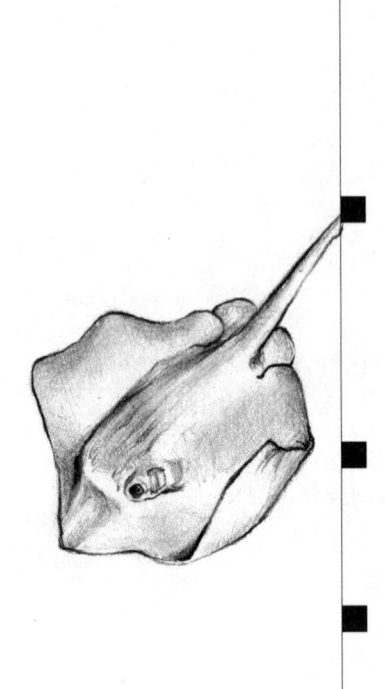

| 241 | 肉質脆弱，火侯控制不易 |
| 242 | 魚肉品質難以捉摸 |

■ 242 魚的解剖構造與品質

242	魚類的解剖構造
244	質地脆弱的魚肉
245	魚肉的滋味
247	魚肉的色澤

■ 249 我們食用的魚

251	鯡魚家族：鰻魚、沙丁魚、黍鯡、西鯡
251	鯉魚與鯰魚
252	鮭魚、鱒魚及其他近親魚種
253	鱈魚家族
253	尼羅河鱸與吳郭魚
254	鱸魚
254	冰魚
255	鮪魚與鯖魚
256	旗魚
256	鰈魚科：真鰈、大菱鮃、大比目魚、比目魚

■ 257 從水裡到廚房

257	水產的捕撈
258	屠體僵直效應與時間
259	判定魚肉的新鮮度
260	魚貝蝦蟹的儲存：冷藏與冷凍
261	放射線處理

■ 262 生食海鮮

262	壽司與生魚片
263	秘魯香檸魚生沙拉與東南亞酸辣魚生沙拉
263	夏威夷魚生沙拉

■ 264 烹調海鮮

264	魚肉遇熱的變化
268	烹調的前置作業
268	海鮮烹調技巧
275	魚漿

- **277 蝦蟹貝類與其特性**
  - 277　甲殼類動物：蝦、龍蝦、螃蟹及其近親
  - 283　軟體動物：
  　　　蛤蜊、貽貝、牡蠣、扇貝、魷魚及其近親
  - 292　其他無脊椎動物：海膽
- **293 加工海鮮**
  - 293　脫水魚肉
  - 294　鹽漬魚肉
  - 296　發酵魚肉
  - 299　煙燻魚肉
  - 300　以四種方式保存：日本鰹節（柴魚）
  - 301　醃製魚肉
  - 302　罐頭魚肉
- **303 魚卵**
  - 304　以鹽轉換魚卵的風味與質地
  - 304　魚子醬

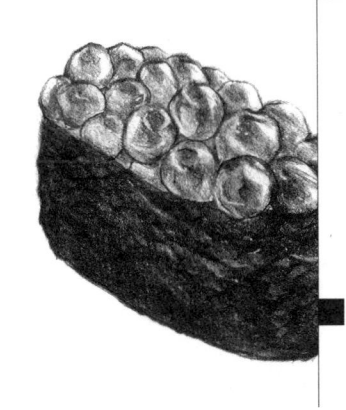

part one

chapter 1 Cooking Methods and Utensil Materials

烹調方法與器具材質

- **310 褐變反應及其風味**
  - 310 焦糖化作用
  - 310 梅納反應
  - 311 高溫與乾燒法
  - 311 濕潤食材的慢速褐變
  - 312 褐變反應的壞處
- **313 加熱的形式**
  - 313 熱傳導：直接接觸
  - 314 熱對流：液體的流動
  - 314 熱輻射：輻射熱與微波的純能量
- **316 加熱食物的基本方法**
  - 316 燒烤與炙烤：遠紅外光輻射
  - 317 烘烤：空氣對流與輻射
  - 318 沸煮與燉煮：水對流
  - 320 蒸煮：以蒸氣凝結與對流加熱
  - 320 煎與炒：傳導
  - 321 油炸：對流
  - 321 微波：輻射
- **323 烹調器皿的材質**
  - 323 金屬與陶瓷的不同特性
  - 324 陶
  - 326 鋁
  - 326 銅
  - 327 鐵與鋼
  - 328 不銹鋼
  - 328 錫

chapter 2　The Four Basic Food Molecules

四種基本的食物分子

- **330　水**
  - 330　　水分子具有極強內聚力
  - 330　　水可輕易溶解其他物質
  - 331　　水與熱：從冰到蒸氣
  - 333　　水與酸度：pH值
- **334　脂肪、油及類似的分子：脂質**
  - 334　　脂質與水不互溶
  - 335　　脂肪的結構
  - 336　　飽和與不飽和脂肪，以及反式脂肪酸
  - 339　　脂肪與溫度
  - 340　　乳化液：磷脂、卵磷脂、單甘油酯
- **341　碳水化合物**
  - 341　　糖類
  - 342　　寡糖
  - 342　　多醣：澱粉、果膠、樹膠
- **345　蛋白質**
  - 345　　胺基酸與胜肽
  - 346　　蛋白質的結構
  - 348　　水裡的蛋白質
  - 348　　蛋白質的變性
  - 349　　酶

part two

chapter 3　A Chemistry Primer

化學入門：原子、分子和能量

- **352　原子、分子與化學鍵**
  - 352　　原子與分子
  - 353　　電荷不平衡、化學反應與氧化
  - 353　　電荷不平衡與化學鍵
- **356　能量**
  - 356　　能量帶來變化
  - 356　　熱的特性：分子運動
  - 356　　化學鍵能
- **357　物質的相態變化**
  - 357　　固體
  - 358　　液體
  - 358　　氣體
  - 359　　許多食物分子無法改變相態
  - 359　　混合相態：
    　　　　溶液、懸浮液、乳化液、凝膠、泡沫

- **361　參考資料**

- **366　索引**

致謝

我要向許多美食作家致謝，尤其是亞倫‧戴維森（Alan Davidson），我還欠他一句最真心的感謝，是他為這本書注入新的內涵、見解及樂趣。當年 *On Food and Cooking* 第一版我還沒拿到手，亞倫就對我說，日後我一定要改寫！1984年我們第一次會面，午餐時他問我，這本書關於「魚」的主題內容為何。我告訴他，死去的魚是一種動物肌肉，因此屬於肉類（meat）。這位傑出的愛魚人士暨數座大洋的海洋生物權威於是委婉建議：魚的種類這麼多，肌肉組織與哺乳類又大不相同，真的值得花心思特別介紹。呃，是的，他的看法的確沒錯。我多麼希望這本書沒花那麼多時間修訂，理由很多，最重要的一個就是我已趕不及讓戴維森看到關於魚的新篇章。我會永遠感謝戴維森夫婦給我的鼓勵和建議，還有從那次午餐開啟的長年友誼。如果沒有他們，本書（及我的生活）都會失色不少。

我也要把這本書獻給尼可拉斯‧克提（Nicholas Kurti），並準備好隨時接受他的批評指教。克提在本書付梓時，曾於《自然》期刊寫下感人的正面書評，然後在一個週日午後的會面，我接受他深入的拷問，內容是他在撰寫書評時記下的好幾頁問題。尼可拉斯的精力、好奇心以及對美食的熱誠，還有生動的「小實驗」頗具感染力，為初期的艾里斯研習會注入不少活力。我非常懷念他們。

把鏡頭拉回現在及我的家庭。我感謝家人的愛、耐心及樂觀，這些都支撐著我日復一日地前進。我的兒子及女兒有一半以上的生命是與本書及實驗晚餐一起度過，在兒女的熱情參與之下，這一切都變得生氣蓬勃。我也要感謝我的父親、母親還有眾多姊妹。在最後階段煎熬的幾年，我的妻子一直在我身邊支持、照顧我，我深深感謝她為我所做的一切。

Milly Marmur，我一度合作的出版商，也是我長期以來的經紀人和好友。在這段我倆都看不出何時可以結束的漫長旅程中，幸虧有她以溫暖、耐心和優異的理解力，鼓舞著我而非催促著我往前進。

我還要感謝 Scribner 及 Simon & Schuster 出版社的許多同仁。負責這次改版工作的 Maria Guarnaschelli，一直對這項工作充滿熱忱；Scribner 發行人 Susan Moldow 以及 S&S 社長 Carolyn Reidy，一直全力支持此項計畫。Beth Wareham 負責監督編輯、製作與出版的所有繁複工作。Rica Buxbaum Allannic 的審慎編輯，大幅改善了手稿的品質；Mia Crowley-Hald 與她的團隊，在時間緊迫下依舊抱持一絲不苟的態度完成了印製工作；還有 Erich Hobbing 設計出讓閱讀流暢而表達清晰的內頁版面；Jeffrey Wilson 和平順暢地解決了合約及其他法律方面的問題；還有 Lucy Kenyon 成功主辦幾場早期的宣傳活動。本書能順利推出

上市，背後有賴傑出的團隊通力合作，我對此由衷感激。

此外還要感謝 Patricia Dorfman 和 Justin Greene 以耐心迅速又正確地繪製出插畫，還有為本書製作麥粒顯微照片的 Ann Hirsch。我很高興在本書初版時用上姊姊 Ann 所繪製的幾幅素描，只可惜她因病而未能加入本次改版的陣容。她是很棒的工作夥伴，我非常懷念她銳利的眼神及幽默的態度。感謝下列幾位食物科學家同意我使用他們一些關於食物結構及微結構的照片：H. Douglas Goff、R. Carl Hoseney、Donald D. Kasarda、William D. Powrie 以及 Alastair T. Pringle。還有 Alexandra Nickerson，他以專業手法編輯本書最重要的幾頁：索引。

還有幾位廚師很大方地讓我進入他們的廚房（或可稱實驗室），使我能親身體會並參與討論他們最令人歎為觀止的烹飪技巧。我還要感謝 Fritz Blank、Heston Blumenthal，尤其是 Thomas Keller 及他在「The French Laundry」餐廳的同事（包括 Eric Ziebold、Devin Knell、Ryan Fancher 以及 DonaldGonzalez）。我從他們身上學到許多，希望之後還有機會學到更多。

另外，我還要感謝許多人協助審定本書的某些章節：Anju 及 Hiten Bhaya、Devaki Bhaya、Arthur Grossman、Poornima Kumar、Arun Kumar、Sharon Long、Mark Pastore、Robert Steinberg，以及 KathleenWeber、Ed Weber 和 Aaron Weber。我十分感激他們的協助，內容若還有任何錯漏，一概為本人之責。

我也要感謝許多朋友和同事激發我在寫作與食物方面的問題、答案與創意，他們長年來一直給予我許多鼓勵：Shirley Corriher 和 Arch Corriher，不論是旅途中、講台上或是電話中，兩人一直是最佳夥伴。Lubert Stryer 讓我能一窺烹飪這門極致享受的科學殿堂，並有機會立即應用；還有 Kurt 及 Adrienne Alder、Peter Barham、Gary Beauchamp、Ed Behr、Paul Bertolli、Tony Blake、Glynn Christian、Jon Eldan、Anya Fernald、Len Fisher、Alain Harrus、Randolph Hodgson、Philip Hyman、Mary Hyman、John Paul Khoury、Kurt Koessel、Aglaia Kremezi、Anna Tasca Lanza、David Lockwood、Jean Matricon、Fritz Maytag、Jack McInerney、Alice Medrich、Marion Nestle、Ugo Palma、Beatrice Palma、Alan Parker、Daniel Patterson、Thorvald Pedersen、Charles Perry、Maricel Presilla、P.N. Ravindran、Judy Rodgers、Nick Ruello、Helen Saberi、Mary Taylor Simeti、Melpo Skoula、Anna and Jim Spudich、Jeffrey Steingarten、Jim Tavares、Hervé This、Bob Togasaki、Rick Vargas、Despina Vokou、Ari Weinzweig、Jonathan White、Paula Wolfert 以及 Richard Zare。

最後，還有 Soyoung Scanlan，感謝她分享關於乳酪與食物傳統製作上的知識，並協助審定許多手稿，讓我的思緒和表達都能更清晰。最重要的是，她提醒了我寫作及生活的真諦。

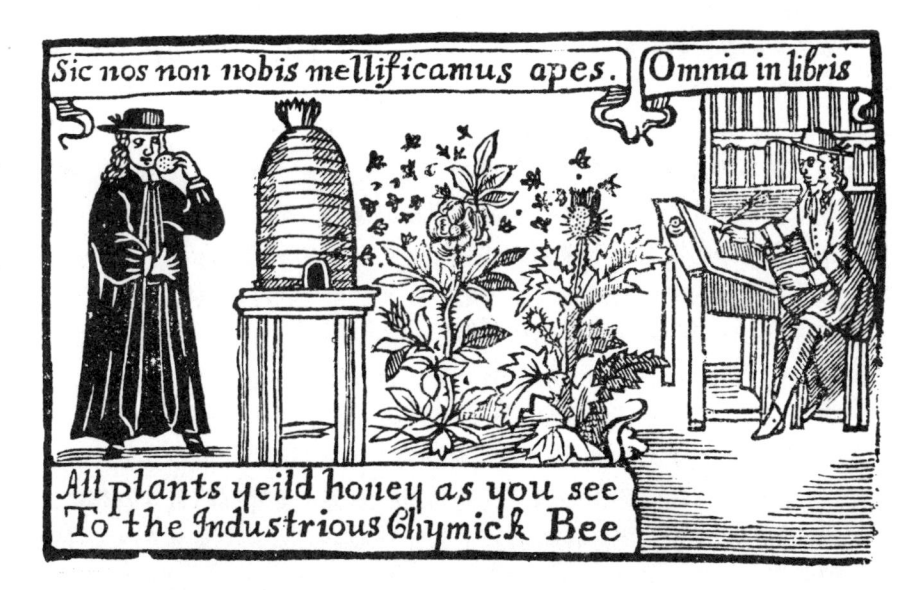

關於食物與烹飪
供應身體與心智飲食的日常煉金術。這幅17世紀的木版畫把蜜蜂的「煉蜜」工作（chymick）拿來與學術工作相提並論，兩者將自然原料分別轉變成蜂蜜與知識。烹飪時，每個人都變成了應用化學家，運用代代累積的知識，將大地供給我們的一切轉變成更精萃的歡愉與營養。（第一句拉丁文圖說寫著「因此我們蜜蜂不是為自己釀蜜」；同行第二句是「萬物盡在書中」，圖書館就是學者的蜂房。這幅木版畫由國際蜜蜂研究學會所收藏。）

烹飪與科學，1984年及2004年

這本書的第一版，是遠在20年前（1984年）出版，經過修訂與擴充後，成為現在（2004年）的第二版。在1984年，菜籽油、電腦滑鼠和光碟都還是新發明，而邀請廚師探索食物內部的生物與化學作用，也是一項創舉。這類書籍在當時的確需要一篇序！

當時科學與烹飪領域涇渭分明，物理、化學及生物學屬於基礎科學，深入探討物質與生命的本質；而食物科學是應用科學，主要著眼於了解食物的原料和加工過程。此外，還有小規模的家庭與餐館烹飪，這些傳統手藝未曾吸引科學界太多注意，而它們其實也不太需要關注，因為數千年來，眾多廚師都已各自發展出一套實用知識，而且還有許多可靠的烹飪秘訣。

我從小就對物理和化學特別感興趣，會自己進行電鍍、特士拉線圈與望遠鏡的實驗，後來進入了加州理工學院，打算研究天文學。不過等到我改變志向、轉修英國文學（並且開始烹飪）之後，才第一次聽到食品科學。1976或1977年的某一天，一位紐奧良市的朋友在晚餐時問道：為什麼乾豆這種食物問題這麼多？為何大快朵頤一頓紅豆和米飯後，肚子會有好幾小時感到怪怪的？這個問題真是有趣！幾天之後，我在圖書館跟19世紀的詩作奮戰，休息時我想起了這個問題以及當時一位學生物的朋友給出的答案（因為人體無法消化豆子裡的醣類）。於是我想或許可以找一些跟食物有關的書來透透氣，便晃到這類主題的陳列架，並發現一排排怪異的書名：《食品科學期刊》、《家禽科學》、《穀物化學》。我很快翻閱了其中幾本，並在幾頁最匪夷所思的段落中發現了其他問題的解答，這些問題我甚至想都沒想過：為什麼雞蛋煮過之後會凝固？為什麼水果切開之後會發黑？為什麼麵團會充滿彈性，又為什麼彈性十足的麵團能烤出好麵包？哪種乾豆最令人傷腦筋，廚師要如何馴服它們？

探索這些小發現並與人分享是非常有趣的事，而我也開始想，許多對食物感興趣的人或許也會喜歡這些知識。最後我找出時間一頭埋入食品科學與歷史，寫下《食物與廚藝》（On Food and Cooking）這本書。

完成此書後，我發覺，那些比我和我朋友還要認真的廚師，可能會對廚藝與細胞和分子的關聯感到懷疑。因此我要在此花些篇幅來支持我的論點。首先我要引述三名權威人士的話：希臘哲學家柏拉圖、英國作家山繆·強生（Samuel Johnson），以及法國美食家畢雅－薩伐杭（Jean Anthelme Brillat-Savarin），他們全都曾經建議應該詳細而認真地研究烹飪。我也要指出，19世紀的德

國化學家至今仍然影響人們對煮肉的看法；還有在20世紀即將結束之際，芬妮・法默（Fannie Farmer）也以她對食材「豐富而扼要的科學知識」，撰寫過烹飪書。至於馬德朗・卡蒙（Madeleine Kamman）及茱莉亞・柴爾德（Julia Child），這兩位在他們的年代最先認真看待化學，但我也注意到兩人的烹飪書有一些錯誤。只要將烹飪連結到自然世界的基本運作，科學可以讓烹飪變得更有趣。

20年來的變化相當大！而今《食物與廚藝》搭上了人們對食物充滿興趣的風潮。這陣風潮不斷擴大，終於突破科學與烹飪之間的藩籬，特別是在最近10年。科學找到進入廚房的方法，而烹飪則踏入了實驗室與工廠。

2004年，食物愛好者到處都可發現烹飪科學，雜誌與報紙的美食版都有定期專欄，現在也有許多這類主題的書籍。雪莉・柯瑞（Shirley Corriher）1997年的《烹飪巧手》（CookWise），完美結合了食譜和解說，至今仍無人能出其右。現在有許多作家會以專題探討烹飪技術上的細節，特別是糕點、巧克力、咖啡、啤酒和葡萄酒這些精緻食品。廚房科學成為美國、加拿大、英國和法國電視節目經常播放的主題。而食物分子和微生物也成為新聞裡的常客，這有好有壞。關心健康與營養新知的人都知道抗氧化劑與植物雌激素的優點，也知道反式脂肪酸、丙烯醯胺、大腸桿菌及狂牛症的危險。

專業廚師也逐漸感受到科學方法對個人技藝的助益。《食物與廚藝》推出後幾年，許多年輕廚師告訴我，過去他們想了解為何某些菜要以某種方法烹調，或者某些食材為何會發生那種反應時，總覺得充滿挫折。接受傳統訓練的廚師與老師會認為，若想增進烹飪技藝，不斷嘗試錯誤的收獲會比了解食物還多。今天我們可以更清楚地了解到，好奇與知識有助於精進廚藝。許多烹飪學校提供「實驗」課程，研究烹飪的眾多「為什麼」，並且歡迎批判性思維。幾位聲譽卓著的廚師以工業用及實驗室工具（萃取自海藻和細菌的膠凝劑、無甜味的糖、香味萃取物、加壓氣體、液態氮等），為餐桌帶來新形式的愉悅。這些廚師中最著名的就是西班牙的佛蘭・艾德利亞（Ferran Adrizà）以及英國的赫斯頓・布魯曼索（Heston Blumenthal）。

科學逐漸滲透到烹飪的世界，烹飪也被引進學術界及工業科學。這波浪潮的推手，便是牛津大學的物理學家暨食物愛好者尼可拉斯・克提（Nicholas Kurti）。他在1969年如此哀悼：「我認為這是人類文明可悲之處，我們有能力著手測量金星的大氣溫度，而且還真的這麼做了，卻不知道甜點舒芙蕾內部發生什麼反應。」1992年，尼可拉斯以84歲高齡，於義大利西西里島的艾里斯（Erice）組織了「國際分子及物理美食學研習會」（International Workshop on Molecular and Physical Gastronomy），讓專業廚師、大學的基礎科學家以及業界的食物科學家，首度在這裡齊聚一堂，驅策人類文明，致力於發展與欣賞美食學的極致。

艾里斯研習會一直持續舉行下去，並更名為「克提國際分子美食學研習會」以紀念創辦人。過去10年來，它致力於了解卓越的烹飪知識，造就出一種重要的新經濟。現代工業致力於尋找最有效且成本最低的作法，這通常會降低食品品質，食物的味道因此都變得差不多，而且不太好吃、缺乏特色。現在，改善食品的品質代表著競爭優勢，而廚師向來都是美味應用科學的箇中好手。今日，法國國家農業研究院就贊助了法國學院分子美食學系的一個研究團體（負責人為艾里斯研習會主持人艾維・堤斯）；丹麥皇家獸醫暨農業大學分子美食學系的創始教授為化學家索維德・派德森（Thorvald Pedersen）；在美國，致力將廚師的技藝與標準引進食品工業的「研究廚師協會」，會員數也急速成長。

因此到了2004年，本書的寫作背景已無需贅述，反倒是書本身需要更多解說！20年前，對於初榨特級橄欖油或義大利黑醋、養殖鮭魚或牧草飼養的牛肉、卡布奇諾咖啡或白茶、四川辣椒或墨西哥辣醬、日本清酒或優質調合巧克力，人們不會要求要知道更多訊息，但現代人則對這些食品（甚至其他更多食品）大感興趣。因此《食物與廚藝》的再版，內容比第一版還豐富許多。我增添了2/3的文字，以涵蓋更深、更廣的食材與料理。為了騰出篇幅討論食物的新資訊，我拿掉人類生理學、營養及添加劑的章節，其他與第一版類似的幾個段落，若有保留下來，基本上也都經過重寫，以反映最新的資訊或是我對此最新的認識。

本次改版強調的是食物的兩個特殊面向。首先是食材的多樣性以及料理方式。近年來，由於產品的流通與人們移動上的便利，我們有機會品嚐世界各地的食物。透過古老的食譜回到從前，可重現為人所淡忘的有趣想法。我也會簡要解說食物本身以及不同國家傳統提供的可能應用。

另外一個新面向是食物的味道，有時是針對產生味道的特定分子。味道有時就像化學和弦，不同分子提供的音符可以建立出綜合的感覺，有些分子在許多食物中都可以找到。我還會列出味道分子的化學名稱（這些名稱一開始可能會有點古怪而且嚇人，不過那不過是名稱罷了，看多了就熟了）並加以說明，具體的名字有助於我們留意味道的關係及其影響。當然，人們數千年來即使毫無分子知識，也能夠料理並享用美味佳餚。不過，具備一

些味道化學的知識，可以幫助我們更充分運用味覺與嗅覺的感官，對烹飪與食物也能有更深刻的體會與享受。

現在來談談食物與烹飪的科學方法，以及本書的組織架構。食物就如地球上所有的東西，是不同化學物質的混合物，我們在廚房努力改變食物的特性，例如味道、香氣、口感、色澤與營養，而這些特性就全是化學性質的展現。將近200年前，傑出的美食家畢雅－薩伐杭就在《味覺的生理學》（ The Physiology of Taste ）一書中，以戲謔的口吻對旗下廚師發表看法：

你們這些人還真有點頑固，要點醒你們的確有些困難。在實驗室裡所發生的現象，不過是遵行著永恆的自然定律；而你不加思索地跟著別人做的事情，其實都是遵循著科學最高原理。

廚師的食譜能通過時間的考驗，但內容卻未經思考。食譜最大的好處，是讓我們在烹飪時，避免因猜測、實驗或分析的動作而分心。但另一方面，思考與分析最大的好處，就是讓我們不需仰賴食譜，也能解決預料之外的狀況，同時也激發我們嘗試新奇的事物。所謂的「思考式烹飪」，就是烹調時聆聽感官告訴我們的一切，將獲得的資訊連結過去的經驗，了解食物內部物質發生了什麼事，據以調整料理方式。

要理解烹調時食物發生了什麼事，就必須熟悉看不見的小分子世界，以及它們之間的反應。這種想法或許令人畏卻，因為化學元素有上百種，元素結合成的分子則更多，當中還有幾種不同的作用力規範它們的行為。不過科學家為了解自然現象總是會以簡馭繁，因此我們也要採取相同的作法。食物大多只由四種分子組成，即水、蛋白質、碳水化合物以及脂肪，幾種簡單的原則大致就能描述它們的行為。若你知道熱是分子運動的表現，而足夠的能量碰撞可破壞分子結構，最後將它們扯開，那就能大致了解為什麼熱會使蛋凝固而讓食物變得更好吃。

今日的讀者對於蛋白質與脂肪、分子與能量大多都有點概念，這些概念就足以看懂前13章（中文版分為一、二、三冊，本書為第一冊，收錄原文版1至4章）的大部分內容，這些章節涵蓋一般食物的介紹以及料理這些食物的方式。第14與15章與附錄（收錄於本書第二部）則詳細描述所有與烹飪相關的分子及基本化學作用，並簡短複習科學的基本字彙。讀者可不時參考最後這些章節，在讀到乳酪、肉類或麵包時，就能明白什麼是酸鹼值（pH）

或蛋白質凝固，不然也可以把這兩章當成獨立章節來閱讀，概略掌握烹飪科學。

最後我必須再說明一件事。本書是我篩選大量資訊並加以消化而成，我也盡可能詳細考察事實及我對這些事實的詮釋。我相當感謝許多科學家、歷史學家、語言學家、烹飪專家以及食物愛好者，他們的學識令我受益匪淺。若有讀者找出了錯誤或遺漏，並提供協助，讓我在知悉後加以訂正，我也相當感謝。謹在此先致上謝意。

改版工作牽涉到無止境的校正與修改，在工作即將完成之際，我的思緒又回到第一次的艾里斯研習會（位於凡爾賽附近的Les Mesnuls）中大廚尚－皮耶・菲利普（Jean-Pierre Philippe）與大家分享的一句諺語。當時我們討論的主題是蛋白泡沫，菲利普廚告訴我們，他原本以為自己已徹底了解一切有關蛋白霜的事物，直到有一天，他因為一通電話分了心，讓攪拌器運轉了半小時。這次意外讓他獲得了美妙成果，此外，他的事業生涯也不時出現驚奇，因此他說：「我知道一件事，就是我知道自己永遠不會知道。」（Je sais, je sais que je ne sais jamais）食物這個主題無比豐富，裡頭總是還有東西需要更進一步了解、有新事物要去發現，也有更多有趣、創新及愉悅的新來源等著我們去發掘。

關於度量單位及分子圖解的說明

單一分子非常小，只有微米的好幾分之一，感覺上非常抽象、難以想像。不過，分子仍是真實而具體的，其本身的特定結構會決定它們（以及它們組成的食物）在廚房的表現。我們越能想像出它們的模樣以及它們所面臨的情況，就越容易了解食物在烹調時發生了什麼變化。在烹調中，重要的是分子的形狀，而不是每顆原子的確切位置。在本書中，多數的分子插圖只顯示整體的形狀，再以不同的方式，如長細線、長粗線、蜂窩狀六邊形環上以字母表示原子等，去解釋分子的行為。許多食物分子是建立在交錯的碳原子骨架上，再附加其他類型的原子（主要為氫及氧原子）。碳骨架建立出整體結構，因此我們常常不會特地畫出每一個碳原子，只以線條表示原子間的鍵結。

第一部

part
one

乳與乳製品

part one

chapter 1

　以人類在生命初始時所吃的食物作為第一章的主題，是再適合也不過了。人類是哺乳動物，也就是「吃奶的生物」，就跟所有哺乳動物一樣，第一口吃下的食物就是乳。乳是母親從自己豐富多樣、複雜有趣的飲食所提煉出來的精華，一口便可以吞下。人類祖先最早在從事酪農業時，就以乳牛、母羊和山羊作為乳品供應來源，這些生物將牧草及稻草奇蹟似地轉變為一桶桶人類的營養來源。這種液體富含各種可能性，只需稍微加工，就能製成各式各樣可口的鮮奶油、香噴噴的金黃色奶油，以及用益菌調製成的大量香濃食品。

　難怪乳品可以展現出許多文化的想像力。古代印歐人是牧牛人，他們大約在公元前3000年，從高加索大草原遷徙至歐亞大陸的廣大地區落腳，而乳與奶油更在他們的創世神話中，扮演非常重要的角色，從印度人或斯堪地那維亞人都是如此。地中海沿岸及中東地區的人，仰賴的是橄欖油而非奶油，不過乳和乳酪在《舊約聖經》中依然是豐足與創造宇宙的象徵。

　現代對乳的印象則相當不同！由於大量生產，乳與乳製品從寶貴珍奇的資源變成普通商品，更由脂含量而備受醫學界指責。還好人們現在對飲食中攝取的脂肪已經有比較平衡的看法，使傳統乳製品得以存活下來。現在，我們還是可以享用人類千年來的美妙乳製品文化，啜飲牛乳或是舀一匙冰淇淋，可以表現普魯斯特式的年輕純真與活力，而品嚐一口上好的乳酪，可感受到成熟、滿足，以及生命的豐富。

哺乳動物與乳

乳的演化

乳是如何產生的？又為何產生？哺乳動物與爬行動物不同之處，乃是在溫血、具有毛髮以及皮膚腺體等。乳可能起源自3億年前左右，是母親在孵化幼兒時的皮膚分泌物，可保護與滋養幼兒，由今日的鴨嘴獸可看到此情形。經過演化後，乳對於哺乳動物的貢獻良多。它讓新生動物在出生之後，還能獲得母體提供的完美配方，這個優勢讓幼體有機會在子宮外繼續發育。人類則徹底發揮這個優勢：子宮與產道有一定的大小，胎兒大腦的成長受到限制，因此我們出生後的數個月內仍完全處於無助狀態，幸好，乳使人類大腦有機會繼續發展，讓我們成為如此不尋常的動物。

反芻動物崛起

所有哺乳動物都能為自己的幼兒分泌乳汁，但只有少數哺乳動物的乳能為人類所用。由於食物短缺，人類大量飼養牛、水牛、綿羊、山羊、駱駝、犛牛等動物以供應乳汁。大約3000萬年前，溫暖而潮濕的地球開始出現季節性的乾燥氣候，只有生長快速並能產生大量種子的植物有辦法在乾燥季節中存活。在這同時，氣候轉變也帶來大片綠地，而綠地在旱季乾枯之後會留下富含纖維的莖與葉。於是馬的數量逐漸減少，而鹿科動物（反芻動物）

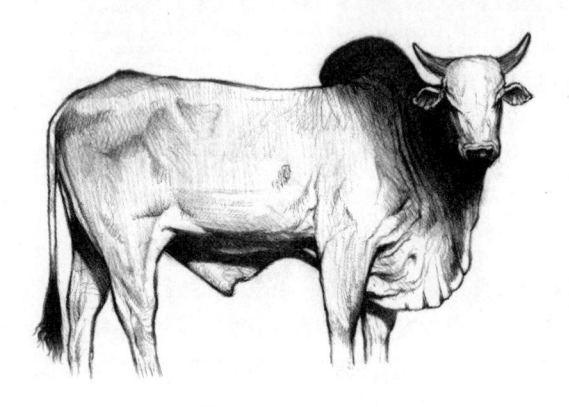

牛乳與奶油：最初始的液體

當眾神以第一個人類獻祭時，春天是融化的奶油，夏天是柴火，秋天是祭品。他們替那出生於太古之初的人抹油，獻祭在禾捆上……在那次全牲祭之後，他們收集了一粒粒奶油，創造出天空中、森林裡和村莊內的生物……牛由此誕生，綿羊與山羊也是由此誕生。

—— 約公元前1200年，《梨俱吠陀》第10卷

則逐漸增加，進而演化出以乾草維生的各種反芻動物，包括牛、綿羊、山羊和牠們的近親。

反芻動物崛起的關鍵在於牠們有多腔室的胃，每個腔室則各有不同的功能。這些腔室組成的的胃就占去牠們體重的1/5，裡面有無數可消化纖維的微生物，其中大部分位於第一室，也就是瘤胃。牠們具有獨特的消化器官，而且會重新咀嚼消化過的食物，於是反芻動物便能從高纖、低營養度的植物裡吸收養分。這些飼草人類最多只能拿來鋪蓋屋頂或儲存為飼料，但反芻動物吃下後則可產出大量乳汁。我們可以說，如果沒有反芻動物，就沒有酪農業。

世界的產乳動物

全世界乳品的主要來源，其實只有少數幾種動物。

歐洲與印度的乳牛

家牛（亦即一般的乳牛）的直接始祖是長角的野生原牛。體型巨大的原牛直立時，肩高達180公分，長角直徑17公分。牠們分布在亞洲、歐洲和北非，並發展出兩種相似的品種：無駝峰的歐非品種，以及有駝峰的中亞品種「瘤牛」。歐洲品種大約在公元前8000年於中東馴化，耐熱和耐寄生蟲的瘤牛則同時於中南亞馴化，而歐洲品種的非洲變種則可能是較晚期於撒哈拉馴化。

瘤牛主要產於印度中部與南部，肌力和乳品是最主要的飼養價值，至今仍保有瘦長的四肢和長角。至於歐洲乳牛，是人們為了增加牛乳產量，約在公元前3000年起開始大量選育的。牠們生活在美索不達米亞都市地區的牛棚裡，活動空間有限，再加上冬季飼料缺乏，體形與牛角都變小。

至今，人們珍視的乳品牛種，包括娟姍牛（Jerseys）、更賽牛（Guernseys）、瑞士黃牛（Brown Swiss）和荷蘭牛（Holsteins），全都是把精力用於生產牛乳，而不是專門發展肌肉與骨頭的短角牛。現代瘤牛的產乳量不如歐洲乳牛，但乳脂含量比歐洲品種高出25％。

……我下來是要救他們脫離埃及人的手，領他們出了那地，到美好寬闊流奶與蜜之地……
—— 神在何烈山對摩西說的話〈出埃及記 3:8〉

你不是倒出我來好像奶、使我凝結如同奶餅（乳酪）嗎？ —— 約伯對神說的話〈約伯記 10:10〉

水牛

　　水牛對西方人來說比較陌生,卻是熱帶亞洲最重要的牛。亞洲水牛大約是在公元前3000年於美索不達米亞馴化,作為役用牛,然後被引入位於今日巴基斯坦地區的印度河文明,最後抵達印度與中國。這種熱帶動物很怕熱(牠們會泡在水中消暑),因此能適應比較溫和的氣候。阿拉伯人在公元700年左右把水牛引進中東;到了中世紀時,牠們又引進歐洲各地。這次引進帶來一項顯著的結果,就是在羅馬城南方的平原地區出現將近10萬頭的水牛族群,正宗的莫扎瑞拉乳酪即以牠們的牛乳製成,稱為水牛莫扎瑞拉乳酪。水牛的乳比一般牛乳濃郁,因此若以一般乳牛乳取代水牛乳,莫扎瑞拉乳酪和印度奶類料理的滋味便會大不相同。

氂牛

　　重要性排名第三的乳牛為氂牛。這種毛長、尾巴濃密的氂牛是一般乳牛近親,能適應圖博高地與中亞高山上空氣稀薄、乾燥寒冷、植物稀疏的環境。氂牛馴化的時期大約與低地牛相同,且乳脂與蛋白質成分基本上比一般牛乳還多。圖博人就是用氂牛乳精心製作出氂牛奶油及各種發酵品。

山羊

　　山羊與綿羊屬於「羊科動物」,是反芻動物家族的分支、生長在多山國家的小型動物。山羊源自公元前8000~9000年的中亞山地及半沙漠地區,大約位於現在的伊朗及伊拉克,可能是繼狗之後首先被馴化的動物。牠是歐亞酪農動物中最強健的一種,可以吃各種植物的嫩芽,包括木本灌木。由於山羊天生就是雜食性動物,加上體型小、產乳量多且風味獨特(在所有酪農動物中,牠是單位體重產乳量最大的動物),於是成為邊陲農產地區裡各類乳品及肉類的供應來源。

綿羊

　　綿羊是山羊的近親,馴化的地區與時間都差不多,而成為人類肉、奶、

羊毛及脂肪的重要來源。綿羊天生就是食草性動物，生長在多草的山麓丘陵，對環境的要求比山羊更高，但比牛低一些。綿羊的乳脂含量與水牛乳一樣，至於蛋白質含量則更高，在地中海東岸一直被視為製造優酪乳和希臘菲達乳酪的重要材料，在其他的歐洲地區則是法國洛克福及義大利佩科里諾乳酪的原料。

駱駝

駱駝科與牛科、羊科動物的親緣關係相當遙遠，可能是在北美洲早期演化時，獨立發展出反芻的特性。駱駝相當適應乾旱氣候，大約是在公元前2500年的中亞地區馴化，主要作為馱獸。牠們的乳汁成分大致與乳牛相當，許多國家都會取用駱駝奶，非洲東北部甚至以它為主食。

酪農業的起源

人類將喝母乳的生物天性延伸為喝其他動物乳的文化習慣，是從什麼時候開始？原因又是什麼？考古證據指出，公元前8000~9000年間，在目前伊朗和伊拉克的草原及森林中，人類就已馴化了綿羊與山羊，這比馴化牛這種體型較大且較凶猛的動物還早了1000年。

人類剛開始馴養這些動物的目的是取其皮肉，不過發現乳汁可以利用之後，在馴養上便出現重大進展。酪農動物每年產出的乳品營養價值與食用動物的肉品價值不相上下，甚至還更多，而且可連年取用，並藉由管理增加產量。酪農業是從荒地獲取養分最有效率的方法，而且在農業群落由西南亞向外擴展時扮演重要角色。

我們幾乎可確定，人們原本是先把小型反芻動物的乳汁擠到由動物皮或胃製成的容器裡，後來的牛乳也是一樣。目前所知最早的酪農活動證據是公元前5000年的黏土篩，發現地點是最早期北歐農夫拓居地；1000年後，撒哈拉岩畫上描繪了擠奶的景象；公元前2300年左右的埃及墳墓裡，則有類似乳酪的殘餘物。

▌多樣的乳品傳統

乳會轉變成其他型式的重要乳製品，最早一定是牧羊人在以皮、胃做成的容器裡發現的。乳靜置一段時間後，表層會自然形成富含脂肪的鮮奶油，若加以攪拌，鮮奶油就變成奶油，剩下的乳會自然變酸而凝結成濃稠的優酪乳（優格），經過處理可分成固態的凝乳及液態的乳清。將新鮮凝乳加鹽處理後，即成為簡單、可長期保存的乳酪。隨著酪農技術日益純熟，產乳量增加，牧羊人發現了濃縮與保存營養的新方法，並在舊世界不同氣候的區發展出各地獨特的乳製品。

在乾燥不毛的西南亞，山羊和綿羊乳的保存方式包括：稍微發酵成為優酪乳（可保存數日）、曬乾、浸在油中，或凝結成乳酪（可立即食用的，或風乾、鹽醃製之後保存）。游牧的韃靼人由於無法長期定居於一處，因此不可能以穀類釀製啤酒，也無法以葡萄釀製紅酒，於是他們讓馬乳發酵，製成帶有酒精的馬乳酒，馬可孛羅便描述這種酒具有「白酒的品質與風味」。在蒙古和圖博高地，人們將乳牛、駱駝和犛牛的乳攪動成奶油，當成高熱量主食。

在亞熱帶印度，大多數的瘤牛與水牛乳會放置過夜，發酵成優酪乳，然後攪成白脫乳與奶油，再淨化為清奶油（詳見第60頁）後可保存數月。有些牛乳則以反覆煮沸來保持甜度，然後加入糖（而非鹽），再經長時間脫水熬煮來保存（請見第47頁下方）。

在羅馬及希臘的地中海世界，人們以較具經濟效益的橄欖油取代奶油，不過對乳酪卻極為推崇。羅馬作家普林尼曾經盛讚來自遙遠省份的乳酪（現在位於法國與瑞士境內）。乳酪的製作確實在歐洲大陸和北部達到巔峰，因為這裡有充足的牧地，適合放養牛隻，溫和的氣候也允許長時間慢慢發酵。

在舊世界的主要地區中，並未發展出酪農活動的是中國，或許是因為在中國農業的起源地，天然植物大多是有毒的苦艾及土荊芥等，而非適合反芻動物的青草。即便如此，中國長期以來與中亞游牧民族頻繁接觸，於是也引進了各種乳製品，許多皇親國戚長期以來就已在享用優酪乳、馬乳酒、

奶油、酸凝乳。而在公元1300年左右，由於蒙古人的引進，中國人甚至會在茶裡加奶！

美洲原先並沒有酪農業，一直到公元1493年，哥倫布在他的第二次航行時，帶著綿羊、山羊以及第一隻西班牙長角牛，墨西哥與德州才有大量繁殖。

歐洲與美洲的酪乳發展：從農莊進入工廠

工業革命之前的歐洲　當時歐洲酪農業的範圍包括潮濕的荷蘭低地、法國西部的泥濘土地，以及高聳多岩石的中央山丘、寒冷潮濕的不列顛群島，還有斯堪地那維亞、瑞士和奧地利的山谷。這些土地適合大量放牧，但較不適合種植小麥和其他穀類。隨著時間流逝，人們根據氣候及不同區域的需要選擇飼養的動物，而牠們在多樣化後成為數百種獨特的當地品種（粗壯的瑞士黃牛乳適合在山裡製成乳酪，小型的娟姍牛及更賽牛則適合英法間的海峽群島），夏季產出的牛乳，也可經由加工來保存，形成各地特有的乳酪。到了中古時代，著名的乳酪有法國的羅克福乳酪和布里乳酪，瑞士的艾班諾乳酪以及義大利的帕瑪乾酪。文藝復興時代，低地國家以奶油著稱，並且將多產的荷蘭牛出口至歐洲各地。

在工業化之前，乳製品都是在農場裡完成生產，在許多國家主要都是由女性負責：早晨及下午擠牛乳，然後花數小時攪奶油或製乳酪。生活在鄉間的人能享受到優質的鮮乳，但在城市裡，牛隻待遇不佳，只能用廢棄的酒糟餵食，因此大多數都市人只能見到加水、摻假、被污染的牛乳，盛裝在開口容器中在街上販賣。維多利亞時代早期，污染的牛乳是孩童死亡的主因。

工業化及科學創新　大約從1830年開始，工業化改變了歐洲及美國的酪農業。鐵路能把鄉村新鮮的乳品運送至城市，而城市則因為人口及收入增加，

刺激了乳品需求，同時新法規也規範了乳品的品質。蒸氣動力農機具出現了，人們得以飼養專門製造乳品的牛隻。這些牛隻不必犁田，於是牛乳產量激增，人們喝的牛乳也越來越多。隨著擠奶、乳油分離以及攪乳器的發明，酪農業逐漸脫離了農場和擠奶女工的手，而農場也開始大量供應鮮乳給工廠，由工廠量產鮮奶油、奶油及乳酪。

19世紀末，由於化學及生物學上的新發現，乳製品立即變得更衛生，產量和成分也更穩定。拜法國化學家路易斯・巴斯德（Louis Pasteur）之賜，酪農業傳統製程發生兩大重要變革：第一是「巴氏殺菌法」，這是以他命名的加熱殺菌法；第二是使用標準、純化過的微生物來製造乳酪和其他發酵食物。乳產豐富的黑白花荷蘭牛取代了大多數傳統乳牛品種，現在占美國所有乳牛數量的90％，在英國則占85％。人們對荷蘭牛採大規模放牧，再加上幾乎不餵養新鮮牧草而是精緻飼料，因此現代牛乳大多缺乏工業革命前牛乳含有的色澤、風味，以及因季節不同而產生的差異。

今日乳品　今日，酪農業已衍生出數種大型產業，而徹底跟擠乳女工脫離關係。奶油和乳酪是牛乳濃縮的精華，曾經相當珍貴，如今變成政府倉庫裡成堆的低廉商品。此外，「乳脂」這種讓牛乳、乳酪、冰淇淋以及奶油風味獨特的要素，也大多被製造業者移除了。醫學專家發現，飽和乳脂可能增加血膽固醇含量，進而引發心臟疾病，之後乳脂突然間變得不再美好。幸好這幾年，人們開始修正對飽和脂肪的看法，也厭惡大量生產的乏味產品，同時再度愛上風味完整的乳製品。這種全風味乳製品的來源是隨著季節變化在青草地上小規模放牧的傳統乳牛品種。

牛乳與健康

長久以來，牛乳都被視為具有完整且基本的營養，這樣的說法其來有自：牛乳迥異於我們的多數食物，原本的設計就是要當成食物。牛犢在生命初期完全以牛乳維繫生命，它大量提供了發育所需的基本養分，特別是蛋白質、醣類、脂質、維生素A、維生素B群及鈣質。

食物字彙：Milk與Dairy

milk與dairy這兩個字的字根，都與用手擠出乳汁並加以轉變的肢體動作有關。Milk的字根源自印歐語，原意為「乳汁」與「搓揉」，其間的關聯可能是從乳頭擠奶所需的來回動作。在中世紀，dairy原為dey-ery，指的是dey（女僕）將動物乳汁製成奶油與乳酪時所使用的房間。Dey的字根是「揉麵」的意思（lady／女士，也是源自同一字根），這也許不只反映出僕人需從事多項雜役，也包含將白脫乳從奶油裡擠出（詳見第55頁）以及將乳清從乳酪裡分離出來所需的揉擠動作。

但過去數十年來，人們不再認為牛乳是如此理想的食物。人們發現，牛乳的營養均衡並不符合人類嬰兒的需要，而且地球上大多數成人也無法消化牛乳中的「乳糖」，因此牛乳並非鈣質最佳的來源。這提醒我們，牛乳是為年幼而成長快速的牛犢所設計的食物，並不適合人類食用。

乳汁的營養

幾乎所有乳汁有相同的營養成分，但不同種類的動物，乳汁中各種營養素的比例還是差異極大。通常生長快速的動物，其乳汁中會含有高蛋白、高礦物質。牛犢成長到50天時體重就會加倍，而人類嬰兒則需100天，因此牛乳所含的蛋白質和礦物質就不只是人乳的2倍。在所有主要營養素中，反芻動物的乳嚴重缺乏的，就只有鐵質和維生素C。由於瘤胃細菌會把青草和穀類裡的不飽和脂肪酸轉化為飽和脂肪酸，因此在一般食物中，反芻動物的乳汁含很高的飽和脂肪，僅次於椰子油。飽和脂肪的確會增加血膽固醇的含量，而較高的血膽固醇又會增加罹患心臟疾病的風險，不過多吃其他食物保持均衡飲食就能彌補這個缺點（詳見第二冊）。

下方圖表同時列出各類常見或少見乳品所含的營養素。我們可從不同動物品種的分析數據得到粗略的概念，但實際上，不同的動物個體以及特定動物在不同階段的泌乳期，也會有相當大的差異。

各種乳的成分
下表數字為按照乳主要成分計算的重量百分比

乳種	脂肪	蛋白質	乳糖	礦物質	水
人類	4.0	1.1	6.8	0.2	88
乳牛	3.7	3.4	4.8	0.7	87
荷蘭牛	3.6	3.4	4.9	0.7	87
瑞士黃牛	4.0	3.6	4.7	0.7	87
娟姍牛	5.2	3.9	4.9	0.7	85
瘤牛	4.7	3.3	4.9	0.7	86
水牛	6.9	3.8	5.1	0.8	83
犛牛	6.5	5.8	4.6	0.8	82
山羊	4.0	3.4	4.5	0.8	88
綿羊	7.5	6.0	4.8	1.0	80
駱駝	2.9	3.9	5.4	0.8	87
馴鹿	17	11	2.8	1.5	68
馬	1.2	2.0	6.3	0.3	90
長鬚鯨	42	12	1.3	1.4	43

嬰幼兒時期的哺乳：營養與過敏

20世紀中葉，人們認為營養不過是蛋白質、熱量、維生素以及礦物質，因此認為牛乳似乎是很好的母乳替代品。美國6個月大的嬰兒半數以上都喝牛乳。目前這個數字已降到10％以下。現在醫師會建議，1歲以下的嬰兒不宜餵食純牛乳，原因之一是蛋白質含量過高，而鐵質及高度不飽和脂肪的含量不足，不符合人類嬰兒所需（特製的配方奶則比較接近母乳的成分）。嬰幼兒喝牛乳的另一項缺點是它可能引起過敏。嬰兒的消化系統尚未發育完全，可能讓一些蛋白質和蛋白質碎片直接進入血液，這些外來分子會引發免疫系統的防禦反應，每次嬰兒進食就會增強這種反應。美國的嬰兒約有1~10％會對牛乳的豐富蛋白質而起過敏反應，症狀可能從輕微不適、腸道受損，嚴重到甚至休克。大多數兒童會隨著年齡增長而不再對牛乳過敏。

嬰兒期後的牛乳：消化乳糖

在動物世界中，人類算是相當特殊，會在開始食用固體食物後繼續喝牛乳；而嬰兒期過後還喝牛乳的人，也是人類中的特例。問題出在牛乳的乳糖無法為人體吸收利用，除非先由小腸裡的消化酵素分解為醣分子。人類腸道裡，消化乳糖的酵素「乳糖酶」在嬰兒出生後不久達到最大數量，然後逐漸減少，在2~5歲間降到最低，一直持續到成年期。

理由很簡單：若人體不再需要這種酵素，那製造它就是一種浪費；大多數哺乳動物斷奶後，食物裡就不會再出現乳糖。成人體內已無太多乳糖酶，若攝取大量牛乳，乳糖便會通過小腸到達大腸，由細菌代謝掉，並在過程中產生二氧化碳、氫及甲烷，全是令人不適的氣體。糖也會從腸道吸取水分，使人體腹脹或腹瀉。

乳糖酶活性低及其產生的症狀，稱為乳糖不耐症。研究發現，成人得乳糖不耐症是常態而非特例，地球上只有少數成年人能耐受乳糖。幾千年前，北歐及其他某些地區的人類經歷了基因變異，終其一生都能產生乳糖酶，

影響骨骼健康的眾多因素

骨骼的健康，來自骨骼的分解與重建這兩種過程的持續動態平衡。這個過程仰賴的不只是體內的鈣質含量，還包括能刺激骨骼重建的體能活動、激素，以及其他控制訊號分子、微量營養素（包括維生素C、鎂、鉀與鋅），以及其他目前待確認的物質。茶、洋蔥和香芹含有能大幅減緩骨骼分解的因子。維生素D能幫助我們有效吸收食物中的鈣質，同時也影響骨骼重建。人們會將維生素D加入牛乳；其他的維生素D來源還有蛋、魚和貝類以及我們身上的皮膚（陽光裡的紫外線會啟動皮膚裡的維生素D前驅分子）。

建造骨骼的鈣質含量，要視尿液會排出多少鈣質來決定，流失越多，就必須從食物裡攝取越多。現代人的各種飲食習慣使鈣質流失較多，像是鹽分和動物性蛋白質的攝取量偏高（蛋白

也許是因為牛乳在較冷的天氣裡是特別重要的資源。斯堪地納維亞人約有98％能耐受乳糖，法國與德國人有90％，不過南歐和北非人只有40％耐受乳糖，而非裔美國人更只有30％。

對付乳糖不耐症

還好，乳糖不耐症不像牛乳不耐症，缺乏乳糖酶的成人每天仍可攝取250毫升的牛乳，而不會產生嚴重的不適，甚至還可以吃更多乳製品。乳酪的乳糖含量很少，甚至不含（大多數乳糖會溶在乳清裡，而那些少數留在凝乳裡的乳糖，則會被細菌和真菌發酵掉）。優酪乳裡的細菌所製造的乳糖消化酵素，在人體小腸裡依舊有活性，對我們有益。喜愛喝牛乳卻患有乳糖不耐症的人，現在可購買液態的乳糖消化酵素（由「麴菌」屬這種真菌製造），在食用前加幾滴到乳製品中。

關於牛乳的新問題

牛乳的特殊價值來自於兩種營養特性：富含鈣質，以及質量俱佳的蛋白質。近來針對這兩者的研究，指出了一些有趣的問題。

關於鈣質和骨質疏鬆症間的複雜關係

我們的骨骼主要是由兩種物質組成：蛋白質（形成骨架）以及磷酸鈣（能強健骨骼的堅實礦物質）。我們成年後，骨骼組織不斷崩解又重建，因此我們的飲食裡必須提供適當的蛋白質與鈣。許多工業化國家的女性在更年期後骨質大量流失，因此很容易嚴重骨折。飲食中的鈣質能避免骨質流失而導致的骨質疏鬆症。對於酪農業國家的人民而言，牛乳和乳製品是主要的鈣質來源。美國政府的專家小組建議，成人每天要喝1公升的牛乳，以避免骨質疏鬆症。（審定注：FDA的建議是每日2~3份的乳或乳製品，一份相當於250ml牛乳；台灣衛生署建議每日1~2份的乳或乳製品，相當為250~500 ml的牛乳。）

質的含硫胺基酸代謝後會酸化尿液，於是骨骼會析出鈣鹽以中和酸鹼），因此我們對鈣質的需求也日益增加。（審定注：作者在此的陳述與生理學的解釋不同，身體會將代謝後的酸性物質隨著尿液排出體外，因此尿液是酸的，不需用鈣來中和。血液是用碳酸氫根和碳酸作為酸鹼緩衝物質，透過肺臟與腎臟讓血液酸鹼值維持在7.36~7.44。）

要預防骨質疏鬆症，最保險的做法顯然是經常運動以保持骨骼強壯，並攝取均衡的飲食，包括豐富的維生素和礦物質，適度節制鹽與肉類，並攝取各種含鈣食品。牛乳的含鈣價值當然很高，不過乾燥的豆類、堅果、墨西哥玉米薄餅與豆腐（這兩種食物都以鈣鹽加工處理），以及幾種綠色蔬菜（羽衣甘藍、芥藍與芥菜），鈣含量也都很高。

但集中攝取某一種食物是不自然的飲食方式。先前提到，人類成年後還有能力和習慣去消化牛乳的，僅限於北歐後裔。一公升的牛乳可提供每日蛋白質建議量的2/3，若以此取代其他食物（蔬菜、水果、穀類、肉類及魚），會無法攝取到這些食物的重要營養素，可見要維持健康的骨骼，一定還有其他方法。在中國和日本等國家，人民雖然比較少喝甚至根本沒喝牛乳，但骨折比率比美國和熱愛牛乳的斯堪地納維亞國家更低。因此嚴謹的作法，應該是調查是否有其他因素會影響骨骼強度，特別是如何減緩骨質分解的過程（請見第32頁下方）。最好的答案可能不是一味狂灌這種白色液體，而是均衡的飲食及規律的運動。

不僅是牛乳蛋白質

我們以前認為，牛乳中有一種重要的蛋白質「酪蛋白」（詳見第39頁），是主要的胺基酸營養儲庫，令嬰兒發育茁壯。不過我們現在已經了解，這種蛋白質是嬰兒體內複雜而微妙的代謝指揮家。當它消化時，長長的胺基酸鏈會先水解為數個較小碎片，也就是胜肽。事實上，許多激素與藥物都是胜肽組成的，而許多酪蛋白胜肽確實會像激素那樣影響人體。有一種方式是會降低呼吸與心跳頻率，另一種會觸發胰島素釋入血液，第三種則會刺激白血球細胞的吞噬活性。牛乳中的胜肽是否會大幅影響人類孩童或成人的代謝？這點我們還不明白。

牛乳的生物學與化學

乳牛如何生產牛乳

乳是新生兒的食物，因此產乳動物必須在生產之後才能製造出大量乳汁。懷孕末期，激素的變化觸發乳腺發育，從乳腺中不斷擠出乳汁可以刺激乳汁持續分泌。產製牛乳最佳流程是：讓乳牛生下小牛，擠乳90天，讓乳牛再度懷孕，擠乳7個月，停止擠乳2個月，乳牛產下小牛。在密集的作業下，不可以讓乳牛將精力浪費在食用各種青草，牠們只能圈養在狹窄的牛欄裡

吃乾草或青貯飼料（全玉米或其他植物，稍微曬乾後在密閉的青貯窖發酵保存），然後在牠們最多產的2~3年間擠奶。結合繁殖與最佳餵食配方，每頭乳牛每天可產出58公升牛奶，不過在美國的平均產量約為一半，至於綿羊及山羊的產乳量大約是每天4公升。

乳腺分泌出的第一道乳汁為初乳，這是一種奶油狀的黃色液體，有濃縮的脂肪、維生素和蛋白質（特別是免疫球蛋白與抗體）。初乳分泌幾天之後，即開始分泌適合販售的牛乳，此時須以還原奶及豆奶哺餵小牛，而乳牛每天則須擠奶兩、三次，讓分泌細胞保持在全力運作的狀態。

牛乳工廠

乳腺是驚人的生物工廠，由許多不同的細胞與構造共同合作製造、儲存並供應牛乳。有些牛乳的成分直接來自乳牛的血液並且聚集在乳房，不過主要的營養素，例如脂肪、糖及蛋白質，則是由乳腺的分泌細胞合成，然後釋入乳房。

有生命的液體

牛乳的乳白色外觀掩蓋了本身極度複雜的特性和生命力，之所以說它充滿生命，是因為來自乳房的鮮乳裡含有活生生的白血球細胞、一些乳腺細胞以及各種細菌，而且充滿活性酵素。這些酵素有些浮游在鮮乳中，有些則嵌在脂肪球膜裡，巴氏殺菌法（詳見第43頁）大幅降低了這些活性。事實上，人們認為鮮乳中若有殘留的酵素活性，代表加熱處理不完全。經巴氏殺菌法處理過的牛乳，活細胞或活性酵素分子變得很少，因此較有把握它不會含有細菌，不致引發食物中毒，而且也較穩定，比生乳更不易走味。

不過活性對傳統的乳酪製造相當重要，因為這有助於乳酪熟成、讓味道更濃郁。

牛乳的乳白色來自微小的脂肪球及蛋白質束，它們的大小足以折射穿透液體的光線。乳汁還含有溶解的鹽、乳糖、維生素與其他蛋白質和許多微量成分。糖、脂肪和蛋白質顯然是最重要的成分，我們稍後再仔細討論。

我們先略述其他的成分。牛乳呈弱酸性，酸鹼值介於6.5~6.7，蛋白質的特性深受酸性和鹽濃度的影響，我們稍後將會解釋。脂肪球攜帶無色的維生素A及其黃橙色的前驅物胡蘿蔔素，而胡蘿蔔素可在綠色飼草中找到，形成牛乳和奶油的原色。各種動物能將胡蘿蔔素轉變為維生素A的程度不一，更賽牛與娟姍牛能轉換的不多，因此產出顏色特別的金黃色牛乳，而綿羊、山羊以及水牛則相反，牠們能轉換所有的胡蘿蔔素，因此產出的牛乳和奶油非常營養，但卻呈白色。略帶綠色的核黃素有時能在脫脂乳或水狀的透明乳清中找到，這些乳清是從優酪乳的凝結蛋白質過濾出來的。

牛乳的糖分：乳糖

牛乳中只有一種碳水化合物，雖然含量不等，而這也是牛乳（以及許多植物）特有的成分，因此稱為「乳糖」（lactose，lac是希臘文中「乳」字的字首，我們在乳蛋白、乳酸及乳酸菌的討論中，還會再看到它）。乳糖是雙醣，由葡萄糖與半乳糖這兩種單醣組成，動物細胞中只有乳腺的分泌細胞能合成乳糖。乳糖提供的熱量在人乳中占近50％，在牛乳中占40％，也是各種乳品甜味的來源。

乳糖的獨特性在生活上有兩大影響。首先，我們需要特殊的酵素來消化

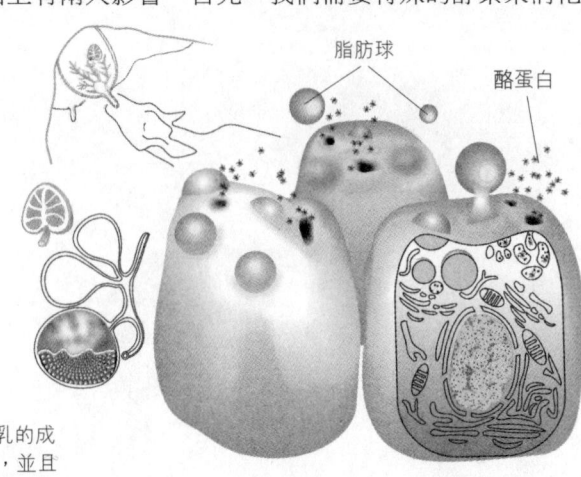

脂肪球　　酪蛋白

牛乳的製造
乳牛乳腺裡的細胞合成出牛乳的成分，包括蛋白質與乳脂肪球，並且將它們釋放至通往乳頭的數千條導管裡。脂肪球通過細胞的外膜，也帶走部分的細胞膜。

乳糖，許多成年人缺乏這種酵素，因此必須小心選擇乳製食品（詳見第32頁）；其次，大多數微生物為了能在牛乳中生存，必須先花一點時間製造自己的乳糖消化酵素，不過有一群微生物早就準備好了酵素，可以比其他微生物更占先機，這些細菌名為乳酸桿菌及乳酸球菌，不僅直接靠乳糖生長，也會將乳糖轉變為乳酸。經過乳酸菌酸化的牛乳，就不適合其他微生物生長，這包括許多可能讓牛乳變難喝或致病的微生物，因此乳糖和乳酸菌使牛乳變酸，卻能防止它腐壞。

乳糖的甜度為蔗糖的1/5，對水的溶解度則為1/10（200比2000 gm/l），因此煉乳及冰淇淋這類的產品很容易形成乳糖結晶，產生沙沙的質地。

乳脂

乳脂是牛乳重要的成分，具有營養與經濟價值，脂肪球可攜帶脂溶性維生素A、D、E、K，並占全脂牛乳一半的熱量。牛乳的脂含量越高，就能製造出越多鮮奶油或奶油，售價也就更高。大多數乳牛會在冬天分泌較多脂肪，主要是因為冬天進食較為密集，而且接近哺乳期的尾聲。特定的乳牛品種，特別是來自英法海峽群島的更賽牛及娟姍牛，生產的牛乳特別濃郁，脂肪球也較大。綿羊乳和水牛乳所含的乳脂高達乳牛全脂乳的兩倍（詳見第31頁）。

脂肪包裹成球體的特性，決定了牛乳在廚房中的表現。包覆每顆脂肪球的膜是由磷脂質（詳見第340頁，脂肪酸乳化劑）及蛋白質所形成，它扮演兩大重要角色：可使脂肪微滴彼此分離，避免聚在一起成為一大塊脂肪；此外它能保護脂肪分子牛乳裡的脂肪消化酵素，以免分解成帶有惡臭與苦味的脂肪酸。

乳油分離

鮮乳自乳腺擠出並在室溫靜置數小時後，許多脂肪球就會浮起，在容器上方形成一層脂肪，這種現象稱為「乳油分離」，長久以來這就是從牛乳取

得富含脂肪的奶油與鮮奶油的第一道天然步驟。19世紀，人們發明了離心機，更快速而徹底分離出脂肪球，同時發明均質化處理方式以避免全脂乳發生乳油分離（詳見第44頁）。

脂肪球會浮起是因為脂肪比水輕，不過它們浮起速度之快，顯然不只是浮力的作用，另一個原因是有許多微小的乳蛋白鬆散地吸附於脂肪球上，然後聚集成上百萬顆球體，形成的浮力比單一脂肪球要強得多。熱會使這些蛋白質變性，阻止脂肪球聚集，因此經過加熱殺菌的非均質化牛乳裡，脂肪球會上升得更緩慢，形成的乳皮較薄也較不明顯。至於山羊、綿羊和水牛的乳，由於脂肪球體積小而聚集力較差，因此乳油分離的速度非常緩慢。

▎乳脂的脂肪球可以耐受高溫……

牛乳和鮮奶油之所以特別能夠耐受高溫，牽涉到脂肪球與牛乳蛋白質之間的交互作用。我們可以花數小時煮沸及濃縮牛乳和鮮奶油，即使接近燒乾的狀態，脂肪球的膜都不會遭受破壞而釋出脂肪。脂肪球膜從一開始就很牢固，而加熱可打開原本摺疊成一團的牛乳蛋白質，使它們更容易附著在脂肪球的表面而且彼此附著，因此脂肪球的防護膜就會隨著加熱而越來越厚。若脂肪球在高溫中不這麼穩定，我們就不可能製造出這麼多富含鮮奶油的醬汁及濃縮牛乳做成的醬汁及甜食了。

▎……但遇到低溫就沒輒了

冷凍對牛乳的影響就全然不同，那是脂肪球膜的致命傷。冷乳脂和冰凍水所形成的巨大固態鋸齒狀晶體，會刺穿、壓碎並撕裂包覆脂肪球的磷脂質和蛋白質薄膜，因為它們只有幾個分子的厚度。如果將牛乳或乳脂冷凍後再解凍，那麼大部分的薄膜物質最後就會漂浮在液體裡，讓許多脂肪球在奶油顆粒裡相互黏住。如果不慎將解凍的牛乳或乳脂加熱，奶油顆粒就會化成為一坨油。

酪蛋白　　　乳清蛋白

▎牛乳的近距離特寫
脂肪球懸浮的液體中，含有水、個別的乳清蛋白分子、聚集的酪蛋白分子，以及溶解的糖與礦物質。

乳蛋白：以酸與酵素凝結

兩種蛋白質：凝乳及乳清

牛乳裡漂浮著數十種不同的蛋白質，還好就烹飪而言，我們只需要將蛋白質歸納成兩大類：凝乳和乳清。分類標準則是這兩大類蛋白質對酸的反應。少量的凝乳蛋白質（酪蛋白）在酸性狀態下會結成塊狀，形成固體凝塊；至於其他部分（乳清蛋白）則會懸浮在液體裡。大多數濃稠乳製品（例如優酪乳和乳酪）的製造，有賴於酪蛋白的結塊特性。乳清蛋白所扮演的角色較不重要，它們影響的是酪蛋白凝乳的質地，例如使特調咖啡裡的奶泡維持穩定。酪蛋白的重量通常大過乳清蛋白質，例如在牛乳裡的比例就是4:1。

酪蛋白和乳清蛋白對熱的耐受力極強，這點與其他食物的蛋白質差異極大。烹煮能使蛋和肉裡的蛋白質凝結成固體，卻無法使牛乳和乳脂的蛋白質凝結，除非它們已經變成酸性。鮮乳和乳脂經過不斷煮沸會減少體積，但仍不會凝結。

酪蛋白

酪蛋白家族包含四種不同種類的蛋白質，聚合在一起成為一個極小的家族單位，稱為「微膠粒」。這些酪蛋白微膠粒構成牛乳體積的1/10，每顆酪蛋白的微膠粒直徑大約萬分之一毫米，大小約為脂肪球的1/50，內含數千顆獨立的蛋白質分子。牛奶的鈣質大多位在微膠粒中，它們就像黏著劑一樣把蛋白質分子結合在一起；鈣的一部分會與個別蛋白質分子結合，形成15~25個蛋白質的小分子團，鈣質的其他部分，則會再結合上百個蛋白質分子團，同時也藉由蛋白質疏水端鍵結在一起，形成微膠粒。

保持微膠粒的分散⋯⋯ 在這些聚集體中，酪蛋白家族中有一個成員特別具影響力，那就是κ-酪蛋白，這種酪蛋白會聚在微膠粒的外層，避免它們變得更大，並使它們保持在平均分散的狀態。κ-酪蛋白分子的一端會伸出微

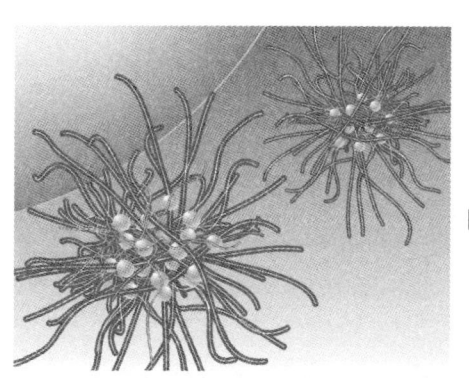

乳蛋白酪蛋白的模型
酪蛋白以微膠粒的型式存在，或是聚集成一小束，與脂肪球的一小部分連結。一個微膠粒含許多獨立的蛋白質分子（如圖中的細長線條），藉磷酸鈣顆粒（如圖中的小球）集結在一起。

膠粒，進入周圍的液體，形成帶負電荷的「多毛層」，排斥其他的微膠粒。

……然後在凝乳裡緊密結合 我們可以用幾種方式干擾酪蛋白微膠粒錯綜複雜的結構，讓微膠粒聚集在一起並使牛乳凝結，其中一個方法是讓牛乳變酸。牛乳正常的酸鹼值大約為6.5，也就是微酸，若酸鹼值能酸到5.5，κ-酪蛋白的負電荷就會被中和，微膠粒不再互斥，會鬆散地聚在一起。在同樣的酸鹼值下，將微膠粒凝結起來的鈣膠會溶解，微膠粒開始四散，個別的蛋白質分子也會散開。酸鹼值更酸到接近4.7時，四散的酪蛋白失去負電荷，彼此再度結合形成連續的緻密網絡，於是牛乳就此凝固或是凝結。這就是牛乳久置變酸，或刻意以產酸菌培養、生產優酪乳或酸奶油時所發生的狀況。

另一個讓酪蛋白凝結的方法，就是製造乳酪的原理：利用吃乳的小牛胃裡的「凝乳酶」。這是一種經過完美設計的消化酵素，可修剪酪蛋白微膠粒外側表面κ-酪蛋白伸出的多毛層（詳見第69頁），它剪去酪蛋白團伸到周圍液體的多毛層（多毛層會阻隔微膠粒聚集）。剃掉多毛層的微膠粒會全部聚集在一起，牛乳卻不會變酸。

乳清蛋白質

牛乳蛋白質中，剔除四種酪蛋白之後，剩下約數十種蛋白質就是乳清蛋白。酪蛋白提供胺基酸及鈣質，是小牛的主要營養素來源，乳清蛋白質包括防禦性蛋白質，以及與其他營養素鍵結、或輸送其他養分的蛋白質和酵素，其中數量最多的就是乳球蛋白，但其生物功能依舊是個謎。它是一種高度結構化的蛋白質，只要烹煮就會變性，到達78°C時其摺疊結構會展開，使其硫原子暴露於周遭的液體中，與氫原子產生反應後，便會形成硫化氫氣體，這種濃郁的氣味就是牛乳（以及許多肉類）煮熟後特有的氣味。

在煮沸的牛乳中，展開的乳球蛋白還不會形成分子內鍵結，而是與酪蛋白微膠粒上的表面酪蛋白團結合，但酪蛋白團彼此還是分開的，因此變性的（即打開的）乳球蛋白並不會凝結。若乳球蛋白是在酪蛋白相當少的酸性

狀態下（例如乳清乳酪中）變性，那麼就會彼此鍵結而凝結成小塊，如此便可製成像正宗義大利瑞可達乳酪這樣的乳清乳酪。比起原生狀態的乳清蛋白，加熱變性的乳清蛋白更能穩定牛乳泡沫裡的氣泡及冰淇淋中的冰晶；正因如此，通常在準備製作這些產品前，牛乳及乳脂會先煮過。

乳品風味

鮮乳的味道均衡而細緻，獨特的甜味來自乳糖，淡淡的鹹味則來自礦物質，還帶有一點點酸。牛乳溫和而宜人的香味大部分得歸功於短鏈脂肪酸（包括丁酸及癸酸），它讓高飽和的牛乳脂肪在體溫下呈液態。由於脂肪酸體積相當小，可蒸散到空氣中，進入我們的鼻子。通常，游離的脂肪酸會使食物產生一種令人不悅的肥皂味，不過微量的4~12個碳的瘤胃脂肪酸、它們的衍生物，以及名為「酯」的酸醇化合物，都會使牛乳帶有動物及水果的味道。山羊與綿羊乳的獨特氣味源自兩種特別的帶支鏈8碳脂肪酸（4-乙基辛酸、4-甲基辛酸），牛乳中沒有這些脂肪酸。水牛乳這種傳統莫扎瑞拉乳酪的原料，就含有一群獨特的脂肪酸，令人聯想到蘑菇與新鮮的青草，以及穀倉裡的氮化合物（吲哚）。

鮮乳的基本風味受到動物飼料的影響，乾草和青貯飼料比較缺乏脂肪與蛋白質，會製造出一種較平淡而溫和的乳酪味，而青翠的牧草則帶來清甜的覆盆子氣味（長鏈不飽和脂肪酸的衍生物），以及穀倉的吲哚氣味。

烹飪產生的風味

低溫的巴氏殺菌法（詳見第43頁）會去掉一些較細緻的香味，使牛乳的風味稍微改變。但是此殺菌法也會使酵素與細菌失去作用，牛乳因此不變質，而且會添加些許硫磺與綠葉（二甲基硫、己醛）的味道。高溫巴氏殺菌法或短暫加熱牛乳至76°C以上，可產生許多氣味芬芳的微量物質，帶出像是香草、杏仁以及精緻奶油的味道，還有蛋味的硫化氫。長時間煮沸會促使乳

糖和乳蛋白發生褐變反應（或梅納反應），產生出奶油糖果味的分子。

▍走味的過程

鮮乳的美好風味在幾種情況下會變差。單是與氧氣接觸或暴露於強光下，就會使脂肪球膜的磷脂質發生氧化，並會產生連鎖反應，慢慢發出腐敗紙板、金屬、魚腥以及油漆味。如果牛乳存放太久而變酸，通常也會發出水果、醋酸、麥芽以及更多令人不舒服的味道。

牛乳曝露於陽光或日光燈下，也會產生包心菜般、燒焦般的特殊氣味，這是源自維生素中的核黃素與含硫的胺基酸「甲硫胺酸」之間的作用。透明玻璃、塑膠容器，以及超市照明都會帶來這類問題，不透光的硬紙盒則能避免這種狀況。

未發酵乳製品

鮮乳、鮮奶油及奶油在歐美烹飪上的應用也許已不如過去那般豐富，不過仍然是重要的食材。至於牛乳則因為人們在1980及90年代對咖啡的狂熱，迅速竄升為新寵。

▍牛乳

牛乳已成為我們基本食物中最標準化的一種。從前，有幸住在農場附近的人可以直接從剛擠出的鮮奶中品嘗到青草和季節的味道；現在，城市生活、量產，再加上對衛生的嚴格要求，這樣的經驗已不復存在。今日我們喝的所有牛乳幾乎都來自同一種乳牛，也就是黑白花色的荷蘭牛，人們將牠們養在牛棚，終年餵食同樣的飼料。大型的酪農場把數百甚至數千隻乳牛生產的牛乳匯集在一起，經殺菌處理除去微生物後，再以均質化處理防止乳油分離，最後出現的產品，是缺乏特定動物、農場或季節風味的加工牛乳，因此也就沒有任何特色。有些小型酪農場堅持採用其他品種的乳牛，

讓牠們接觸青草地，稍微加熱殺菌而不進行均質化處理，生產出的牛乳擁有較獨特的風味，讓人想起從前的牛乳滋味。

生乳

　　從健康乳牛小心謹慎擠出的牛乳，就是優質生乳，這種牛乳自有一股新鮮味道及天然特性。不過若因病牛或作業疏失導致污染（畢竟牛的乳房就位於尾部附近），這種營養的液體很快就會滋生大量危險的微生物。至少從中世紀起，人們就了解乳製品需經過嚴格衛生處理的重要性，不過到了18~19世紀，許多孩童死於結核病、波狀熱（布氏桿菌病），也有孩童僅是喝下污染牛乳就中毒而死。在遠離農場的都市生活中，牛乳污染甚至摻水的情況相當普遍。在1820年代，人們對微生物還一無所知，一些家政書籍就已大力倡導喝牛乳前先煮沸的觀念。20世紀初，國家和地方政府開始對酪農業做出規範，要求加熱牛乳以殺死病菌。

　　今日，美國的乳品店已經很少販售生乳，這些店家必須經過州政府核准，而且要經常接受檢查，牛乳還要附上警告標誌。在歐洲，生乳也很罕見。

巴氏殺菌法以及超高溫處理

　　1860年代，法國化學家路易斯・巴斯德在研究葡萄酒和啤酒腐壞的過程中，發展出一種溫和加熱處理的防腐方法，而且可以盡量保存食物風味。幾十年之後，巴氏殺菌法也應用於酪農業上。現在這種加熱殺菌法已成為工業化生產的標準製程。從許多不同農場收集牛乳並匯集在同一桶，會提高每一批牛乳遭污染的風險；處理牛乳的各個階段所需的運輸管線和機器，更提高了污染的機會。巴氏殺菌法可殺死病原菌和使牛乳腐壞的微生物，並使牛乳酵素失去作用，特別是分解脂肪的酵素，因此能延長牛乳在貨架上的保存期限。這些酵素會緩慢而穩定地活動，是造成牛乳走味的主因。經過巴氏殺菌法處理的牛乳，若儲存於5°C以下，放上10~18天應該都還能喝。

　　牛乳的巴氏殺菌法有三種基本方法，最簡單的是批次巴氏殺菌法：將定量的牛乳（也許幾百加侖）緩慢加熱30~35分鐘，溫度最低要保持在62°C。工

業化製程作業則使用高溫短時（HTST）殺菌法，這種方法不斷把牛乳打入熱交換器，持續加熱15秒，溫度最低保持在72°C。批次製程對於風味影響甚微，高溫短時殺菌法的溫度夠高，能使10%的乳清蛋白質變性，產生濃郁芬芳的硫化氫氣體（詳見第119頁）。雖然在早期，這種「煮過」的味道被視為缺陷，但美國消費者卻頗期待這種味道。現在的酪農業者會以高於72°C的加熱方式（通常是用77°C）加強此風味。

第三種牛乳殺菌法為超高溫（UHT）法，就是在130~150°C加熱1~3秒鐘。此法製造出的牛乳在嚴格無菌的狀況下包裝，可在室溫儲存數個月。UHT處理的時間越長，越能產生煮過的味道，牛乳也會出現些微棕色。鮮奶油所含的乳糖和蛋白質較少，因此對顏色和味道的影響也較小。

把殺菌過的牛乳加熱至110~121°C，持續8~30分鐘，可使顏色加深而味道更濃，在室溫保存良久。

均質化

鮮乳靜置不動的話，可自然分離成兩種相態：脂肪球聚集在一起並上升形成奶油層，下方則不含乳脂（詳見第37頁）。均質化處理法約在公元1900年於法國發展出來，目的在避免乳脂分離，並使乳脂均勻散布在牛乳裡。它的作法是在高壓的環境下，將熱牛乳從小噴嘴噴出，這種擾動可將脂肪球撕裂成更小的分子，平均直徑從4微米縮小為1微米。脂肪球數量驟增，表面積也增加，原有的脂肪球膜變得數量不足，便無法將脂肪完全包覆，裸露出來的脂肪表面會吸引酪蛋白粒子，相互黏合後產生人造膜（牛乳裡的酪蛋白最後有1/3都將被脂肪球吸住）。酪蛋白粒子不但使脂肪球變重而下沉，還會阻撓它們聚集，於是脂肪球可在牛乳中維持均勻散布的狀態。一般在均質化之前或在處理時，會配合巴氏殺菌處理，避免牛乳酵素攻擊尚未受到保護的脂肪球而產生臭味。

均質化會影響牛乳的風味及外觀。雖然它會使牛乳嚐起來較淡（可能因為味道分子黏附在新產生的脂肪球表面），但卻能避免牛乳走味。均質牛乳嚐起來有奶油味，這是因為它的脂肪球數量增加（大約60倍），而且顏色也比

13世紀亞洲的奶粉

韃靼軍隊的軍需品中也包含牛乳，經過處理濃縮或乾燥成硬膏狀。加工方法如下：將牛乳煮沸，撈出浮到上層如鮮奶油般濃稠的部分，放到其他容器當成奶油使用（這部分若留在牛乳裡，它就不會變硬），然後將牛乳曝曬於太陽下直到變乾。需要食用時倒一些到瓶中，加入適量的水分。騎馬時的動作會使容器中的牛乳劇烈搖晃，變成稀糊狀，他們就拿來當晚餐。

—— 馬可孛羅，《遊記》（Travels）

較白，因為脂肪裡的類胡蘿蔔素散布在更小而數量更多的粒子裡。

營養改造：低脂牛乳

去除奶油層會改變牛乳營養成分，但自有酪農以來，就有此方法，以大幅降低乳脂成分。今日，低脂牛乳以更有效率的離心法，在進行均質作業前就先將一些脂肪球析出。全脂牛乳約含3.5%的脂肪，低脂牛乳通常為2%或1%，脫脂牛乳則為0.1%~0.5%。

較新的作法則是在牛乳中添加各種物質，幾乎所有牛乳都以脂溶性維生素A和D來強化營養。低脂乳的質地較稀、外觀較淡，通常會添加乾燥乳蛋白，但這也會使味道變得平淡無趣。經「嗜酸菌」處理的牛乳含有嗜酸乳酸桿菌，這是一種能將乳糖代謝成乳酸的細菌，而且可在人們腸內存活（見第70頁）。對於無法消化乳糖的牛乳愛好者而言，更有利的作法是以純化的消化酵素「乳糖酶」先行處理牛乳，這種酵素能將乳糖分解成可吸收的單醣。

保存

牛乳非常容易壞掉，即使經過A級殺菌處理，每杯牛乳都還含有數百萬個細菌，若不冷藏很快就會壞掉。冷凍是非常不好的主意，因為這會破壞牛乳的脂肪球與蛋白質粒子。脂肪球與蛋白質粒子解凍後會先聚集在一起再分開來。

濃縮乳

許多文化都有烹煮牛乳的傳統，以利長久保存與運送。根據酪農業的傳說，1853年，美國人蓋爾‧波登（Gail Borden）在穿越大西洋的顛簸航行中，船上的乳牛因為暈船無法產乳，結果讓他發明了蒸發乳。波登在濃縮乳裡加入大量的糖，使它不易壞掉。而未加糖的牛乳殺菌後裝罐的概念，來自1884年的約翰‧梅恩伯格（John Meyenberg），他的瑞士公司在19世紀末與雀巢公司合併。至於奶粉則一直到20世紀初才出現。今日，濃縮乳的產品相

濃縮乳的成分
數字為按照乳中主要成分所計算的重量百分比

乳的種類	蛋白質	脂肪	糖	礦物質	水
蒸發乳	7	8	10	1.4	73
脫脂蒸發乳	8	0.3	11	1.5	79
甜煉乳	8	9	55	2	27
全脂奶粉	26	27	38	6	2.5
脫脂奶粉	36	1	52	8	3
鮮乳	3.4	3.7	4.8	1	87

當受重視，因為它能保存數個月，還能為烘焙品與糖類點心提供牛乳特有的質地與風味，但不含牛乳的水分。

煉乳或蒸發乳：在低壓（部分真空狀態）下加熱生乳，因此43~60°C就能沸騰，再持續加熱到水分消失一半左右，製成口感濃郁而味道溫和的牛乳，再加以均質化，然後殺菌裝罐。乳糖和蛋白質經過烹煮濃縮後，會產生一些褐變現象，使蒸發乳擁有特別的褐色及焦糖味。褐變反應在儲存期間會持續緩慢進行，若是在舊罐頭裡會產生深色、乏味的酸性液體。

加糖煉乳：先以蒸發來濃縮牛乳，然後加入食用糖，糖的濃度高達55%。細菌無法在這樣的滲透壓下生長，因此不需殺菌。由於高濃度的糖會使牛乳的乳糖結晶，因此我們預製乳糖種晶，讓乳糖結晶小到舌頭感覺不出來（有時會出現體積大而呈沙礫狀的乳糖結晶，此為品質瑕疵）。加糖煉乳的味道比蒸發乳溫和，比較沒有「烹煮」味且顏色較淡，質地濃度就像濃濃的糖漿。

奶粉是將蒸發作用發揮到極致的成果。先將牛乳高溫殺菌，然後藉由真空蒸發去除大約九成的水分，剩餘10%的水分以噴霧乾燥器去除（將濃縮乳以霧狀噴至熱空氣室內，牛乳微滴很快就乾燥成細小的牛乳固態粒子），有時也可將牛乳冷凍乾燥。奶粉裡的水分大部分已除去，因此可避免細菌滋長。大多數奶粉由低脂牛乳製成，因為乳脂若是暴露在濃縮乳鹽及空氣裡的氧氣中，很快就會臭掉，而且因為它很容易包覆蛋白質粒子，日後很難再與水混合。在乾燥涼爽的環境下，奶粉可以保存數月。

以牛乳入菜

廚房中會用到牛乳，大多是混入麵糊、麵團、卡士達混料或布丁中，因此它的表現也取決於其他的材料。牛乳的功用主要是提供水分，不過它也貢獻了味道、質地、易於褐變的糖以及讓蛋白質凝結的鹽分。

要是以牛乳為主要材料（例如奶油濃湯、醬料和奶焗馬鈴薯等菜色，或是添加到熱巧克力、咖啡以及茶裡），就要特別注意牛奶蛋白質凝結的問題。

刻意使牛乳凝結

對大多數廚師而言，牛乳凝結通常意味著危機來臨：這道菜餚已經不滑潤了。不過仍有許多料理廚師會刻意凝結牛乳蛋白，以這種方式改變食物質地來增加趣味。例如「英式奶油葡萄酒」，有時是將剛擠出的溫牛乳直接加入酸性的葡萄酒或果汁；在17世紀，法國作家皮耶‧倫（Pierre de Lune）描述一種添加醋栗汁可使牛乳「變硬」的濃縮牛乳。現代較新的做法包括在牛乳中慢燉烤過的豬肉，把豬肉燉成濕潤的棕色肉塊；喀什米爾烹煮牛乳的作法，則是將牛乳煮到像是變成棕色的絞肉；東歐夏季的牛乳冷湯（如波蘭的酸牛乳甜菜冷湯），則是加入「酸鹽」或檸檬酸使湯變濃。

沸騰過的牛乳、濃湯和醬汁表面所形成的乳皮，是一種複雜的混合物，成分為酪蛋白、鈣、乳清蛋白與脂肪球，這是表面水分蒸發後蛋白質逐漸濃縮而成。蓋上鍋蓋或攪動出泡沫可減少乳皮形成，這兩種作法都能使蒸發作用降至最低。同時，鍋底的高溫也會造成類似的蛋白質凝聚，這些蛋白質會黏住金屬鍋，最後燒焦。若在加入牛乳之前先用水沾濕鍋子內部，可減少蛋白質沾黏。此外，使用較厚且導熱均勻的鍋子並用中火，更有助於降低燒焦，隔水加熱法也能避免燒焦（不過比較麻煩）。

在鍋底和湯汁表面之間，蛋白質會黏在其他食材粒子的表面，因而產生凝結。蔬果汁與咖啡裡的酸，或是在馬鈴薯、咖啡和茶裡有澀味的丹寧，都會使乳蛋白特別容易凝結與凝固。由於細菌會使牛乳逐漸變酸，放久的牛乳可能達到足夠的酸性，在加入熱咖啡或茶時立即凝結，要避免凝結最好的方法是使用鮮奶並小心控制爐火。

煮加糖煉乳　由於加糖煉乳含有濃縮蛋白質與糖，因此在溫度到達水的沸點時就能發生「焦糖化」作用（事實上就是梅納褐變反應，詳見第310頁）。因此要製作濃郁的焦糖漿，最受歡迎的速成法就是利用加糖煉乳罐頭：許多人直接將整個罐頭放入滾水鍋或烤箱中加熱，讓煉乳在罐頭內產生褐變。雖然這麼做確實有用，但也很危險，因為罐頭裡的空氣在加熱後會膨脹，可能使罐頭爆開。把煉乳倒入鍋具，然後放在爐上、烤箱或微波爐裡加熱，會是比較安全的作法。

奶泡

泡沫是填滿氣泡、質地輕盈且能維持形狀的濕潤液體。蛋白霜是一種蛋白泡沫，而發泡鮮奶油則是一種鮮奶油泡沫，而奶泡比蛋泡沫和發泡鮮奶油還脆弱，通常是在上桌前才製作，主要是加在咖啡上方。奶泡可避免飲料上層產生乳皮，同時發揮隔熱效果，避免飲料涼掉。

牛乳能起泡，是因為它所含的蛋白質聚集成薄膜包住空氣，形成氣泡隔

印度花團錦簇般的牛乳料理

單純以牛乳為主要食材來進行創意料理，沒有任何國家能比得上印度。印度煮濃牛乳的方式多達數十種，而其中有許多方法可回溯到1000年前，那是源自這個熱帶國家一項簡單的生活事實：要防止牛乳酸掉，最簡單的方法就是不斷煮沸。牛乳最後會煮成棕色、固態膏狀，成分大約為10%的水、25%的乳糖、20%的蛋白質及20%乳脂。這種濃縮牛乳稱為khoa，不必加糖就已經很像糖果，因此長期以來，khoa及其較低濃度的前身自然就廣泛用來作為印度牛乳糖果的原料。例如類似甜甜圈般炸過的gulabjamun，以及軟糖般的burfi，都富含乳糖、鈣以及蛋白質，相當於將一杯牛乳濃縮成為一口的份量。

另一種不同類型的印度牛乳糖果，是加熱時加入萊姆汁或酸乳清，使乳固體凝結而濃縮。濾乾的凝乳形成柔軟而潮濕的物質chhanna，成為各種糖果的基本材料，最著名的就是浸在甜牛乳或糖漿裡的海綿蛋糕（rasmalai與rasagollah）。

間，阻止水的強大內聚力拉破泡沫。蛋白質可使蛋泡沫穩定（詳見第135頁），而發泡鮮奶油則靠脂肪（詳見第52頁下方）。奶泡比蛋泡沫脆弱而且維持時間較短，因為牛乳的蛋白質較稀少（只占牛乳重量的3%，而占蛋白的10%），而且牛乳蛋白質有2/3不會展開，只會凝聚成固體的網狀構造，而與雞蛋大部分的蛋白質恰好相反。不過，70°C的溫度能使乳清的蛋白質展開（僅占牛乳重量的1%）。若它們在泡沫壁（空氣與水的交界）展開，不平衡的力量便會使蛋白質結合，暫時使泡沫的結構穩定下來。

牛乳與奶泡　有些牛乳比其他牛乳還適合打成泡沫，因為乳清蛋白質是關鍵的穩定劑，添加蛋白質強化的牛乳（通常為脫脂及低脂牛乳）最容易起泡沫。不過，全脂泡沫的質地及味道更濃。製作奶泡的牛乳越新鮮越好，因為開始變酸的牛乳在加熱時會凝固。

義式濃縮咖啡機：同時產生泡沫與高溫　打奶泡通常要藉助濃縮咖啡機的蒸氣噴嘴。把蒸氣打入牛乳可同時完成兩件重要的事：將氣泡帶進牛乳，並將氣泡加熱，使乳清蛋白質展開，凝聚為穩定的網狀。蒸氣本身無法形成泡沫，它是水氣，只會在牛乳中冷凝成水。泡沫是因為蒸氣將牛乳和空氣攪打在一起而產生，將噴嘴置於牛乳中最靠近表面之處，效果最佳。

　　用蒸氣打奶泡會有難度，原因之一是過熱的牛乳很難維持住泡沫。重力會拉扯泡沫表面的液體，一旦液體被扯出，泡沫就會瓦解，而液體越熱，水分就越快被拉出。因此打奶泡時，冷牛乳的量要足夠（至少150毫升），以確保牛乳不會太快變熱，也不會在泡沫形成前就變得太稀。

鮮奶油

　　鮮奶油是牛乳中的特殊部分，富含脂肪，而且會在重力的作用下自然生成。由於脂肪球的密度比水低，受重力影響較弱，因此剛擠出的牛乳靜置

打奶泡的關鍵

想以義式濃縮咖啡機的蒸氣噴嘴打出好奶泡，幾項事情要注意：
- 鮮乳要剛從冰箱拿出來，或甚至在冷凍庫冰了幾分鐘。
- 牛乳至少2/3杯（150ml），容器體積至少要有牛乳原始體積的2倍以上（300ml）。
- 將噴嘴置於牛乳表面或最靠近表面處，如此適量的蒸氣流動可以不停使牛乳發泡。

如果牛乳數量少，且不使用蒸氣來打奶泡，請分開處理發泡以及加熱的步驟：
- 將冷鮮乳倒入罐子，蓋子關緊，劇烈搖動20秒，或直到體積變成2倍。（或是以活塞型咖啡機打泡，它細小的篩網可產生出特別濃郁的細緻奶泡。）
- 接下來穩定泡沫：拿掉蓋子，將罐子置於微波爐，以高功率微波加熱約30秒，或是直到泡沫膨脹到罐頂。

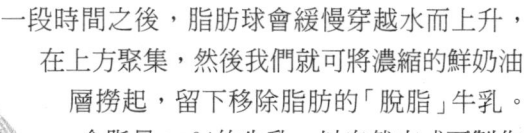

一段時間之後，脂肪球會緩慢穿越水而上升，在上方聚集，然後我們就可將濃縮的鮮奶油層撈起，留下移除脂肪的「脫脂」牛乳。含脂量3.5%的牛乳，以自然方式可製作出含脂量約20%的鮮奶油。

鮮奶油的口感使它成為人們的至愛。「乳脂狀」是非常不尋常的質地，一種若有似無、介於固態與液態的完美平衡。它的質地堅實，卻又滑順綿密；它口感綿長去，卻又不會黏牙沾舌，也不會太過油膩。鮮奶油中有許多脂肪球因為體積太小，舌頭嚐不出來，然而一旦這些小脂肪球大量聚集在少量水中，這些液體就變得較為凝滯，形成豪華的口感。

鮮奶油除了質地迷人，還具有獨特的「脂肪」香氣，這種香氣來自「內酯」分子，椰子與桃子也含有相同物質。內酯使得鮮奶油堅實又能入口即化。牛乳含有重量大致相同的蛋白質與脂肪，但鮮奶油裡的脂肪與蛋白質比例至少為10：1，由於蛋白質被大幅稀釋，因此鮮奶油較不易凝結。而且因為脂肪球濃度高，所以能打入空氣成為鮮奶油泡沫，比單純用牛乳製造的泡沫還要堅固而穩定。

雖然在酪農業萌芽時，人們一定已經開始享用鮮奶油，但鮮奶油比它製成的奶油更容易壞掉，因此除了在農家的廚房，鮮奶油的應用並不廣泛。到了17世紀，法國和英國的廚師會製作鮮奶油泡沫來模仿白雪；英國人利用鮮奶油疊層的特性將它堆成包心菜的形狀，他們也會使用緩慢而溫和的加熱方式製造出如堅果般堅實的「凝固」鮮奶油。鮮奶油的全盛期在18世紀，當時用於製造蛋糕、布丁以及白醬燉肉、燉肉和煮青菜這類美味的菜餚，若加以冰凍即成為大家喜愛的冰淇淋。到了20世紀，由於飽和脂肪的營養價值遭到質疑，鮮奶油的熱潮開始退燒，以致於在美國許多地方只能找到超高溫殺菌法處理過的保久鮮奶油。

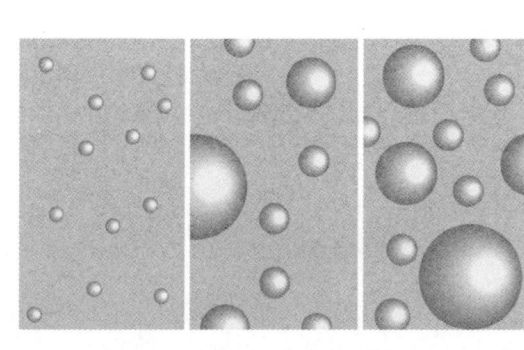

| 牛乳與鮮奶油中的脂肪球
由左至右：均質牛乳中的脂肪球（含3.5%脂肪）、非均質低脂鮮奶油（含20%脂肪），以及高脂鮮奶油（含40%脂肪）。乳脂中的脂肪球數量越多，越能干擾周邊液體的流動，讓乳脂產生濃郁的質地。

製作鮮奶油

藉由重力讓乳油自然分離以製造鮮奶油，需 12~24 小時。19 世紀末，法國人以急速旋轉的離心機取代自然重力法，乳油分離後再進行殺菌處理。在美國，鮮奶油加熱殺菌的最低溫度比牛乳還高（脂肪成分在 20% 以下的鮮奶油必須在 68°C 的溫度下加熱 30 分鐘，其他的則需達 74°C），而「超高溫殺菌處理」的鮮奶油則是在 140°C 的溫度下加熱 2 秒鐘（就像是超高溫殺菌法處理過的牛乳，詳見第 43 頁。只不過鮮奶油並未在嚴格無菌的狀態下包裝，因此必須冷藏）。經一般高溫加熱的鮮奶油可冷藏保存約 15 天，之後細菌開始作用，會變苦發臭，而烹煮味較強的超高溫殺菌鮮奶油則可保存幾個週。鮮奶油通常未經均質化處理，因為那樣會不易發泡，不過超高溫殺菌處理的保久鮮奶油，以及含一半牛乳的稀薄半乳鮮奶油就經過均質化處理，防止它們在盒內發生乳油分離。

脂肪含量的重要性

鮮奶油有各種不同的脂肪含量與濃度標準，每種都有其特殊目的。低脂鮮奶油可加在咖啡中或水果上；高脂鮮奶油則用於發泡或增加醬汁的濃度；凝塊鮮奶油（或稱塑性鮮奶油）用來塗麵包、糕餅或水果。鮮奶油的濃

鮮奶油種類

美國名稱	歐洲名稱	脂肪含量（%）	用途
半乳鮮奶油 （Half-and-half）		12（10.5-18）	咖啡、料理用
	低脂鮮奶油 （Crème légère*）	12-30	咖啡、料理用， 使醬汁或湯汁更濃郁、打成奶泡
	單倍鮮奶油	18+	咖啡、料理用
低脂鮮奶油		20（18~30）	咖啡、料理（很少有）
	咖啡鮮奶油	25	咖啡、料理用
低脂發泡鮮奶油		30~36	料理、增加濃度、打成奶泡
	法式酸奶油** （液態或濃稠狀***）	30~40	料理用、增加濃郁度、打成奶泡 （若濃稠度夠，可以塗抹）
發泡鮮奶油		35+	料理用、增加濃郁度、打成奶泡
高脂發泡鮮奶油		38（36+）	料理用、增加濃郁度、打成奶泡
	雙倍鮮奶油	48+	塗抹
	凝塊鮮奶油	55+	塗抹
塑性鮮奶油		65~85	塗抹

* légère：「低脂」。
** 在法國，法式酸奶油可能是「甜的」或以乳酸菌發酵；在美國，通常指的是經細菌發酵、酸而濃的鮮奶油，請見第 72 頁。
*** 濃稠狀是由細菌發酵而來。

稠度和多樣面貌依脂肪的含量而定，濃鮮奶油可用牛乳稀釋成接近低脂鮮奶油，或是打成可塗抹的半固態狀。低脂鮮奶油及半乳鮮奶油的脂肪球含量則不高，無法穩定住發泡（詳見第52頁）或防止醬汁凝結。脂肪含量介於30~40%的發泡鮮奶油，用途最廣。

烹飪時的穩定性　把高脂鮮奶油加入鹹或酸的食材一起煮，由於它的脂肪含量高，因此食材不會凝固（就如同要為鍋底去漬或稠化醬汁那樣）。原因何在？關鍵似乎在於當牛乳加熱後，脂肪球的表面薄膜可以抓住一定數量的主要牛乳蛋白質：酪蛋白。若脂肪球的重量占鮮奶油的25%以上，那麼脂肪球的表面就有足夠的面積抓住酪蛋白，酪蛋白凝塊就不會形成。脂肪含量較少時，脂肪球表面積較小，同時攜水的酪蛋白含量較多，此時脂肪表面只能抓住少部分酪蛋白，其餘的酪蛋白在加熱後就會彼此鏈結而凝固。（這就是我們以酸凝結法製造義大利馬斯卡邦乳酪時，用的是低脂鮮奶油而非高脂鮮奶油的原因。）

鮮奶油的問題：分離

　　非均質鮮奶油常見的問題是，乳油分離的過程在包裝盒裡仍然持續進行：脂肪球緩慢浮起，在上方聚集成半固態層。在冰箱的溫度下，脂肪球內部的脂肪形成固態結晶，穿透脂肪球保護膜，這些稍微突出的脂肪結晶彼此聚集在一起，成為極微小的奶油顆粒。

凝塊鮮奶油

　　現在的廚師通常會認為分離與固化鮮奶油是一樣瑣碎。不論是過去或現在，凝塊鮮奶油在英格蘭和中東都大受歡迎。17世紀，英格蘭的廚師會耐心從淺盤裡的鮮奶油挑出乳皮，小心排列並堆疊成包心菜的模樣，而現在

食物字彙：Cream、Crème、Panna

英文的Cream指牛乳富含脂肪的部分，源自法文的Crème，兩者對於鮮奶油的理想質地，都有令人驚奇卻又適切的關連。

從諾曼人征服英格蘭之前一直到今日，英格蘭北方某些方言裡的鮮奶油一直是ream，這是印歐字源簡單的變體，也是現代德文中Rahm的來源。不過在與法國接觸之後，便出現一個非凡的混合名詞。6世紀的高盧人將多脂的牛乳稱為crama，源自拉丁文cremor lactis，也就是「以高溫讓牛乳變濃稠之物質」。然後在接下來幾世紀，不知何故，它與chreme（聖油）這個宗教名詞發生關係，而chreme又來自希臘文的chriein（膏立），這個字後來衍生成為Christ（基督）：「受膏者」。因此在法文裡，crama變成crème，而在英文裡ream則被cream取代。

為什麼膏立這古老儀式會和這種濃郁的食品混在一起？也許是語言上的意外或錯誤。另一方面，聖油與奶油脂肪基本上是相同的東西，或者這就是靈感來源。在諾曼第的修道院或農場廚房裡，將鮮奶油加入其他食物裡，可能不只是強化風味，還被認為是一種祝福。

義大利的鮮奶油是panna，可回溯到拉丁文的pannus，也就是「衣物」，顯然它指的是平日常見的現象：鮮奶油常在牛乳的表面形成一層薄薄覆蓋物。

製作包心白菜狀鮮奶油則僅是為了稀奇。不過16世紀英國人所發明的凝塊鮮奶油（土耳其和阿富汗的 Kaymak 與 qymaq 也是類似的東西），至今依舊是重要傳統。

傳統凝塊鮮奶油的製造方法，是在淺鍋中將鮮奶油加熱至近沸點，持續數小時之後，冷卻靜置一天左右，再除去厚厚的固態層。加熱可加速脂肪球上升，並蒸發一些水分，使聚集的脂肪球融化為一團團乳脂，並產生烹煮過的味道，如此便可混合濃郁、顆粒狀的脂肪以及較稀薄的乳脂，使其具有濃郁的堅果味以及麥桿色的外觀。凝塊鮮奶油約有60%是脂肪，可塗抹在英式鬆餅和餅乾上，或搭配水果一起吃。

發泡鮮奶油

發泡鮮奶油相當神奇，只要簡單的物理攪動就能將原本美味但難控制的液體，變成同樣美味但卻可塑形的「固體」。發泡鮮奶油就跟奶泡一樣，是液體與氣體緊密混合而成，氣體被分隔為小泡，而乳脂則在微小的泡沫薄壁上展開、無法動彈。今日的鮮奶油泡沫隨處可見，但在公元1900年之前，製作這種豪華而柔軟的泡沫相當費工夫，當時的廚師需花一小時以上的時間攪打自然分離的鮮奶油，還得不時將泡沫撇出，使它靜置排水。一整團鮮奶油要能產生穩定的泡沫，關鍵在於必須有足夠的脂肪球將所有的液體和氣體結合在一起。但自然分離的鮮奶油很少能達到那樣的脂肪濃度（約30%），離心分離機發明之後，鮮奶油才變得容易製作。

脂肪如何穩定發泡鮮奶油　鮮奶油的泡沫是由脂肪得到穩定，這與蛋白、

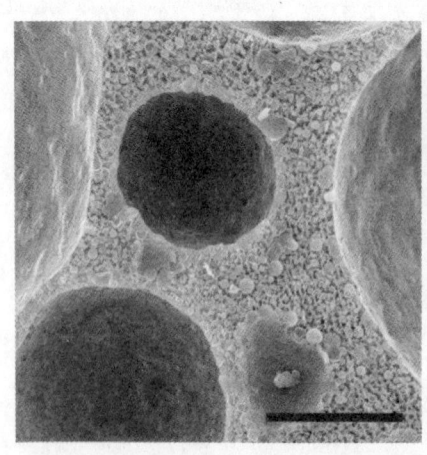

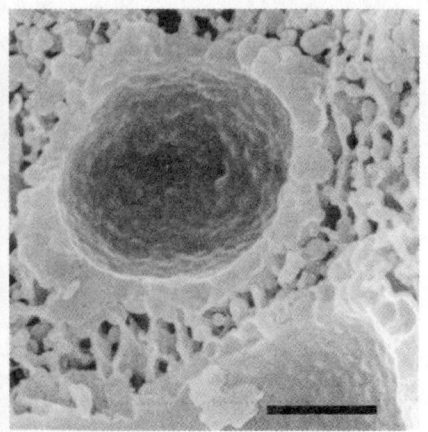

透過掃描式電子顯微鏡所觀察到的發泡鮮奶油
左圖：圖片顯示如洞穴般大的氣泡以及較小的球形脂肪球（右下角黑色比例尺代表0.03毫米）。
右圖：氣泡的特寫，可看出部分聚集的脂肪層可以穩定氣泡（右下角黑色比例尺代表0.005毫米）。

蛋黃和牛乳裡的蛋白質泡沫不同。剛開始，攪拌器將一些會立刻消失的氣泡打入鮮奶油，經過半分鐘左右，泡沫壁開始因為脂肪球的重組而逐漸穩定下來。攪打的過程中，脂肪球彼此撞擊並相互連結，而攪拌器所施加的剪力以及氣泡壁間的不平衡施力，也扯掉部分保護膜。裸露出來的脂肪碎屑不溶於水，會集中在鮮奶油的兩個地方：貼近泡沫壁中的氣泡，或是與另一顆脂肪球裸露出來的脂肪碎屑黏附在一起。因此脂肪球在氣泡周圍形成泡沫壁，然後與鄰近的泡沫壁連接在一起，發展出連續的網狀構造。這種堅固的脂肪球體網不只讓氣泡固定位置，還可避免液泡移動過遠，讓泡沫整體形成持久而穩固的結構。

如果在脂肪網剛成形後仍持續攪打，脂肪球也將持續聚集，不過，此時繼續攪打卻會讓泡沫變得不穩定。微小的脂肪球彼此聚集結合，形成更粗糙的乳脂塊，它們所支撐的氣泡與液泡也變得更粗糙，使泡沫的體積變小而且萎縮，完美發泡的鮮奶油原本柔軟的質地也變成顆粒狀。發泡過度的鮮奶油所含的奶油顆粒會在嘴裡留下油膩的殘渣。

冷卻的重要性　即使在微溫的狀態下，鮮奶油泡沫的乳脂骨幹都會軟化，而變成液態的脂肪會進一步使氣泡塌陷，因此在攪打時必須讓鮮奶油保持低溫，至少應該從5~10°C開始進行，容器和攪拌器也要夠冷，因為空氣和打發的動作很快就會讓所有東西變熱。理想狀況是，鮮奶油在攪打前應先置於冰箱12小時以上「熟成」。長期冷卻的作用可使部分乳脂形成結晶刺，加速脂肪球膜剝離，而且會使冰鮮奶油中仍保持液態的小部分脂肪無法流動。若在使用前才將置於室溫的鮮奶油放入冰箱，那麼一開始攪打時便會流出液態脂肪，使泡沫癱掉，無法成功發泡，而且比較容易出現顆粒狀和水狀。

不同的鮮奶油發泡後表現如何　用來發泡的鮮奶油必須富含脂肪，才能形成連續的脂肪球骨架。脂肪濃度至少要30%，相當於「稀鮮奶油」或「低脂發泡鮮奶油」。「高脂鮮奶油」的脂肪含量為38~40%，發泡速度比低脂鮮奶

| **早期的發泡鮮奶油**

S. Alban 的奶油打發法（My lord of S. Alban's Cresme Fouettee）
把甜濃鮮奶油放入盤子，看你想做多少就放多少，然後綁一束白色的硬燈蕊草用來打發它（像用來刷大衣的撢子），直到變濃、接近奶油的質地。若打太久，就會變成奶油。冬天大概打一小時就可以上桌，夏天則需要一個半小時。打好不要立即盛裝到盤子裡，要等到準備上桌時，撒上一些細糖粉到盤底，然後用大刮刀將鮮奶油鋪到盤子上，盛到一半時，再撒上一層糖粉，然後再將剩餘的全鋪上去（底部的乳清就不要了），然後再撒上更多的糖粉。
——坎奈姆・狄格拜爵士（Sir Kenelm Digby），《開櫃》（*The Closet Opened*），1669年

油快，泡沫也較堅實、濃密而黏稠，且滲出的液體較少，特別適用於糕點與烘培食品，可擠成固定形狀作為裝飾。在其他用途上，高脂鮮奶油通常會以其1/4體積的牛乳稀釋，製造成含脂量30％的鮮奶油以及質地較稀軟的泡沫。

均質化鮮奶油的脂肪球較小，且外部厚厚覆蓋著乳蛋白，因此可形成質地更細緻的泡沫，不過需要至少兩倍的時間打發（要達到顆粒狀的過度發泡狀態也更不容易）。廚師可將鮮奶油稍微酸化（每250毫升鮮奶油加入5毫升檸檬汁），讓脂肪球薄膜中的蛋白質更容易剝離，以省下發泡時間。

方法：手、機器、加壓氣體 要讓鮮奶油發泡有幾種方法，以手攪打比電動攪拌器耗時且費力，不過會帶入較多氣體且產生更多泡沫。利用加壓氣體可打出最輕盈又最蓬鬆的鮮奶油，通常是以氧化亞氮（N_2O）。大家最熟悉的氣動裝置為噴霧罐，內含超高溫殺菌的鮮奶油和溶解氣體的加壓混合物，開啟噴嘴釋出混合物時，氣體立即膨脹並使鮮奶油脹開成為極輕的泡沫。還有一種填充式的氧化亞氮充氣罐，以噴嘴釋出氧化亞氮打入一般鮮奶油，兩者相混後即可產生泡沫。

奶油與人造奶油

現在，若廚師真的在廚房裡製作奶油，結果通常慘不忍睹：鮮奶油菜餚處理不當，脂肪和其他食材分離了。這真是丟臉啊，所有廚師都該偶爾放鬆一下，故意讓一些鮮奶油過度發泡！奶油的出現是日常奇蹟，一種喜悅、一種驚奇，正如愛爾蘭詩人薛莫斯·希尼（Seamus Heaney）所謂的「凝結的陽光」、「如鍍金的碎石般在碗中堆疊」。乳脂的確是太陽能的一部分，牧場上的青草捕捉陽光之後，交給乳牛重新包裹在散布的微小脂肪球裡。攪動牛乳或鮮奶油會打破脂肪球，脂肪釋放出來後凝聚成更大塊的脂肪。人們最後會將這些脂肪濾過，轉化成金黃色的物質，最後融入食物，釋放出溫暖而甜美的濃郁質地。

在古代，奶油曾經不流行

牛乳只要攪動30秒，脂肪便能分離出來，因此人們在酪農業發展初期一定就已經發現奶油。從斯堪地那維亞到印度，它都曾經是重要的產物，生產的牛乳有近半數製造成烹飪與儀式用奶油。在北歐，奶油的全盛期很晚才開始，整個中世紀主要都是農民在食用。後來奶油逐漸進入貴族的廚房，成為齋戒期間羅馬教廷唯一允許食用的動物性脂肪。16世紀初，四旬齋期間也可以吃奶油，新興的中產階級逐漸接受奶油加麵包的鄉村組合。很快地，英國就以融化奶油浸泡肉類與蔬菜這樣的烹調方式而聲名大噪，歐洲各地的廚師則利用奶油做出各種美食，包括醬汁、糕點等。

荷蘭、愛爾蘭以及法國西北部的諾曼第與布列塔尼，特別以奶油品質聞名於世。材料大部分來自小農場的鮮奶油，這些鮮奶油是分次擠奶後儲存在乳庫，因此大概都已經存放1~2天，而且在乳酸菌的作用下變酸了。歐洲大陸現在仍然喜歡這種稍微發酵過的奶油多過19世紀常見的「甜奶油」，後者因為冰塊的使用、冷藏技術的發展以及機械乳脂分離器而變得普遍。

大約在1870年，法國由於奶油短缺而發明一種人造製品：人造奶油。人造奶油可用各種便宜的動物脂肪和蔬菜油製造。現在，美國和部分歐洲地區的人造奶油消耗量已經超過奶油。

奶油的製造

奶油的製造基本上很簡單，但是費工：持續攪動容器裡的鮮奶油，直到打破脂肪球並釋出裡面的脂肪，脂肪不斷聚集在一起而越來越大塊時，便可以收集起來。

準備鮮奶油　製造奶油時，需先將鮮奶油濃縮成含脂量36~44％，然後經過加熱殺菌，在美國通常是85°C，這樣的高溫可產生出一種煮過的特殊香味，

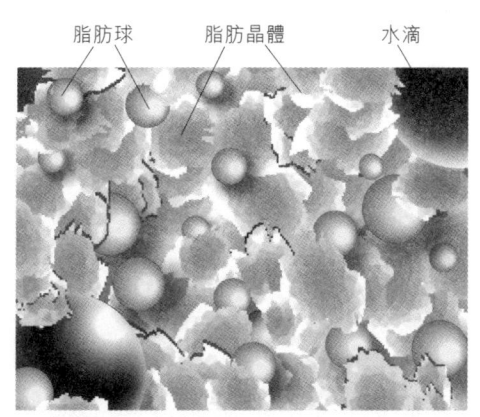

奶油結構
奶油大約由80％的乳脂及15％的水所組成。半固態的「游離」脂肪連續體，把脂肪球、固態晶體和水滴完全包住。大量均勻排列的晶體使奶油在低溫下質地堅硬，而不受束縛的脂肪則在奶油溫度升高軟化時，讓奶油可塗抹並流出液態脂肪。

有如卡士達醬。冷卻之後，若要做發酵奶油，便可將乳酸菌加入鮮奶油中發酵。再將加糖或發酵過的鮮奶油冷卻到約5°C，在那種溫度下「熟成」至少8小時，如此可讓脂肪球內的乳脂近半數成為固態晶體，以製成發酵奶油。這些晶體的數量與大小會影響乳脂分離的速度與程度，以及製成奶油後的質地。把適度加熱熟成的鮮奶油幾度之後加以攪拌。

攪動　利用各種機械裝置攪拌數秒鐘或15分鐘以打破脂肪球，形成初始的奶油顆粒。熟成期間形成的脂肪晶體會使脂肪球膜變形、鬆散而變得容易破裂。當不完整的脂肪球彼此碰撞之後，內部的脂肪液體會流在一起，形成連續體，並隨著持續攪動不斷變大。

加工　奶油顆粒經過攪動，積聚到一定大小時（通常為小麥種子大小），乳脂裡的水分便會排出，形成原始的白脫乳。它富含自由漂浮的脂肪球膜成分，含脂量約0.5％（詳見第72頁）。固態的奶油顆粒可以用冷水沖洗，除去表面的白脫乳。接下來，這些奶油顆粒經過「加工」，也就是揉捏在一起，使半固態的脂肪更加堅硬，並且使埋入奶油的白脫乳泡（或水）分裂成直徑約10微米的微滴，相當於大顆脂肪球的大小。乳牛的食物中若欠缺新鮮牧草而使橙色的胡蘿蔔素不足，生產出的乳脂就會比較蒼白，奶油製造商在加工時可添加染料，例如胭脂樹紅（詳見第二冊），或是補充純胡蘿蔔素。若奶油需要加鹽，無論是細顆粒鹽或濃鹽水，也都在此階段加入。接下來即可儲存、混合或立即塑形包裝。

奶油的種類

　　奶油以數種獨特的形式製成，每種都有特殊的品質，必須仔細閱讀標籤才知道特定品牌的奶油原料，究竟是原味鮮奶油、發酵鮮奶油，或是模仿發酵鮮奶油味道的加味鮮奶油。

　　生奶油：無論是加糖或發酵過的，生奶油目前在美國已幾乎絕跡，在歐洲也相當罕見。其珍貴之處在於原味，沒有那種在加熱殺菌時產生的熟牛

乳味。這種風味的奶油相當不耐放，除非冷凍，否則大概10天之後就會壞掉。

甜奶油：英國和北美最常見的基本奶油。它是以加熱殺菌的新鮮鮮奶油製成，在美國必須含有80%以上的脂肪與16%以下的水分，剩下的4%為白脫乳微滴中的蛋白質、乳糖和鹽。

含鹽甜奶油：含有1~2%的添加鹽（相當於每磅1~2茶匙，或每500公克加5~10公克）。加鹽的作用在於防腐，甜奶油中含鹽量只要達2%，效果就相當於水中12%的含鹽量，因此依然是有效的抗菌劑。

發酵鮮奶油：是歐洲的標準奶油，工業化之前最常見的奶油調整而成的現代版本。在乳酸菌的作用下，生奶油逐漸酸化而從鍋中慢慢分離，再加以攪拌。發酵奶油有不同的味道：乳酸菌製造出酸與香味的混合物，因此這種奶油味道香濃，其中「雙乙醯」這種特殊的香氛化合物大幅強化了奶油的基本風味。

發酵奶油或類似的產品有幾種不同製法。最直接的方法是將高溫殺菌過的乳脂，在較冷的室溫下以鮮奶油發酵菌（詳見第71頁）發酵12~18個小時，然後再攪動。1970年代，荷蘭發展出來更有效率的方法（在法國也開始使用）：先將甜鮮奶油攪拌成奶油，然後加入發酵菌與預先備妥的乳酸，在冷藏時就可散發出風味。最後，製造商也可以把純乳酸與香氛化合物加入甜鮮奶油。這就是人工加味的奶油，不是發酵的奶油。

歐式奶油：美國模仿法國奶油的產物，這種發酵奶油的脂肪含量超過80%。法國規定奶油的脂肪含量至少要82%，有些美國製造商的目標是85%，這些奶油的含水量少了10~20%，在製造千層麵糰時相當好用（詳見第三冊）。

發泡奶油：現代為了方便塗抹而發展出的形式。將一般的甜奶油軟化後，注入相當於其1/3體積的氮氣（空氣易造成氧化及酸敗）。物理壓力與氣泡都使奶油結構變得脆弱，更容易塗抹，不過在冷藏溫度下依然是易碎的。

特製奶油：專為法國專業麵包師與糕點廚師而製作的。廚師專用奶油、糕點專用奶油以及無水奶油幾乎就是純乳脂，作法是將一般的奶油慢慢融化後，以離心機從水和乳的固形物中分離出脂肪，然後重新冷卻，或是緩慢結晶後分割成塊。特製奶油的融化溫度從27°C~40°C之間不等，可依廚師

的需要特製。

奶油稠度與結構

製作精良的奶油可以有明顯不同的濃稠度。例如在法國，諾曼第的奶油較軟，適合用來塗抹及製成醬料。20世紀知名英國烹飪作家伊莉莎白‧大衛（Elizabeth David）表示：「當你在諾曼第吃到奶油鱒魚時，很難相信那不是鮮奶油。」法國沙杭特奶油的質地則較為密實，比較適合製作糕點。許多酪農場在夏天製作的奶油通常比冬天的軟。奶油的濃稠度反應出它細微的結構，而這主要又受到兩種因素的影響：乳牛的飼料以及奶油製造商對牛乳的處理方式。如果飼料富含多元不飽和脂肪，特別是新鮮的牧草，就能製作出較軟的奶油；以乾草和穀類為飼料，製作出的奶油則較密實。奶油製造商也會在熟成期間控制乳脂冷卻的程度與速度，以及對新生成奶油加工程度，如此便能調整奶油濃稠度。這些條件可以控制結晶脂肪硬化以及脂肪球軟化的相對比例，而且可以釋放脂肪。

奶油的保存

奶油中微量的水是以微滴散布，因此妥善製作的奶油可抗拒微生物大舉入侵，在室溫下保存數日。不過，它細緻的味道很容易因為暴露於空氣與強光下而變差，因為脂肪分子會被分解成為較小片段，聞起來會有腐敗與油耗味。奶油也很容易吸收周遭環境強烈的味道。要長期保存的奶油必須置於冷凍庫，而每天食用的奶油則要盡可能置於陰涼處，並將剩餘的奶油重新密閉包裝，最好是用原裝的箔紙，不可用鋁箔紙，因為奶油直接與金屬接觸會加速脂肪氧化，特別是含鹽奶油。奶油條表面上透明暗黃色的斑點，是奶油暴露於空氣中乾掉的部分，嘗起來有油耗味，應該刮除。

奶油入菜

廚師在使用奶油時，目的各不相同。有的是塗抹蛋糕烤盤和舒芙蕾烤模，有的則是添加奶油糖果的氣味。以下列出奶油一些較為明顯的角色，至於

它在烘焙中的重要性,將在第二冊討論。

以奶油做裝飾:塗抹與發泡奶油　簡單的好麵包塗上原味奶油是一種最單純的享受。奶油那種濃稠質地是乳脂融化的特性,在15°C左右開始軟化即可塗抹,不過要到30°C時才會開始融化。

這種可塑形的濃稠狀態也代表它很容易與其他原料融合,並帶著它們的味道和顏色,協助它們均勻塗覆在其他食物上。合成奶油是室溫下的奶油塊與一些調味料或色素揉製而成,這些調味料可包含香草、香料、高湯、酒之濃縮汁、乳酪和搗碎的海鮮。這樣的混合物可以塗抹在其他食物上,或是冷藏、切片並融化為奶油醬汁,淋到熱食的肉或蔬菜上。廚師準備的發泡奶油是將奶油打入一些氣體,然後再加入約其一半體積的高湯、蔬菜泥或其他液體調味,這些液體會以小液滴的形式在乳脂裡散開。

以奶油做醬汁:融化的奶油、褐色奶油與深褐色奶油　最簡單的醬汁也許就是將小塊奶油放在熱蔬菜上,或拌入飯或麵中,或融化在蛋包或牛排的表面上產生光澤。融化的奶油可以加上檸檬汁,味道更有變化,或是移除乳固形物讓它變「清」(見下一段「清奶油」)。褐色奶油與深褐色奶油是法國人自中世紀用到現在的奶油醬,能讓魚、腦髓及蔬菜的味道更為豐富。若要強化奶油味,方法是將奶油加熱至約120°C,直到奶油水分燒乾,讓白色殘餘物裡的分子、乳糖以及蛋白質彼此作用,形成棕色色素與新的香氣(詳見第310頁的褐變反應),褐色奶油必須煮到變成黃棕色,深褐色奶油則是暗棕色(真正的黑奶油是苦的)。這種醬汁通常會加一些醋或檸檬汁來平衡味道,不過要等奶油冷卻到沸點之下,否則加入的冷液體會噴濺而出,且檸檬汁裡的固體會變為棕色。這些奶油本身就能為烘培產品帶來堅果般的風味。

乳化奶油醬(白奶油醬汁、荷蘭醬以及類似製品)請見第三冊。

清奶油　清奶油是除去水及乳固形物的奶油,基本上只留下純乳脂,融化

時相當美麗清澈，比較適合拿來煎或炸（在低溫煎或炸時乳固形物會燒焦）。製作方法是將奶油緩緩加熱至水的沸點，直到冒出水泡，同時乳清蛋白質也會形成泡沫，最後所有水分都蒸發了，便不再冒泡，蛋白質泡沫也脫水了。此時上方會留下乾燥的乳清蛋白質乳皮，而底部則留下乾燥的酪蛋白粒子。掀掉乳皮，將液態的脂肪從酪蛋白殘渣中瀝出，純化過程即完成。

以奶油煎炒　奶油有時被用來煎和炒，優點是大量飽和脂肪能抵抗加熱所造成的分解，因此不會像不飽和油那樣黏黏的；缺點是乳固形物約在150°C就開始變成棕色然後燒焦，比許多蔬菜油發煙點的溫度還要低。奶油中加入油並不會改善熱耐度，但清奶油可以，不含乳固形物的奶油加熱到200°C都還不會燒焦。

人造奶油和其他乳製塗醬

　　人造奶油被稱為「政治直覺與科學研究的產物」。拿破崙三世為了解決都市人口不斷增加、人民卻營養不良的問題，便提供資金開發廉價的食用性脂肪，以補充奶油供給。3年之後，也就是1869年，法國化學家發明了人造奶油。在伊波利特・梅居－慕赫耶（Hippolyte Mege-Mouries）之前，就已經有人試圖改變固態動物性脂肪，不過他的創新作法是把牛乳加入濃縮的牛油中調味，把這種混合物當成奶油使用。

　　歐洲奶油製造商與出口國（荷蘭、丹麥及德國）很快就趕上人造奶油的風潮，部分原因是他們在製造奶油時有剩餘的脫脂牛乳，可用來增加人造奶油的風味。美國在1880年開始大規模製造人造奶油，而酪農業者和其政界盟友則祭出差別稅來抵抗，這項稅目一直延續到1970年代。今日，基本的人造奶油仍然比奶油便宜，美國人消耗掉的人造奶油是奶油的兩倍以上。斯堪地那維亞及北歐人也偏好人造奶油，但法國與英國則仍然喜歡奶油。

植物性人造奶油的興起　現代人造奶油並非來自固態的動物性脂肪，而是來自通常為液態的植物油。這樣的轉變是在1900年左右，德國與法國化學

印度清奶油：Ghee

在印度，清奶油在所有食物中是最顯赫的。除了作為食材以及炸油之外，它還是純潔的象徵，是給眾神的古老祭品、聖燈的燃料以及火葬用的燃料。Ghee（源自梵語的「明亮」）因需求而誕生。一般奶油在大部分鄉下地區只要10天就會壞掉，但清奶油可保存6~8個月。傳統上，ghee的原料是全脂的乳牛乳或水牛乳，經乳酸菌酸化成為優酪乳般的dahi，攪拌後得到奶油。今日，工業化製造商通常以鮮奶油為原料。預先酸化可增加奶油的量及風味；有人說用甜乳脂製造的ghee嚐起來很無味。奶油加熱至90°C，使水分蒸發，然後將溫度升高到120°C，使乳固形物產生褐變，如此可增加ghee的風味，同時產生抗氧化的化合物，延緩酸敗，然後將棕色殘渣濾掉（這些棕色殘渣會加入糖做成甜點），留下澄清的液態ghee。

家發展出氫化製程，可改變脂肪酸結構而使液態油變硬（詳見第340頁）。氫化可讓製造商生產出奶油替代品，即使冰在冰箱，都能直接拿來塗抹，而一般奶油在低溫下通常會太硬而無法使用。改用蔬菜油帶來一個意料之外的好處，那就是在第二次世界大戰之後，醫學發現肉類與乳製品中的飽和脂肪會提高血液的膽固醇含量以及罹患心臟疾病的風險。人造奶油中，飽和與不飽和脂肪酸含量比例只有1:3，但奶油為2:1。不過，最近科學家發現，氫化製程產生的反式脂肪酸，實際上會提高血液裡的膽固醇含量（請見本頁下方）。還有其他的方法可使蔬菜油固化，但不會產生反式脂肪，已經有製造商生產「無反式脂肪」的人造奶油及起酥油。

製作人造奶油　人造奶油的總組成與奶油相同：80%以上的脂肪、16%以下的水。水可能來自鮮奶、發酵脫脂牛乳，或奶粉泡的脫脂牛乳。加入鹽則可以增添風味，降低煎炒時的油爆，並可作為抗菌劑。在美國，脂肪部分是由黃豆、玉米、棉花籽、向日葵、菜籽油等植物油混合而成，在歐洲也使用豬油和精煉魚油，此外會加入卵磷脂（0.2%）幫助乳化、穩定水滴並減少在煎鍋裡的油爆；此外也會加入色素、調味劑和維生素A與D，還可以打入氮氣，讓奶油更蓬鬆、好塗抹。

人造奶油的種類和塗醬　人造奶油最常見的類型是條裝（stick）和盒裝（tub，或稱軟式），它們調配成能在室溫下塗抹的硬度，並且入口即化。在冰箱裡，條裝的人造奶油只稍微比奶油軟一點，而且和奶油一樣可以加糖拌打成糖霜。盒裝人造奶油基本上比較不飽和，而且即使在5°C的溫度下也很容易塗

氫化副產品：反式脂肪酸

反式脂肪酸是一種表現非常類似飽和脂肪酸（詳見第340頁）的不飽和脂肪酸。它們是氫化過程的產物，也是人造奶油能夠像奶油那麼堅硬，卻只含一半飽和脂肪的原因。反式不飽和脂肪可使人造奶油變硬，也較不易氧化或受高溫破壞，因此能作為更穩定的烹飪用油。

由於反式脂肪酸可能導致人類心臟病，因此近年來遭到嚴格審視。研究指出它們不只會和飽和脂肪一樣，提高人類血液裡有害的低密度脂蛋白膽固醇（LDL）含量，同時也會降低有益的高密度脂蛋白膽固醇（HDL）含量。美國人造奶油和烹飪用油製造商，現在改變處理方式，降低目前所含的反式脂肪（原本硬式人造奶油的總脂肪酸中，有20-50%的反式脂肪酸，較軟式產品含量少）。

人造奶油製造商並非唯一的反式脂肪生產者，動物瘤胃裡的微生物也是！由於它們的活動，使乳、脂肪及乳酪中的脂肪平均有5%為反式脂肪酸，而瘤胃動物（牛與羊）的肉脂肪則有1~5%為反式脂肪。

抹，不過因為太軟而不適合加糖拌打，也不適合用來製造酥皮。

低脂塗醬含油量較少，而且水分比標準的人造奶油多，需仰賴碳水化合物及蛋白質穩定劑，並且不適合烹煮，因為穩定劑在煎鍋裡會燒焦。在烘培時若用高濕度的塗醬來替代奶油或人造奶油，會導致液態與固態比例嚴重失衡。極低脂與無脂塗醬含有相當多澱粉、樹膠與蛋白質，加熱時不會融化，只會變乾然後逐漸燒焦。

特製人造奶油通常只有專業烘培師能取得，例如原始的法國人造奶油，它們有的會含有濃縮牛脂。這種人造奶油被製作成扎實但可塗抹的濃稠度，適用的溫度範圍比奶油更廣。（詳見第三冊）

冰淇淋

冰淇淋把原本就質地非凡的鮮奶油提升為更濃郁美味的食品。經過冷凍，我們可以嘗到鮮奶油般的細緻口感、由固態變成液態的誘人過程。不過要把鮮奶油冷凍得恰到好處並不容易。

冰淇淋的發明與演化

純鮮奶油冷凍後會變得跟岩石一樣硬，雖然加糖能讓它更柔軟，不過也會降低它的冰點（溶解的糖分子會使水分子難以穩定成井然有序的晶體）。因此甜鮮奶油的冰點比純水還低很多，而且在半融化狀態的冰中無法冷凍凝固，就像有個較溫暖的東西在雪中或冰中一樣。冰淇淋來自於一項化學上的巧思：當鹽溶解到半融化的冰中，水的冰點便會降低，因此溫度能降到夠低，使甜鮮奶油結冰。

13世紀的阿拉伯世界就已經知道鹽對於冷凍的效果，這項知識最後傳到了義大利。17世紀初，義大利已出現以水果製造冰的描述。冰淇淋的英文（ice cream）首度出現於1672年查爾斯二世的宮廷文件中，而最早出現在印刷品中的冰塊和冷凍鮮奶油配方，是在1680~90年代的法國和那不勒斯。到了美國革命時代，法國人發現不斷攪拌結冰的混合物能產生更細緻而結晶更少的

最早的冰淇淋食譜
橙花之雪（Neige de fleurs d'orange）
必須使用甜鮮奶油，放入兩把糖粉，然後將橙花瓣切碎放入鮮奶油裡……全部置入鍋裡，將鍋子置於冰酒器。接著你必須拿冰，充份壓碎，加入一把鹽後鋪在冰酒器底部，再放入鍋子……必須持續放入一層冰和一把鹽，直到冰酒器滿佈碎冰、蓋過鍋子。盡可能將它置於最冷的地方，還要不時搖動，免得凍結成一整塊冰。總計大約需花兩小時。

——《新果醬》（*Nouveau confiturier*），1682年

質地，他們也在每品脫（550 ml）鮮奶油中加入20顆蛋黃，發展出超濃郁的冰淇淋（奶油冰），以及用各種堅果、香料、橙花、焦糖、巧克力、茶、咖啡甚至裸麥麵包，製作出口味獨特的冰淇淋。

美國的大眾食品　美國將這道美食變成大眾食品。在1843年之前，冰淇淋的製造還是採用難操作而小規模的製程，直到費城的南西‧強生（Nancy Johnson）申請了冰淇淋機的專利。這台機器由一大桶鹽水、冰淇淋混合物及攪拌葉片的封閉圓筒容器所組成，攪拌軸從上方伸出，可持續轉動。5年後，巴爾的摩市的威廉‧楊（William G. Young）改良強生的設計，讓混合容器可在鹽水中旋轉，增加冷卻效率。強生－楊的冰淇淋機以簡單而穩定的機械動作製造出大量質地細緻的冰淇淋。

第二次量產的重大演進，出現於1850年代初，當時巴的摩爾市有一位牛乳商雅各‧弗塞爾（Jacob Fussell），決定把當季生產過剩的鮮奶油拿來製造冰淇淋。他的售價只有專賣店的一半，因此大為成功，成為首位提供大量產品的製造商。這種模式變得很受歡迎，因此到了1900年，一位英國旅客曾對美國人吃冰淇淋「數量之龐大」感到震驚。今日美國人的冰淇淋消耗量仍然大幅超越歐洲人，每年每人吃掉將近20公升。

冰淇淋的工業化　冰淇淋一成為工業化產品，業界就賦予它新的定義。比起手工冰淇淋，工業化冰淇淋的冷凍效率更快更好，因此可生產出極細緻的冰晶。柔滑的質地也成為工業冰淇淋的特色，製造商將傳統的原料加入膠質和濃縮的乳固形物，加強柔滑效果。二次世界大戰後，他們加入更大量的穩定劑，好讓冰淇淋在新發明的家用冰箱裡保存滑順的特性。價格競爭也促使廠商增加添加劑、生產過剩的牛乳製成的奶粉、人工香料及色素的用量。因此冰淇淋的品質開始分級，較頂級的是傳統而昂貴的冰淇淋，低等級的則是品質較差、但更穩定而廉價的產品。

英國乳酪（Fromage a l'angloise）
將一chopine（16盎司，450公克）的甜鮮奶油加入相同份量的牛乳，半磅（227克）的糖粉，攪入3顆蛋黃，煮沸到像是稀粥；從爐火拿開、倒入冰模，放到冰裡3小時；等到它變硬時，從冰中取出模子，稍微放溫以倒出乳酪，或是將模子稍微在熱水裡浸一下，然後放在高腳水果盤裡上桌。
　　　　　　　　　　　　　　　　　　　　── 法蘭斯‧馬西亞羅（Francois Massialot），
《果醬製作新法》（*La Nouvelle instruction pour les confitures*），1692年。

冰淇淋的結構與質地

冰晶、濃縮鮮奶油、空氣　冰淇淋包含三項基本要素：純水形成的冰晶、冰晶在混合料中形成時析出的濃縮鮮奶油，以及混合料在冷凍過程中受到攪動所形成的微小氣泡。

- 水分子在混合料冷凍時形成的冰晶，能使冰淇淋密實，支撐起冰淇淋的外形。冰晶的大小決定冰淇淋的質地是細緻滑順或粗糙而呈顆粒狀。不過它們只占總體積的一小部分。
- 冰晶形成時，混合料就剩下濃縮鮮奶油。由於含有溶化的糖，即使在-18°C，混合料仍有約1/5的水未結冰，結果產生非常濃稠的液體，其中的液態水、乳脂、乳蛋白及糖，比例大致相同。此液體將數以百萬計的冰晶包覆起來，以鬆散的力量將它們黏合在一起。
- 在冷凍期間攪動冰淇淋混合料，會攪入許多氣泡。冰晶與鮮奶油的排列會被氣泡打斷而變弱，使冰淇淋混合料較鬆軟而且易於舀食。氣泡使冰淇淋的體積比原本的混合料更大，這種增大稱為膨脹，在鬆軟的冰淇淋中，增大的比例可高達100％。也就是說，冰淇淋最後的體積是由一半混合料與一半空氣組成，膨脹值越低，冰淇淋就越濃。

平衡　製造優質冰淇淋的關鍵在於調出的混合料要能讓冰晶、濃縮鮮奶油與空氣的結構在冷凍時達到平衡。平衡而製作良好的冰淇淋質地應是滑潤、密實，而且要稍有嚼勁。混合料水分越少，就越容易生成小結晶與滑順的質地。然而，糖和乳固形物太多會造成黏稠、潮濕如糖漿般的效果，脂肪太多最後會攪成奶油。大多數優質冰淇淋食譜，製造出來的混合料約為水分60％，糖分15％，而乳脂成分在10％(美國市面上冰淇淋的最低限度)~20％。

冰淇淋是半固態的泡沫
在冷凍冰淇淋混合料的過程中會形成冰晶（固態純水），而其餘的混合料則會析出富含糖和乳蛋白的液體。攪動會使混合料布滿氣泡，而層層聚集的脂肪球會穩定這些氣泡。

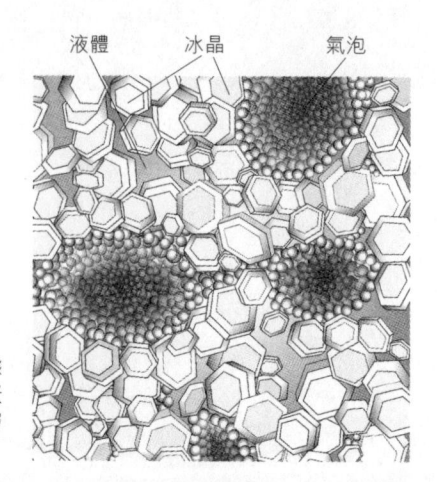

冰淇淋的類別

先不論口味，以下為冰淇淋的兩大種類以及幾種次要種類：

- 標準或費城式冰淇淋：是由鮮奶油、牛乳和糖，再加上其他次要材料製成。它吸引人之處在於鮮奶油本身的濃郁與細緻，再加上香草、水果或堅果的風味。
- 法式或卡士達冰淇淋：還加入蛋黃，每公升可使用12顆之多。蛋黃中的蛋白質與乳化劑有助於讓冰晶變小，而且在乳脂比例較低而水分較多的情況下，還能保持質地滑順。有些傳統的法國冰淇淋混合料，是牛乳製造的英格蘭卡士達醬（見第132頁），而非鮮奶油。含有蛋黃的混合料必須烹煮過，使蛋白質與乳化劑變稀少（並且殺死生蛋黃裡的所有細菌），結果會變成濃如卡士達般的混合料，讓冰淇淋擁有烹煮過的特殊蛋香。
  義大利的 gelato 是一種形式獨特的卡士達冰淇淋（乳脂以及蛋黃含量特高＊），將卡式達冷凍與輕微攪拌成膨脹度小、味濃、密實的冰淇淋。（「gelato」的意思就是「冰凍」，在義大利可指很多冷凍料理。）
- 減脂、低脂及無脂冰淇淋，其含脂量低於美國市面上冰淇淋至少要含10%的規定。它們以各種添加物讓冰晶變小，包括玉米糖漿、奶粉、以及植物膠。霜淇淋則是一種減脂食品，由於在較高溫（-6°C）的環境下分裝，質地更柔軟。
- Kulfi 是印度冰淇淋，其歷史可回溯到16世紀。將牛乳煮沸（期間不攪動），使其體積減少，最後濃縮為質地滑順的乳蛋白和糖。它有一種強烈的煮沸牛乳和奶油糖果的味道。

通常高品質冰淇淋使用的鮮奶油和蛋黃比便宜的冰淇淋還多，所含的空氣也較少。用手掂掂一盒冰淇淋的重量，很快就可以估算價值：一公升昂貴冰淇淋所含的鮮奶油和糖量，可能相當於兩公升便宜的冰淇淋，不過後者也多出一倍的空氣。

製作冰淇淋

製作冰淇淋有三大基本步驟：準備混合料、冷凍以及硬化。

＊ 在義大利，gelato 泛指所有的冰淇淋，從低脂到高脂都有。而在義大利之外的國家，大部分 gelato 的脂肪含量都比一般冰淇淋要低。

準備混合料　第一步驟是選擇原料，然後將原料混合在一起。

基本原料為鮮奶油、牛乳以及食用糖。混合料的成分含有最高可達17%的乳脂（1:1的全脂牛乳與高脂鮮奶油）與15%的食用糖（每夸脫牛乳和鮮奶油混和液加入3/4杯的糖，或是每公升加入180公克的糖）。這些原料在冰淇淋製造機快速冷凍時會變得滑順。要讓低脂冰淇淋變得更滑順，可用含有蛋黃的卡士達式混合料，或是以高蛋白蒸發乳、煉乳或奶粉取代部分鮮奶油，或以濃稠的玉米糖漿取代食用糖。

商業販售的冰淇淋，大多數或所有混合材料攪拌在一起之後，需進行高溫殺菌，此步驟也有助於原料溶化及水合。若烹煮後的溫度夠高（超過76°C），可使冰淇淋變得更濃稠、滑順，因為高溫使乳清蛋白變性，有助於縮小冰晶。含有蛋黃的混合料要煮到恰好變稠，家用的混合料只要混合鮮奶油與糖，可不經烹煮直接冷凍，以保留新鮮風味。

冷凍　混合料備妥後，須先預冷以加速隨後的冰凍過程，接下來要快速冷卻，置入有冷凍劑冷卻內壁的容器裡，攪拌混合料使它均勻接觸容器內壁，並帶入一些空氣，而最重要的就是製造出滑順的質地。若混合料未經攪拌且冷卻過慢（靜置冷卻），冰晶體積會變大、數目則減少，並逐漸結成一塊，質地也較粗。一邊攪拌一邊快速冷卻，可產生許多晶種，由於它們必須共用水分子，所以體積無法長成數量較少時那麼大。攪拌也可避免冰晶長成舌頭可以辨別的顆粒。冰晶較小而數量較多時，較能產生出滑順柔軟的質地。

硬化　硬化為製造冰淇淋的最後階段。當混合料變得濃稠而難以攪動時，大約只有一半的水凝結為冰晶。這時必須停止攪動，靜置冷凍一段時間，讓另外40%的水分移到既存的冰晶上，使各種固態物質不那麼濕滑。若硬化過程太緩慢，有些冰晶會用去更多的水而使質地變粗。若想加速硬化過程，可將剛開始冷凍的冰淇淋分裝至數個小容器，增加表面積，可比單一大型容器更快放熱。

冷凍冰淇淋——使用飛行碉堡及液態氮

1934年3月13日，《紐約時報》報導指出，美國駐英飛行員在出任務時發現製造冰淇淋的聰明方法。在〈飛行碉堡兼冰淇淋冷凍機〉一文中提到，飛行員「將預先準備好的冰淇淋混合料置於大罐子裡，固定在飛行碉堡的後炮手室。在高空飛越敵軍領空後，便能得到充份攪動和冷凍。」現今，化學老師之間則流行一種既壯觀又有效的方法，在碗裡冰凍冰淇淋混合料。他們採用的是沸點為-196°C的液態氮。把8~10公升的液態氮攪入碗裡，會立即沸騰、冒泡，並幾乎立即就徹底冷卻了混合料。最後，就會出現非常滑順的冰淇淋，而且剛做好時還非常冰呢！

乳與乳製品 | chapter 1

冰淇淋儲存與上桌

　　冰淇淋最好能儲存在盡量低溫的環境下，至少要低於-18°C，以確保滑順。儲存期間質地變粗是無可避免的，因為部分的冰淇淋會反覆融化、結凍，在這過程中，最小的冰晶會完全融化，水分子便囤積在數量更少但體積更大的冰晶上。儲存溫度越低，質地變粗的過程就越慢。

　　冰淇淋與空氣接觸的表面在儲存時會有兩種問題：它的乳脂會吸收冷凍櫃其他地方的異味、冷凍室空氣較乾燥可能使乳脂遭受破壞而腐敗。要避免這些問題，只要將塑膠保鮮膜直接按壓在冰淇淋表面即可，但注意不要留下任何氣泡。

　　冰淇淋上桌前，最理想的方法是先讓它從-18°C回溫。-13°C是比較不會讓舌頭與味蕾發麻的溫度，而且含水量較多，可使質地更滑順。在-6°C（標準的霜淇淋溫度）時，有一半的水分會處於液態。

冰淇淋的固定成分
除了膨脹體積和熱量，此處的百分比都是冰淇淋的重量百分比

種類	乳脂%	其他乳固形物%	糖%	蛋黃固體%（穩定劑）	水%	膨脹體積（原混合料體積%）	熱量（熱量，每1/2杯或125毫克）
頂級標準	16~20	7~8	13~16	(0.3)	64~56	20~40	240~360
知名品牌標準	12~14	8~11	13~15	(0.3)	67~60	60~90	130~250
實惠型標準	10	11	15	(0.3)	64	90~100	120~150
「法國」(量販型)	10~14	8~11	13~15	2	67~58	60~90	130~250
「法國」（手工製造）	3~10	7~8	15~20	6~8	69~54	0~20	150~270
義式冰淇淋（Gelato）	18	7~8	16	4~8	55~50	0~10	300~370
霜淇淋	3~10	11~14	13~16	(0.4)	73~60	30~60	175~190
低脂	2~4	12~14	18~21	(0.8)	68~61	75~90	80~135
冰凍果子露（Sherbet）	1~3	1~3	26~35	(0.5)	72~59	25~50	95~140
印度冰淇淋	7	18	5~15	——	70~60	0~20	170~230

新鮮發酵乳與鮮奶油

乳有項與眾不同的特性,它具有自我保存的能力,也就是會自然產出特定微生物群,將自身的糖轉變為酸,因此能保存一段時間仍不會腐敗或窩藏病源。同時,微生物也會改變乳的質地與風味,成為人們喜歡的食物。這種良性的轉變就是發酵,雖然不一定會一直發生,不過發生的機率已經夠大,足以讓所有從事酪農業的人將細菌發酵乳視為重要的製程。直到今日,優酪乳與酸奶油仍然廣受歡迎。

為什麼會有如此幸運的發酵?它是乳獨特的化學性質,以及一群細菌的組合所產生的結果。早在哺乳動物和乳品出現於地球前,這些細菌就已蓄勢待發,準備好好利用乳的化學特性。乳酸菌是製造各種發酵乳製品的重要關鍵。

■ 乳酸菌

牛乳富含營養,不過它最主要的立即可用能量來自乳糖,而這種糖類在自然界其他地方幾乎都找不到,也就是說,很少微生物具備消化這種糖類的酵素。乳酸菌成功的關鍵在於專門消化乳糖,並從乳糖分解為乳酸的過程中取得能量,然後將乳酸釋放到牛乳中。乳酸在牛乳中累積並阻礙其他微生物成長(包括使人生病的細菌),雖然它們也會產生一些抗菌物質,不過主要的防禦武器是它們那令人愉悅卻又會讓人皺起眉頭的酸性,這種酸也讓酪蛋白聚集成為半固態的凝乳(詳見第39頁),並使牛乳變濃稠。

乳酸菌可分為兩大類:小型的乳酸球菌屬(Lactococcus,拉丁文的「牛乳」和「球體」的組合)主要可在植物裡找到(不過它是鏈球菌的近親。鏈球菌屬的成員主要存活於動物體內,是許多人類疾病的成因),以及具有50幾種成員的乳酸桿菌屬(Lactobacillus,拉丁文的「乳」及「桿」),它在自然中分布較

| 以乳酸菌凝結牛乳
當細菌使乳糖發酵而製造出乳酸時,酸度逐漸增加的環境,會使原分離但成束狀的酪蛋白微膠粒(如左圖)展開成為個別的酪蛋白分子,然後重新連結在一起(如右圖)。這種常見的重新鍵結,形成連續性的蛋白質分子網,將液體及脂肪球包圍住,並將液態的牛乳變成脆弱的固體。

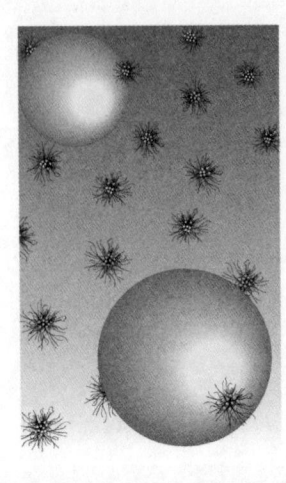

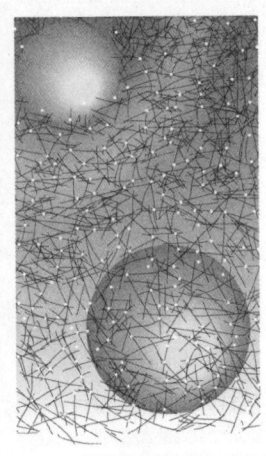

廣，植物和動物體內都能找到它們的身影，包括喝牛乳的小牛胃裡，以及人類嘴裡、消化道和陰道裡，這些能夠抑制病菌滋生的生物，一般而言對人體是有益的（見第70頁下方）。

負責製造重要發酵乳品的細菌於1900年發現，那時就已經可以培養個別的菌株。現在，酪農場的發酵製程很少單憑運氣。傳統自發性發酵產品或許包括十幾種或更多不同的微生物，工業發酵製程則通常限制在兩到三種。這種生物菌種的少樣化可能會影響氣味、濃稠度與健康價值。

新鮮發酵乳家族

新鮮的發酵乳通常在數小時或數日內就可以完成並食用，這與大多數必須經過數階段作業並持續發酵數週或數月的乳酪不同（詳見第75頁）。一本最近的百科全書對發酵乳進行分類，數量竟高達數百種之多！它們大多數源自西亞、東歐與斯堪地那維亞半島，並且由無數移民帶到全球各地。許多人是將一塊布浸在家族的發酵液裡，輕輕擰乾，小心保存到新家後再浸入牛乳。

優酪乳、酸奶油和白脫乳這些西方人熟悉的少數新鮮發酵乳，代表人們在氣候差異極大的兩個地方、以各自的酪農習慣所發展出的兩大品系。

優酪乳及其類似的產品起源於中亞、西南亞及中東廣大而氣候溫暖的地區，酪農技術的發源地可能就在這裡，現在有些人依然將牛乳儲存在動物

傳統新鮮發酵乳與發酵鮮奶油

產品	地區	微生物	發酵的時間溫度	酸度	特性
優酪乳	中東至印度	乳酸菌、唾液鏈球菌（在鄉下地區，使用各種乳酸球菌與乳酸桿菌）	41~45°C，2~5小時；或30°C，6~12小時	1~4%	酸、半固態、滑順；具綠色植物香氣
白脫乳	歐亞	乳酸球菌、腸膜白念珠球菌	22°C，14~16小時	0.8~1.1%	酸、濃稠液；具奶油香
法式酸奶油	歐洲	乳酸球菌、腸膜白念珠球菌	20°C，15~20小時	0.2~0.8%	微酸而濃稠；具奶油香
酸奶油	歐洲	乳酸球菌、腸膜白念珠球菌	22°C，16小時	0.8%	微酸、半固態；具奶油香
黏稠乳	斯堪地那維亞	乳酸球菌、腸膜白念珠球菌（地黴）	20°C，18小時	0.8%	微酸、半固態、黏稠；具奶油香
馬乳酒	中亞	乳酸桿菌、酵母菌	27°C，2~5小時加上冷熟成	0.5~1%	微酸、濃稠液體；冒氣泡、含0.7~2.5%酒精
克弗發酵乳	中亞	乳酸桿菌、乳酸球菌、醋酸菌、酵母菌	20°C，24小時	1%	酸、濃稠液體；冒氣泡、含0.1%酒精

的胃及皮製容器裡。生產優酪乳的乳酸桿菌及鏈球菌為「嗜熱性」菌種，也就是喜歡較熱的環境。它們可能來自牛體內，特色就是能在高達45°C的環境下快速生長，產出大量防腐的乳酸，只需兩、三個小時就能讓牛乳變成非常酸的膠狀物。

酸奶油、法式酸奶油以及白脫乳原產自氣候較冷的西歐及北歐。這裡牛乳腐壞的速度較慢，經常放置過夜使鮮奶油分離出來以製造奶油。製造這類發酵乳的乳酸球菌與白念珠球菌為「中溫性」菌種，也就是喜歡中溫的環境，最初可能是從母牛乳房上的牧草微粒進入牛乳裡。它們偏好大約30°C的溫度，不過低於這個溫度也會運作良好，在12~24小時的緩慢發酵過程中製造出溫和的乳酸。

優格（優酪乳）

優格（Yogurt）是土耳其字，指的是發酵成為酸性半固態的乳，字根原意為「濃稠」。千年來，從東歐及北非到中亞乃至印度，基本上都有生產優格，只不過名稱和目的各不相同：直接拿來吃、稀釋成飲料、混合成為佐料醬汁，以及作為湯、烘焙食品與糖果的原料。

在歐洲，一直到20世紀早期，優格都還只是外來的珍奇食品。當時諾貝爾獎得主免疫學家尤亞・梅契尼可夫（Ilya Metchnikov）認為，保加利亞、俄羅斯、法國與美國的特定族群之所以長壽，與他們喝發酵乳有關。他的理論是食用發酵乳能使消化道變酸，避免病菌滋生（參閱第69頁）。1920年代晚期，人們發展出工廠規模的生產，以及加水果調味的溫和優格。1960年代，瑞士改良了水果口味的優格，法國也開發出品質較穩定且濃郁的攪拌式優格，之後這種食品是更受到廣大歡迎。

優格的共生

工業生產的優格與傳統優格複雜且多樣的發酵菌相反，它把乳酸菌簡化到兩種最基本的菌種：戴白氏乳酸桿菌的亞種「保加利亞乳酸桿菌」，以及

發酵乳對健康的好處

乳製品中的細菌，不僅能為我們預先消化乳糖、產生美味，近來的研究發現也部分支持古老而風行的信念，那就是優酪乳及其他培養乳對健康大有助益。20世紀初，因為發現白血球會抵抗細菌入侵而獲頒諾貝爾獎的尤亞・梅契尼可夫（Ilya Metchnikov），對這個古老信念提出科學立論：發酵乳裡的乳酸菌能去除人體消化系統裡會減短我們壽命的有毒微生物。因此詹姆士・恩普林罕（James Empringham）醫師在1926年寫出如此引人入勝的著作：《青春永駐的腸道園藝》（Intestinal Gardening for the Prolongation of Youth）。

梅契尼可夫具有先知卓見。過去幾十年的研究已證實，母乳培養出的特定乳酸菌「比菲德氏菌」，會寄生在嬰兒腸道中，使腸道變酸，並產生各種抗菌物質，以保持腸道健康。嬰兒一旦斷奶改

唾液鏈球菌的亞種「嗜熱鏈球菌」。這兩種細菌會刺激彼此生長，混合後可使乳汁的酸化速度比使用單一菌種更快。剛開始發酵時，最活躍的是鏈球菌，當酸度超過0.5％，對酸敏感的鏈球菌生長開始緩慢下來，由較厲害的乳酸菌接手，最後將酸度提高到1％以上。細菌產生的味道化合物主要為乙醛，這種化合物提供了有如青蘋果香的清新滋味。

製作優格

製作優格有兩大基本階段：加熱乳汁並稍微冷卻備用；然後發酵溫乳。

乳 優格可用各種乳製成，最初可能是用綿羊乳及山羊乳。減脂乳能製出特別扎實的優酪乳，因為製造商會添加額外的乳蛋白來彌補脂肪的不足，乳蛋白會增加酸凝結蛋白質網的密度。（製造商也會添加膠質、澱粉以及其他穩定劑，避免產品在運輸與搬運時，乳清與凝乳因為劇烈震動而分離。）

加熱 傳統製造優格時會長時間煮沸原料乳，使蛋白質濃縮並產生出較結實的質地。今日，製造商可添加乾燥奶粉來增加蛋白質含量，不過他們仍會將原料乳煮過，以85°C煮半個小時或90°C煮10分鐘。這些處理可使乳清蛋白質的乳球蛋白變性，使優格更濃稠，否則未反應的分子會與酪蛋白粒子群聚在表面（詳見第39頁）。乳球蛋白的干擾會促使酪蛋白粒子只能在少數幾處彼此鏈結，無法聚集成顆粒，而是出現在細小的鏈結排列中，這種排列結構中的微小空隙甚至更能留住液體。

發酵 原料乳加熱後，靜置冷卻到理想的發酵溫度，再加入細菌（經常取自前一批的菌種），然後保持乳品微溫，直到凝結。發酵溫度對優格的濃稠度有很大的影響。在40~45°C這個細菌能容忍的溫度上限，細菌會快速生長並產生乳酸，而乳蛋白在2~3小時就能膠化。在30°C，細菌的活動力大幅降低，

採混合飲食後，腸道裡原本占多數的比菲德氏菌就會開始減少，而由其他混合的菌種取代，例如鏈球菌、葡萄球菌、大腸桿菌及酵母菌。標準工業製程用來製造優酪乳及白脫乳的菌種，在牛乳裡生長得特別好，但無法在人體內生存。不過傳統自發性發酵乳裡的其他細菌（例如發酵乳酸桿菌、酪蛋白乳酸桿菌及短乳酸菌），以及泡菜的胚芽乳酸桿菌，還有腸道原生的嗜乳酸桿菌，都能在人體裡生存。這些細菌的特定菌株可分別附著於腸壁上保護腸壁，分泌抗菌化合物，提升人體對特定病菌的免疫反應，分解膽固醇與消耗膽固醇的膽酸，並抑制潛在致癌物質。這些細菌的活動或許無法延長我們的青春，不過肯定對人體有益！製造商越來越常在培養乳中添加「益生菌」乳酸桿菌，甚至是比菲德氏菌，而且會特別注明。這樣的產品與包含更多樣菌種的原始發酵乳相似，可讓我們以目前所知最友好的微生物，栽培我們體內的花園。

乳品需18個小時才能發酵完成。快速膠化產出的蛋白質網較粗糙，其中少數的粗鏈會使它的質地結實，但也容易漏出乳清；緩慢膠化可產生較微小、細緻又綿密的分支網，個別的鏈結雖然較脆弱，但孔隙更小則更能留住乳清。

冷凍優格 冷凍優格盛行於1970~80年代，成為冰淇淋的低脂「健康」替代品。事實上，冷凍優格是在冰凍乳品中加入少量優格，標準比例為4：1。根據混合程序的不同，優格菌可以大量存活下來，也可能大部分都被殺死。

酸奶油、白脫乳與法式酸奶油

在離心分離機出現之前，西歐製造奶油的方法是讓生乳靜置過夜或更久，收集浮到表面的鮮奶油，再攪動鮮奶油而成。在重力分離出鮮奶油期間，細菌會在乳中自然生長，讓鮮奶油以及從鮮奶油製作出來的奶油呈現特別的香味與酸度。

「鮮奶油發酵」是一種方便的稱呼，指那些刻意加入相同菌種所製造出的產品，這些細菌包括各種乳酸球菌及白念珠球菌，而且它們都擁有三種重要特性。這些菌種最佳的生長環境是中溫，比優格發酵的溫度還低；它們只會釋出適量的酸，因此發酵乳與發酵鮮奶油絕不會特別酸；某些菌株有能力將乳中的少量成分「檸檬酸鹽」轉變為「雙乙醯」這種溫和芳香化合物，可使乳脂的風味更完整。這種單一細菌產物與奶油的味道如此契合，相當令人驚奇，光是雙乙醯本身就能讓食物嘗起來有奶油味，甚至在夏多內葡萄酒裡亦然（詳見第三冊）。為了加強這種味道，製造商有時會在發酵前將檸檬酸鹽加入乳品或鮮奶油，在冰涼的環境下發酵，可促進檸檬酸製造雙乙醯。

法式酸奶油（crème fraîche）

法式酸奶油是用途廣泛的食材，它濃郁、微酸以及如堅果或奶油般優雅

斯堪地那維亞的黏稠乳

發酵鮮奶油中有一獨特的亞種：斯堪地那維亞黏稠乳。之所以如此命名，不只因為它們會呈絲狀，還是因為如果將一湯匙的芬蘭viili、瑞典långfil或挪威的tättemjölk舀起，碗裡剩下的黏稠乳也會全部跟著被牽引上來。有些黏稠乳凝聚力極強，甚至必須用刀才能切開。這種質地來自特殊的發酵鮮奶油菌株，它會產類似澱粉的碳水化合物長鏈。這種延伸的碳水化合物會吸收水分並附著到酪蛋白粒子上，因此製造商會使用唾液鏈球菌的黏質菌株，作為優酪乳和其他發酵產品的天然穩定劑。

精緻的香味，是新鮮水果、魚子醬以及某些酥皮點心的最佳搭配。由於它的高脂、低蛋白，因此可在醬料裡烹煮，甚至煮至濃縮也不會凝結。

在今日的法國，法式酸奶油代表含30%脂肪經過中溫殺菌的鮮奶油，而非以超高溫殺菌（詳見第43頁）或滅菌（fraîche的原義為「涼」或「新鮮」）。不過，它可以是液狀（liquide、fleurette）或濃稠狀（épaisse），液態鮮奶油未經發酵，在冷藏架上標定的保鮮期為15天，而濃稠狀鮮奶油是以獨特的鮮奶油發酵15~20個小時而成，架上保鮮期為30天。就如同所有發酵乳產品，濃稠狀的產品表示已達到特定酸度（0.8%，酸鹼值4.6），因此會有獨特的酸性。美國市售的法式酸奶油基本上就像法國發酵酸奶油，不過有些製造商會添加少量凝乳酶來增加濃稠度。以娟姍牛和更賽牛生產的牛乳（富含檸檬酸鹽）配合產雙乙醯的菌株所製造的產品，可產生獨特的奶油香味。

在廚房裡製作法式酸奶油 添加一些發酵過的白脫乳或酸奶油到高脂鮮奶油中，可以製造出家庭版的法式酸奶油。這是因為白脫乳或酸奶油含有鮮奶油發酵菌（每杯加1湯匙或每250毫升加15毫升），只需靜置於涼爽室溫下12~18個小時，或直到變濃為止。

酸奶油

酸奶油基本上是熱量較低、較堅硬而用途較少的法式酸奶油。以它約20%的乳脂含量來看，它的蛋白質仍相當多，只要烹煮就會凝結。它只能在上菜前一刻用來豐富菜餚的風味，否則會產生稍微顆粒狀的外表與質地。酸奶油在中歐與東歐特別重要，一般會添加到濃湯與燉肉（匈牙利燉牛肉湯、羅宋湯）中。19世紀，歐洲移民將這種滋味帶入美國城市，到了20世紀中葉，已全面用於調味醬、沙拉醬、烤馬鈴薯淋醬以及糕餅材料的基底。美國酸奶油的質地比歐洲原創版更濃郁，那是因為在培育前鮮奶油會先經過兩次均質化處理，有時會添加少量凝乳酶與菌類，這種酵素可使酪蛋白凝結成為更扎實的膠狀物。

「酸化酸奶油」這種非發酵的仿製品，是將鮮奶油以純酸凝結。標示為「低

特殊的發酵乳：馬乳酒與克弗發酵乳

乳含有足夠的乳糖，因此可以和葡萄汁與其他糖液一樣，發酵成酒精液體。這種發酵需要可發酵乳糖的特殊酵母（酵母菌、假酵母、念珠菌與克魯維酵母）。數千年來，中亞游牧民族以馬乳製成乳酒。馬乳富含乳糖，這種酸性的冒泡飲料含有1~2%的酒精及0.5~1%的酸，目前在俄羅斯仍然相當受歡迎。其他歐洲及斯堪地那維亞人則以其他動物的乳製成酒精產品，並且從乳清製造氣泡「酒」。

還有一種西方人較不熟悉的奇特發酵乳是克弗酒，這種飲料在高加索地區特別流行，可能起源於此地。克弗發酵乳與其他發酵微生物均勻散布的發酵乳不同，它是由所謂克弗穀粒的大型複雜粒子所製造出來。這種粒子裡有十幾種微生物，包括乳酸桿菌、乳酸球菌、酵母和醋酸菌。這種共生體在涼爽的室溫下，發展成為酸性、含少許酒精、冒氣泡以及濃稠的產品。

脂」與「無脂」的「酸奶油」，則是以澱粉、植物膠和乾燥乳蛋白取代乳脂。

▍白脫乳

在美國市售的大多數「白脫乳」根本不是白脫乳，真正的白脫乳是製造奶油時，攪動牛乳所剩下的部分低脂牛乳或鮮奶油。傳統上，牛乳或鮮奶油在攪動前就已開始發酵，攪動後會使白脫乳持續變濃並產生風味。隨著19世紀鮮奶油離心分離機的發明，奶油製造機可產出「甜」而未發酵的白脫乳，可立即銷售，或以乳酸菌發酵以產生傳統的風味與濃稠感。在美國，二次世界大戰後真正的白脫乳短缺，因此讓「發酵白脫乳」這種仿製品成功出線。這種產品的作法是將普通脫脂牛乳發酵，直到變酸、變濃。

兩者有什麼差別？真正的白脫乳比較不酸、較溫和、風味更複雜，而且更容易走味腐壞。它殘餘的脂肪球膜富含乳化劑，如卵磷脂，因此更適合用來製造各種滑順而質地細緻的食物，包括冰淇淋到烘培食品等。（其優異的乳化能力成為美國荷裔賓州人製造紅色穀倉塗料的基本材料！）發酵白脫乳也很有用，可為美式鬆餅和許多烘培食品帶來濃郁而強烈的味道。

美國「發酵白脫乳」的原料是脫脂或低脂牛乳，經過標準優酪乳熱處理以產生更細緻的蛋白質膠，冷卻後再以鮮奶油發酵液發酵，直到成為膠狀。將膠狀牛乳冷卻即可停止發酵，然後緩慢攪動，讓凝乳成為濃稠但滑順的液體。「保加利亞白脫乳」則是另一種發酵白脫乳，以發酵優酪乳取代發酵鮮奶油，或將兩者混合，然後在較高的溫度下發酵，達到較高的酸度。它的凝膠度更高，還擁有優酪乳那種類似蘋果的鮮味。

▍發酵乳入菜

大多數發酵乳製品在製成醬汁或添加到其他熱食時，特別容易凝結。新鮮牛乳與鮮奶油則比較穩定，不過持續熱處理與發酵產品特有的酸性，早就已經讓一些蛋白質凝結。廚師為了讓這種凝結繼續發生，都會使蛋白質網縮小，以擠壓出部分乳清，產生明顯的白色顆粒（即蛋白質凝塊），懸浮

在稀薄液體裡。加熱、加鹽、加酸以及強烈攪動都會造成凝結，保持質地滑順的關鍵在於緩慢、溫和，也就是必須慢慢或適度加熱，並且緩慢攪動。

人們經常誤以為法式酸奶油不會凝結。的確，優酪乳、酸奶油和白脫乳全都會在接近沸點時產生凝結現象，而法式酸奶油即使沸騰了仍不致於凝結，但是這種特性與發酵完全不相干，原因在於脂肪含量。

高脂鮮奶油的脂肪含量是38~40%，蛋白質很少，因此不會形成明顯的凝結（詳見第50頁）。

乳酪

乳酪是人類的重大成就之一。不論哪一種乳酪，本身都具有驚人的多樣性，全球各地的酪農場每天都製造出全新種類的乳酪。乳酪最初是人們在牛乳盛產時節用來濃縮及保存過多乳品的簡單方式。但乳酪製造者的用心與創意，使它不僅成為營養來源，也逐漸演變成牧草與動物、微生物與時間極度濃縮後的藝術表現。

乳酪的演化

乳酪是乳的變奏，是更濃縮、更保久的食物，而且比乳汁的風味更佳。它是凝乳排出大部分水分之後的濃縮物，添加酸與鹽可讓主要由蛋白質與脂肪組成的營養凝塊保存更久，因為這兩種添加物能抑制微生物生長，延緩乳酪腐敗。控制牛乳與微生物酵素的活動，還可使它們產生多種風味，因為酵素能水解蛋白質與脂肪分子，成為較小且具香味的小分子。

乳酪的漫長演化可能始於5000年前，當時在溫暖的中亞及中東，人們發現只要將水狀的乳清除去，並在濃縮凝乳裡加入鹽就可以把自然變酸的凝乳保存下來。他們也發現，若凝結作用是發生在動物的胃裡或是把胃肉片切碎放置在相同的容器裡，凝乳的質地會更柔軟且凝聚力更強。第一批製成的乳酪也許相當類似現代的鹽醃羊乳酪，這種羊乳酪目前仍是地中海東部及巴爾幹半島地區相當重要的乳酪種類。關於乳酪的製造年代，目前發

乳酪藝品

每種乳酪背後都有一片不同的天空、不同的牧場青草：諾曼第的草地每晚都被海浪沉積的鹽所覆蓋，普羅旺斯的草地在多風的陽光下散發著香氣；不同的牧群散落在鄉間，擁有特定的居住和活動方式；還有流傳數世紀的獨門秘方。這家商店像是座博物館：帕洛馬先生在造訪之後，覺得仿若置身羅浮宮，因為在所有展示品背後，都有著孕育它的文化。

—— 伊塔羅・卡爾維諾（Italo Calvino），《帕洛馬先生》（Palomar），1983年

現最早的證據是埃及罐子裡的渣滓，時間大約為公元前2300年。

乳酪多樣性的要素：時間

這種以胃萃取物「凝乳酶」來凝結牛乳，再濾乾、鹽漬凝乳的乳酪製作基本技術，最後由中亞和中東傳入了歐洲。歐洲人逐漸發現，在這些較冷的地區，乳酪只需經過較溫和的處理：稍微以酸或鹽醃漬，就可以保存得相當好。這項發現開啟乳酪多樣性的大門，因為它在乳、乳菌、凝乳酶以及鹽之外，加入了第五項要素：時間。在適度的酸與鹽的環境下，乳酪成為各種微生物與其酵素持續生長與活動的良好媒介，乳酪彷彿活了過來，會出現明顯的生長與變化，表現了出生、熟成與衰敗的循環世界。

現代的乳酪在何時誕生？我們尚未全然了解，不過可確定早在羅馬時代之前。哥倫美拉（Columella）在他的《論農業》（Rei rusticae，約公元65年）中詳細描述了標準的乳酪製造流程：以凝乳酶或各種植物液體凝結牛乳，壓出乳清後在凝乳塊中灑鹽，將新鮮的乳酪置於陰涼處變硬。接著重複進行加鹽與硬化，然後將成熟的乳酪清洗、乾燥後，進行包裝、保存及運送。同樣是第一世紀作家的普林尼也表示，羅馬人最推崇的乳酪來自外地的前哨基地，特別是南法的尼姆，以及法國和達爾馬提亞的阿爾卑斯山脈地區。

多樣性的成長

在公元1000~1200年間，封建莊園及修道院發展出製造乳酪的技術，他們

查理曼大帝學習吃長黴的乳酪

在中世紀，乳酪演化為製作精美的食物之後，即使法蘭克國王都必須學著品嘗。查理曼大帝於公元814年逝世後約50年，聖蓋爾修道院一位佚名修士，寫下關於他迷人軼事的傳記（Early Lives of Charlemagne，英國作家格蘭特於1922年出版微幅修改的譯本）。查理曼當時正在旅行，在晚餐時，他來到主教的住所。

當天適逢齋戒日，是一週的第六天，因此他不吃走獸或飛禽肉。由於當地無法立即取得魚，因此主教吩咐人送上的晚餐是一些富含乳脂的白色上等乳酪。查理曼……逕自拿起刀子，刮除那看起來令人生厭的黴菌，只吃下乳酪的白色部分。這時，站在一旁像僕人般的主教上前來說：「我的主人，您這樣做，可是把最精華的部分扔掉哩。」在主教的說服下，查理曼……將一塊黴放進嘴裡，像吃奶油一樣緩慢咀嚼並吞下肚。他十分同意主教的建議，說：「你說得沒錯，我的好東道。」他又加上：「記得每年要送兩車這樣的乳酪到艾克斯。」

「黴」（mold）這個字，拉丁文為aerugo，字面意義是「銅鏽」。文中並未說明乳酪的名稱，有些作家推測它為布里白乳酪，當時有灰綠黴菌的外層，與生鏽的銅顏色很像。不過我認為它比較像洛克福乳酪，一種以藍綠黴菌產生內部紋理的羊乳酪。這段軼事其他部分的描述，跟較大型而堅硬的內部熟成乳酪的特徵十分吻合，而不太像是稀薄而質軟的布里乳酪。這也可能是首度官派乳酪熟成商的例子！

主教驚覺這任務不可能達成……於是回答：「我的主人，我可以取得乳酪，但是無法得知哪個乳酪符合這個要求、而哪個不是……」然後查理曼……對著從小就熟知卻無法檢驗這種乳酪的主教說：「將它們切成半，把認為品質優良的乳酪串起來放到地窖裡一段時間，再將它們送來給我。其餘的你可以留下來給其他教士和家人食用。」

在森林或山間草地落腳,並開墾土地以供放牧。這些分布廣泛的社區,根據當地的地形、氣候、材料以及市場,獨立發展出自己的乳酪製造技術。小型易腐壞的軟乳酪經常是由幾戶人家的動物乳製造,在當地很快就消耗掉,頂多運送到附近的城鎮。大型硬質乳酪則需要更多的動物乳,經常是採聯合生產（葛黎耶酪農場大約是在公元1200年開始）；這種乳酪可長期保存,因此能運送至遠方地區的市場。結果,傳統乳酪出現驚人的多樣化,大多數國家就有20~50幾種乳酪,而單在法國就有數百種,主要是因為法國幅員廣大,涵蓋的氣候變化較大。

知名乳酪

乳酪製造技藝在中世紀晚期已發展到引人鑑賞的境界,法國宮廷會收到來自布里、洛克福、鞏特、馬華耶（Maroilles）,以及傑荷梅（Geromé,即現在的明斯特）的產品。義大利帕瑪以及瑞士阿彭策爾附近製造的乳酪聞名全歐。在英國,切希爾乳酪在伊莉莎白時代享有盛名,而切達乳酪與斯第爾頓乳酪則在18世紀受到廣大喜愛。乳酪扮演兩種角色：對窮人而言,新鮮或短暫熟成的乳酪可作為主食,有時又稱為「白肉」；富人則享受各種熟成乳酪,當成饗宴中的其中一道菜色。到了19世紀早期,法國美食家畢雅－薩伐杭（Brillat-Savarin）認為乳酪是美學上的必須品,他寫道：「甜點不搭配乳酪,就像是美女缺了一隻眼。」

乳酪的黃金時代也許是在19世紀末及20世紀初,當時技術已全面發展,地方風格也發展成熟,鄉間產品可在狀況最佳時經由鐵路運往城市。

現代衰退期

乳酪製造在現今邁入衰退期,這可從它的黃金時期找出緣由。乳酪與奶油工廠誕生於美國,這個國家本來並沒有製造乳酪的傳統,而就在美國革命戰爭之後70年（1851年）,紐約州北部的酪農傑西·威廉斯（Jesse Williams）同意為鄰近的農場製造乳酪,到內戰結束時（1865年）,美國已有數百家這樣的「聯合」酪農場,這些農場的經濟優勢讓自己得以在工業化的社會中立

足。1860~70年代，美國的藥局以及製藥公司開始大量製造凝乳酶。20世紀初，丹麥、美國以及法國的科學家，以微生物培養的方式，讓凝乳和乳酪熟成更標準化，取代了以往各地酪農所使用的多樣細菌群落。

二次世界大戰重重打擊了乳酪的多樣性與品質。歐洲大陸的農地變為戰場，酪農業遭受重創。在漫長的復原期間，品質標準遭到擱置。工業化生產以其規模效益以及管控簡易而備受歡迎，只要能接近戰前美好生活，消費者都心存感激，廉價的標準化乳酪成為主流產品。此後，歐洲與美國大多數乳酪都在工廠製造。法國於是在1973年建立了「乳酪法定產區制度」（Fromage appellation d'origine contro1ee）的認證系統，標示某種乳酪是在傳統地區以傳統方法製造。即使如此，當時法國的乳酪製品中，滿足此認證要求的竟不到20%。在美國，以乳化劑混合熟成與新鮮乳酪再以高溫殺菌製成的加工乳酪，在當時市場占有率已超過「天然」乳酪，但即使是「天然」乳酪，也幾乎都在工廠製造。

21世紀初，大多數乳酪都是工業化產品，表現出的不是天然多樣性及手工的特殊性，而是大量標準化及效率量產的單調要求。不過，工業化乳酪也需要極大的獨創性，才能具有市場競爭力，並且勝任它的主要角色：作為速食三明治、點心及調理食品裡的食材（這使得美國的人均乳酪消耗量在1975~2001年增加一倍）。不過，工業化乳酪這種不具地域特殊性、風味單調簡化的食物，正是大開乳酪發展之倒車。

傳統及品質的復甦

僅管精製乳酪將永遠只占目前乳製品的一小部分，近年來卻出現一些復甦的徵兆。戰後的年代及經濟管制都已成為過去，有些歐洲國家又開始欣賞傳統乳酪。能品嚐到空運乳酪的饕客越來越多，曾經是鄉下窮人的「白肉」，現在成為都市中產階級餐桌上昂貴的菜餚。在美國，一些小型生產商融合了對傳統的敬重和21世紀的新視野，創造出別具特色的一流乳酪。對於願意追尋它們的狂熱者而言，這些古老的乳酪技藝仍舊有層出不窮的新表現。

乳酪的原料

乳酪的三種主要原料為乳、使乳凝結的凝乳酶,以及使乳酸化並產生風味的微生物。這三種原料每一種都會大幅影響乳酪成品的特性及品質。

乳

乳酪是將動物乳汁除去水分濃縮 5~10 倍而成,因此乳酪的特性取決於乳的特性,而乳的特性則取決於產乳動物的種類、動物食用的飼料、乳中微生物的品種,以及是否經高溫殺菌處理過。

種類 牛、綿羊和山羊乳的滋味各不相同(詳見第 41 頁),製作出的乳酪也是這樣。牛乳是其中比較中性的,綿羊和野牛乳的脂肪和蛋白質含量較高,因此適合製造較濃郁的乳酪。山羊乳所含的可凝結酪蛋白較低,因此與其他乳類相比,製造出的凝乳通常較易碎且缺乏凝聚力。

育種 在中世紀乳酪製造開始普及期間,人們飼養的酪農動物種類數以百計,以求徹底利用當地牧草。瑞士黃牛的歷史可追溯到數千年前,如今這些適應當地的物種,都被黑白相間、無所不在的荷蘭牛取代。荷蘭牛在標準化的飼育流程下,能產出最多牛乳。傳統品種的牛產出的牛乳量較少,但是脂肪、蛋白質,以及其他製作乳酪所需的成分則較豐富。

飼養:季節的影響 今日大多數的酪農動物終年吃的是飼料與乾草,這些飼料是由幾種飼料作物(紫花苜蓿、玉米粉)所製成。標準化的飼育能產出標準化的中性牛乳,製成的乳酪品質也很優良。然而,在野外放牧的畜群,以新鮮的花草為食,能產出味道更為豐富芬芳的牛乳,製造出更風味卓絕的乳酪。酪農化學家利用新型的高感度分析儀器,最近已證實行家幾百年來就已經知道的事實:動物的飲食會影響產出的乳,還有以它為原料所製造的乳酪。法國針對阿爾卑斯山葛黎耶乳酪所進行的研究發現,夏天放牧

期和冬天圈養期比起來，前者所製造的乳酪含有更多香味化合物。而高山乳酪所含的萜烯以及其他香味（詳見第二冊），比高原地區製造的乳酪多，而高原又比平原的乳酪還多（阿爾卑山的牧草植物種類比低地草原還多）。

就像水果一樣，以放牧動物的乳所製造乳酪也有季節特色。這種特色取決於當地氣候（阿爾卑斯山的夏季與加州的冬季都是綠意盎然）以及特定乳酪熟成所需的時間。源自放牧動物的乳酪，通常顏色較為深黃，因為新鮮蔬菜中的胡蘿蔔素含量較多（詳見第二冊）。（亮橙色的乳酪是經過染色。）

加熱殺菌及生乳　現代的乳酪製造過程中，幾乎都會以加熱殺菌除去牛乳中的病菌及造成腐壞的細菌，這已經是工業乳酪製造過程中不可或缺的步驟。因為牛乳來自許多農場和數千隻動物，匯集起來儲存時，只要有一頭病牛或是受到感染的乳房，就會壞了整槽牛乳，污染的風險相當高。1940年代末，美國食品及藥物管理局（FDA）即要求所有未經加熱殺菌處理的「生」乳，製造出的乳酪都必須在2°C以上的環境下熟成60天，他們認為這樣可除去牛乳中的所有病原體。而且從1950年代早期開始，FDA也禁止進口熟成期不到60天的生乳乳酪。也就是說，美國基本上禁止進口以生乳製成的軟乳酪。世界衛生組織（WHO）已考慮建議全面禁止製造生乳乳酪。

但不過是一個世紀之前，幾乎所有乳酪都是小量生產，使用的新鮮生乳來自小群牛隻，牠們的健康容易照護。而且事實上，法國、瑞士與義大利都禁止使用加熱殺菌乳來生產許多世界頂級的傳統乳酪，包括法國的布里乳酪、卡門貝爾乳酪、聖特乳酪、愛曼塔乳酪、葛黎耶乳酪，以及義大利的帕瑪乳酪。理由是巴氏殺菌法會殺死有益的乳菌，並使許多牛乳本身的酵素無法活化。原本可以發展出4~5種不同風味的菌種，在熟成期間若以殺菌法處理，會消滅其中2種，而使傳統乳酪無法達到應有的頂級標準。

巴氏殺菌法無法保證安全，因為牛乳或乳酪可能在後來的製程中遭到污染。近數十年來，幾乎所有牛乳或乳酪造成的食物中毒事件，都與加熱殺菌後的產品有關。公共衛生官員真正要做的，是協助有心做好乳酪的製造

商確保生乳乳酪的安全，而不是設定規範，限制消費者的選擇，卻又未能真正降低風險。

關鍵催化劑：凝乳酶

　　凝乳酶的製造與使用，是人類在生物科技上的首次冒險。至少在2500年前，牧羊人開始始用小牛、綿羊或山羊的第一胃的碎肉來凝固乳汁製作乳酪。之後，他們開始以鹽水從牛羊胃裡提煉出萃取液，這種萃取液是全世界第一種半純化酵素。現在，藉由基因工程技術，生物科技能從細菌、黴菌與酵母裡製造出相同的純小牛酵素「凝乳酶」。今日，美國多數的乳酪都是以這些生物工程技術製造的「植物性凝乳酶」生產，只有不到1/4是以傳統牛胃凝乳酶製造（傳統歐式乳酪通常得要求使用這種酵素）。

凝結專家　　傳統的凝乳酶是從不到30天大、吃奶小牛的第四胃（即皺胃）裡提煉出來，這時小牛胃中的凝乳酶尚未被其他消化蛋白質的酵素取代。在乳酪製造上，凝乳酶的重要性在於它的特殊活性。其他酵素會對多數蛋白質的多種鍵結位置進行攻擊，水解成許多小片段，但凝乳酶能以相當有效率的方式僅攻擊單一乳蛋白的特定位置：帶負電荷的 κ-酪蛋白（詳見第38頁），這種酪蛋白會使酪蛋白粒子互相排斥，凝乳酶將這種酪蛋白切開後，酪蛋白粒子就能彼此結合，形成連續的固態膠狀體，也就是凝乳。

　　既然酸本身就能讓牛乳凝結，為什麼乳酪製造商還需要凝乳酶呢？理由有二：首先，酸在讓蛋白質彼此結合前，會先打散酪蛋白微膠粒的蛋白質以及鈣質膠，因此一部分的酪蛋白和多數的鈣會跑到乳清中，剩餘的則形成易碎的凝乳。相反的，凝乳酶幾乎不會動到微膠粒，並且讓每顆微膠粒

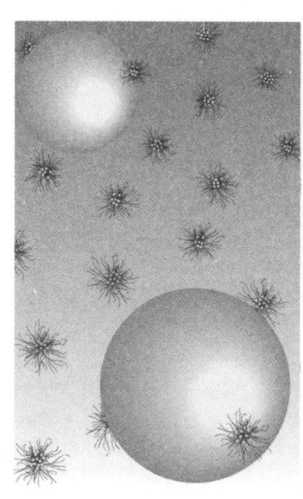

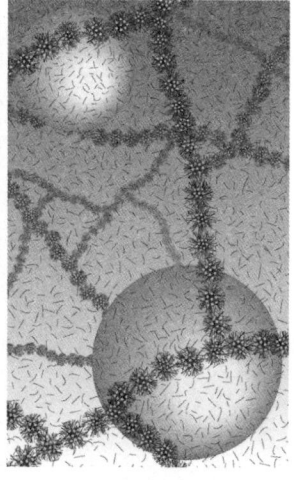

凝乳酵素「凝乳酶」將牛乳凝結
牛乳中成束的酪蛋白微膠粒，因為帶有負電荷的微膠粒而彼此互斥、保持分離狀態（如左圖）。凝乳酶選擇性地修剪這帶負電的 κ－酪蛋白，現在未帶電荷的微胞彼此鍵結，形成連續不斷的網路（如右圖）。液態牛乳會凝結成為飽含水分的固體。

與其他數顆微膠粒鍵結，形成堅固而具有彈性的凝乳。第二，要使酪蛋白凝結所需的酸性太高，賦予乳酪特殊風味的酵素活性會因此降低，或者完全失去活性。

乳酪微生物

乳酪是由形形色色的微生物分解再重組而成。現代乳酪使用的微生物，許多可能都是以純化培養液製造出來的，不過有一些傳統乳酪則是使用前批製品保留下來的菌種。

酵頭菌種　首先，開始讓牛乳變酸的是乳酸菌，它們可一直生存在脫水後的凝乳中，並在許多半硬及硬乳酪的熟成過程中，釋放出大部分的風味。這些乳酪包括切達、高達與帕瑪乳酪。凝乳裡的酵頭活菌數量，在乳酪製造期間大幅下滑，但它們的酵素依然留存下來，持續產生作用數個月，將蛋白質分解為美味的胺基酸與芳香副產品（請見第90頁下方）。酵頭菌種可分為兩大類：嗜中溫的乳酸球菌（也用來製造酸奶油），以及嗜熱的乳酸桿菌與鏈球菌（也用於製造優酪乳）（詳見第71頁）。大多數乳酪是由嗜中溫菌種酸化，有些要經過烹煮的乳酪（莫扎瑞拉乳酪、阿爾卑斯及義大利硬乳酪）則是由能繼續存活、持續貢獻風味的嗜熱菌酸化。許多瑞士與義大利酵頭仍然有部分種類不詳的嗜熱乳菌，並且沿用古老方式製作，也就是取自前一批乳酪製程留下的乳清。

丙酸桿菌　在瑞士，酵頭培養液中的重要菌種是丙酸桿菌，能製造出乳酪孔洞。丙酸桿菌在乳酪熟成期間會消耗乳酪的乳酸，將它變成丙酸、醋酸和二氧化碳的混合物。酸所具有的刺鼻味加上有奶油味的雙乙醯，賦予愛曼塔乳酪獨特的味道，而二氧化碳形成氣泡，就形成乳酪特有的「孔洞」。丙酸桿菌生長緩慢，乳酪必須放在較高溫的環境中（大約是24°C）熟成幾週，以迎合丙酸桿菌的習性。這種對溫暖的需求，或許反應出乳酪裡的丙酸桿菌可能原本就生存在動物的皮膚上。（目前已知至少有另外三種丙酸桿菌棲

來自薊花的「植物性凝乳酵素」

至少從羅馬時代開始，人們就知道有些植物含有的物質可使乳凝結，而且有兩種製作獨特乳酪系列的方法已經沿用了數個世紀。在葡萄牙與西班牙，人們一直在夏季收集、乾燥野生刺棘薊的花，然後冬天時將它們浸在溫水裡，用來製作綿羊與山羊乳酪（像是Portuguese Serra、Serpa、Azeitão等葡萄牙乳酪，以及Spanish Serena、Torta del Casar、Pedroches等西班牙式乳酪）。刺棘薊的凝乳酵素並不適合牛乳使用，雖然有助於凝結，但也會讓乳品變苦。最近的研究指出，這些伊比利牧人發現的凝乳酵素，是小牛凝乳酵素在生化上的近親，而它正巧也集中在「薊花柱頭」裡。

息在人類皮膚上，它們喜歡潮濕或富含油脂的部位，而痤瘡丙酸桿菌則是生存在阻塞的皮脂腺。）

產生菌斑的細菌　亞麻短桿菌是蒙斯特乳酪、艾波瓦塞乳酪、林堡乳酪以及其他味道強烈的乳酪的特殊臭味來源，也賦予其他乳酪一些特定味道。短桿菌屬似乎原生於兩種有鹽分的環境：海岸及人類皮膚。短桿菌可以在15％的高濃度鹽分下生長（海水只不過3％），這是大多數微生物無法忍受的。短桿菌也與酵頭菌種不同，它無法容忍酸，但是需要氧，因此只能在乳酪表面生長，而無法深入內部。乳酪製造商會不時將鹽水塗抹在乳酪表面，刺激它們生長，產生一種具有黏性的橙紅色短桿菌「菌斑」（這顏色來自胡蘿蔔素群，遇光顏色會加深）。對於只在熟成過程中塗抹鹽水（葛黎耶乳酪），或在潮濕狀態下熟成的乳酪（卡門貝爾乳酪），短桿菌可賦予更細緻的豐富氣味。菌斑乳酪與人類隱密處的皮膚極相似，因為亞麻短桿菌與人類身上的近親表皮短桿菌都非常具有活性，可將蛋白質分解為含有魚腥味、汗臭和大蒜味的分子（胺、異戊酸和硫化合物），這些小分子可滲入乳酪並影響內部的味道和質地。

黴菌，特別是青黴菌　黴菌需要氧氣才能生長，它比細菌還能忍受較乾燥的環境，並且能製造出高活性的蛋白質和脂肪消化酵素，後者能改善特定乳酪質地與風味。若不經常擦拭，幾乎所有乳酪的外皮都會滋生黴菌。法國的聖奈克戴爾（St.-Nectaire）乳酪會長出斑駁的表面，就像原野裡滿布青苔的岩石，亮黃或橘色的斑點在柔和的背景中變得很明顯。人們會在某些乳酪種下不同的黴菌，有些乳酪只需種上一種特定的黴菌。標準的栽培類黴菌來自種類繁多的青黴菌種，抗生素盤尼西林也是這種黴菌的產物。

藍色的黴菌　藍酪黴菌，看名字就知道是洛克福羊乳酪出現藍色紋理的原因。它及近親灰綠青黴也以其茂密的菌絲製造出色澤豐富的色素，為斯第爾頓乳酪、戈根索拉乳酪內部以及許多熟成羊乳酪的表面上色。藍色青

黴菌的特別之處，在於能生長在乳酪內的小裂縫以及孔洞裡的低氧環境下（5％，空氣中的含氧量為21％），這種棲境很像拉桀克石灰岩洞穴的裂縫，也就是洛克福乳酪黴菌最早生長之處。藍乳酪特有的味道來自黴菌對乳脂的代謝，藍酪黴菌可分解的乳脂高達10~25％，釋放出短鏈的脂肪酸，這會讓綿羊乳出現刺激氣味，而使山羊乳變藍，還能將較長鏈打開，將它們轉換為甲基酮和乙醇，讓藍色乳酪散發獨特的芳香物質。

白黴菌　除了藍色的青黴菌外，還有白色的青黴菌。卡門伯特青黴菌的所有品種，是法國北部卡門貝爾乳酪、布里乳酪與新堡乳酪所使用的黴菌，生產出表面熟成而味道較溫和的小型軟乳酪。白色青黴菌主要是靠分解蛋白質來讓乳酪出現鮮奶油狀的質地，同時散發出蕈類、大蒜及氨的氣味。

製造乳酪

　　牛乳要轉變為乳酪有三個階段：第一階段，乳酸菌將乳糖轉變為乳酸。第二階段，在酸化菌仍繼續作用時，乳酪製造商會加入凝乳酶使酪蛋白凝結，並且將水狀的乳清自濃縮凝乳裡排出。最後一個階段：熟成，大批酵素合作，產生出每種乳酪獨特的質地與風味。它們主要為消化蛋白質與脂肪的酵素，來自牛乳，以及牛乳裡原有的細菌、酸化細菌、凝乳酶，還有專門用在熟成過程中的細菌或黴菌。

　　乳酪當然是乳、酵素及微生物這些主要原料的共同演出，不過它也是（可能比其他因素還重要）乳酪製造商的技術與控管品質的表現，他們選擇材料，並精心安排這些原料的物理及化學轉變。以下簡單列出乳酪製造商的所有工作。

凝結

　　除了一些新鮮乳酪，乳酪製造商幾乎都會結合酵頭菌種產生的酸與凝乳酶來凝結所有乳酪。酸和凝乳酶產生的凝乳結構差異很大，酸產生的是細

為何有些人無法忍受乳酪

有些人深深著迷於乳酪的風味，有些人卻感到噁心。17世紀至少有兩份歐洲學術論文是「論厭惡乳酪」(de aversatione casei)。而18世紀《百科全書》中「乳酪」詞條的作者寫道：「乳酪會讓某些人反感，原因未定。」現在，我們已經比較清楚原因了。牛乳的發酵就如同穀類或葡萄，基本上是食物在控制之下進行有限度的腐壞。我們允許特定的微生物及其酵素分解原來的食物，但不得超過可用的界限。以乳酪而言，動物脂肪和蛋白質被分解為味道很重的分子。這些分子和許多在未受控制的腐壞過程中產生的分子，以及微生物在消化道和人類皮膚較潮濕、溫暖陰暗處所產生的分子是一樣的。

緻而脆弱的膠質結構，凝乳酶則生成如橡膠般粗糙而堅固的結構，因此它們對凝乳結構的貢獻及其反應速度都會影響乳酪最後的質地。在主要以酸來促成凝結的反應中，凝乳需經數小時才能完成，其質地相當柔軟脆弱且保有大部分水分，必須小心處理，這就是新鮮乳酪及表面熟成的小型山羊乳酪的初始製程。在主要以凝乳酶來促成凝結的反應中，凝乳不到一個小時即可成形，質地相當堅固，可以切成麥粒般大小以析出更大量的乳清，這就是大型半硬及硬乳酪的初始製程；切達乳酪、豪達乳酪、愛曼塔乳酪，以及帕瑪乳酪。大小與含水量適中的乳酪都是以適量的凝乳酶凝結。

脫水、塑形、在凝乳中加鹽

從凝乳移除水分的方法有幾種，依製造商要從凝乳移除多少水分而定。製造某些軟乳酪時，我們會將凝乳舀進模子裡，靜置數小時，靠著重力作用脫水。製造較堅實的乳酪時，凝乳會先被切成小塊以增加表面積，好排出或有效壓出更多乳清。大型硬乳酪的凝乳塊可在乳清中煮至55°C，在此溫度下，不僅凝乳粒子會排出乳清，細菌和酵素也會受到影響，並促使牛乳的成分產生味道的化學反應，將凝乳塊置入塑形模，可壓擠出更多水分。

乳酪製造商一般都會在新鮮乳酪中加鹽，作法可能是將鹽粒與凝乳切塊混合，或是將鹽粒或鹽水塗在整塊乳酪上。鹽不只可以調味，還可抑制壞菌生長，調節乳酪結構及熟成過程。它會讓凝乳脫水，使蛋白質結構堅固，並抑制熟成微生物的生長，以及改變熟成酵素的活動。大多數乳酪含有的鹽分是占重量的1.5~2%。愛曼塔乳酪是鹽分最少的傳統乳酪，約含0.7%，而菲塔羊乳酪、洛克福羊乳酪，以及佩科里諾羊乳酪的鹽分可能達到5%。

熟成

熟成是微生物與凝乳酶將堅實或易碎的鹹凝乳轉變為美味乳酪的階段。熟成的法文為affinage，來自拉丁文的finus，意思是「結束」或「最高點」，在中世紀煉金術中用來描述精煉雜質的過程。至少在近200年來，它也表示將乳酪帶出最佳風味與質地的過程。乳酪是有生命的：開始時年輕而平淡，

對腐敗氣味的厭惡感在生物學上顯然有其價值，因為那能讓我們免於食物中毒。也難怪對於這種會散發出鞋子、土壤及馬廄惡臭的食物，有些人得費些工夫才能適應。不過一旦適應後，部分腐壞的氣味就可能成為一種激情，一種對俗世生命的擁抱，這種氣味就在矛盾中充分展現自身。法國人稱一種特別的植物真菌為「高貴腐菌」，而它的「高貴」在於影響了某些紅酒的特質。超現實主義詩人法爾格（Leon-Paul Fargue）據說曾以「上帝之足」（les pieds de Dieu）盛讚卡門貝爾乳酪。

成熟時充滿特色，最後衰敗時則刺鼻而低劣。卡門貝爾這種濕乳酪的生命短暫而輝煌，黃金時期只有數週，而大多數乳酪的巔峰期可維持數月，至於乾燥的翟特乳酪或帕瑪乳酪，在一年或更久的時間內品質都還能慢慢變得更好。

乳酪製造者以控制乳酪儲藏地點的溫度與濕度來管理熟成過程。這些環境條件決定了乳酪含水量、微生物生長、酵素活動以及味道和質地的發展。法國及各地的專業乳酪商也稱為乳酪熟成商（affineur），他們買下尚未完全熟成的乳酪，小心在自己的地方完成製程，於是就能在乳酪精華期銷售。

工業化的製造商通常只讓乳酪部分熟成，然後在出貨前置於冰箱使它們暫停熟成，這種作法會讓乳酪最穩定、延長食用期限，但卻犧牲掉品質。

■ 乳酪多樣性的來源

就是這些材料，讓我們能製造出風味多樣的傳統乳酪：數百種植物（包括灌木地的香草與高山上的花朵）；數十種食用這些植物的動物（將它們轉變為乳汁）；薊花和幼小動物體內可分解蛋白質的酵素；草地、洞穴、海洋、動物體內與皮膚的微生物；還有代代相傳的乳酪製造者和愛好者的細心關照、創意及好品味。即使今日最簡單的工業化乳酪，背後都有卓絕的傳承。

面對如此豐富多樣化的乳酪，我們通常是以含水量以及促進熟成的微生物類別來分類。凝乳排出的水分越多，乳酪最終質地就越密實，保存期也越長。含水量80%的新鮮乳酪可保存數日不壞，而軟乳酪（含水量45~55%）是在數週內達到巔峰，半硬乳酪（含水量40~45%）則在數月內，硬乳酪（含水量30~40%）需要一年或更久。熟成使用的微生物也創造出各種獨特風味。88頁圖表顯示，乳酪製造商如何以相同基本材料創造出如此不同的乳酪。

選擇、儲存及上桌

一如法國查理曼大帝的老師所言（詳見第76頁下方），選擇好乳酪一直都是項挑戰。中世紀晚期，中產階家庭必備的格言錄與食譜書：《巴黎家事書》（*Le Ménagier de Paris*），收錄了「辨識好乳酪」的公式：

不像海倫那樣[1]白皙，
也不像抹大拉[2]般落淚。
不像阿耳戈斯[3]全身是眼，要完全沒有眼睛。
它如野牛般沉重，
能反抗拇指的力道，
它包覆著古老蟲蛀的外衣。
沒有眼睛、沒有淚水，不全然白皙，
它被蟲蛀蝕、桀鷔不馴，而且沉甸。

不過這些規則並不適用於剛做好的山羊乳酪（白色及無表皮）、洛克福乳酪（有著一袋袋的乳清）、愛曼塔乳酪（賞心悅目而且清淡）或是卡門伯特乳酪（拇指按壓就會陷下去）。決定的關鍵永遠藏在味道中。

近年來，最重要的事就是要知道，大量生產的超市乳酪不過是模仿風味獨特的傳統乳酪所製成的蒼白（或染色）仿製品罷了。找到優質乳酪的方法是向專家購買，因為他們熱愛並了解乳酪，會選擇最棒的乳酪好好照料，並且提供樣品試吃。

購買現切乳酪 盡可能購買自己親眼看著它被切開的乳酪。預先切下的部分可能已經放置好幾天，甚至好幾星期，而且大片露出的表面與空氣和塑

---

1 希臘史詩木馬屠城記中的美女。
2 新約聖經中的婦女，曾挨著耶穌腳跟落淚，又以頭髮擦拭滴落在耶穌腳上的淚水。
3 希臘神話中的百眼巨人。

chapter 1　乳與乳製品

這些常見的乳酪是如何製造出來的？

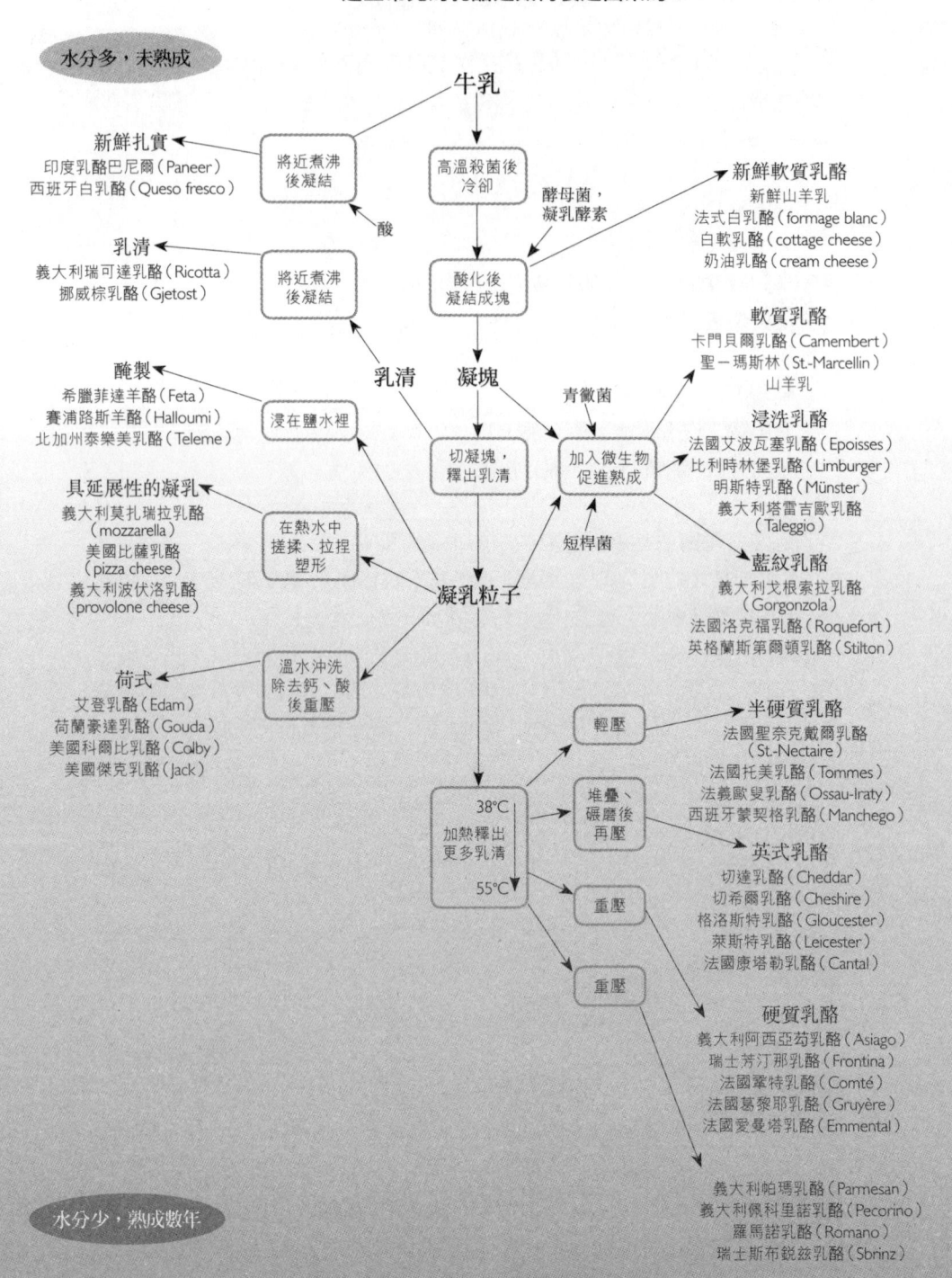

水分多，未熟成

牛乳 → 高溫殺菌後冷卻 →（酵母菌、凝乳酵素）→ 酸化後凝結成塊 → 凝塊 → 切凝塊，釋出乳清 → 凝乳粒子

新鮮扎實
- 印度乳酪巴尼爾（Paneer）
- 西班牙白乳酪（Queso fresco）

將近煮沸後凝結 ←（酸）

乳清
- 義大利瑞可達乳酪（Ricotta）
- 挪威棕乳酪（Gjetost）

將近煮沸後凝結

新鮮軟質乳酪
- 新鮮山羊乳
- 法式白乳酪（formage blanc）
- 白軟乳酪（cottage cheese）
- 奶油乳酪（cream cheese）

軟質乳酪
- 卡門貝爾乳酪（Camembert）
- 聖－瑪斯林（St-Marcellin）
- 山羊乳

浸洗乳酪
- 法國艾波瓦塞乳酪（Epoisses）
- 比利時林堡乳酪（Limburger）
- 明斯特乳酪（Münster）
- 義大利塔雷吉歐乳酪（Taleggio）

加入微生物促進熟成 ←（青黴菌）（短桿菌）

藍紋乳酪
- 義大利戈根索拉乳酪（Gorgonzola）
- 法國洛克福乳酪（Roquefort）
- 英格蘭斯第爾頓乳酪（Stilton）

醃製
- 希臘菲達羊酪（Feta）
- 賽浦路斯羊酪（Halloumi）
- 北加州泰樂美乳酪（Teleme）

浸在鹽水裡

具延展性的凝乳
- 義大利莫扎瑞拉乳酪（mozzarella）
- 美國比薩乳酪（pizza cheese）
- 義大利波伏洛乳酪（provolone cheese）

在熱水中搓揉、拉捏塑形

荷式
- 艾登乳酪（Edam）
- 荷蘭豪達乳酪（Gouda）
- 美國科爾比乳酪（Colby）
- 美國傑克乳酪（Jack）

溫水沖洗除去鈣、酸後重壓

38°C 加熱釋出更多乳清 55°C

→ 輕壓
→ 堆疊、碾磨後再壓
→ 重壓
→ 重壓

半硬質乳酪
- 法國聖奈克戴爾乳酪（St-Nectaire）
- 法國托美乳酪（Tommes）
- 法義歐敻乳酪（Ossau-Iraty）
- 西班牙蒙契格乳酪（Manchego）

英式乳酪
- 切達乳酪（Cheddar）
- 切希爾乳酪（Cheshire）
- 格洛斯特乳酪（Gloucester）
- 萊斯特乳酪（Leicester）
- 法國康塔勒乳酪（Cantal）

硬質乳酪
- 義大利阿西亞苟乳酪（Asiago）
- 瑞士芳汀那乳酪（Frontina）
- 法國羣特乳酪（Comté）
- 法國葛黎耶乳酪（Gruyère）
- 法國愛曼塔乳酪（Emmental）

- 義大利帕瑪乳酪（Parmesan）
- 義大利佩科里諾乳酪（Pecorino）
- 羅馬諾乳酪（Romano）
- 瑞士斯布銳茲乳酪（Sbrinz）

水分少，熟成數年

膠包裝接觸後難免會產生油耗味。乳酪放在包裝盒中與光線接觸，脂質同樣會遭到破壞，短短兩天就會走味，除此之外，將乳酪染成橘色的胭脂樹紅色素還會轉變為粉紅色。預先刨成絲的乳酪表面積極大，雖然通常會小心包裝起來，但大部分的香味與二氧化碳還是會消散而使乳酪走味。

陰涼保存，但不能太冰　乳酪若需存放數日以上，最簡單的方法通常就是冷藏。可惜，保存乳酪的最佳場所是溫度為12~15°C的潮濕環境，能讓乳酪繼續熟成。但這種環境通常比冰箱溫度還溫暖，又比大多數房間更涼更潮濕。基本上，冷藏就是暫停乳酪的活動，因此若想讓未熟成的軟乳酪進一步熟成，就必須將它置於較溫暖的環境中。

乳酪不應該從冰箱直接端上桌，在如此低溫的狀態下，乳脂會像結凍的奶油一樣硬，蛋白質網也異常堅硬，味道分子無法活動，乳酪感覺如橡膠一樣無味。除非室溫高到使乳脂融化（超過約26°C）而且如汗水般從乳酪冒出，不然室溫最好。

包裝寬鬆　以塑膠膜緊密包裝並不可行，理由有三：包覆住的濕氣與氧氣會促進不屬於乳酪的細菌與黴菌生長；原本應該要發散掉的強烈揮發物質（例如氨），反而充滿其中；微量的揮發性化合物以及塑膠化學物質會滲入乳酪。一整塊仍在熟成中的乳酪，儲存時不應包裝，要不然包裝也應該非常寬鬆；非熟成中的乳酪應該以蠟紙寬鬆包裝，置於網架上，或經常翻動以避免底部潮濕。讓優質的卡門貝爾乳酪或洛克福乳酪上的黴菌，在新鮮的山羊乳酪或標準切達乳酪上發酵，這種促熟工作趣味十足，不過也必須冒著被其他微生物混入的風險。若乳酪表面長出異常的黴菌、黏稠物或出現異味，最好將它丟棄。單是刮除表面無法移除菌絲，它會穿透到下方而且可能攜帶毒素（詳見第95頁）。

外皮　我們應該吃乳酪的外皮嗎？這得視乳酪和食用者而定。久置的乳酪外皮通常堅硬且稍有臭味，最好不要食用；較軟的乳酪則視個人口味而定。

選擇、儲存及上桌 | 089

| 乳酪家族族譜
左圖僅顯示特別的處理步驟；大多數乳酪還會加鹽、以模子塑形並熟成一段時間。牛乳凝結、切割凝乳塊、加熱凝乳粒子並擠壓，都可以逐步去除乳酪的水分，減緩熟成速度並延長食用期限。

外皮的味道和質地與乳酪內部不同，可提供有趣的對比，不過若考量安全問題，可把外皮視為保護層，將它剝除。

以乳酪入菜

乳酪作為烹飪食材時，可增添食物的風味與質地，依情況不同讓食物或油亮或酥脆。在大多數的情況下，我們會想讓乳酪融化，看是與其他食材均勻混合或塗抹在表面。融化乳酪帶來的特殊黏聚力相當有意思，比薩餅上牽絲的乳酪令人喜愛，不過出現在較正式的菜色裡就會造成麻煩。為了解如何以乳酪烹飪，我們需了解融化的化學原理。

乳酪融化過程

當一塊乳酪融化時，會發生什麼事情？基本上有兩件事：首先，在約30°C時，乳脂會先融化，這使乳酪變柔軟，而且經常會使小小的融化脂肪球浮上表面。然後在較高的溫度下（軟乳酪約為55°C，而切達乳酪與瑞士類型的乳酪約為65°C，帕瑪乳酪與佩科里諾羊乳酪82°C），將酪蛋白連在一起的鍵結遭大量破壞，使得蛋白質排列鬆開，塊狀的乳酪因此塌下，如同濃稠液體般流動。融化的情形大致上依水分含量而定，含水量較低的硬乳酪需更多的熱量才能融化，因為它們的蛋白質分子更密集，鍵結更緊密；融化後，流動的情形較不明顯。潮濕刨過的莫扎瑞拉乳酪塊會熔在一起，而帕瑪乳酪顆粒卻依舊分開。如果持續高溫加熱，液態乳酪的水分會蒸發，變得越來越硬，最後再成為固態。大多數乳酪都會流出一些熔融的脂肪，而高脂乳酪中的蛋白質構造若遭大幅分解，這樣的情況會更顯著。脂肪對周遭蛋白質的比例在半低脂的帕瑪乳酪中只有0.7，在莫扎瑞拉乳酪與高山

來自蛋白質與脂肪的乳酪風味

優質乳酪的風味似乎能讓人齒頰留香，那是因為牛乳和凝乳酵素及微生物的酵素，分解了濃縮的蛋白質與脂肪，成為風味多樣的化合物。

長鏈般的酪蛋白最先分解成中等長度的胜肽，有些仍然無味，有些則會苦。通常它們最終會被微生物酵素分解成為20種的蛋白質建構材料，也就是胺基酸。其中許多味甜可口。胺基酸可再分解成為各種胺，其中有些讓人聯想起海魚（三甲胺），有的則像腐肉味（丁二胺）；變成強烈的硫化合物（髒襪的專長），或是變成簡單的氨（在熟成過程的乳酪中，發出的強烈且令人生厭的味道，就像是家用洗潔精）。雖然它們聽起來很少會令人開胃，但是結合每種的特性，合起來便會創造出複雜及豐富的乳酪風味。

然後還有脂肪。藍紋乳酪的藍酪黴菌，以及添加至佩科里諾乳酪及波伏洛乳酪的特殊酵素，能將脂肪分解成為脂肪酸。有些脂肪酸（短鏈）對舌頭產生辛辣、強烈的綿羊或山羊味。藍黴會更進一步將部分脂肪酸分解成為創造出藍紋乳酪特有的氣味的分子（甲基酮）。製造瑞士乳酪及帕瑪乳酪的銅鍋會直接破壞部分乳脂，釋放出的脂肪酸會進一步被改變，創造出擁有鳳梨和椰子（酯、內酯）等氣味奇特的分子。

熟成酵素選用越多樣化，產生的蛋白質與脂肪碎片也就更複雜，因此風味也就更豐富。

乳酪約為1,不過在洛克福乳酪與切達乳酪裡則為1.3,因此遇熱融化時特別容易流出脂肪。

不融化的乳酪 有幾種乳酪加熱後不會融化,只是變得更乾、更硬。這些乳酪包括印度乳酪巴尼爾以及拉丁白乳酪、義大利的瑞可達乳酪,以及最新鮮的山羊乳酪。它們的凝結都是主要由酸來完成,而非凝乳酶。凝乳酶會產生一種大型酪蛋白微膠粒的結構,具有延展性,由數量較少的鈣原子與疏水鍵固定在一起,很容易因加溫而變弱。反之,酸會溶解將酪蛋白以微膠粒抓在一起的鈣質膠(詳見第40頁),而且會中和每個蛋白質的負電荷(這些負電荷造成蛋白質互斥)。蛋白質游離後可聚集在一起,並強力鍵結為微凝塊。因此當酸凝乳受熱時,首先被震鬆的不是蛋白質,而是水:水蒸發掉,只會更讓蛋白質變乾、更密集,因此密實的印度乳酪和拉丁白乳酪能像肉一樣慢煮或煎炸,而山羊乳酪和義大利瑞可達乳酪即使在比薩上或麵食餡料裡,也依舊可以保持原有形狀。

牽絲

融化的乳酪會成為絲狀,因為多數尚未遭到破壞的酪蛋白分子會藉由鈣質交錯連結在一起,成為長條狀纖維,可拉長但又彼此相黏。如果酪蛋白已全面受到熟成酵素的分解,碎片就會太小而無法形成纖維,因此充份熟成的磨碎用乳酪無法牽絲。交錯鏈結的程度也有影響:若交錯鏈結多,那乳酪分子彼此極度緊密鍵結,會無法承受拉扯的動作,只會斷裂開來;若是交錯鏈結少,稍微拉一下就會立刻散掉。交錯鏈結的狀況需視乳酪如何製造而定:高酸度會將鈣質從凝乳中移除,而高含水、高脂與高鹽有助於分離酪蛋白分子。因此最能牽絲的乳酪,在酸度、含水率、鹽及熟成期上都必須適中。最常見的牽絲乳酪為多纖維的莫扎瑞拉乳酪、有彈性的愛曼塔乳酪以及切達乳酪。像切希爾乳酪與萊斯特這種易碎乳酪,以及卡爾菲利乳酪、科爾比乳酪和傑克乳酪這種濕乳酪,特別適用於需要融化乳酪的烹飪上,例如料理焗烤威爾斯乳酪土司、燉乳酪和燒烤乳酪三明治。同樣

的，愛曼塔乳酪的高山近親葛黎耶乳酪，特別適合當乳酪醬的食材，因為它的水分、脂肪與鹽分都較多。義大利磨碎用乳酪（帕瑪乳酪、帕達諾乳酪、佩科里諾乳酪）的蛋白質結構受到足夠的破壞，使它的碎片很容易在醬汁、湯、義大利燉飯、玉米餅和麵裡化開。

乳酪在熔點附近可達到最佳的牽絲狀態，通常也就是熱騰騰的菜轉涼到可以入口的時候。如果加以攪拌，能產生更多的絲。有一道法國的鄉村菜餚：來自奧弗涅（Auvergne）的香蒜乳酪馬鈴薯泥，必須使用切片的未熟成法國康塔勒硬乳酪（Cantal），混合剛煮熟的馬鈴薯，不斷攪拌直到它可以拉出2~3公尺長的乳酪絲。

乳酪醬汁與濃湯

用乳酪做醬汁（法國乳酪白醬裡的葛黎耶乳酪或帕瑪乳酪，義大利乳酪醬中的芳汀那乳酪）或濃湯以添加香味與濃郁度時，重點是要將乳酪均勻溶入液體。有幾種方式可避免乳酪蛋白質凝結時產生的牽絲、結塊以及脂肪分離現象。

- 首先要避免使用容易牽絲的乳酪。含水量高或充份熟成的磨碎用乳酪較容易混合。
- 把乳酪磨細，以方便一開始就能在菜餚中均勻散開。
- 加入乳酪後，盡可能不要再加熱。先和其他食材慢煮，讓鍋稍微冷卻，然後才加入乳酪。記得溫度若是超過乳酪的熔點，蛋白質碎片會結成緊密的硬塊，而把脂肪擠出。另一方面，不要讓菜放太久才上菜，冷卻後的凝結效果會使乳酪變得更黏稠而堅韌。
- 盡量不要攪拌，這樣分散的乳酪蛋白質碎片會聚集在一起，形成大黏塊。
- 加入含澱粉類的食材，可包覆並分隔蛋白質碎片和脂肪粒表面，這些具有穩定作用的食材包括麵粉、玉米澱粉以及葛粉。
- 若與菜餚的味道相合，可加入一些酒或檸檬汁。這是老饕在吃終極乳酪醬「瑞士乳酪鍋」時常採用的預防或應急方法。

乳酪醬

　　數個世紀以來，瑞士阿爾卑斯山區的人們，會將乳酪以桌上的公鍋融化，用火保持乳酪的熱度，再拿麵包沾乳酪吃，而葡萄酒有助於避免融化的乳酪牽絲或變硬則是眾所皆知的事實。事實上，傳統乳酪醬的原料就是高山乳酪（通常為葛黎耶乳酪）、酸的白葡萄酒、一點櫻桃白蘭地，有時為了保險起見還會加澱粉類食材。乳酪搭配葡萄酒是既美味又巧妙的組合。葡萄酒可提供兩種使醬汁滑順的基本材料：水，它具有稀釋功能並使酪蛋白保持濕潤；酒石酸，它能將鈣從交錯鏈結在一起的酪蛋白中拉出，然後與鈣緊密鍵結，使它們不再具有黏性且易於分離。（酒精則與乳酪醬的穩定性毫無關係。）檸檬汁裡面的檸檬酸也有相同效果，只要硬化的情況不是太嚴重，有時可以擠檸檬汁或加一點白酒來拯救正在硬化的乳酪醬。

裝飾料、焗烤　　當薄層的乳酪在烤箱或明火烤爐加熱時（例如焗烤、比薩或義式烤麵包普切塔上的乳酪），強力的高溫可快速讓酪蛋白結構脫水硬化，造成脂肪分離。為了避免這種狀況，必須小心照顧，一發現乳酪融化，就將它取出。另一方面，焦黃而酥脆的乳酪相當可口：乳酪醬鍋底的酥皮堪稱一絕。若想要乳酪焗烤皮變焦黃，可選用能抗脂肪流失且不易牽絲的濃郁乳酪。磨碎用乳酪可以變出的把戲特別多：帕瑪乳酪可以整形成薄片，接著用炒鍋或烤箱融化並褐變，然後塑成杯狀或其他形狀。

加工與低脂乳酪

　　加工乳酪為工業版的乳酪，它使用剩餘、零碎的未熟成材料，剛開始只是做成重新固化、可長期保存的乳酪醬，原料是正宗乳酪切下來、因部分瑕疵或破損而無法銷售的碎屑。19世紀末首度進行工業化嘗試，目的是將切碎的乳酪混合在一起。1912年，瑞士發現了融合乳酪的關鍵角色「融化鹽」（功能相當於乳酪醬裡葡萄酒或檸檬汁所形成的酒石酸與檸檬酸）。5年後，美國公司卡夫特（Kraft）申請了一種檸檬酸與磷酸鹽的混合物專利，10年後

乳酪晶體

乳酪無論是剛放入嘴中，或是已經在嘴裡融化，它通常是擁有滑順而美味的質地，因此當咀嚼時偶然出現嘎吱聲，便成為一種驚喜。事實上，許多乳酪會發展出各種堅硬如鹽般的晶體。在洛克福羊酪藍黴的映襯之下，或卡門貝爾乳酪外皮，都可看到白色的磷酸鈣晶體。這是由於青黴菌會減低乳酪的酸度，使得鈣鹽的溶解度降低而析出。在已熟成的切達乳酪中，經常出現乳酸鈣晶體。這是因為熟成菌將一般乳酸的形式（L型），轉變成為溶解度較低的鏡像異構物（D型）。在帕瑪乳酪、葛黎耶乳酪，以及熟成的豪達乳酪中，晶體可能是乳酸鈣或酪胺酸。這些由蛋白質分解所產生的胺基酸，其在水分含量低的乳酪中溶解度低。

推出大受歡迎的仿切達乳酪：維菲塔乳酪。

今日，製造商以檸檬酸鈉、磷酸鈉和聚磷酸鈉的混合物，加上新鮮、部分熟成與完全熟成的乳酪。聚磷酸鹽是一種帶負電荷的磷與氧化合物，可吸引水分子團，不只可將鈣從酪蛋白網中移除，同時也會與酪蛋白結合，將水分帶給它們，因此更進一步鬆開蛋白質網。那些可將乳酪融合成均質體的鹽類在烹煮時也有助於將混合出來的乳酪徹底融化。這種特性再加上它價格低廉，使得加工乳酪成為速食店製作三明治相當受歡迎的食材。

低脂與無脂「乳酪產品」以多種碳水化合物或蛋白質取代脂肪，這樣的產品在加熱時不會融化，而是變軟然後乾掉。

乳酪與健康

乳酪與心臟

乳酪這種食物基本上就是濃縮的牛乳，因此也一樣擁有牛乳養分中的許多優缺點。它提供豐富的蛋白質、鈣與能量，並擁有豐富的高度飽和脂肪，因此容易增加血液裡的膽固醇含量。法國與希臘的人均乳酪消耗量是世界之冠，每人每天攝取超過60公克，大約是美國人的兩倍，然而他們在西方國家當中，它們罹患心臟疾病的比率卻出奇地低。原因可能在於他們也攝取很多蔬、果與葡萄酒，能夠保護心臟（詳見第二冊）。在均衡的飲食下食用乳酪，完全不會危害到健康。

食物中毒

以生乳及加熱殺菌乳製造的乳酪　由於美國政府擔心牛乳裡的各種病原體可能帶來危害，因此要求（起源於1944年，1949年重申，並且於1951年擴大到進口項目）所有熟成期不到60天的乳酪必須以加熱殺菌乳製造。從1948年開始，美國發生的食物中毒事件很少是由乳酪引起，而且幾乎都是牛乳

或乳酪在殺菌後才遭到污染。在歐洲某些國家，以生乳製造乳酪仍然合法，而大部分的食物中毒事件反而是殺菌乳酪引起的。一般來說，乳酪造成食物中毒的危險性較低。此外，由於任何軟乳酪都含有足夠的水分可讓各種人類病原體存活，因此無論是以高溫殺菌或非高溫殺菌奶乳製造，容易感染的人都最好不要食用（懷孕婦人、老人與慢性病病患）。而硬乳酪則不適合病原體生長，很難造成食物中毒。

儲存時滋生的黴菌　除了常見的病原菌之外，能在乳酪上生長的黴菌也令人擔憂。乳酪儲藏一段時間後，外來的產毒黴菌（例如雜色麴菌、鮮綠青黴菌與圓弧青黴菌）有時可能會在它們的外皮上生長，污染可深達2公分。這種狀況顯然非常罕見，不過若長出太多不尋常的黴菌，請將它丟棄。

胺　有一種常見的微生物產物會使某些人產生不舒服的症狀。在高度熟成的乳酪裡，酪蛋白分解成為胺基酸，而胺基酸又可分解為胺，胺是人類體內化學訊號的小分子。切達乳酪、藍紋乳酪與瑞士乳酪與荷式乳酪裡可找到大量的組織胺與酪胺，對這些化學成分特別敏感的人，會出現血壓升高、頭痛與起疹子的症狀。

蛀牙

最後，數十年來各界普遍認為吃乳酪能抑制蛀牙。優酪乳菌的親戚（特別是轉糖鏈球菌）附著在牙齒上所分泌的酸便會造成蛀牙，至於乳酪能抑制蛀牙的原因仍不得而知，不過用餐後鏈球菌所產生的酸增加，此時乳酪中的鈣與磷酸鹽擴散進入細菌菌落，可抑止酸度上升。

蛋 part one

chapter 2

蛋是廚房的驚奇，也是大自然的驚奇。蛋那簡單而平靜的形狀，蘊藏著日常生活的奇蹟：將多種溫和的營養素，轉變成活生生會呼吸且生命力旺盛的創造物。蛋已堂堂成為象徵，訴說著動物、人類、神祇、地球乃至整個宇宙謎般的起源。埃及的死亡之書、印度的梨俱吠陀、希臘的奧菲神祕儀式，以及全世界各地的創世神話，都是從無生命白色蛋殼內迸發出的生命受到啟發。

如果說蛋在今日會引發人什麼感受，那應該就是得小心翼翼提防它摔破而讓人不勝其擾。雞蛋現在已經成為工業化產品，人們對雞蛋的熟悉幾乎到了視而不見的程度，唯一的例外是1970~1980年代，蛋因為人類對膽固醇的恐慌而聲名狼藉。

無論熟悉或恐懼，都不應該忽略蛋的多樣面貌。蛋的內容物是最原始的、尚未成形的生命物質，因此它們變化多端，也因此廚師能做出結構如此變化多端的料理，從輕盈而脆弱的蛋白霜，到濃稠而飽滿的卡士達，蛋在滑順的醬汁裡讓油與水融為一體；改善糖果和冰淇淋的質地；為湯、飲料、麵包、麵食與糕餅，添加更多風味、成分與營養；它們令油酥餅發出光澤；使肉高湯和酒更純淨，而它們本身還能耐受沸煮、炒、炸、烘焙、燒烤、醃製與發酵等烹飪方法。

同時，蛋作為創造者的象徵，在現代科學更受到了進一步的強化。蛋黃儲存了母雞從種子與樹葉獲取的養分，而種子與樹葉則儲存太陽的輻射能。讓蛋黃呈現「黃色」的黃色色素也直接來自植物，這種色素能保護植物中執行光合作用的機制，不會因太陽強烈照射而遭受破壞。因此

097

蛋確實蘊藏了創造之鏈，從發育的小雞回溯到母雞、再到作為母雞飼料的植物，然後來到生命之火的終極來源：天空中的黃色圓球。蛋是陽光折射出的生命。

許多動物都會生蛋，從鴿子、火雞，到野鳥、企鵝、烏龜和鱷魚，而人類便利用這些蛋來滋養自身。在許多國家，雞蛋可說是最常食用的蛋，因此我將專注於討論雞蛋，偶而會另外提及鴨蛋。

雞與蛋

先有雞還是先有蛋？幾個世紀下來，這道難題已經累積出一些機敏的答案。教會神父偏好先有雞的論調，他們指出，根據〈創世記〉，神先創造出生物，而非生物的繁殖器官。英國維多利亞時代的山繆‧巴特勒（Samuel Butler）則賦予雞蛋主導權，他說雞只不過是蛋要產生其他蛋的途徑。不過，有一點是無庸置疑的：蛋存在的時間遠早於雞。最後，我們享用到的舒芙蕾和太陽蛋都得歸功於「性」的發明。

蛋的演化

分享DNA

廣義來說，蛋是一種專為有性生殖過程而特化的細胞。在有性生殖過程中，兩個親代個體貢獻基因以創造出新的個體。最先出現的生物為單細胞，經過自行繁殖，每顆細胞只要複製本身的DNA，就可分裂成兩個細胞。

第一種有性生物可能是單細胞藻類，它們配對後，彼此交換DNA再分裂，這種混合的作法，大幅加快基因變異的速度。大約在10億年前，多細胞生物已演化出來，而這種簡單的DNA傳輸也不再可行，因此特化的卵與精細胞便成為繁殖所必需。

是什麼讓卵成為蛋？在兩種繁殖細胞中，卵較大、較不具行動力，它會接受精細胞，容納兩組基因結合，然後分裂並分化成為胚胎，並會在這個生長

世界蛋

盤古之初，這個世界並不存在。它出現了。它開始發展，成為一顆蛋。它蟄伏一整年。裂成兩半。其中一部分成為銀，另一部分為金。

銀的部分就是大地。金的部分為天空。原本的外膜成為群山。內膜則為雲與霧。血管的部分成為河流。原本內含的液體成為海洋。

太陽出生自蛋。它出生時，喊叫與歡呼，所有生命與所有欲望都因它而起。因此每當它升起與重返時，喊叫與歡呼，所有生命與所有欲望都因它而起。

——《唱讚奧義書》（*Chandogya Upanishad*），約公元前800年。

初始階段提供食物，這就是蛋如此營養的原因。這就像牛乳以及植物種子，其實就是設計用來當作食物，支援新生的生命，直到新生命能夠照料自己。

改善包裝

第一批動物的蛋是在平靜的海洋中誕生，因為在海裡，蛋的外膜可以相當簡單，而食物供給量也只要最少。大約3億年前，爬蟲類這種最早的全陸棲動物，發展出能自給自足的蛋。這種蛋具堅韌外殼，可保住水分而得以活命，內含足夠的食物可供給胚胎發育到完全成形的漫長過程。大約幾億年後，原始爬蟲類動物的蛋在演化中得到改良而出現動物蛋和鳥蛋，這些蛋堅硬而礦物化的外殼隔絕性極高，能讓胚胎在最乾燥的棲息地中持續發育，而且它們具備一系列抗菌能力。這些發展使鳥蛋成為最理想的人類食物，不只含有大量均衡的動物營養，而且包裝精良，不需花什麼功夫就能保存數週。

雞從野外叢林進入文明穀倉

蛋出現的時間，比最古老的鳥類還早了將近10億年。在分類上的雞屬動物，僅有800萬年歷史，而雞也只出現了300萬~400萬年左右。

雖然雞已成為穀倉常客，但出身背景卻十分驚人。雞的直屬祖先是叢林雞，原生於熱帶及亞熱帶的東南亞與印度，可能是公元前7500年之前於東南亞被馴化。在那同時，中國出現了骨架更大的叢林雞，發現地點比起今日叢林雞的棲息範圍還要北。到了公元前1500年，雞進入蘇美與埃及，並在公元前800年左右抵達希臘，在這裡成為所謂的「波斯鳥」，而此處蛋的主要來源是鵪鶉。

馴養蛋

我們永遠無法完全了解人類為何要馴化雞，有可能是為了牠們豐富的蛋產量而非雞肉本身。無論這些蛋的下場如何，有些鳥一次只會下固定數量

說文解字：Egg（蛋）與Yolk（蛋黃）
Egg這個字來自印歐字根，本義為「鳥」。
唸起來很粗魯的yolk，則隱含有光亮與生命的意思。它來自古英文的「黃色」，在希臘文則為「黃綠色」，新生植物的顏色。無論是古英文或希臘文的字根，最終都可回溯到「閃爍、閃光」的印歐字根。相同的字根還衍生出glow（發光）與gold（黃金）。

的蛋。其他鳥類（包括雞）則會一直下蛋，直到巢裡的蛋累積到特定數量為止。若蛋被掠食者拿走，母雞就會再下另一顆蛋取代，而且終其一生持續進行下去，這些「無定量下蛋者」所產出的蛋，數量遠超過「定量下蛋者」。野生的印度叢林雞每次可產一窩約12顆的棕色蛋，每年可產數次。工業化生產的環境下（以生態學觀點，就等於是源源不絕的食物來源配上無情的掠食），印度叢林雞經過馴化的近親能每天產下一顆蛋，持續一年以上。

煮蛋 我們可以確定，人類擅長於用火之後，就已經會烤鳥蛋；在莎士比亞的《皆大歡喜》中，弄臣試金石對著老牧人柯林大呼：「可惡，就像烤壞的蛋，全向著一邊。」鹹蛋與醃蛋為古時的處理法，將春天盛產的蛋保存起來供全年使用。我們從阿比修斯的食譜中了解到羅馬人吃炸的蛋、煮的蛋以及軟蛋（ova frixa, elixa, et hapala），還有 patina，指的可能是美味的鹹蛋派或甜卡士達。到了中世紀，法國人開始製作精緻的煎蛋捲，而英國則以醬汁調味水波蛋（水煮荷包蛋），後來這些醬汁就稱為英格蘭奶油醬（crème anglaise）。接下來的3個世紀，發展出美味的蛋黃醬以及打發的蛋白泡沫。到了1900年左右，法國大廚埃斯科菲耶能做出300多種蛋料理，阿里·巴布（Ali Bab）在他的《實用的美食》中，推出一道好玩的「蛋蛋交響曲」食譜：先以四顆蛋做出煎蛋捲，裡面再包裹2顆切碎的全熟水煮蛋以及6顆完整的水波蛋。

工業化雞蛋

母雞熱

雞在公元1850~1900年所歷經的演化，遠超出之前這整個物種演化的程度，這可歸因於一種不尋常的物種挑選壓力：歐洲人和美國人對於東方異國物種的迷戀。英國與中國開始進行外交後，將過去不為西方所知的中國種標本引進西方：大型華麗的交趾雞（Cochin）。這些引人注目的禽鳥與穀倉裡的飼養雞大不相同，掀起一場養雞狂潮，盛況可與17世紀荷蘭鬱金香狂熱相比，一位美國現象觀察家稱之為「養雞熱」。當時家禽展大受歡迎，同時

羅馬卡士達，鹹與甜
比目魚鍋
拍打清理比目魚後，置於淺鍋裡。倒入油、魚醬、酒。烹煮時，研磨胡椒、圓葉當歸、奧勒岡，倒入一些煮液，加入生雞蛋，攪拌成一團，倒在比目魚上，以慢火烹煮。等魚煮好時，灑上一些胡椒後上桌。

還培育出數百種新品種的雞。

傳統農場養殖的家畜也有所改良。1830年左右，白色來亨雞從托斯卡尼抵達美國之後才幾十年，牠的後代就脫穎而出成為下蛋冠軍。亞洲鬥雞種的分支可尼西雞，被視為最佳肉雞；而蘆花雞與下棕色蛋的洛島紅雞，被當成兩用雞飼養。隨著觀賞禽鳥的熱潮退去，蛋雞和肉雞成為最主要的品種。今日的蛋雞或肉雞就是這四種純種雞配種產下的後代，1800年代發展出來的多樣化幾乎全部消失。工業化國家中，都是由跨國公司來提供產蛋雞給業者，只有法國和澳大利亞除外。

量產

在20世紀，一般農場的雞舍敗給了家禽農場或飼養場，這些農場於是紛紛解散為獨立的孵化場、雞肉與雞蛋工廠。在規模經濟下，生產單位越大越好，一位管理人員可管理10萬隻雞，現在許多農場擁有的蛋雞就高達百萬隻以上。今日典型的蛋雞是在孵化器裡出生，吃的飼料大多由實驗室配製，在鐵絲網籠及燈光下生活，下蛋時間約1年，產出約250~290顆蛋。正如佩基・史密斯（Page Smith）與與查爾斯・丹尼爾（Charles Daniel）在他們所著的《雞書大全》（Chicken Book）中寫道，雞已不再是「生物，而僅是工業製程中的元件，產品就是雞蛋。」

優點與成本

我們不能低估工業化為雞的生產所帶來的優點。生產1公斤的肉雞用不到2公斤的飼料，1公斤的雞蛋不用3公斤的飼料，因此雞與蛋都成為葷食的便宜選擇。蛋的品質也獲得改善，城市與鄉下居民都能享受到更新鮮且品質更一致的雞蛋，不像以前在小農場自由放養的母雞，下蛋地點不固定，農人還將春天下的蛋放在石灰水或矽酸鈉中（請見第152頁）以保存到冬天。而光是冷藏過程就產生極大變革，在照明與溫度來控制下，現在的雞必須全年無休地下蛋，然後快速撿收與冷卻，每日並以具有冷藏設備的交通工具快速運送，把蛋從母雞身上送到廚師手上。過去的方式較為人道，不過速度緩慢人力又

「乳酪」鍋

根據鍋子的大小倒出適量的牛乳，如同煮其他牛乳料理一樣加入蜂蜜。一品脫加入5顆蛋，半品脫加入3顆蛋。充分拌勻這牛乳的混合體，直到成一體，過濾後倒入庫邁（Cuma）的淺鍋，然後慢火烹煮。煮好後，灑上胡椒上桌。

密集，現在的流程則較能保持新鮮。

　　工業化雞蛋也有缺點。雖然平均品質提升，但比較挑剔的人們表示雞蛋的味道變差了，因為母雞原本吃的是天然且多樣化的穀類、樹葉與蟲子，這些豐美的飲食是商業量產使用的黃豆與魚飼料所達不到的。（其中的差異很難以口味測試法加以證實，請見第119頁）。除此之外，大量飼養也會增加沙門氏菌的污染，「下蛋能力衰竭」的母雞，經常在經過處理後成為下一代蛋雞的飼料，在這過程中，一不小心就容易爆發沙門氏菌感染。最後還有一個更難回答的問題：我們是否能以更人道的方式，享用物美價廉的雞蛋？不去剝奪這些活潑叢林雞後代的生活品質，成為永不見天日且足不著地、移動距離不到5公分的生物機器。

更自由的放養？

　　許多人對於過度工業化感到不安，並且願意付出更多錢來購買雞蛋，使得較小規模的「自由放養」及「有機飼育」蛋雞群重回美國與歐洲，瑞士法律更進一步要求國內所有母雞都必須能自由進出戶外。不過「自由放養」這個用語容易造成誤解，其實這有時只是說雞所生活的籠子比以往大一點，或可以到戶外一下子。然而，只要人類在家裡少吃些雞蛋，少花一點錢買蛋，並多花一些精神注意自己吃了什麼，那麼，就更可能讓雞蛋產業持續且適度地「去工業化」。

中世紀煎蛋捲及英式奶油

中世紀煎蛋捲（Arboulastre）
首先準備混合香料，包括芸香、艾菊、薄荷、鼠尾草、馬郁蘭、茴香、荷蘭芹、紫羅蘭葉、菠菜、萵苣、快樂鼠尾草、薑。將7顆全蛋充分打散，與香料混合。將混合料對半分，製成兩份allumelles，以下列方式炒：首先將油、奶油或任何想用的油脂放入炒鍋裡加溫。鍋子充分加熱後（特別是接近把手方向的位置），將混合好的雞蛋倒在鍋上，鍋鏟不時上下翻炒，然後灑上一些優質乳酪碎絲。這樣做是因為若事先將乳酪與雞蛋和香料混合，那在炒 allumelles 時，下面的乳酪會黏到鍋底……在鍋裡炒香料時，將 arboulastre 塑造成方形或圓形，然後在溫度適宜時食用。　　　　——《巴黎家事書》（Le Ménagier de Paris），約公元1390年

英格蘭奶油醬水波蛋（Poche to Potage）
取蛋敲破打到滾水裡，在沸騰的水中煮熟後取出。將牛乳與蛋黃一起攪拌，放進鍋內；加入糖或蜂蜜，以番紅花上色後煮沸；一沸騰就立刻拿開，然後灑入薑粉，將煮熟的蛋放到盤子裡修飾一下，倒入煮好的醬汁，端出上桌。

　　　　——取自1791年出版的《古代烹飪術》（Antiquitates Culinariae）手稿（約公元1400年）

雞蛋生物學與化學

▌母雞如何製造雞蛋

我們對蛋是如此熟悉,以致常忘了要讚歎它的製造過程。所有動物的繁殖過程都非常辛苦,不過母雞又比大多數動物還辛苦。若以母體每天可以產下的後代占其體重比例來定義「繁殖有多辛苦」,母雞是人類的100倍。每顆雞蛋約為母雞體重的3%,因此在一整年的下蛋期間,母雞下的蛋是用自己8倍的體重換來的。母雞每日所攝取的熱量,有1/4用在製造蛋;鴨則是1/2。

雞蛋一開始只是針頭大小的白色碟狀物,依附在蛋黃上,這是雞蛋最重要的一端,含有母雞染色體的活生殖細胞。母雞只有一個卵巢,在出生時就有數千個微小的生殖細胞。

▌製造蛋黃

隨著母雞生長,生殖細胞也逐漸長到直徑幾毫米的大小,經過2~3個月,在包覆它們的薄膜裡累積成白色的蛋黃原型。(在全熟的水煮蛋裡可以看到白色蛋黃;請見第104頁下方。)經過4~6個月,母雞達到下蛋的年紀,之後在不同時間的不同階段,都會有不同的卵細胞開始成熟,完全成熟約需10週。到第10週時,生殖細胞快速累積黃色的卵黃,其中大部分為脂肪以及在母雞肝裡合成的蛋白質。卵黃的顏色取決於母雞飼料裡的色素,飼料若富含玉米或紫花苜蓿,會產生較黃的顏色。若母雞每天只餵食1~2次,蛋黃就會表現出明顯的明暗層。最後,卵黃的成形使生殖細胞相形失色,它包含的營養足以提供小雞最初21天自行成長所需。

▌製造蛋白

蛋的其他部分則為生殖細胞提供養分以及保護層,從卵巢釋出完整的卵黃時開始算起,大約需要25個小時才能形成。卵黃會被輸卵管漏斗形的開口握住;輸卵管長約0.6~0.9公尺。若母雞曾經於近日內交配,精子就會儲存在輸卵管上端的「巢」裡,然後其中一顆會與卵細胞結合。無論卵是否受精(大部分的卵未受精),卵黃都會從輸卵管上端緩慢往下移動,歷時約2~3小

時。輸卵管內層分泌蛋白質的細胞會在卵上添加一層厚實的外膜，然後再添加一層，大約為蛋白最終分量的一半，蛋白就是albumen（源自拉丁文的albus，意思是「白色」），最後形成四層或濃稠或稀薄的蛋白。

蛋白的第一層厚蛋白質因輸卵管壁螺旋狀的溝紋而扭曲，形成所謂的卵繫帶（chalazae，源自希臘文的「小結塊」、「冰雹」），這是兩條緻密而稍具彈性的細繩，將蛋黃固定在蛋殼尾端，並使它可以懸浮在雞蛋中央旋轉。這樣的結構能使蛋白質成為胚胎和蛋殼之間最大的緩衝，避免胚胎在未成熟時就碰觸到蛋殼，以免影響胚胎發育。

膜、水與蛋殼

蛋白的蛋白質包覆蛋黃之後，隨即有兩片堅韌的抗菌蛋白膜，寬鬆地包覆在輸卵管下段，這個過程歷時1小時。兩片蛋白膜會緊密接合，稍後並在鈍端發展出氣穴（讓小雞孵出之後有空氣可吸）。接著在5公分長的子宮（或稱為殼腺）裡歷經19~20個小時的漫長成長。在前5個小時，子宮壁的細胞會將水及鹽透經薄膜「打入」蛋白，使蛋「鼓起」到完整的大小。等到薄膜變得緊實，子宮內層便會分泌出二氧化鈣及蛋白質以形成蛋殼，此過程歷時14小時。由於胚胎需要空氣，蛋殼富含（特別是在鈍端）約1萬個氣孔，總計相當於直徑約2毫米的洞。

角皮與顏色

母雞下蛋的最後處理階段是一道薄薄的蛋白質角皮層。剛開始時，它會堵住氣孔以減緩水的流失，並阻擋細菌進入，不過它會逐漸龜裂，好讓小雞能獲得足夠的氧氣。隨著角皮出現，蛋也開始出現接近血紅素的顏色。蛋的顏色由母雞的基因背景決定，與雞蛋的味道或營養價值無關。來亨雞產下的是顏色很淡的「白」蛋，棕蛋是由原本蛋肉兩用的雞種所生產，包括洛島紅雞和蘆花雞（新罕布夏雞與澳洲黑雞配種的目的，就是想產出深棕色的雞蛋）。中國交阯雞的母雞會將蛋塗上精美的黃點。罕見的智利阿羅卡納雞會下藍蛋，這是來自牠們的顯性遺傳特徵，其他野生雞或馴養雞身上都

胚胎端朝上：原生蛋黃

不知您是否注意到，敲開生蛋時，生殖細胞（針頭大小的白色盤狀物，帶有雞蛋的DNA）通常會跑到蛋黃的頂端？因為在它下方的原生白蛋黃通道，密度比黃色的蛋黃低，因此蛋黃的蛋細胞端較輕，會浮上來。在完好的蛋中，無論母雞如何放置雞蛋，卵繫帶都會使胚胎細胞重回頂端。

在全熟水煮蛋的中心，頑固而不凝結的一小塊蛋黃，就是原生的白蛋黃，特別富含鐵質。母雞在蛋才長到直徑6毫米左右時，就將鐵質儲存在這裡。

沒有的。將阿羅卡納雞與下棕蛋的雞交配後，能產生藍色與棕色的色素，因此蛋殼是綠色的。

卵離開卵巢後約25個小時，母雞會讓蛋的鈍端在前，下出完整的雞蛋。雞蛋離開體溫較高的母體（41°C）後逐漸冷卻下來，內容物也會稍微收縮。這種收縮會將鈍端的內殼膜與外殼膜分離，因此形成氣室。氣室的大小可作為雞蛋新鮮度的指標（詳見第112頁）。

蛋黃

蛋黃的重量只占帶殼雞蛋的1/3，它的生物目標幾乎就只有供應營養。以整顆蛋來看，蛋黃就占去3/4的熱量及大部分的鐵、維生素B1，以及維生素A。蛋黃的黃色並非來自維生素A的前驅物β-胡蘿蔔素（胡蘿蔔及其他植物裡的橘色色素），而是來自名為葉黃素的植物色素（詳見第二冊）。母雞主要是從紫花苜蓿及玉米飼料攝取到這種色素。雞農可在飼料添加萬壽菊的花瓣和其他添加物來加深顏色。鴨蛋的蛋黃呈較深的橘色，是來自β-胡蘿蔔素及紅色色素「角黃素」，野鴨從小型水生昆蟲和甲殼類動物身上攝取到這些營養，而蛋鴨則是從飼料添加物裡獲得。蛋黃裡有一種微量成分會造成重大的烹飪災難，那就是消化澱粉的酵素：澱粉酶，這種酵素會使許多外表正常的派餅內餡液化（請見第131頁）。

球中球

蛋黃是陽光凝結成的精華，依營養成分可分成好幾層，但還不只如此。它的結構精巧，非常像以一整塊玉雕刻出來的中國套球。當我們切開全熟水煮蛋時，就會看到第一層結構。高溫將蛋白凝固為平滑的連續團塊，而蛋黃形成鬆碎的分離顆粒。完整的蛋黃包含許多直徑約1/10毫米的球體，每顆球體被彈性膜包覆，緊密擠在一起，因而變形為扁平的形狀（非常像美奶滋中蛋黃所穩定的油滴；請見第三冊）。蛋黃烹煮後，這些球體會變硬而

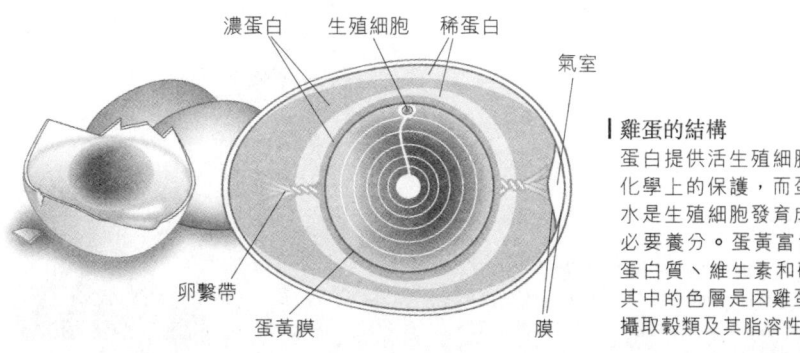

濃蛋白　生殖細胞　稀蛋白

氣室

卵繫帶
蛋黃膜　　　　膜

雞蛋的結構
蛋白提供活生殖細胞物理與化學上的保護，而蛋白質和水是生殖細胞發育成小雞的必要養分。蛋黃富含脂肪、蛋白質、維生素和礦物質，其中的色層是因雞蛋週期性攝取穀類及其脂溶性色素。

形成獨立的顆粒，造就蛋黃特有的鬆碎質地。不過若在熟煮前將蛋黃取出，讓球體能自由移動，就不會有那麼明顯的顆粒狀。

這些大蛋黃球體裡面是什麼？雖然我們認為蛋黃充滿營養且富含脂肪，但事實上這些球體裡面充滿了水，浮在水裡的是子球體，大概為球體體積的1/100。子球體太小，肉眼看不到，廚房裡的攪拌工具也無法打碎，不過我們可以用間接的方法觀察，並以化學方法使它分開。子球體的大小足以偏折光線，因此光線無法直接穿透蛋黃，如果在蛋黃裡加一撮鹽（如同美奶滋的作法）就會看到蛋黃變得更清澈，而且更濃稠。因為鹽會將子球體分解成更小的單位，無法再偏折光線，蛋黃因此變得較清澈。

那麼子球體裡有什麼成分？其實很像蛋黃球體裡環繞著子球體的液體混合物，首先是水，其次是溶解於水的蛋白質。而子球體的外圍是母雞血蛋白，內部則富含磷的蛋白質，會與雞蛋裡大多數的鐵質結合。在水中懸浮的還有次子球體，體積比子球體小40倍，其中有些是人體熟悉的物質。次子球體是由四種不同分子聚合而成：以脂肪為核心，外層圍繞著蛋白質、膽固醇與磷脂質形成的保護層（磷脂質可讓脂肪與水混合，在雞蛋裡主要為卵磷脂）。這些次子球體大部分為「低密度脂蛋白」（LDL），基本上就是我們監控膽固醇含量時，在血液裡追蹤的粒子。

我們最好退一步看這些球套球，才不會頭昏腦脹。蛋黃是一袋水，裡面含有自由浮動的蛋白質，以及由蛋白質、脂肪、膽固醇、卵磷脂形成的聚合物，而正是因為這些脂蛋白聚合物，蛋黃才具有乳化與添加濃郁度的驚人能力。

▎蛋白

與蛋黃的豐富度相比，蛋白相形之下就失色了不少。它的重量占帶殼雞蛋的2/3，不過有將近90％幾乎都是水，其他部分是蛋白質，只有微量的礦物質、脂肪、維生素（核黃素使生蛋白呈現些微的黃綠色）及葡萄糖。這1/4

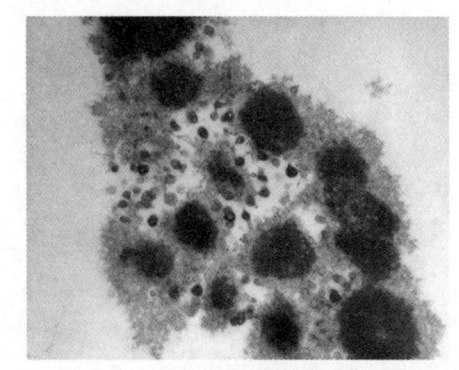

透過電子顯微鏡所看到的蛋黃顆粒
它浸入鹽水就會崩解開，這是一種複雜的組合，包含蛋白質、脂肪、磷脂質與膽固醇。

公克的葡萄糖對胚胎早期的成長相當重要，這樣的含量不足以使蛋白變甜，不過在長時間烹煮的蛋料理（詳見第122頁）與皮蛋（詳見第154頁）中，卻足以令蛋白變成戲劇性的棕色。蛋白的結構只有一點值得一提，它具有兩種濃稠度：濃與稀。卵繫帶就是濃蛋白扭曲而成。

防護性蛋白質

儘管蒼白，蛋白卻擁有驚人的深度。當然它的水和蛋白質供養了發育中的胚胎，不過生物化學的研究指出，蛋白裡的蛋白質不只是嬰兒食物。其中至少含有4種蛋白質會阻擋消化酵素作用；至少3種蛋白質與維生素緊密鍵結，使其他生物無法使用；還有1種蛋白質也和鐵質緊密鍵結，而鐵質對細菌和動物來說，都是重要的礦物質；1種蛋白質可抑制病毒的繁殖，還有1種蛋白質則會消化細菌的細胞壁。總而言之，在和充滿飢餓微生物和動物的世界奮戰了數百萬年之後，營養豐富的蛋建立起這道防禦系統，使蛋白成為對抗感染與掠食的第一道化學屏障。

蛋白裡的十幾種蛋白質當中，有幾種對廚師特別重要，值得提出來介紹。

- 蛋白裡的卵黏蛋白，占蛋白質總量不到2％，不過卻主宰了新鮮雞蛋的賣相與最具烹飪價值的蛋白質。它能使濃蛋白更濃（濃度比稀蛋白高40倍），讓煎蛋和水波蛋緊實且誘人。卵黏蛋白以某種方法將原本黏糊的蛋白質液體拉聚在一起，成為具有組織的結構，若輕輕將全熟的水煮蛋白剝下一塊，沿著剝裂處就可看到層理狀結構。一般認為，這個結構有助於蛋黃避震，同時可減緩微生物穿透蛋白的速度。在生蛋裡，蛋白會隨著時間逐漸分解，使發育中的小雞能更容易消化蛋白，當然對廚師而言，蛋白一旦分解就不好用了。

- 卵白蛋白是雞蛋中數量最多的蛋白質，也是最早在實驗室中確定的蛋

雞蛋蛋白的蛋白質

蛋白質	占卵白蛋白質總量的百分比	天然功能	烹飪特性
卵白蛋白	54	養分；阻擋消化酵素？	加熱至80°C時固定
卵運鐵蛋白	12	結合鐵質	加熱至60°C或打發成泡沫時固定
類卵黏蛋白	11	阻擋消化酵素	？
球蛋白	8	堵塞蛋膜、蛋殼的缺陷處？	容易發泡
溶菌酵素	3.5	消化細菌細胞壁的酵素	加熱至75°C時固定；穩定泡沫
卵黏蛋白	1.5	稠化蛋白；抑制病毒	穩定泡沫
抗生物素蛋白	0.06	結合維生素（生物素）	？
其他	10	結合維生素（2+）；阻擋消化酵素（3+）…	？

質（於1890年），然而它的功能仍然不明。它似乎像是一種抑制蛋白消化酵素的蛋白質，可能是營養素的遺跡，當初主要是用來對抗現在已絕跡的微生物。它是雞蛋裡唯一擁有活性硫化基的蛋白質，因此能決定蛋的味道、質地以及熟蛋的顏色。有意思的是，卵白蛋白的抗熱能力，在蛋產下幾天後還會持續增加，因此非常新鮮的蛋不需要煮太久，濃稠度就會比放了幾天的蛋還高。

卵運鐵蛋白可與鐵原子緊密結合，防止被細菌利用，並在發育的小雞體內傳遞鐵質。雞蛋加熱時，它是最早凝固的蛋白質，因此決定了雞蛋開始凝固的溫度。使全蛋凝固的溫度比蛋白單獨凝固還高，那是因為卵運鐵蛋白結合蛋黃裡豐富的鐵質後會更加穩定，而且更不易凝結。卵運鐵蛋白與金屬結合後會改變顏色，所以蛋白在銅碗裡打散會變成金黃色；在蛋白裡加上一撮磨碎的鐵質補充劑，便可製造出粉紅色的蛋白霜。

雞蛋的營養價值

雞蛋裡含有小雞孵化所需的一切成分，包括所有的成分、化學組織與能源，這也說明了它作為食物的優勢。煮熟的雞蛋是人類最具有營養價值的食物之一（煮熟可以使具防衛性的抗營養蛋白質失去作用，在實驗室裡，生雞蛋會使動物的體重下降）。作為動物生命所需的胺基酸完整來源，雞蛋的重要性無與倫比。它也供應豐富的亞麻油酸（一種人類飲食中相當重要的多元不飽和脂肪酸），還有數種礦物質、大部分的維生素，以及兩種植物色素：葉黃素與玉米黃素，這些都是特別有價值的抗氧化劑（參見第二冊）。雞蛋是營養豐富的組合。

雞蛋裡的膽固醇

雞蛋曾被認為對人類的血液太過營養，這種說法在1950年代造成美國的雞蛋消耗量大幅下滑。在我們的日常食物中，雞蛋是最豐富的膽固醇來源，一大顆蛋約含215毫克膽固醇，同等分量的肉只含50毫克。

雞蛋裡為什麼有這麼多膽固醇？因為這是動物細胞膜的基本成分，而雞胚胎在孵化前必須建構出數百萬顆細胞。雞的品種不同，膽固醇成分也會有所差異；母雞的飲食也有影響，富含植物固醇（膽固醇的植物近親）的飼料能使雞蛋的膽固醇含量減少1/3，不過即使如此，蛋黃的膽固醇含量依然遠超過其他大多數的食物。

由於血膽固醇含量高確實會增加心臟疾病的危險，許多醫學協會向來建議人們節制蛋黃的食用量，每週最多2~3顆，然而最近有人針對適量攝取蛋黃的人進行研究，卻發現雞蛋的攝取量對血膽固醇的影響並不大。部分原因是飲食中的飽和脂肪比膽固醇本身更容易提高血膽固醇，而蛋黃裡的脂肪大部分屬於不飽和脂肪。研究也指出，蛋黃裡的其他脂肪物質（磷脂質）能干擾我們吸收蛋黃膽固醇。因此我們似乎沒什麼理由要大費周章去計算每週食用了多少蛋黃。當然，我們也不應該以雞蛋取代飲食中可以保護心臟的蔬菜和水果，並且要徹底實行養生之道對抗嚴重的心臟疾病或肥胖。比較合理的作法是，在刻意減少蛋黃攝取量的同時，也要以相同的態度來對待肉類食物中的脂肪。全蛋所含的熱量有超過60%來自脂肪，這其中又有1/3來自飽和脂肪。

雞蛋替代品

大眾對無膽固醇雞蛋的渴望促使食物製造商開發出一種調製品，就像攪打過的全蛋，可用來炒蛋、煎蛋捲或用於烘焙。這些產品的成分為真正雞蛋的蛋白混合仿製的蛋黃，原料通常採用蔬菜油、乳固形物、食用膠（提供濃稠的質地），以及色素、調味料和維生素與礦物質等補充物。

美國大型蛋的組成

帶殼的美國大型蛋重達55公克。在下表中，所有重量都是以公克（g）或毫克表示（mg，1/1000公克）。蛋的熱量有60%來自脂肪，20%來自飽和脂肪。

	全蛋	蛋白	蛋黃
重量	55g	38g	17g
蛋白質	6.6g	3.9g	2.7g
碳水化合物	0.6g	0.3g	0.3g
脂肪	6g	0	6g
單元不飽和	2.5g	0	2.5g
多元不飽和	0.7g	0	0.7g
飽和	2g	0	2g
膽固醇	213mg	0	213mg
鈉	71mg	62mg	9mg
熱量	84	20	64

受精蛋

儘管民間有不同說法，但未受精的蛋與已受精的蛋在營養上其實沒有什麼差異。受精蛋產下之前，生殖細胞已分裂成為數萬顆細胞，不過直徑只從3.5毫米增加為4.5毫米，而且所有生物化學的改變都可忽略不計。冷藏可防止蛋進一步生長或發育，在美國分級系統中，蛋裡若是出現任何明顯發育的痕跡，包括微小的血管（孵化2~3天後出現）及可辨識的胚胎，都被視為重大缺陷，在分類時自動列為「無法食用」。當然這只是文化上的評價，在中國與菲律賓，鴨蛋內即使含有發育2~3週的胚胎，煮過後仍可食用，部分原因是據說能壯陽，因為胚胎會從蛋殼獲取一些養分，而這些鴨的胚胎含有的鈣質確實比原本未發育的蛋還多。

蛋過敏

蛋是常見的過敏食物之一。很顯然，禍首通常是蛋白中的主要蛋白質（卵白蛋白）。過敏者的免疫系統認為卵白蛋白具威脅性，因此展開大規模自我毀滅式的防衛，嚴重時會發生致命的休克。由於對蛋白過敏的症狀通常在幼年發生，因此小兒科醫師一般會建議不要給一歲以下的兒童吃蛋白，而蛋黃則較不會引起過敏反應，無論多大的嬰兒幾乎都可以安全食用。

蛋的品質、處理與安全

什麼是好蛋？完整未受污染且蛋殼堅固、結實的蛋黃與蛋黃膜（可防止蛋黃破裂與蛋白混在一起），以及凝聚力強、像果凍般的蛋白（較高比例濃蛋白與較低比例稀蛋白）。

好的蛋是怎麼形成的？最重要的是要有好的母雞：健康而且還未步入蛋期尾聲的精選產蛋雞。蛋期即將結束的母雞所下的蛋，蛋殼和蛋白會劣化（限制母雞的飲食可重整生物時鐘以縮短這個階段，但會造成脫毛）。飼料必須富含營養、未受污染，以及不含會使味道變調的成分（例如魚粉、生豆粉就不好）。而雞蛋一離開母雞體內，就要仔細鑑別與處理。

為了不打破雞蛋就能了解雞蛋的品質，雞農會將雞蛋置於亮光前，讓光

線穿透蛋殼，照亮內容物（傳統設備為蠟燭和眼睛，今日的電燈及掃描器可自動完成作業）。透光檢查很容易發現蛋殼裡的裂縫、蛋黃中無害但不受歡迎的血點（來自母雞卵巢或蛋黃囊裡爆開的毛細管），以及蛋白裡的「肉點」（可能是棕色血點或輸卵管壁留下的小組織塊）和過大的氣室，這些都會讓雞蛋等級往下掉。為了判斷蛋黃與蛋白的狀況，可將雞蛋快速晃動，若蛋黃膜夠堅固而蛋白夠濃，蛋黃就不會往蛋殼移動，那麼蛋黃的陰影就不會很明顯；如果很容易看到蛋黃，那表示蛋黃太容易變形或移動，這顆蛋的品質較差。

雞蛋等級

在美國，商店裡賣的雞蛋通常（不過並非強制）以美國農業部（USDA）的等級做分類。雞蛋的等級與新鮮或大小無關，而且並不保證在廚房烹煮時的品質。它可作為雞蛋在養雞場撿收時的品質指標。由於透光檢查並非萬無一失，每箱雞蛋在包裝時若出現了幾顆低於等級的蛋，仍是符合USDA標準的。等到雞蛋抵達商店時，低於等級的容許數量會再加倍，因為雞蛋的品質會隨著時間自然下降，運輸時的推撞和震動會使蛋白變稀。

通常商店裡只賣兩種頂級的雞蛋，AA與A級。若很快就要用，而且是用來炒或製成卡士達或美式鬆餅，就不需要花較高的價錢購買較高等級的蛋。不過若您想慢慢吃，或喜歡水煮蛋的蛋黃位置居中，或想吃到美味、緊實的水波蛋和煎蛋，或是打算製作蛋白霜、舒芙蕾或靠雞蛋膨發的蛋糕，那最好使用較高級的雞蛋，因為蛋白較濃，而且蛋黃膜較不易讓蛋黃滲漏到蛋白裡。

無論如何，決定蛋箱裡雞蛋品質的主要因素，在於它放了多久。即使是AA等級，最後都會出現扁平的蛋黃與稀薄的蛋白。因此請記得檢查紙箱上的保存期限（通常是撿收後的4週內；有時包裝上會以1~365的數字表示），選擇保存期限最久的蛋箱，而新鮮的A級蛋比放久的AA級蛋更值得買。

雞蛋品質的劣化

雞蛋原始的設計就是讓小雞在發育期間能自我保護。雞蛋對我們而言是相當獨特的動物類生鮮食物，只要能保持完整，置於陰涼處，就算放置數週也還能吃。即便如此，雞蛋一離開母雞就開始劣化，此時會發生基本的化學變化：放得越久，蛋黃與蛋白就變得更鹼（較不酸）。這是因為雞蛋中的二氧化碳，會溶解於蛋白及蛋黃形成碳酸，再緩慢通過蛋殼上的毛細孔，最後變成二氧化碳氣體流失。透過酸鹼值檢測就可知道酸和鹼的濃度（詳見第333頁），蛋黃會從微酸的6.0變為接近中性的6.6，而蛋白則從7.7的鹼性變為鹼性非常高的9.2，有時甚至更高。

蛋白的鹼化會使外觀出現極明顯的變化。因為新鮮雞蛋的酸鹼度動輒讓蛋白裡的蛋白質聚集成塊，且大到足以偏折光線，因此新鮮雞蛋的蛋白，事實上會呈現朦朧的白色。但在鹼性較強的環境裡，這些蛋白質會彼此排斥，較不易聚集，因此放置較久的雞蛋，蛋白會顯得比較清澈而不混濁。在這同時，蛋白會隨著時間變得越來越容易流動：濃蛋白與稀蛋白的比例，從剛開始時的60%比40%，掉到50%比50%以下。

相對之下，蛋黃的酸度變化則較微小，而且重要性不及另一種簡單的物理變化。剛開始，蛋黃含有的溶解分子比蛋白多，這種滲透壓的不平衡會使蛋白裡的水分朝蛋黃膜的方向運動，造成自然的壓力。在冷藏溫度下，每天大約有5毫克的水流入蛋黃，造成蛋黃膨脹、變稀，而蛋黃膜也被撐開而變得脆弱。

家庭測試

即使是完整的蛋，水分最後還是會經由多孔的蛋殼流失，蛋的內容物因此縮小，使鈍端的氣室擴大。即使將蛋塗上油並置於潮濕的冰箱，每天還是會因蒸發作用而流失4毫克的水。廚師可利用這種水分流失現象，判斷蛋的新鮮程度。新鮮蛋的氣室深度少於3毫米，比重大於水，會沉入盛水的碗底。放置時間越久，氣室會逐漸膨脹，整顆蛋的密度逐漸變小，蛋的鈍端

AA　　　　　A　　　　　B

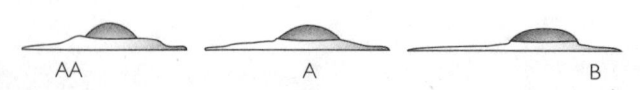

三種不同等級的雞蛋
AA級的雞蛋含有較高比例的濃蛋白，以及結實而圓潤的蛋黃。A級蛋的蛋白稍稀，而且蛋黃膜較脆弱，因此將殼敲破、倒入鍋底時，會散得較開。B級蛋散得更開，而且蛋黃膜很容易破掉。

在水中也越升越高。能夠浮上水面的雞蛋表示已經放置很久，必須扔掉。大約在公元1750年，英國食譜作家漢納‧葛雷斯（Hannah Glasse）提出兩種判定蛋新鮮度的方法，在當時，雞蛋可能下在養雞場的某處，一段時間之後才被發現，因此這是相當重要的判斷技巧。其中一個方法是感覺蛋的溫度（這方法可能不太可靠），而第二個方法就是間接測量氣室的大小：「若要知道蛋的好壞，將蛋置入一鍋冷水，蛋越新鮮，沉到鍋底的速度就越快；如果蛋壞了，就會浮上水面。」

這些變化可能都是蛋在正常發展時的必經過程：鹼性升高可使入侵的細菌與黴菌更無法適應蛋白，而蛋白變稀則會讓蛋黃上升，使胚胎接近蛋殼而能獲得氧氣，並且讓胚胎更容易取得蛋殼中儲備的鈣質。蛋黃膜變得更脆弱，可以更容易附著到蛋殼膜上；氣室增大可以讓小雞在剛開始呼吸時，獲得更多的氧氣。

這些改變或許有利於小雞，但對廚師就不利了。較稀的蛋白在鍋裡容易流動，軟弱的蛋黃膜在打蛋時更容易破掉，而較大的氣室則表示整顆蛋煮熟時將呈現較不規則的形狀。老蛋在烹飪上唯一的優點是殼比較好剝。

蛋的處理與儲藏

我們無法阻止蛋的品質劣化，因此雞農在處理雞蛋時，主要的考量是如何減緩劣化的速度。蛋產下以後，必須盡快撿收並立即冷卻。在美國，接下來就是用溫水以清潔劑清洗，去除雞蛋在通過母雞泄殖腔開口時在蛋殼留下的成千上萬細菌。過去，洗過的蛋會塗上礦物油，減緩二氧化碳與水分的流失，但現在因為雞蛋產出以後，兩天就能上市，而且運輸與儲存時都加以冷藏，因此只有在長途運輸時才會塗油。

在家儲存雞蛋：冷藏、靜止、封裝

雞蛋置於室溫1天，品質劣化的程度相當於冷藏4天，而且沙門氏菌（詳見第114頁）在室溫繁殖速度也快許多。因此最好購買冷藏的雞蛋，而不要

儲藏時的擺放

雞蛋儲藏時的擺放方式會造成怎樣的影響呢？1950年代的研究顯示，若將鈍端朝上儲放，蛋白品質變差的速度會比較緩慢。美國有許多州採用此結果，作為雞蛋包裝成箱的正規放置姿勢。但1960及70年代的研究則顯示，有零售商讓雞蛋平躺堆疊以展示上方標籤，因而發現儲放的擺法其實並不會影響蛋白的品質。平躺擺放的蛋在煮熟時，蛋黃位置會比較居中，也許是因為此時蛋黃兩條卵繫帶對抗的重力相同。

拿開放式貨架上的，買回家後必須冷藏。震動會使蛋白變稀，因此把雞蛋置於冰箱深處的架子上，會比放在冰箱門上好。氣密容器減緩水分流失的效果比傳統寬鬆的紙盒好，也能避免蛋吸收到其他食物的味道，不過也會加重雞蛋本身逐漸散發出的不新鮮味道。購買新鮮的雞蛋並小心處理，蛋在蛋殼內應能保存數週，但是蛋殼敲開之後就非常容易壞掉，應當盡快食用或冷凍起來。

冷凍雞蛋

將雞蛋放在氣密容器裡冷凍，可以保存數個月，但需先去除蛋殼，因為內容物在冷凍時會膨脹，使蛋殼碎掉。在容器裡預留一些膨脹的空間，並在表面覆上保鮮膜再蓋上蓋子，以避免凍傷（請見第192頁）。蛋白冷凍的效果不錯，發泡能力不會喪失太多。不過蛋黃與打散的全蛋就需要特殊處理，如果直接冷凍，那麼解凍後會成為漿狀的質地，很難與其他材料結合。在蛋黃中加入鹽、糖或酸並充份混合，可以避免蛋黃裡的蛋白質聚集，並且讓解凍後的混合液具備混合能力。每半公升的蛋黃需加入5公克的鹽、15公克的糖或60毫升的檸檬汁，若為全蛋，則將加入的分量減半。一顆美國的大型雞蛋，若以湯匙為計量單位，全蛋相當於3湯匙，也就是2湯匙蛋白與1湯匙蛋黃。

雞蛋安全：沙門氏菌的問題

大約從1985年開始，歐洲大陸、斯堪地納維亞、英國以及北美發生了多起食物中毒事件，都是腸炎沙門桿菌所引起。沙門氏菌可造成下痢以及人體其他器官更嚴重的慢性感染。大多數疫情與食用生蛋或半生蛋有關。更深入的調查指出，即使完整、乾淨的A級蛋，還是會聚集大量沙門氏菌。1990年代早期，美國衛生當局估計，每1萬顆蛋會有1顆帶有這種特別致命的沙門氏菌。在實施了各種預防措施之後，污染雞蛋已不那麼普遍，但仍尚未完全根除。

預防

　　由於上市的雞蛋無法保證不含沙門氏菌，所有廚師都應了解如何降低自己與他人的危險，特別是免疫系統脆弱的小孩和老人。雖然使用到污染雞蛋的機會已經很小，不過降低風險最好的方式，是只購買冷藏的雞蛋，而且買回來後迅速放進冰箱。任何含蛋料理，只要是烹煮過，都可以殺死可能存在的任何細菌。通常是在60°C以上持續煮5分鐘，或是70°C持續1分鐘。蛋黃在第一種溫度下仍舊會流動，不過在第二種溫度就會變硬。對於許多只是稍微煮過的雞蛋料理，例如半熟水煮蛋、水波蛋，以及以蛋黃為主要原料的醬汁，只要稍加改變傳統食譜，就能除去任何可能存在的沙門氏菌（請見第123頁下方）。

殺菌過的蛋

　　能安全替代新鮮雞蛋的食品有三種：經加熱殺菌的帶殼雞蛋、液體蛋以及乾燥的蛋白粉。不論是完整的雞蛋、攪拌打散後的全蛋，或是分離後的蛋黃與蛋白，小心加熱至55~60°C都可以殺菌，這也是蛋白質正要凝結之前的溫度。蛋白粉的加熱殺菌處理，在乾燥前或乾燥後進行皆可，這種蛋白粉在加水還原後，稍微煮過便可製成蛋白霜。這些產品最常見的用途，就是適度取代新鮮雞蛋，不過通常會失去發泡或乳化能力，而且再加熱時會失去一些穩定性；此外，加熱與乾燥過程的確會改變雞蛋原有的溫和味道。

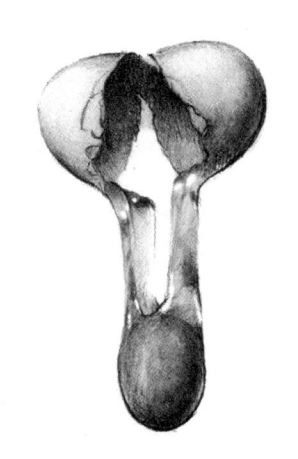

雞蛋安全：沙門氏菌的問題　　115

雞蛋烹飪化學：雞蛋變硬、卡士達變濃的過程

最常見的雞蛋處理法，通常也是最令人驚奇的廚房魔術。一開始是滑溜而流動的液體，然後只需加熱，液體很快就會變硬成固體，可以用刀切開。沒有一種食材可以像雞蛋這般變化多端，而不管是對蛋本身，或是在複雜的複合食材中扮演著結構支撐者，這都是它面貌多樣的關鍵。

那麼，雞蛋為何具有這樣的建構能力？答案很簡單：它的蛋白質以及相互鏈結的天賦。

蛋白質凝結

將蛋白質拉在一起……

生蛋一開始是液態，因為基本上蛋黃與蛋白都是一個個水袋，裡頭散布著蛋白質分子，其中水分子數量遠超過蛋白質，比例為1000：1。以分子而言，單一的蛋白質分子相當龐大，包含數千個鏈結在一起的原子，形成長鏈狀，這條鏈緊密摺成一團，而相鄰的摺疊處便建構出整個蛋白質分子的形狀。在蛋白的化學環境裡，大多數蛋白質分子會聚積負電荷並彼此排斥，而在蛋黃裡的蛋白質，則是一部分互斥、一部分鏈結成脂肪蛋白質的結構。因此生蛋裡的蛋白質大多數仍各自緊縮而彼此分離，在水中浮動。

我們加熱雞蛋時，所有分子運動得越來越快，碰撞也越來越強，原本維持長鏈蛋白質緊密捲起形狀的鏈結最後被打破。蛋白質長鏈被打開，糾結在一起，然後成為一種三維網絡。水的含量仍然比蛋白質多出很多，只不過現在被分隔在相連的蛋白質網絡中的無數小袋之間，因此無法再一起流動，液體蛋因此成為濕潤的固體。而且由於大型的蛋白質分子已聚集在一起，密度大到可以偏折光線，原本透明的蛋白於是變成不透明。

其他能使雞蛋變硬的處理方式（將它們置於酸或鹽裡醃漬，或打發成泡沫），基本原理相同，就是克服蛋白質的疏離狀態，讓它們彼此鏈結。若結合不同的處理方法（例如同時加酸與加熱），便可全面掌握稠度與外觀，這

熱如何使液態的蛋凝固
雞蛋的蛋白質在開始時是摺疊起來的胺基酸鏈（左圖），加熱時，它們會激烈運動而破壞一些鏈結，於是使摺疊的長鏈打開（中圖）。打開的蛋白質於是開始彼此鏈結，形成長分子的連續網絡（右圖），以及潮濕但呈固態的雞蛋。

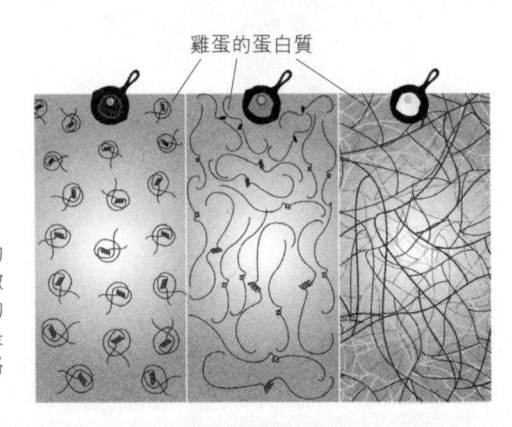

些都視蛋白質解開與鍵結的程度而定：從堅硬到脆弱、乾燥到潮濕、碎塊及果凍狀、不透明與清澈。

……不過別拉得太近

所有蛋料理幾乎都是將液態的雞蛋或雞蛋與其他液態的混合物，鍵結為潮濕而細緻的固體。煮太熟會使料理產生橡膠般的質地，或凝結成硬顆粒與多水的混合物。為什麼？因為蛋白質過度結合，會把水從蛋白質網絡擠掉。因此水煮蛋或煎蛋在烹煮的過程中會散失水分（以蒸氣的形式）而變得如橡皮狀，而雞蛋與其他液體的混合物則分離成水和蛋白質團塊。

因此，烹煮蛋料理的關鍵，就是避免煮太熟而使蛋白質過度凝結，其中最重要的就是溫度控制。蛋料理必須煮到蛋白質恰巧凝結的溫度才會柔嫩多汁，這溫度遠低於水的沸點100°C，確切的溫度則根據混合的食材而定；不過為了食物的安全性，通常會加熱到遠高於殺死細菌所需的溫度。（溫熱但仍為液態的蛋黃則是另一回事；參閱第123頁）。未稀釋的普通雞蛋通常最容易凝結，蛋白在63°C時開始變稠，達到65°C時呈現軟嫩固態狀，這種凝固現象主要來自「卵運鐵蛋白」這種對溫度敏感的蛋白質（雖然只占蛋白質總量的12%）；而「卵白蛋白」這種蛋白裡的主要蛋白質，一直要到80°C才會開始凝結，在此溫度下，軟嫩的蛋白會變得更加堅硬。（蛋白裡最後凝結的蛋白質為抗熱的「卵黏蛋白」，所以在西式炒蛋中，當大部分蛋白質都凝固了，富含卵黏蛋白的卵繫帶仍能保持液態。）蛋黃的蛋白質在66°C開始變濃，然後在70°C時凝固；蛋黃和蛋白打在一起的全蛋，約在73°C時凝固。

添加其他食材的效果

雞蛋經常會與其他食材組合，包括灑鹽、加檸檬汁、放幾湯匙的糖或奶油，或是倒入數杯的牛乳與白蘭地。這些添加物都會影響雞蛋蛋白質的凝結及料理的質地。

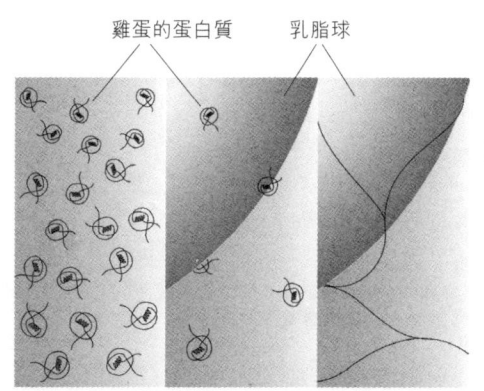

雞蛋的蛋白質　乳脂球

卡士達中稀釋的雞蛋的蛋白質
左圖：雞蛋富含蛋白質，因烹煮而解開時，數量足以形成堅固的固態網絡。中圖：與牛乳或鮮奶油混合時，由於它們的蛋白質並不會隨著加熱而凝結，因此雞蛋的蛋白質大幅稀釋。右圖：烹煮卡士達混合料時，雞蛋的蛋白質解開形成堅固的網，但這種網絡寬鬆而脆弱，使卡士達擁有細緻的質地。

牛乳、鮮奶油和糖可加以稀釋、延長與嫩化　我們以其他液體稀釋雞蛋時，雞蛋開始凝結的溫度也會跟著提高。稀釋會使更多水分子環繞蛋白質分子，而蛋白質必須更高溫且運動速度更快，才有辦法找到彼此來鍵結。同理，糖也會升高凝結的溫度，它的分子會稀釋蛋白質：一湯匙的糖可產生幾千顆蔗糖分子然後組成屏障，圍繞料理中一顆蛋的每個蛋白質分子。由於有水、糖、乳脂的稀釋效應，所以卡士達混合料（包含一杯牛乳、一湯匙糖與一顆雞蛋）開始凝結的溫度並非70°C，而是78~80°C。此外，蛋白質網會隨著體積增大而延展（在卡士達中，一顆雞蛋的蛋白質必須包覆的液體不只3湯匙，而是18~20湯匙），因此凝結物更加脆弱，而且很容易因過度加熱而瓦解。在極端的狀況下，例如蛋酒或荷蘭白蘭地蛋酒這類熱調酒，雞蛋的蛋白質稀釋到不可能照應所有液體，於是只是增加體積。

酸與鹽的軟化作用　一般人認為，酸和鹽會使雞蛋的蛋白質「變硬」，這種說法並不正確。酸與鹽對雞蛋蛋白質的作用大致相同，就是會使蛋白質更快靠在一起，不過並不會黏在一起。也就是說，酸與鹽會使雞蛋在較低的溫度中變濃與凝結，不過實際上製造出的質地卻更柔嫩。

這種看似矛盾的現象，關鍵就是雞蛋蛋白質所帶的負電荷會把蛋白質彼此隔離開來。塔塔粉、檸檬汁或任何果菜汁都能降低雞蛋的酸鹼值，因此減少蛋白質互斥的負電荷。同樣的，鹽會解離為帶正電與帶負電的離子，而這些離子會聚集在蛋白質帶負電荷的部分，達到中和的效果。在這兩種情況下，蛋白質不再彼此強烈互斥，因此在剛開始烹煮與蛋白質展開的過程中，便會形成鍵結，但此時大部分的蛋白質分子仍然結成團塊，因此無法緊緊相纏與緊密結合。除此之外，蛋白與蛋黃中某些蛋白質的凝結和硫化物有關，但此鍵結會受到酸性環境的抑制（請見第135頁，關於雞蛋泡沫的討論）。因此雞蛋加鹽後（特別是酸化後），就會變得更嫩。

廚師長久以來就了解這些現象。摩洛哥名廚寶拉·沃夫特（Paula Wolfert）就發現，在長時間烹煮雞蛋前加入檸檬汁，可避免雞蛋變得太硬；克勞蒂亞·羅登（Claudia Roden）的阿拉伯炒蛋食譜，以醋創造出不尋常的滑潤口感

| 早期的酸嫩蛋
用橘皮果凍或酸葡萄汁炒蛋，不加奶油
敲開4顆蛋，打散，以鹽和4湯匙的酸葡萄汁（verjus）調味，將混合料置於火上，以銀湯匙輕柔攪拌，直到蛋變得夠濃稠，從火上移開，此時蛋會繼續變濃稠，同時仍要稍加攪拌。也可以用檸檬汁或橙汁，以相同方法製作炒蛋……
　　　　　　　　　　　　　　　　──《法蘭西廚師》（Le Cuisinier françois），約公元1690年

（雞蛋的鹼性降低了醋酸游離的數量與刺鼻味，因此味道極為順口）。而17世紀的法國流行以酸果汁炒雞蛋，可能是檸檬卡士達的起源。

從化學看雞蛋的風味

新鮮的雞蛋有一種溫和的味道，經證實相當難分析。蛋白貢獻主要的硫磺味，蛋黃則帶來一種甜如奶油般的品質。雞蛋產生的味道，在蛋剛產下的瞬間最輕微，然後在烹煮前隨儲藏時間增長而越來越強烈。一般來說，蛋齡與儲藏狀況對風味的影響，比母雞的飲食與放養自由度來得大，然而，母雞的飲食與品種確實有顯著影響。油菜籽與豆粉含有一種無味的成分（膽鹼），棕色蛋雞無法代謝，牠們的腸道細菌會將這種成分轉變為帶有魚腥味的分子（三乙胺），最後出現在雞蛋裡；魚粉飼料及某些飼料殺蟲劑會使味道變調。而真正自由放養的母雞，我們無法知道牠們究竟吃了什麼食物，因此也無從預測生出的雞蛋是什麼味道。

煮過的雞蛋散發出的氣味裡，已經可以辨識出的化合物有100~200種。其中最典型的是硫化氫（H_2S），壞掉的蛋或工業污染裡大量出現的硫化氫令人非常不適，但在烹煮過的雞蛋中，它可貢獻非常獨特的蛋味，這種味道主要來自於蛋白：在蛋白溫度超過60°C時，蛋白質的摺疊結構開始展開，暴露出硫原子，並其他分子發生反應。蛋白在這樣的溫度中越久，硫味就越強烈。蛋放置越久酸鹼值越高，產生的硫化氫就越多（中國以高度鹼性的環境來保存蛋，也會釋放大量的硫化氫，詳見第154頁）。添加檸檬汁或醋，可減少硫化氫的數量和味道。硫化氫具有揮發性，會在蛋煮熟後會持續逸出，放久後味道會較淡。蛋在烹煮時也會產生少量的氨，對雞蛋的味道提供微小的貢獻（不過在中國皮蛋裡，氨的味道卻很濃烈）。

分辨熟蛋與生蛋

要分辨一顆全蛋是生或熟相當容易。將蛋平躺放在桌上旋轉，若它轉起來快速而平穩，那就是煮過的。若看起來停滯而搖擺，那就是生的（蛋內液體會晃動，抗拒固體蛋殼的運動）。

蛋的基本料理

連殼烹煮

「水煮蛋」經常被視為最基本的烹飪技巧，因為雞蛋安全留在蛋殼裡，只要注意水溫和時間即可。雖然我們經常談到全熟與半熟的水煮蛋，但水煮其實不是烹調雞蛋的好方法：翻騰的沸水滾動雞蛋會使蛋殼破裂，導致蛋白漏出而過熟。全熟水煮蛋的水溫遠高出蛋白質凝結的溫度，也就是說，當蛋黃熟透時，蛋白的外層會變得如橡膠一般。半熟水煮蛋烹煮的時間較短，而且要在尚未冒泡的未沸騰水裡烹煮，所以不會出現相同情況。全熟水煮蛋應該在水稍微冒泡、接近沸騰的狀態下煮，溫度介於80-85°C。帶殼蛋也可以用蒸的，這種技巧所需的水、能源以及水的加熱時間都最少，在微微冒氣的蒸鍋上將蓋子稍微打開，可將烹煮溫度降低至沸點以下，煮出較嫩的蛋白。

時間與質地

帶殼蛋的烹煮時間依想要的質地而定（也需視雞蛋大小、初始溫度以及烹煮溫度而定；這裡所列的時間為粗略平均值）。依烹煮時間的長短，可依序製造出各種質地的帶殼雞蛋：法式水煮蛋 oeuf à la coque 只煮2~3分鐘，整顆蛋仍然呈現半液態；半生熟水煮蛋需煮3~5分鐘，蛋白外層恰好成為固態，內層的蛋白則如乳狀，還有微溫的蛋黃，必須用湯匙挖著吃；比較不出名的軟蛋（mollet egg，源自法文的 molle，「軟」），煮上5~6分鐘，蛋黃還呈半液狀，不過蛋白外層已經夠堅硬，可以整顆剝殼吃。

全熟蛋則是煮10~15分鐘，整個顆蛋都已變硬。在第10分鐘，蛋黃還是暗黃色、潮濕而且有些糊；到了第15分鐘，變成亮黃色、乾燥及顆粒狀，有時會將烹煮時間延長到數小時以加強顏色與風味，例如中式的茶葉蛋，先用文火煮到凝固，然後小心敲碎蛋殼，再用文火在茶葉、鹽、糖與調味料的混合液裡，煮上1~2小時，直到產生大理石般香味四溢而非常硬實的蛋白。

全熟水煮蛋

　　料理得當的全熟水煮蛋為固態，但質地軟嫩，不會跟橡皮一樣。蛋殼完整易剝，蛋黃位在正中央且不脫色，味道細緻沒有硫磺味。必須注意的是，雞蛋不要煮太熟，才能獲得良好的質地與味道，否則會使蛋白質過度凝結而產生太多硫化氫。任何能讓烹煮溫度遠低於沸點的方法，都有助於避免煮過頭。將煮熟的蛋丟進冰水裡也有幫助，慢慢烹煮也能解決許多蛋殼與蛋黃的相關問題，但仍無法避免所有問題。

容易破裂又不容易剝的蛋殼　以沸水煮蛋時，裂開的蛋殼會將蛋弄得亂七八糟，並散發出硫磺的臭味；此外，蛋殼沒剝乾淨，也會讓雞蛋變醜、像是長了痲子般。要避免這兩種問題，傳統上的方法是在蛋殼鈍端戳出小針孔，不過研究指出這種方法沒什麼用。其實避免蛋殼破裂的最佳方法是慢慢加熱新鮮雞蛋，不要有沸水擾動。另一方面，要保證蛋殼好剝，最佳方法是使用老蛋！新鮮蛋的蛋白酸鹼值較低，蛋白會緊密黏著於內殼膜，黏著力超過本身的凝結度，殼較不好剝。冷藏幾天後的酸鹼值通常約為9.2，在這種情況下煮蛋，蛋殼就可以輕易剝開。如果您手邊有一盒非常新鮮的蛋，而且需立刻烹煮，那可以在1公升的水裡加入半茶匙小蘇打粉，使烹飪用水變成鹼性（不過這樣會加重硫磺味）。煮久一點也有幫助，此時蛋白內聚力更強，煮好後再把蛋置於冰箱，等蛋白變硬後再剝。

偏離中心的蛋黃與平底蛋白　若想做出漂亮的水煮蛋切片，或是蛋對切之後要挖出蛋黃塞進填料，那麼蛋黃就得在正中央，而最容易的方法，就是採用氣室小而蛋白多又濃的新鮮高級雞蛋。雞蛋久置之後，蛋白會失去水分而讓密度變大，使蛋黃上升。工業研究發現，儲存時若平放而非豎立，會增加蛋黃居中的比例。同時還要搭配各種烹煮策略，包括下鍋後幾分鐘，讓雞蛋繞著長軸滾動，最後將它們立起來。不過這些方法沒有一種完全可靠。

綠色蛋黃　全熟水煮蛋的蛋黃表面偶而會出現奇怪的灰綠色，這是因為蛋

蛋與火

另類的蛋料理法（烤）
將新鮮的蛋小心地靠近火的熱灰裡轉，使所有面都能受熱。開始產生裂縫時，就表示已經煮好，直接上桌。這是最棒、最受歡迎的食物。

炙叉蛋
將完全燒熱的炙叉直向穿過蛋，像烤肉一樣在火上烤蛋，趁熱吃。這是愚蠢而不合宜的發明，是廚師的玩笑。

——普拉提那，《論正確享受與健康生活》，1475年

白中的硫接觸到蛋黃中的鐵，作用之後在蛋白與蛋黃的接觸面形成了無害的硫鐵化合物。加熱時，摺疊的蛋白會打開，蛋白的鹼性環境有利於蛋白質硫原子脫離。硫與蛋黃表層的鐵發生反應，便形成硫化亞鐵。雞蛋放置越久，蛋白的鹼性就越強，這種反應就越快發生，高溫與長期烹煮會產生更多硫化亞鐵。使用新鮮的蛋能減少蛋黃變綠的現象，同時烹煮時間應盡量縮短，且烹煮後盡速冷卻。

久煮的蛋　一種取代標準全熟蛋的有趣料理為中東的hamindas（希伯來文）或beid hamine（阿拉伯文），大約需烹煮6~18個小時，源自西班牙猶太人在安息日吃的混合燉菜（稱為hamin，源自希伯來文的「熱」）。這種菜的作法，是在週五先將食材準備妥當，置於爐裡用文火烹煮一整夜，然後在安息日正午食用。他們將帶殼的雞蛋放在燉菜裡燉，或是另外放在水中用小火慢煮，可以煮出強烈的味道，蛋白也會變成特殊的黃褐色。蛋白在鹼性環境下長時間加熱，蛋白中有1/4公克葡萄糖會與蛋白質起作用，產生褐變食物典型的味道與色素（參閱第310頁的梅納反應解說）。若將烹煮溫度維持在71~74°C，蛋白會很嫩，而蛋黃會煮成奶油般的質地。

去殼烹煮

烘蛋、焙烤蛋與燉蛋

雞蛋去殼後置入容器，要煮到軟嫩可以有好幾種方法；這裡的容器可以是盤子或挖空的水果或蔬菜。這與帶殼雞蛋煮成半熟的方法一樣，要避免蛋白與蛋黃的蛋白質過度凝結，關鍵在於時間的掌控，此外還需考量熱源的位置與性質。烘烤蛋時，盤子應置於中間的架子，以免蛋在熟透時，頂部與底部卻已過熟。燉鍋煮蛋（Eggs en cocotte）是將蛋置於盤中，再放入鍋中用文火隔水烹煮，也可直接放在爐架上或烤箱中燉。這種燉法可使雞蛋與熱源之間有充分緩衝，不過烹煮速度仍可像烤蛋一般快，原因是水傳輸熱量的速度比烤箱裡的空氣更快。

拔絲水波蛋
17世紀法國與英國流行的一種水波蛋，在現代的中國與葡萄牙依舊盛行。將蛋黃細細流入熱糖漿中，然後拉起成為味甜而可口的蛋糖絲。

水波蛋

水波蛋是雞蛋去殼再煮的半熟蛋，蛋白質在烹煮的那一刻就凝結成外層，並將自己包覆起來。將生蛋打到將滾的液體中（水、鮮奶油、牛乳、酒、高湯、濃湯、醬汁或奶油），煮上 3~5 分鐘，直到蛋白凝固而蛋黃還未凝固的狀態。

蛋白不整的問題 煮水波蛋比較麻煩的地方，是如何讓它們凝固成為滑順而緊實的形狀。通常較外層的稀蛋白在凝固前會不規則散開，使用 AA 級的雞蛋，並於烹煮前再敲開蛋殼會有點幫助，因為這種蛋的濃蛋白比例最高，所以較不容易散開。烹煮的水要接近沸點但未達沸點，這樣就能不擾動稀蛋白，使外層蛋白盡快凝固。其他傳統食譜的祕訣並不是很有效，例如在水裡加鹽或醋，這確實能加速凝固，但也會在蛋的表面造成碎裂和不規則。要改善水波蛋外觀，有一種簡單又有效的新方法，就是在煮蛋前將較稀的蛋白除去：將雞蛋敲開放入盤子裡，然後倒入有大型孔洞的湯匙，幾秒後稀蛋白流走，再將雞蛋滑入鍋內。

以浮起程度評估煮蛋的時間 煮水波蛋有一種專業的方法，也可為業餘烹飪愛好者帶來樂趣。這是餐廳使用的技巧：先將雞蛋去殼，放入湯鍋的滾水中，讓蛋沉到深處，然後就像變魔術一樣，雞蛋煮熟時會再度浮上水面，如果一次煮許多顆蛋，這會是很方便的作法。祕訣是使用醋和鹽（烹煮時在每公升水裡加入 8 公克醋和 15 公克鹽），並讓水保持沸騰狀態。醋會與稀蛋白的碳酸氫鹽反應，形成微小的二氧化碳氣泡而浮出水面，隨著蛋白質凝固，這些二氧化碳會附著在雞蛋表面。鹽則會增加煮液的密度，氣泡可維持 3 分鐘，讓雞蛋浮起。

煎蛋

煎蛋比水波蛋更容易散開，因為它只從底部加熱，因此蛋白的凝結速度會更緩慢。新鮮、高級的雞蛋產生的形狀最緊密，將稀蛋白先瀝出也有幫助。

安全的水波蛋

一般水波蛋裡還會流動的蛋黃都未經充分加熱，裡頭可能還有沙門氏菌。若要除去細菌，同時還要保持蛋黃軟嫩，請將煮好的蛋移到第二支盛滿 65°C 熱水的大鍋裡，加蓋後靜置 15 分鐘。每隔幾分鐘就檢查一下溫度計，若水溫掉到 63°C 以下，就將鍋子再放回去加熱。若想在上桌前稍微煮過，也可以用同樣方式重新加熱。

若想做出白嫩的煎蛋,理想的鍋溫約為120°C。在這種溫度下,奶油早已滋滋作響,不過尚未發生褐變。至於食用油,若原先含有微量的水,到了這個溫度則已停止噴濺。煎蛋在較高的溫度下無法柔嫩,不過可得到風味更佳、褐變與硬脆的表面。經過1分鐘左右將雞蛋翻面,就能煮到另一面,或是加入一茶匙的水,然後蓋上鍋蓋留住蒸氣;或是像發生褐變的中式荷包蛋一樣,雞蛋剛凝固時便對折,使煎蛋外層焦脆,而蛋黃仍然受到保護而相當滑嫩。

炒蛋

炒蛋與煎蛋捲是把蛋黃與蛋白打散後製成,這種方法適合脆弱而較稀薄的次級蛋。這些料理經常混合其他食材,例如鮮奶油、奶油、牛乳、水或食用油(中式用法),以稀釋雞蛋的蛋白質。若能謹慎煎炒,確實能做出較軟嫩的蛋。但若過度加熱,則會流失部分添加的液體。水分較多的蔬菜(如磨菇),應事先煮過以避免水分流入蛋裡。切碎的香草、蔬菜或肉類應保持微溫(不該太熱或太冷),以免使接觸到的蛋白質受熱不均勻。

炒蛋的關鍵:慢炒 快速隨意翻炒的蛋,通常會很硬,無法令人印象深刻。要炒出溼潤的蛋,關鍵在於低溫和耐心,且需要花上好幾分鐘來烹煮。應該在奶油加溫到開始冒泡,或水滴只有微微在熱油上跳動時,就把雞蛋放入。翻動雞蛋的方式和時機會決定炒蛋的質地。蛋的底層若在熱鍋上放置了一段時間才開始翻攪以分散熱度,就會炒出又大又不規則的蛋塊。不斷翻攪可避免底部雞蛋的蛋白質凝固成硬層,因此可產生滑順、均勻的蛋黃與稀蛋白塊,穿插質地細緻的濃蛋白塊。炒蛋尚未完全熟透時,就應從鍋中盛出,餘溫會讓它們在一段時間內繼續變熟。

傳統滑嫩炒蛋
肉汁濃醬炒蛋(Oeufs brouilles au jus)
將一打新鮮雞蛋在器皿裡充分打散,過篩倒入燉鍋中,加入六盎斯切成小塊的依思妮奶油,以鹽、白胡椒和磨碎肉豆蔻調味;置於中溫的爐火上,取小支的打蛋器輕輕攪打。當開始變濃稠時,就將燉鍋自火上移開,繼續攪打,直到雞蛋形成一種輕盈而滑順的鮮奶油狀態。然後加入一點雞汁濃醬,約一小團奶油的大小,切成數塊,放回爐上完成烹煮,倒入銀製砂鍋,並且以拌過顏色漂亮的奶油的麵包丁裝飾。

—— 安東尼・卡漢姆(Antonin Carême),
《19世紀的法國烹飪藝術》(L'Art de la cuisine française au 19ième siècle),1835年

煎蛋捲

如果說一份美味的炒蛋需要耐心，那麼一份美味的煎蛋捲要求的就是豪邁：在1分鐘內，用2~3顆蛋做出煎蛋捲。艾斯考菲耶如此描述煎蛋捲：就像炒蛋封入凝結的蛋皮，蛋皮加熱到潮濕柔嫩的程度後，必須再加熱到乾燥堅硬，如此才有足夠的力量包住其他的部分並成形。要做出煎蛋捲，鍋子的熱度要比均勻柔嫩的炒蛋更高，不過鍋子較熱也代表必須快速翻煎以免太熟。

煎蛋捲成功的關鍵就在這道菜的名字：omelet。這個名字從中世紀起，歷經各種不同形式：alemette、homelaicte，以及法文的omelette，最後是取自拉丁文的lamella，意思為「薄盤」。蛋汁的量和鍋子的大小要相稱，攤開的混合料才能迅速結成薄層，否則要花很長的時間才能結成蛋塊，而且很難凝聚。一般建議3顆蛋用中型的煎鍋，這煎鍋要很乾淨或是用不沾鍋，蛋皮才不會沾黏在鍋內。

煎蛋捲的蛋皮，在快煎好時或一開始成形皆可。最快的技巧是以湯匙或叉子不斷攪拌熱鍋中的蛋液，直到蛋液開始凝固，然後將之大致堆成圓餅狀，讓底部凝固幾秒鐘，搖動鍋子使圓餅脫離鍋底，然後對折。若將蛋放著一陣子不動，使底部表面成形，做出來的蛋皮會比較結實且外觀整齊。不時搖動鍋子讓蛋皮不至於黏在鍋底，同時翻攪仍然呈液態的部分，直到呈奶油狀，最後將圓餅完整捲好，滑入盤內。還有另外一種作法是讓混合液底部凝固，然後以叉子舉起一角，將鍋傾斜使更多蛋汁流入底部。重複同樣動作直到上面的蛋汁不再流動，此時再捲起。

一種質地特別輕盈的蛋捲舒芙蕾（omelette soufflée），是將蛋打發到充滿泡沫，或是先把蛋白分離出來打成泡沫然後小心倒回蛋黃液與調味料的混合液。將此混合料倒入熱鍋，以中溫烤箱烘烤。

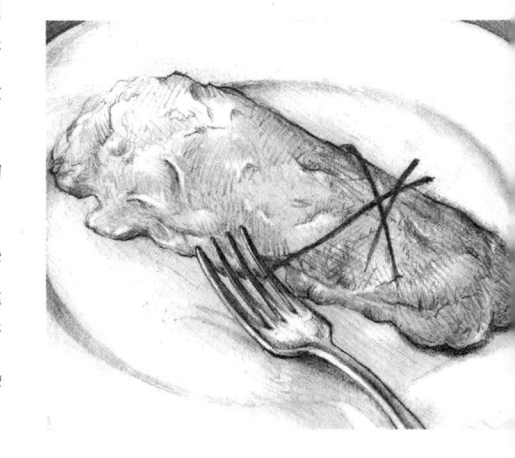

保溫鍋裡的綠蛋

炒蛋和煎蛋捲在保溫鍋裡或保溫餐桌上保溫，有時會出現綠色的斑點。這種變色與全熟水煮蛋的蛋黃變成綠色（見第121頁）是相同反應。持續高溫及烹煮過的蛋鹼性增加（大約升高半個酸鹼值）所促成。在蛋混合液裡加入酸性材料可預防這種現象發生。每顆蛋可加入約半茶匙（2公克）的檸檬汁或醋。若只加一半的量，可減緩變色的發生，而且較不會影響風味。

蛋液混合：卡士達與奶油濃醬

■ 卡士達與奶油濃醬的定義

我們會以各種不同比例的雞蛋與其他液體食材混合。一湯匙的奶油就能做出香味濃郁的炒蛋；而一顆打發的雞蛋，可使一品脫牛乳稍微變濃，做成蛋酒；卡士達與奶油濃醬大概就介於這範圍：約4份液體食材對上一份蛋液，也就是1杯（250毫升）液體食材對上1~2顆的蛋。這些料理是利用雞蛋的蛋白質讓原本稀薄的液體變稠。這些名詞經常互用，因而變得混淆。

在這一小節，卡士達指的是一種烹調和上桌時都使用相同容器的食品，這種食品經常以烘烤方式處理，因此不加攪動，讓它靜置成為固態膠質。卡士達家族包括鹹的烤蛋餡塔，還有甜的水果塔、法式焦糖布丁、法式奶酪、法式脆皮焦糖布丁，以及乳酪蛋糕。相對地，奶油濃醬是輔助性料理，基本上是與卡士達相同的混合物，不過在爐面烹煮時，必須持續攪動以產生濃稠但具延展性、甚至可傾倒的液體。糕點廚師烘焙甜點時，常特別會使用英格蘭奶油醬（香草卡士達醬）、卡士達奶油餡（pastry cream，或稱蛋黃乳醬）以及它們的近親，作為外皮、內餡或襯底的材料。

■ 稀釋必須細緻

在製作卡士達與奶油濃醬時，所有的問題幾乎都來自雞蛋的蛋白質，這些蛋白質在加入其他原料後，會變得非常稀薄。以甜牛乳卡士達或英格蘭奶油醬為例，它們的材料幾乎相同：1顆全蛋、1杯250毫升的牛乳、2湯匙的糖（30公克）。光是牛乳就可使混合後的體積增加6倍，而雞蛋的蛋白質必須散布其中，還要彼此接合！而且所有的糖會以數千顆蔗糖分子的形式圍住雞蛋的每顆蛋白質分子。由於雞蛋的蛋白質數目很少，與大量的水和糖分子數目相差懸殊，因此卡士達的凝結溫度會比未稀釋的蛋要高6~12°C，約為79~83°C。蛋白質網確實成形後會相當柔嫩、細緻且脆弱，而且溫度只要比凝結範圍高出3~6°C，蛋白質網就會開始崩解，在卡士達內部形成充滿水的孔洞，或是在奶油濃醬裡形成顆粒狀的凝塊。

說文解字：Custard（卡士達）、Cream（奶油濃醬）、Flan（水果塔）

蛋奶混合料的命名向來很鬆散。英文的custard在中世紀以croustrade現身，意思是放在脆餅皮裡上桌的料理。因此蛋奶混合料通常就是烤過而不加攪拌，所以是固態。早期的英國奶油醬可能為固態或液態，法國奶油醬也一樣。若凝結程度超過鮮奶油狀，即成為所謂的cremes prises，也就是固態奶油醬。

Flan為法文，來自晚期拉丁文的flat cake（餅）。

緩慢加熱

許多廚師都了解這樣的感覺，卡士達在烤箱裡烤了1小時，還不見它凝固，或是不停攪動奶油濃醬還不見它變濃，於是忍不住想將溫度調高。不過，我們得忍住不這麼做，原因是這些料理的加熱過程越緩慢，變濃與凝結之間的安全範圍就越大。將溫度調高就像是在雨天開快車，同時還要尋找不熟悉的車道，雖然可以較快到達目的地，不過也有可能來不及踩剎車而開過頭。像凝結這樣的化學反應會發展出動量，在關掉熱源的那一刻並不能立即停止反應。若變稠的速度太快，你可能無法在凝結之前就察覺出來而及時停止加熱。凝固的奶油濃醬可以瀝出凝塊加以挽救，但煮過頭的卡士達就無藥可救了。

記得永遠是將熱材料加入冷材料

在準備混合料時，小心加熱也相當重要。大多數卡士達與奶油濃醬混合料，都是以滾燙的牛乳或鮮奶油製成（快速加熱直到沸騰），然後將它攪動倒入雞蛋與糖的混合液裡。這種技巧可以溫和而快速將雞蛋加熱至60~66°C，距凝結的溫度只差17~22°C。如果作法倒過來，將冷雞蛋加到熱牛乳裡，會使剛滴入的雞蛋迅速加熱到接近沸騰，導致太早凝固與結塊。

雖然在牛乳品質不穩定的時代裡，煮沸可確保安全，但現在製造卡士達時可省略這個步驟，除非要添加香草、咖啡豆、橘皮或其他固體調味料。在常溫中混合的卡士達與預先加熱處理過的卡士達，質地一樣均勻而且凝固速度也幾乎一樣快。預先加熱牛乳仍然是製造奶油濃醬相當方便的作法，因為牛乳（或鮮奶油）很快就可以加熱至沸騰，且廚師不需太費心思。但是若從室溫開始加熱奶蛋混合料，就一定得用小火並不停攪動，以免在鍋底凝結。

確保凝結：卡士達與鮮奶油中的澱粉

即使直接放在火上快速加熱至沸騰，卡士達與鮮奶油中的麵粉與玉米澱粉，依舊能防止凝結。（對於荷蘭醬這種以蛋為主要材料的醬汁，也有相同

以糖讓蛋黃「拔絲」

食譜經常宣稱加糖打蛋黃的重要性，打到蛋黃顏色變淡，質地變濃稠，用湯匙就能拉出一條細絲來。在這階段中，蛋黃的成分並未產生任何重大改變，拔絲不過是大多數的糖溶解在有限的蛋黃水（約蛋黃體積的一半）會有的表現。混合料很濃稠，足以倒出濃濃的蛋汁，同時還能保有氣泡（變白的原因）。糖粒有助於徹底混合蛋黃與剩餘的蛋白材料，而只要充分混合蛋黃和糖，並在拔絲之前停止攪拌，那麼奶油醬或卡士達的品質就不會因糖粒而打折扣。

的效果；請見第三冊。）關鍵是這些材料所含的固態澱粉顆粒的膠化作用。加熱至77°C以上時，雞蛋的蛋白質開始彼此鍵結，澱粉顆粒吸收水、脹大並且開始伸出長條澱粉分子進入液體。脹大的顆粒本身會吸收熱能，減緩蛋白質的鍵結速度，而溶解的澱粉分子也會擋在蛋白質之間，阻擋它們鍵結過度緊密。巧克力與可可都含有澱粉，因此也有助於穩定卡士達與奶油濃醬。

每杯250毫升的液體必須加入一整湯匙（8公克）的麵粉，或兩茶匙（5公克）的玉米澱粉，或木薯粉形式的純澱粉，以防止凝結。缺點是添加了這些比例的澱粉，滑潤的料理會變得較粗糙而濃稠，同時味道也變差了。

卡士達的理論與實作

在西方，卡士達幾乎都是以牛乳或鮮奶油為原料。不過只要任何液體含有一些溶解的礦物質，大概都可以拿來做卡士達。將雞蛋與一杯普通的水混合，蛋就會凝結並在水裡漂浮，再加入一小撮鹽，整個液體會凝聚在一起成膠狀。如果沒有礦物質，帶負電荷而且彼此互斥的蛋白質分子，在遇熱展開時會互相遠離，每個蛋白質分子只會與少數的其他分子形成少數的鍵結。如果含有礦物質，正離子會群聚在帶負電荷的蛋白質上，提供中性的屏障，因此讓蛋白質在展開後可以彼此靠近，然後鍵結成大片的綿密蛋白質網。肉類富含礦物質，因此日本人用鰹魚湯和雞湯製作出鹹的卡士達：滑嫩的茶碗蒸以及扎實的玉子豆腐。蔬菜湯也可以作為原料。

比例

不同的雞蛋用量會形成不同的卡士達質地；扎實、光滑，或滑嫩、濃稠。使用全蛋或蛋白的比例越高，卡士達就越扎實、越光滑。加較多的蛋黃或只用蛋黃，會產生較柔嫩而濃郁的效果。卡士達若是直接用烹調容器上桌，可隨廚師的想法調整柔軟度。至於必須從容器取出再上桌的卡士達，質地就必須夠扎實，要能獨自站立，也就是說，它們必須含有一些蛋白，

隔水加熱的科學

大多數廚師都知道可以用隔水加熱法來調節烤箱的熱度。雖然烤箱的溫度可高達180°C，但液態水的溫度卻不會超過100°C，因為水達到此溫度就會沸騰，由液體轉變成蒸氣。不過比較少人知道的是，事實上依照裝水的鍋子種類以及是否加蓋，水溫的變動範圍可達 22°C。裝水的鍋子在烤箱中受熱，不過水分子自表面蒸發時又冷卻下來。實際的水溫取決於水透過鍋子受熱以及水表面因蒸發而冷卻之間的平衡。熱量比較能累積在厚鑄鐵鍋上，或穿過紅外線能穿透的玻璃器皿，而薄的不銹鋼就比較不能傳導熱。因此在中溫的烤箱裡，用鑄鐵鍋隔水

或在每杯250毫升的液體中至少放3顆蛋黃（蛋黃的蛋白質中，相互鏈結的低密度脂蛋白建構蛋白質網的效率比蛋白中游離浮動的蛋白質更差，因此需要更多蛋才能形成扎實的膠體）。為了達到特定的硬度，以鮮奶油取代部分或全部的牛乳，可減少雞蛋用量，那是因為鮮奶油的水分比牛乳少了20~40％，因此雞蛋的蛋白質稀釋的程度也相對較小。於容器內抹上奶油，並經過充分冷卻後，最容易脫模；冷卻也能讓蛋白質膠體變硬。

含有水果與蔬菜的卡士達，可能會出現含液體的氣室與凝塊，使質地非常不均勻。（這通常不是廚師想要的結果，不過日本人希望茶碗蒸能夠滲出液體，並且將它視為卡士達和湯的結合。）原因是植物組織與纖維粒子滲出了汁液，造成局部的雞蛋蛋白質過度凝結；將水果與蔬菜預先煮過，可減少流出的汁液，而在混合料理中加入一些麵粉，也有助於吸收多餘的液體，並減少過度凝結。這些料理最好能以相當溫和的方式烹煮，而且要煮到剛好熟的程度。

烹煮

數千年來，廚師都了解，在製作卡士達時，以低溫烹煮是最安全的，也就是說，這樣我們會有充裕時間觀察料理是否已完成，然後在變硬及產生孔洞前熄火。卡士達通常是在中溫、隔水加熱的烤箱中烘烤，這樣能使有效烹煮溫度保持在沸點之下。實際溫度則取決於鍋子的材質、是否隔水加熱以及如何加蓋（參閱下方「隔水加熱的科學」）。將整個水鍋蓋起來是錯誤的作法，因為這會迫使水沸騰，卡士達很可能因此煮過頭。最溫和的加熱法是將一個個烤模分別加蓋後，放在不加蓋而煮著熱水的烤盤上。

卡士達是否完成，可以碰一下盤子來判斷（內容物應該只會輕微晃動），或是用牙籤或刀子刺探內部，此時不應有任何混合料沾黏。蛋白質凝結程度夠的話，混合料絕大部分會緊密結合在一起，此時卡士達就已完成。除非要讓卡士達夠硬以從烤模中取出，否則最好在中間部分尚未全熟且還會晃動時，就從烤爐中取出，餘溫會讓未熟的部份繼續凝固。無論如何，卡士達在冷卻到可以上桌時，都還會逐漸變硬。

加熱可能達到87°C，玻璃鍋隔水加熱為83°C，不銹鋼鍋為80°C。如果以鋁箔蓋住鍋子，就能避免蒸發冷卻效應，因此每一種鍋子都能使水完全沸騰。

小心緩慢加熱的卡士達最為軟嫩，因此最好用開放式隔水加熱法，不過至少要達到85°C，否則混合料可能永遠無法凝固。許多廚師會小心將廚房紙巾折起來置於隔水加熱裝置的底部，如此卡士達杯或烤模就不會與熱鍋直接觸，不過這樣做會帶來反效果：紙巾使水無法在杯底循環，因此被吸附的水就會達到沸點，把杯子震得到處跑，鐵絲網架的效果會更好。

鹹的卡士達：法式鹹派

法式鹹派（Quiche，法式的德國「小蛋糕」）被視為鹹的卡士達或煎蛋捲的近親。它是用蛋混合牛乳或鮮奶油的派狀料理，裡面放小塊的蔬菜、肉或乳酪。為了讓它夠扎實且能切塊上桌，一般都會在每杯250毫升的液體加入2顆全蛋，不以隔水加熱，可能單獨烘焙，也可能在預烤過的餅皮內烘焙。義式蛋餅frittata與埃及的eggah是類似的料理，只是不使用牛乳或鮮奶油。

法式焦糖布丁與脆皮焦糖布丁

法式焦糖布丁是上層為焦糖漿的甜卡士達布丁，且上桌時不放在容器內。做法是先將模子底部塗上一層焦糖（請見第三冊），然後再倒入卡士達混合料烘烤，焦糖會變硬並黏在模子上，不過卡士達混合料的濕度又會使它軟化，於是兩層連接的部分會融合在一起。在還有餘溫時，焦糖仍然是軟的，此時可將卡士達從模子裡倒出來。若上桌前需冷藏，那就先留在模子裡；要從模子裡倒出來之前，放入較淺的熱水鍋裡1~2分鐘後，就能讓焦糖再度軟化。

脆皮焦糖布丁（又稱烤布蕾，是一種「焰燒奶油濃醬」）也是一種覆蓋了焦糖的卡士達，不過在這裡，焦糖要硬到用湯匙敲打才會碎掉。祕訣在於使頂層的糖變硬、變成棕色，同時又不能讓卡士達太熟。現代標準的作法是先烤卡士達，再讓它冷卻數小時，如此接下來的焦糖化步驟才不致讓雞蛋的蛋白質煮過頭。接著把細砂糖撒在卡士達表面，可以用火焰槍或將烤模直接置於明火烤爐的下方讓糖融化並烤成棕色，形成硬硬的外層。有時會把烤模浸在加冰塊的水裡，避免卡士達二度受熱。脆皮焦糖布丁從17世紀發明以來一直

首度出現法式脆皮焦糖布丁、英格蘭奶油醬及焦糖布丁的食譜

法蘭西·馬西亞羅的法式脆皮焦糖布丁食譜是我所知最早的食譜。在1731年出版的書中，相同的食譜改名為「英式奶油」，很有可能就是基本拌打式奶油醬的起源。目前尚未發現「英式奶油醬」的英國版本。

法式脆皮焦糖布丁

根據盤子大小而定，取4~5顆蛋黃。在砂鍋裡與一大撮麵粉充分混合；然後一點一點倒入牛乳，大約3杯（750毫升）。加入一小支肉桂，以及剁碎的綠檸檬皮……放在爐火上並不斷攪拌，請小心不要讓奶油醬沾黏在鍋底。煮熟時，將大淺盤置於爐上，把奶油醬倒進去，煮到奶油醬看起來黏在盤緣時，離開熱源，灑上糖：取炙熱火紅的火鐵棍，將奶油灼燒成為美好的金黃色。　　——馬西亞羅，《皇家廚師與中產階級》（*Le Cuisinier roial et bourgeois*），1692年

幾十年之後，文森·拉沙沛勒剽竊馬西亞羅的食譜，做出自己的法式脆皮焦糖布丁，相當接近現代的焦糖布丁。拉沙沛勒一字字複製馬西亞羅的食譜，一直到在爐火上煮奶油醬。然後……煮好奶油醬時，將銀淺盤放在熱爐上，放入一些糖粉及一點溶解用水，等到糖出現顏色時，將奶油醬倒在上面，將盤緣的糖弄到奶油醬上方，然後立刻上桌。

　　——文森·拉沙沛勒，《現代廚師》（*Le Cuisinier moderne*），1742年

到20世紀初，一直都是流動性的奶油醬製成，先在爐子上製作出英格蘭奶油醬，倒到模子裡，然後用炙熱的金屬板或是「炙烤爐」(salamander，上層有燒烤熱源的烤箱)，將上層的砂糖焦糖化。

乳酪蛋糕

我們通常不將乳酪蛋糕視為卡士達，可能是因為餡料的成分豐富，掩蓋了雞蛋的特色。餡料混合料中包含瑞可達乳酪、鮮奶油乳酪、酸奶油、高脂鮮奶油以及奶油。乳酪蛋糕的比例與其他卡士達類似，大約每杯（250毫升）的餡料使用一顆雞蛋，不過餡料越濃會越酸，就需要加入更多糖來平衡，每杯約4湯匙糖（每250毫升需60公克），而不是2湯匙。有時會加入麵粉或玉米澱粉使膠質穩定。如果是製造瑞可達乳酪蛋糕，那麼澱粉就是用來吸收新鮮乳酪可能釋出的水分。

乳酪蛋糕餡料的濃稠質地與高脂含量，使它的製作過程比標準卡士達更繁複。並非先以爐火烹煮，而是先混合糖與鮮奶油原料，再混合雞蛋與其他調味料。混合料冷卻後倒入鍋中（經常還先倒入麵包屑），在163°C的溫度下慢慢烘烤，通常採隔水加熱。烹煮的最後階段可能須關閉熱源，並將烤箱門微開，使剛烤好的乳酪蛋糕可以慢慢冷卻。

乳酪蛋糕最常見的問題是表面產生凹陷和裂縫，原因是混合料烹煮時膨脹鼓起，冷卻後即萎縮並塌陷。膨脹對舒芙蕾與海棉蛋糕而言相當重要，卻對濃郁的乳酪蛋糕不利。有四項基本對策可減少這種現象。首先，緩慢而輕柔地攪拌材料，混合料一均勻就停手。劇烈而長時間的攪拌會帶來更多氣泡，在烘焙時填滿蒸氣而膨脹。第二，在低溫烤箱緩慢烘烤，如此可讓包住的空氣與蒸氣逐漸而均勻地消散。第三，切勿過度烘焙，否則會使餡料乾掉，造成水分流失而塌縮。最後，讓乳酪蛋糕在打開的烤箱裡慢慢冷卻。冷卻可使蛋糕中的氣體或蒸氣縮小，這個過程越緩慢，乳酪蛋糕表面下陷的情況就越不嚴重。

中世紀的乳酪蛋糕
乳酪蛋塔（Tart de bry）
取生雞蛋的蛋黃，以及優質多脂的乳酪，適當擺放處理好，充分混合在一起。加入薑粉以及肉桂，還有糖及番紅花，置於麵包皮中烤，直接上桌。

—— 取自《古代烹飪術》中的手稿，1791年（手稿約1400年）

奶油濃醬理論與實作

奶油濃醬的製作有兩個部分比卡士達容易。它們是在爐火上加熱，因此廚師不用考慮烤箱裡哪個位置的熱傳輸效果最佳，此外，奶油濃醬並非置於烤模內直接上桌，因此出現一些凝塊也無妨，只要在上桌前過濾一下去除凝塊即可。

軟稠可傾倒的與結實的奶油濃醬

奶油濃醬可分為兩大類，廚師必須用兩種完全不同的處理方法。可傾倒的濃醬（例如英格蘭奶油醬）在可上桌的溫度時，應該要達到高脂鮮奶油的濃稠度。它們的材料有標準的雞蛋、牛乳和糖（有一種鹹味的奶油濃醬並不使用糖），然後煮到它們剛開始變濃稠（遠在沸點之下）。奶油濃醬餡（如卡士達奶油餡、香蕉鮮奶油等）都必須在盤子裡保持一定的形狀，因此會加入相當數量的麵粉或玉米澱粉讓質地變硬；也就是說，它們不只「可以」加熱至沸騰，還「必須」要沸騰。蛋黃含有能消化澱粉的酵素「澱粉酶」，對高溫相當有耐受力，因此澱粉與雞蛋的混合料必須煮到完全沸騰，否則蛋黃的澱粉酶將具有活性，會消化澱粉，並且將質地緊實的奶油濃醬變成軟稠、可傾倒的狀態。

奶油濃醬在蒸發作用下，蛋白質及澱粉表層會濃縮硬化成堅韌的外皮，因此如果需要儲藏，必須防止這種情況。我們可以在奶油濃醬微溫時，在表面點綴奶油，讓乳脂融化並散開，形成保護層；灑糖則可形成一層濃縮糖漿來抵抗蒸發作用。最直接的解決辦法是直接在奶油濃醬上壓臘紙或是抹了奶油的烘焙紙，但避免使用塑膠保鮮膜，以防塑化的化學物質溶入多脂的食物裡。

英格蘭奶油醬與其他可傾倒的奶油濃醬

攪拌奶油濃醬混合料的製作方法，非常類似烘焙卡士達的混合料。特別濃郁的奶油濃醬可能只需增加蛋黃，每杯250毫升的牛乳可多達4~5顆。把

卡士達奶油餡的第一份食譜
卡士達奶油餡一直是標準專業料理，歷史長達3個世紀以上。

製作卡士達奶油餡的方法
以3杯（750毫升）優質牛乳為例……將牛乳到入壺中，置於火上；還必須要有4顆蛋，在牛乳加熱的同時，敲開兩顆蛋，將蛋白與蛋黃加上185公克的麵粉混合，就好像在製造粥，還加上一點牛乳。等到麵粉變稀看不到粉塊時，再將另外兩顆蛋丟進去與此料理混合。

雞蛋、糖與滾燙的牛乳或鮮奶油混合起來，然後在爐火上持續攪動混合料，直到它變濃稠、能沾黏上湯匙為止，溫度大約在80°C。雙層鍋的溫和熱度最不會讓混合料凝結成塊，不過所需的時間比直接加熱久。變濃後的奶油醬，濾掉任何凝結的雞蛋或其他固態粒子後，加以冷卻，偶爾攪拌以避免蛋白質凝固成為固態的膠質。放入冰水中可以使奶油醬快速冷卻，不過必須更頻繁攪動以保持質地均勻。通常在冷卻後再加入水果泥，否則水果泥的酸性與纖維粒子會在烹煮時造成凝結。

卡士達奶油餡以及奶油濃醬派餡

除了英格蘭奶油醬，卡士達奶油餡也是食材變化最多的點心料理。它主要用在蛋糕的裝飾與夾心，也是甜舒芙蕾常用的加固材料；在義大利與法國，甚至將它切塊就拿來炸，因此必須夠濃稠，才能在室溫撐住自己的形狀，因此每杯液體會用1~2湯匙的麵粉（或約一半分量的純澱粉），也就是每250毫升用10~20公克。

卡士達奶油餡的製作方式，是把加熱的牛乳倒入糖、蛋與麵粉的混合料中，由於它們具有保護作用，因此混合料直接加熱至完全沸騰也不致於發生凝結。烹煮1分鐘左右並持續攪動，使蛋黃中的澱粉酶徹底失去活性，並將澱粉從澱粉顆粒中析出，而且為了增加風味，將變濃的奶油濃醬刮入碗裡，在盡可能不攪動的狀況下冷卻（攪動會破壞發展中的澱粉網而使它變稀）。冷卻之後的卡士達奶油餡，有時會以鮮奶油或奶油增加濃郁度，或是用打發的蛋白使它質地變輕，或以打發鮮奶油讓它味道變濃郁而質地同時又變輕。

傳統法式卡士達奶油餡為bouillie（字面的意思為「煮沸過」，指的是像粥一樣的麥片糊），是在最後一分鐘製作，主要用來強化舒芙蕾。bouillie的作法是將牛乳、糖與麵粉一起加熱到沸騰，再從熱源移開，等混合料冷卻後，將蛋打進去。由於雞蛋蛋白質並不像在製作卡士達奶油餡那樣經過徹底加熱與凝結，因此bouillie的質地較輕也較滑順。bouillie裡有一些具活性的蛋黃澱粉酶，因此這道料理若立即製作並上桌，並不會有任何影響，因為酵素

等到牛乳開始煮沸時，一點一滴倒入這些蛋、麵粉與牛乳的混合料，一起在清澈而無煙的小火上煮；就像煮粥那樣用湯匙攪拌。煮時也必須依自己喜好加入鹽，以及1/4磅（125公克）的優質奶油。這奶油醬應該煮上20~25分鐘，然後倒入碗裡，儲存備用。糕餅師傅稱它為奶油醬，應用於許多烘培產品。　　　　　　　　　　　　　　——《法蘭西廚師》，約1690年

需要數小時的時間才能消化掉可察覺的澱粉數量。

然而，蛋黃澱粉酶的活性在美式奶油派的餡料中卻會帶來災難性的影響，它的製作方式經常依照 bouillie 而非卡士達奶油餡，而且在上桌前會放置數小時或數天，如此一來，完美的奶油派便會分解成稀薄如湯的餡料糊。無論食譜怎麼說，以澱粉稠化的派餡，務必要讓裡頭的蛋黃加熱至沸騰。

▌水果凝乳

水果凝乳（以檸檬凝乳最常見）可視為一種奶油濃醬，只是以果汁取代牛乳，但通常還是會加奶油以增加濃郁度（起源可能來自甜化版本的香濃果汁炒蛋；請見第118頁）。水果凝乳能以湯匙舀食，非常適合作為小餡餅的夾心或是早餐塗醬。甜度要夠，才能平衡果汁的酸性。因此它們通常不含麵粉，糖分和蛋要比牛乳做的濃醬更多。通常半杯的奶油及半杯的果汁裡會加入4顆蛋（或8顆蛋黃）以及一杯以上的糖（每125毫升的奶油或果汁加入375公克的糖）。

蛋泡沫：手作料理

雞蛋受熱後可產生的變化已讓人這麼歎為觀止，那麼再想想打發能達到的效果！物理擾動通常會破壞並摧毀結構，不過打蛋卻能建立結構。一開始先用打蛋器拌打黏稠的蛋白，幾分鐘之內就會製成一整杯雪白的泡沫，這種黏著力強的結構即使將碗倒扣也依然附著不動。蛋白的性質使我們可以捕捉空氣，成就了蛋白霜與慕斯，成為琴費斯雞尾酒（gin fizz）、舒芙蕾與沙巴雍（sabayon）的重要原料。

蛋白的全面發泡力似乎在17世紀早期爆發開來。其實廚師在更早之前就已注意到雞蛋的發泡能力，但要到了文藝復興時代，才更將此能力應用在兩道充滿想像力的料理上：模擬白雪以及麵包餅乾的造型。不過在叉子仍屬新鮮玩意的那個時代，使用葉子的嫩枝、乾燥水果碎片以及海綿，最多也只能打出一些粗糙的泡沫（請見第135頁下方）。大約到了1650年，廚師開始將稻桿綁在一起，製成效率更高的打蛋器，於是蛋白霜與舒芙蕾開始

出現在食譜中。

　　如同啤酒或卡布奇諾咖啡的泡沫表面,蛋白泡沫是一種充滿著氣體(空氣)的液體(蛋白),這個液氣態的混合料會像固體一般,保持著一定形狀。它是由泡沫組成的實體,每顆泡沫裡都有空氣,而蛋白展開形成泡沫壁的薄膜。那些液體壁的組成決定泡沫能豎立多久。純水的表面張力相當強,分子間強大的吸引力立即把它們內聚在一起,形成緊密的小水池;而且它流動性強,幾乎可立即聚集。蛋白裡有許多浮在水中的分子會使水表面張力降低,減少流動性,因此泡沫可以維持更久,累積成為相當大的團塊。由於蛋白裡的蛋白質群,這些泡沫團在廚房裡相當實用。

雞蛋的蛋白質如何穩定泡沫

壓力促使蛋白質的團結

　　如同雞蛋與卡士達加熱時凝固的現象,穩定雞蛋泡沫的關鍵在於蛋白質在遭受物理壓力時,會打開摺疊的結構而彼此鍵結。在泡沫中,這樣的現象會強化泡沫壁,彷彿是烹飪世界裡的快乾混凝土。打蛋的動作對蛋白質產生兩種物理壓力。首先,當打蛋器強行通過蛋白時,打蛋器上的金屬絲會拉起部分液體,產生拉力,將摺疊緊密的蛋白質分子打開。第二,由於水和空氣是非常不同的物理環境,空氣與蛋白簡單的混合,造成力的不平衡,也將蛋白質從平常的摺疊形狀拉開。所有這些打開的蛋白質(主要為球蛋白與卵運鐵蛋白)會往空氣與水的交會處聚集,其親水部分浸在液體裡,而疏水部分伸向空氣,於是它們很容易彼此鍵結,造成蛋白液擾動並濃縮。

早期的蛋白泡沫:「雪」與餅乾
如何快速打出蛋白雪花
將一、兩顆無花果切碎,然後放入蛋白裡打散,這樣會使蛋白快速形成油般的質地,打散的方式包括:用粗短棍打,或用海綿將它們不斷擰出。
　　　　　　── 休普雷特爵士(Sir Hugh Platt,),《女士的樂趣》(Delightes for Ladies),1605年

雪中蛋
將蛋打破,蛋白與蛋黃分離,蛋黃置於盤中加上一些奶油,以鹽調味,置於熱煤炭上。充分將打發的蛋白打散,在上桌前將蛋白倒在蛋黃上,加上一滴的玫瑰水,底下放熾熱鐵條:加糖,然後上桌。
另一種方法:將蛋黃置於雪的中央,也就是打發蛋白的中央,然後裝在盤上用火煮。
　　　　　　── 弗朗索瓦・皮耶(François Pierre),《法蘭西廚師》,1651年

製造義大利餅乾
取1/4磅的糖,過篩,與蛋白和浸在玫瑰水裡的小塊黃蓍膠,一起置於雪花石膏臼裡打,產生完美的糊狀。然後加一小顆八角與一粒麝香,攪在一起,讓它像荷蘭麵包一樣發起,然後放在熱烤箱裡的盤上,直到有點膨脹而變白,取出,別等到完全乾掉冷卻後才處理。
　　　　　　──《打開皇后的櫥櫃》(Queen's Closet Open'd),1655年

如此一來，連續而堅固的蛋白質網會遍及泡沫壁，將水與空氣固定住。

永久強化

生蛋泡沫最後會變粗糙、下陷而分離，因此必須先加以強化才能進入料理程序。作法是加入其他會使混合料變濃稠的材料，例如麵粉、玉米澱粉、巧克力或吉利丁。不過如果只能用泡沫（例如在蛋白霜或無麵粉的舒芙蕾裡），雞蛋蛋白質就必須發揮本身應有的功能。它們在熱度的協助下，表現頗為優異。

蛋白裡的主要蛋白質（卵白蛋白），對於打發的動作較有免疫力，並不會產生太多生泡沫。不過它對熱度非常敏感，受熱後會展開與凝結。因此當生泡沫經過烹煮，卵白蛋白會讓泡沫壁裡固態蛋白質的強化物質增加兩倍以上，同時，泡沫裡大部分的自由水分也會蒸發。於是熱度讓廚師將短暫的半液狀泡沫變成永久性的固體。

蛋白質如何使泡沫不穩定

相同的力量可以打造蛋泡沫，但也會破壞蛋泡沫。泡沫達到最佳質地後，經常會變成粒狀、體積縮小，並分離成為乾泡沫以及流動的液體。在蛋白質彼此鍵結支撐起泡沫時，會因為擁抱過緊而將彼此間的水分擠出。展開後變得很長的雞蛋蛋白質要在強化的蛋白質網中彼此結合，鍵結方法有好幾種：分子的正電荷與負電荷之間、親水端之間、親油端之間，以及在硫基之間的鍵結。當這些鍵結累積太多，而使蛋白質過度緊密群聚在一起，蛋白質網就會開始崩解。還好，廚師能以簡單的方法限制鍵結，以免蛋泡沫崩解。

氣泡

發泡的雞蛋蛋白
蛋白裡摺疊起來的蛋白質（圖左），在液體與空氣之間的介面（也就是氣泡壁）展開，製造出輕而耐久的泡沫。然後展開的蛋白質彼此鍵結，在泡沫（圖右）周圍形成固態的強化蛋白質網。

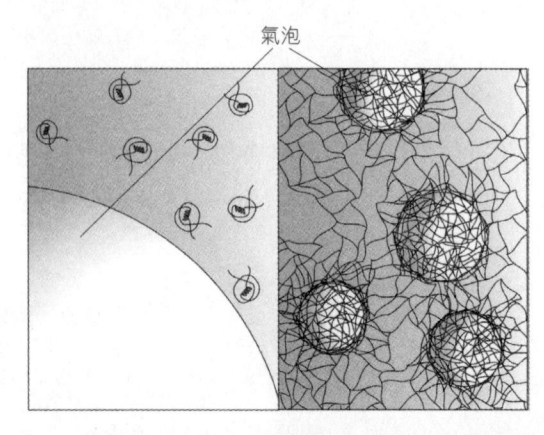

以銅盆阻止硫鍵結

早在人們知道雞蛋蛋白質或其化學鍵結之前，廚師就已經想出方法來控制它們。法國傳統長久以來就一直以銅製器皿打蛋白泡沫，最早描述此傳統的是法國百科全書中出現的一張1771年的圖，圖片中有一位在糕點廚房裡的男孩正使用麥桿製的打蛋器，圖說則是「打蛋白用的銅碗」。原來銅與其他極少數的金屬都具有一種非常有用的特性，它能與反應硫分子群建立極度緊密的鍵結，緊密到硫基本上已經無法再和其他物質反應。因此在打發蛋白泡沫時，若有銅存在，就不可能再形成更強的蛋白質鍵結，如此蛋白質就不會鍵結過緊。當然，如果在銅碗裡打蛋白，或是在玻璃碗裡加入一撮健康食品店賣的銅補充粉劑，那麼雞蛋泡沫將保持平滑，絕不會發生顆粒。鍍銀碗也有同樣的效果。

……還有酸

傳統銅碗有一個缺點：相當昂貴而且不太容易保持清潔。（銅的污染微不足道，在一杯蛋白泡沫裡，銅的含量約為我們每日正常攝取量的1/10。）還好另外有非金屬的替代品可控制反應硫分子群。當兩種不同蛋白質分子上的硫－氫（S-H）群，脫掉它們的氫，而硫－硫（S-S）彼此連結時，就形成了硫鍵結。加入酸可增加蛋白中的游離氫（H）離子，這會使S-H群更難去除本身的H，因此大幅減緩硫鍵結的速度。良好的劑量為每顆蛋白加入1/8茶匙（0.5公克）的塔塔粉或1/2茶匙（2毫升）的檸檬汁，在打蛋前加入。

18世紀的銅盆與雞蛋

這張詳細的「糕點廚師」圖，出現在1771年以雕刻版印製的百科全書中。圖說裡「打蛋白並且將製作餅乾的麵團混合在一起的銅盆」，正是右邊的男孩用來攪拌的容器。

蛋白泡沫的敵人

破壞打蛋成功的要害有三,廚師必須小心將它們從碗裡移除:蛋黃、油或脂肪,以及清潔劑。它們都具有相似的化學成分,以相同的方式干擾蛋白泡沫的形成:它們與蛋白質爭搶空氣-水的介面,但又不提供任何結構強化效果,而且還會干擾蛋白質分子的鍵結。這些搞鬼的傢伙如果量不多,並不會對打發蛋白泡沫造成重大阻礙,不過卻會使工作更加辛苦而漫長,而且打出來的泡沫不會那麼輕盈穩定。當然,蛋黃與脂肪可以安全地與完成的泡沫相混合,就像在舒芙蕾以及許多以雞蛋膨發的麵團食譜裡那樣。

調味料的效果

烹飪料理時,幾乎都會在蛋白泡沫中加上其他材料,這些食材影響到打蛋的過程以及最終質地。

鹽

鹽會增加打蛋所需的時間,並降低泡沫的穩定性。鹽結晶溶解後,會形成帶正電的鈉離子與帶負電的氯離子,它們可能在展開的蛋白質分子上競逐鍵結位置,進而減少蛋白質與蛋白質的鍵結,弱化整體結構。所以最好加在料理的其他部分,例如舒芙蕾的基本混合物,而不是加到泡沫裡面。

糖

糖會同時妨礙與協助泡沫的製造。在製程早期加入,會延緩泡沫的形成,降低泡沫最終的體積與輕盈度。延緩泡沫的形成是因為糖會干擾蛋白質的展開與鍵結,而降低泡沫體積與輕盈度則是因為糖漿與雞蛋的混合料,較難散布至薄泡沫壁裡。發泡速度減緩相當不利於手工打蛋,以標準的軟式蛋白霜等級而言,它會使工作量加倍,不過若是使用桌上型攪拌器,影響的程度就降低。

一顆射向銅理論的銀子彈

為什麼在銅盆裡,會打出較穩定的蛋泡沫?多年來,我一直對此感到納悶。1984年,我在史丹佛大學生物學家的幫助下進行實驗,然後於英國科學期刊《自然》以及本書首版中,發表一項理論。實驗顯示,一種蛋白的蛋白質(卵運鐵蛋白)會自碗表面取得銅,阻礙分子展開,因而全力防止泡沫過度凝結。這理論就這樣採用了10年。有一天,我心血來潮,嘗試在鍍銀的碗裡打蛋白。卵運鐵蛋白不會與銀結合,因此泡沫應該會變成顆粒狀。結果不然,它依然輕盈而光滑。我重新對泡沫進行研究,發現到銅和銀都會阻止硫與蛋白質反應,於是在此寫出修正過的銅理論。

使用糖的優點在於提高泡沫穩定性。液體會因為糖而濃稠黏著，於是大幅緩解水分自泡沫壁逸出，避免質地變得粗糙。在烤箱中，溶解的糖緊抱著水分子，因此減緩水分子在高溫時的蒸發，使卵白蛋白有時間凝結並強化泡沫。最後，糖會以細緻如綿花糖般的固態乾燥糖絲，來強化蛋白泡沫的結構。

糖通常在泡沫開始形成之後即與蛋白結合，此時多數蛋白質已展開。廚師會因為一些目的，在開始就混合糖與蛋白，以獲得緊實而稠密的泡沫。

水

蛋白泡沫很少需要用到水，但少量的水可以增加泡沫的體積與輕盈度。不過，由於水會使蛋白變稀薄，因此更可能會讓泡沫流失一些液體。加入的水量若高於蛋白體積的40%，就無法產生穩定的泡沫。

打蛋基本技巧

將蛋白打發成泡沫，是廚師與食譜都相當重視且嚴格執行的技巧之一。事實上，並不是所有細節都要那麼一絲不苟，大致上任何雞蛋、碗和打蛋器都能打出不錯的泡沫。

選擇雞蛋

製作蛋白泡沫就要從蛋著手。常聽到的建議是使用室溫下的老蛋，因為蛋白較稀，能更快速形成泡沫；另外一個理由是，據說非常新鮮的雞蛋，幾乎不可能用手打發泡。但是新鮮雞蛋比較不具鹼性，因此製成的泡沫會較穩定。至於稀蛋白打出的泡沫，在久放之後水分也比較容易從泡沫流失，更何況老蛋比較容易在蛋白裡留下微量蛋黃。在較低的溫度下分離蛋黃與蛋白時，蛋黃比較不容易破，而且打蛋的程序很快就會使冷蛋的溫度上升，

所以，直接從冰箱取出的新鮮雞蛋是比較適用的，特別是使用電動攪拌器。雞蛋泡沫也可以用乾燥蛋白來製作，蛋白粉是經過加熱殺菌的純正冷凍乾燥蛋白。「蛋白霜粉」的含糖量比雞蛋還多，並且含有穩定泡沫的膠質。

盆與打蛋器

用來打蛋白的盆要夠大，能容納體積膨脹為8倍的泡沫。通常的建議是不要用塑膠盆打蛋，因為塑膠是碳氫化合物，成分與脂肪相似，會傾向殘留微量的油脂與肥皂成分。事實雖是如此，但塑膠盆不太可能將這樣的微量成分釋放給蛋白團塊，它只需經過一般清洗，就可以用來打蛋白泡沫了。

若用手工打蛋，大型的「球狀打蛋器」能一次讓大量蛋白充滿更多空氣，因此能加速作業。若有機器可供選擇，立式攪拌器的攪拌裝置可以自轉並同時沿著碗的中心向碗邊螺旋狀旋轉（類似「圓內旋輪線」或行星運動），更能均勻打發蛋白，減少打不成泡沫的部分。效率較差的打蛋器會產生較厚實的質地。

解讀泡沫的外觀

判斷泡沫是否處於最佳狀況，方法有幾種，包括觀察泡沫是否能支撐硬幣或雞蛋的重量、它是堆砌成軟綿的小山或輪廓鮮明的尖峰、它會黏著在碗上或從碗表面滑下，以及泡沫表面是光滑或乾燥。這些測試都可以告訴我們氣泡有多密集，以及氣泡之間作為潤滑作用的蛋白液體有多少。不同料理對於最佳泡沫的定義並不相同。蛋泡沫可達到的輕盈程度並不只靠泡沫體積，也與它是否易於與其他原料混合有關，以及進入烤箱後能否適應泡沫的膨脹程度有關。舒芙蕾與蛋糕需要的是打不太發的泡沫，因它們還需要油脂的潤滑以及要能承受膨脹；而在蛋白霜等糕餅中，能保持形狀的硬度比維持體積更重要。

光滑的濕性發泡與乾性發泡

在「濕性發泡」階段，光滑的泡沫邊緣可保持某些特定形狀，但會下垂，

而泡沫並不會黏在碗上。仍然粗糙的泡沫還受到大量液體的潤滑，這些液體很快就會流到碗底。在「乾性發泡」階段，泡沫仍舊光滑，不過能夠保持非常好的形狀且附著在盆上，泡沫中有將近90％為空氣，蛋液已分散得很薄，相鄰泡沫壁的蛋白質網開始在彼此之間及盆的表面發生作用，而剩下的潤滑度剛好足以讓泡沫滑順，可以輕易與其他原料混合。在這個階段（或是之前的階段），是製造慕斯、舒芙蕾和海綿蛋糕等料理的最佳狀況，這些料理都需要將蛋白泡沫混合其他材料，再置於烤箱進一步膨脹發起。之後再繼續打下去，體積也不會再增加太多。

乾性發泡與更進一步

過了乾性發泡階段，泡沫會更加緊實，外觀圓鈍而乾燥，質地易脆，並開始流出一些液體，因此它會再度從碗邊滑下。糕點師傅布魯斯·希利（Bruce Healy）描述，在這個「下滑並留下滑痕」（slip-and-streak）的階段，相鄰泡沫壁的蛋白質網彼此鍵結，並將曾經分離它們的一點液體擠出。這個階段的泡沫最為扎實，適合用來製造蛋白霜或餅乾麵糊。糕點師傅會在開始過度凝結前即停下，立即加入糖使水滲出，糖會隔離蛋白質並吸收水分。此外，這也跟製作蛋糕或舒芙蕾一樣，每顆蛋要加上一半分量的塔塔粉後打發，使泡沫發展到有點過度打發的狀態。過了「下滑並留下滑痕」的階段後，泡沫的體積會開始縮小而呈現顆粒狀。

蛋白泡沫可以單獨使用，或在各種複雜的混合料中作為蓬鬆的原料。

蛋白霜：自成一格的甜泡沫

雖然蛋白霜有時會拌入蛋糕、餅乾麵糊或餡料中，但這種甜的蛋白泡沫經常自成一格，是料理中獨立的成分，例如，它可作為泡沫狀的表層裝飾，或是滑順的糖霜，或堅硬可食的容器，或融於口裡的裝飾。因此蛋白霜泡沫必須堅硬而穩定，能撐起本身的形體。廚師會添加糖或加溫以達到它的硬度與穩定性。蛋白霜經常是在低溫烤箱（93°C）緩慢烘烤，烘乾成質脆而

純淨的白色小塊或容器（電烤箱的門應稍微打開，讓蛋白霜的濕氣排出；瓦斯烤箱本來就有出煙孔）。例如，快速在熾熱烤箱或明火烤爐中烤成棕色時（例如派的表層），蛋白霜表面會變脆而內部仍然潮濕。在一道以牛乳烹煮稱為「漂浮島」的料理中，蛋白霜的質地堅硬，但始終保持潮濕。

蛋白霜中的糖

脆弱的蛋白泡沫能變成穩定而具有光澤的蛋白霜，原因就在於添加糖。加入越多糖，蛋白霜的形體就越大，烘焙後也就越脆。糖與蛋白的比例（無論是按體積或重量計）範圍約為 1:1~2:1，分別相當於 50% 與 67% 的糖溶液。較高的比例通常就是果醬與果凍，以及室溫下糖在水裡的溶解度。通常砂糖不會在「硬」蛋白霜中完全溶解，而會留下類似砂的質地並滲出糖滴。超細與粉狀的「特級細砂糖」或預製糖漿會是較佳的選擇。（糖粉含有 10% 防止結塊的玉米澱粉，重量只有其他同體積糖類的一半。有些廚師不喜歡糖粉裡的玉米澱粉，不過有些廚師卻很珍視它，認為那可以吸收濕氣，以防過溼。）

蛋白霜類型

傳統蛋白霜術語（法文、義大利文、瑞士文等等）並不明確，而且使用上不一致，最好是能依據料理的方法與產生的質地，對這些泡沫作分類。蛋白霜可以煮過或不煮。若是在純蛋白打發之後再加入糖，那麼蛋白霜會較輕盈；若是在打蛋白初期加入糖，那麼做出來的蛋白霜則較硬實。

未烹煮的蛋白霜 未煮過的蛋白霜最簡單又最常見，可提供的質地範圍廣泛，包括多泡、滑順、濃稠與堅硬。使質地最輕盈的作法，是先將蛋白打成堅硬的泡沫，然後用抹刀輕輕將糖攪入，使糖溶解入現有的泡沫壁，讓它們變得更大更有黏性。增加出來的體積使泡沫之間有更大空間，而能彼此交錯滑動，於是產生出柔軟而泡沫狀的質地，適合塗抹在派餅表面料，或是拌入鮮奶油慕斯或戚風蛋糕的混合料裡，不過它太脆弱而無法塑形。如果不只是用拌的方式加入糖，而是用打發的方式，那麼會產生更滑順而

蛋白霜：自成一格的甜泡沫

說文解字：蛋白霜（Meringue）

由於《拉魯斯食譜》（Larousse Gastronomique）的關係，一般認為蛋白霜是在 1720 年左右，瑞士 Mieringen 鎮糕餅廚師的發明，然後在稍後數十年，由路易十五的波蘭岳父引進法國。聽起來似乎就應該是這樣多彩多姿：只不過法國作家馬西亞羅，早在 1691 年就已發表「蛋白霜」的食譜。

語言學家奧圖・賈尼克（Otto Jänicke）將 meringue 這個字，回溯到拉丁文 merenda 的變形 meringa。這個字的意思是「輕食晚餐」，在現代的比利時附近的阿圖瓦（Artois）和皮卡迪（Picardie）發現的一種形式。賈尼克指出 merenda 的眾多變體，分別代表著「晚餐麵包」、「牧

更堅硬的質地。在這種狀況下，糖加入的體積會隨著打蛋的動作，更進一步在分裂泡沫時擴散開，而糖水混合物的黏性，很明顯地使泡沫的質地緊實。蛋糖混合料攪打的時間越久，就會變得越堅硬，可塑性也就更佳。

這些標準方法只花幾分鐘，不過廚師必須隨時監控。有些專家（特別是在法國），會在廚房用類似自動操作機的方式製造出結實的蛋白霜，並用於擠花，他們將所有的糖放入立式攪拌器的缸內，加入一部分摻了檸檬汁的蛋白，目的是為了避免產生顆粒狀。攪拌數分鐘後（時間並不重要）再加更多的蛋白，再攪拌一會兒……一直持續這個過程，可得到質地細緻、結實而柔軟的蛋白霜。將蛋慢慢打進糖裡，而不是將糖打入蛋裡，如此的確會減緩泡沫的形成，不過就不太需要隨時留意。這種「自動式」的蛋白霜比平常更濃稠，乾燥時比較不那麼脆。

在兩種極端作法（在泡沫形成後再加入所有糖，或是在打泡沫前將糖全數加入）之間，還有許多方法，是隨著製造階段分別加入部分的糖。因此製造蛋白霜自由度很大！不過要記住：在打發蛋白的過程中，越早加入糖，蛋白霜就越緊實，質地也更細緻。蛋白打發結束後再摻入糖，則能使質地變軟。

經過烹煮的蛋白霜　製作煮過的蛋白霜比未煮的更難，通常會比較濃稠，因為熱會使蛋白裡的蛋白質凝固，而太早限制空氣的捕捉。然而，先煮過也有一些優點，因為糖在熱液體裡比在冷液體裡更容易溶解，因此蛋白霜更容易吸收大部分的糖。而這種蛋白霜就跟以自動過程製作的濃稠蛋白霜（如前文所述）一樣，乾燥後比較不脆。此外，部分的蛋白質凝結後，可穩定這些泡沫，讓蛋白霜夠立起來而不崩解，時間長達一天甚至更久。廚師若擔心生雞蛋不安全，蛋白霜經過烹煮，溫度便足以殺死沙門氏菌。

煮過的蛋白霜有兩種基本類型。第一種（義式）是以糖漿煮蛋白霜。將糖加入一些水後，煮至115~120°C（呈「軟球」狀態，大約含90%的糖，乳脂軟糖與方旦軟糖就是用這種形態的糖製造），將蛋白打到乾式發泡的狀態，然後倒入糖漿並打進蛋白，成果就是鬆軟而質地細緻、結實的泡沫。它的形態可以裝飾糕餅，並且能保存1~2天之後再使用，同時又質輕到能拌入麵團

羊人的麵包」、「帶到農田與森田的食物」、「旅行者的點心」。

麵包及旅途食物為什麼會和打發的蛋白扯上關係？早期烘烤的糖蛋麵糊被稱為是「餅乾」、「麵包」以及「麵包條」，因為它們是這些烘焙食品（餅乾因為徹底乾燥，因此既輕又耐久，是旅客標準的食物）的縮小模型。也許這樣的糖果在法國東北省被稱為meringa。隨後當地廚師發現，可以用新發明的稻桿打蛋器徹底將雞蛋打發之後再加糖，他們發現這項好處之後，當地的用詞就隨之廣為流傳開來。於是法國其他地區的人也就因此把這種精緻泡沫和其濃稠的前身區分開來了。

與鮮奶油。因為糖漿的高溫大部分在缸內、打蛋器及空氣裡流失，泡沫團通常不會超過55~58°C，還不夠殺死沙門氏菌。

第二種煮過的蛋白霜（瑞士式），經常就直接稱為煮過的蛋白霜（法文的meringue cuite）。製造方法是將蛋、酸與糖隔水加熱，並攪拌到成為堅硬的泡沫態。然後將盆子從熱源移開，繼續攪拌到冷卻為止。這個過程是讓蛋白加熱殺菌。由於糖、塔塔粉的保護效果，加上不停地攪拌，這種蛋白霜混合料加熱至75~78°C後，仍能製造出穩定且濃稠的泡沫。煮過的蛋白霜可以冷藏幾天，通常拿來以擠花嘴擠出裝飾花邊。

蛋白霜問題：出水、砂礫狀、黏稠

製造蛋白霜可能有幾種失敗的情況。泡沫過度攪拌或攪拌不足，都可能使糖漿滲出水，成為難看的水滴或水坑狀。糖若未能完全溶解，也會形成小珠；剩餘的晶體自周遭吸收水分，產生一顆顆的濃縮糖漿。未溶解的糖會使蛋白霜出現顆粒狀質地（未煮透的糖漿中會在室溫下緩慢長出肉眼看不見的小糖粒）。

烤箱溫度太高，會在水分蒸發前將它們從凝結的蛋白質快速擠出，因此形成糖珠；高溫也可能造成泡沫膨脹破裂，使表面形成不吸引人的黃色。

蛋白霜派表層裝飾常見的問題是滲出糖漿並流到底部，因此無法良好附著。原因可能是派底涼而烤箱熱，泡沫底部相對未煮夠，或是熱派底部在中溫烤箱裡加熱過度。預防措施包括以會吸收糖漿的麵包屑層覆蓋派底，然後再添加蛋白霜為表層裝飾，在泡沫裡加入澱粉或吉利丁以利保濕。

潮濕氣候對蛋白霜不利。它們的糖衣表面會吸收空氣中的濕氣，變得軟黏。最好能將乾燥的蛋白霜直接從烤箱移入氣密容器裡，從容器取出後要盡早上桌食用。

冷慕斯與舒芙蕾：脂肪和吉利丁的強化

蛋白泡沫除了以糖和熱穩定之後形成蛋白霜直接上桌，也可以混入其他食材，此時泡沫可作為隱藏的支架。冷慕斯與冷舒芙蕾（基本上就是以慕斯

皇家糖霜

特定重量的蛋白最多只能和2倍於本身重量的糖充分溶解。皇家糖霜（一種糕點成品使用的傳統裝飾材料）是將4:1的糖粉與蛋白混合料打發10~15分鐘。皇家糖霜並非簡單的泡沫，它是非常濃稠的泡沫和糊狀物的組合。多數糖尚未溶解，不過因為極細微，無法用舌頭感覺出來。

裝扮成膨發的熱舒芙蕾）的形狀可以維持數小時甚至數日，而且只需稍微加熱。這些混合料的穩定力量，不是以熱來凝結雞蛋的蛋白質，而是利用低溫冷凝脂肪和吉利丁的蛋白質。

這類料理的典型代表為巧克力慕斯。最正統的巧克力慕斯是在38°C的溫度下融化巧克力製成。巧克力是可可脂、含澱粉的可可粒以及細砂糖的混合物，加入生蛋黃後，再與打發3~4倍體積的蛋白泡沫混合在一起（請見第149頁）。濃稠如蛋黃的巧克力強化了水狀的泡沫壁，雞蛋大部分的水分被可可固體與糖吸收，會再加厚泡沫壁。趁著還有一點熱度，將慕斯用勺子舀到碟子，再拿到冰箱放幾小時，即可上桌。慕斯冷卻之後，可可脂會凝結、泡沫壁會變硬，足夠永久支撐泡沫的結構。巧克力因此能強化蛋白泡沫，而泡沫則讓緊實的巧克力分布於紗網狀結構之上，入口即化。

舒芙蕾：熱空氣的氣息

舒芙蕾是一種鹹與甜的混合料，內有蛋白泡沫而顯得質地輕盈，放入烤箱加熱後於烤模內發生戲劇性的膨脹。舒芙蕾以料理難度高而出名，當然可名列為最精緻的料理之一，以它們的名稱Soufflès就可略知一二：此字在法文意為蓬鬆的、氣息的及耳語的。事實上，舒芙蕾耐久又有彈性。許多舒芙蕾混合料可以在幾小時甚至幾天前就準備好，冷藏或冷凍到需要時再使用。若能將空氣打入混合料，隨著自然定律就能使它在烤箱裡膨大，將烤箱門打開幾秒鐘也無傷大雅。自烤箱取出後，舒芙蕾必定會收縮，此時可藉由選擇不同的材料以及烹煮方法，使收縮反應降至最小，甚至還有可能再膨脹。

舒芙蕾的基本概念（以及其他以蛋膨發的蛋糕）至少可回溯至17世紀，當時糖果製造者注意到，將蛋白糊加糖在臼裡攪拌製成的「餅乾」，在烤箱裡會像麵包一樣膨發起來。大約在公元1700年左右，法國廚師開始將打發的蛋白與蛋黃混合，製造出蓬鬆的蛋捲舒芙蕾（omelette soufflée）。到了17世紀中葉，文森・拉沙沛勒（Vincent La Chapelle）能做出5種蛋捲舒芙蕾以及有史

可食用的隔熱材料

蛋白泡沫經常用來覆蓋及或填塞於料理中。這些結構當中，最具娛樂效果的，就是被高溫而焦黃的蛋白霜所包覆的冷凍冰淇淋：火焰雪山（Baked Alaska）。這道料理源自法國的驚奇煎蛋捲（omelette surprise）。蜂巢狀結構的泡沫因為具備絕佳的隔熱性，使強烈的溫度反差效果成為可能。卡布奇諾咖啡也是因為相同理由，冷卻速度要比一般咖啡慢許多。

以來首度出現的舒芙蕾（當時稱為timbale或tourte）。它們的泡沫是以卡士達醬強化，後來在餐廳裡取代蛋捲舒芙蕾的地位。19世紀偉大的廚師安東尼‧卡漢姆（Antonin Carême）稱強化舒芙蕾為「熱糕點之后」，不過他也見證到這道料理的方便及穩定，成功打敗蛋捲舒芙蕾那無與倫比的細緻質地和風味。卡漢姆寫道：「蛋捲舒芙蕾必須不含舒芙蕾混合料，無論是米粉或澱粉。若想吃到完美的蛋捲舒芙蕾，老饕必須耐心等候。」

方便性絕對是舒芙蕾大受廚師歡迎的原因。它能事先大量準備，甚至可預先烤好後再重新加熱。多樣性則是另一項特點，舒芙蕾的備置食材範圍廣（包括水果泥、蔬菜泥與魚肉泥；乳酪、巧克力、甜露酒），製造出的質地又多樣（從像布丁般的口感，到現烤舒芙蕾的入口即化）。從卡漢姆的無澱粉蛋捲舒芙蕾之後，舒芙蕾就幾乎沒有什麼更動。

舒芙蕾料理原則，上層：必定膨脹

舒芙蕾在發明後的數十年，法國的科學家暨熱氣球駕駛查理（J.A.C. Charles.）才適時發現了舒芙蕾內部膨發的物理定律。查理定律如下：在其他條件不變的情況下，已知重量的氣體所占體積與它的溫度成正比。加熱充氣的氣球，氣體會占去更大的空間，因此氣球會膨脹。同樣地，將舒芙蕾置於烤箱內，它的氣泡會因受熱而膨脹，於是混合料也朝它唯一可能的方向擴大：盤子的上方。

不過舒芙蕾膨脹的原因不只如此，查理定律只說明了約1/4左右的原因，其餘的膨脹效應是水不斷從泡沫壁蒸發進入泡沫的結果。隨著部分舒芙蕾接近沸點，更多液態水變成水蒸氣，增加泡沫裡的氣體分子數量，也增加泡沫壁上的壓力，造成泡沫壁撐開而泡沫膨脹。

早期的蛋捲舒芙蕾及舒芙蕾食譜
18世紀的蛋捲舒芙蕾是鹹味與甜味材料有趣的混合，17世紀的舒芙蕾則是以卡士達奶油餡強化的舒芙蕾。

小牛腎舒蛋捲舒芙蕾
取一塊烤好的小牛腎，與脂肪一同剁碎；置於砂鍋煮一段時間讓它分解。然後關火加入大匙的甜鮮奶油以及一打的蛋黃，蛋白留下待打發；以鹽、剁碎的荷蘭芹、糖漬檸檬皮，將混合料調味。將蛋白打發成雪狀，與其他材料混合，然後充分攪打。接下來把一塊奶油放到鍋裡，融化後倒入混合料，慢慢烹煮。將燒紅的鐵棍持續放在它上面。然後將它倒入上桌用的淺盤裡，放在小爐火上，讓它能發起來；等到到相當足夠的高度時，撒上糖並以鐵棍在未碰觸到蛋捲的狀況下，將表面上色。趁熱上桌作為前菜。

17世紀的舒芙蕾
準備優質卡士達奶油餡、苦味杏仁餅乾、糖漬檸檬皮、桔花，加入打發成雪狀的蛋白。以優質新鮮奶油塗抹餡餅烤模；灑上麵包屑；然後以上面準備好的材料做填料，在烤箱裡烹煮。烤好後，倒出來作為一道熱的前菜。 —— 文森‧拉沙沛勒，《現代廚師》，1742年

底層：必然塌陷

查理定律也表示，凡在烤箱裡膨脹者，必然在餐桌上塌陷。氣球隨著溫度上升而膨脹，不過溫度降下來後，又會再度收縮。當然，舒芙蕾必須端出烤箱才有辦法上桌，而就從那刻起，它就開始失去熱度。隨著舒芙蕾泡沫冷卻，裡頭空氣的體積收縮，混合料裡液態水產生的蒸氣也會再度凝結為液體。

舒芙蕾經驗法則

舒芙蕾背後的驅動力其實存在幾項基本事實。首先，加熱溫度越高，舒芙蕾就膨脹得越高：此時單純的熱膨脹越劇烈，混合料裡也有更多水分成為蒸氣。同時，烹煮溫度較高，也表示接下來壓力會升得更高，而塌陷的速度也更快。然後還有質地產生的效應。濃稠的舒芙蕾混合料無法如稀混合料那麼容易發起來，不過一旦發起來也較不會塌陷。結實的泡沫可以抗拒過量壓力。

因此決定舒芙蕾表現的兩大關鍵因素為烘烤溫度及舒芙蕾拌料的濃稠度。熱烤箱搭配稀混合料，相較於溫烤箱（或隔水加熱）搭配濃拌料，前者膨脹的效果較為劇烈，不過在餐桌上塌陷的程度也更厲害。

最後，有項事實會隨著舒芙蕾的起落而起落：將塌陷的舒芙蕾再放進烤箱時，它會再度發起來。氣泡依舊存在，大部分的水也是；空氣與水將隨著溫度的上升而膨脹。不過第二次或第三次就不會發得這麼高，那是因為舒芙蕾混合料已經變硬，而可使用的水也變少。不過剩下的舒芙蕾還是可再度膨發，只要將舒芙蕾再烤一次，讓它定型，從模子取出，然後上桌即可。

舒芙蕾拌料

舒芙蕾拌料（要和蛋白泡沫混合的料）的功能有二。首先是提供舒芙蕾的味道（拌料的味道必須加重，如此經過無味的蛋白和空氣稀釋之後，味道才

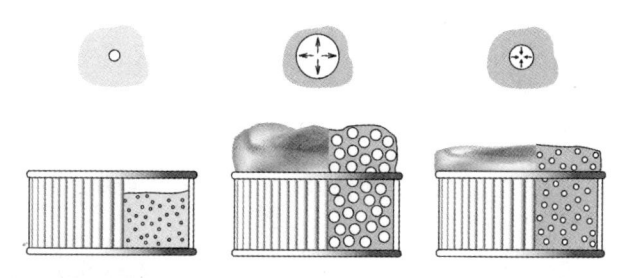

舒芙蕾的起與落

左圖：一開始，充滿了小氣泡的舒芙蕾混合料。中圖：熱促成氣體膨脹而水蒸發為蒸氣，因此泡沫膨大使混合料發起。右圖：舒芙蕾加熱後，冷卻造成泡沫氣體收縮而蒸氣凝結成為液態水，因此泡沫收縮而舒芙蕾變小。

會剛好)。第二個目的是貢獻儲備的水分,以供舒芙蕾膨發時使用,以及貢獻澱粉和蛋白質,以增加黏稠度使泡沫壁不會再度滲水。通常拌料要事先煮過,這樣舒芙蕾發起時就不會變濃稠。泡沫壁的形狀是由蛋白的蛋白質來固定,因此拌料不能過多,蛋白泡沫才能發揮作用,通常採用的原則是每半杯125毫升的拌料,至少要搭配一顆蛋白或一杯蛋白泡沫。

拌料的濃稠度對舒芙蕾的品質有決定性的影響。如果太稀,那麼舒芙蕾發起後,在雞蛋蛋白質得以固定泡沫的形狀之前,就會散開來。若是太硬,就無法均勻和蛋白泡沫混合,也就發不太起來。常用的經驗法則是拌料要具備相當的濃稠度,不過還是要軟到能從湯匙直接流下來。

各式配方　舒芙蕾的拌料可由各種原料製成。只含蛋黃、糖和調味料的拌料算是最清淡的一種,而且最精緻、能製造出類似蛋捲舒芙蕾的料理,通常被稱為速成舒芙蕾,因為它不需要事前準備便能快速製造。濃縮的糖漿可使泡沫壁更黏稠而穩定,水果泥和蔬菜泥中的各種碳水化合物(纖維素、果膠與澱粉)也有同樣效果,還有煮過的肉泥、魚肉泥或家禽肉泥裡的蛋白質。如果肉泥還是生的,那麼它的蛋白質在烹煮時會與雞蛋蛋白一同凝結,為泡沫提供實質的強化作用。可可與巧克力的棕色澱粉粒子會吸收水分,變得黏熟並膨脹,因此讓泡沫壁變硬。

最多樣化的舒芙蕾拌料是煮過的澱粉,以料理高湯的方式加以稠化,就像是卡士達奶油餡、牛奶白醬(béchamel)、無糖的卡士達奶油餡(panade),或是法式卡士達奶油餡(請見第133頁)。多澱粉的拌料標準濃稠度就像中稠度的醬汁,能製造出濕潤而相當輕盈的舒芙蕾。將麵粉分量加倍所做出的舒芙蕾較乾而濃郁,質地夠硬,能從模子倒出,置於盤子淋上熱醬汁後,再度放入烤箱膨發(艾斯科菲耶的瑞士舒芙蕾)。將麵粉分量增加為三倍,就會製造出所謂的「布丁舒芙蕾」(從名稱就能知道它如麵包般的質地),無論怎麼處理都不會塌陷。(麵粉增至15倍的分量,就會做出海綿蛋糕。)

打發與拌入蛋白

舒芙蕾料理中的蛋白，最佳的質地為硬實、濕潤而有光澤的泡沫小山。較乾硬的泡沫較難與拌料均勻混合，但是較綿軟的泡沫則質地粗糙（做出來的舒芙蕾也會一樣），可能會讓混合料太稀，形狀還沒固定就溢出來。

祕訣在於盡可能均勻混合兩種材料，同時盡量不讓空氣流失。在此階段，通常會流失1/4~1/2的泡沫體積。混合拌料與泡沫的傳統方法，是將1/4的泡沫用力攪入拌料，使它變輕，然後以抹刀將兩者「拌切」在一起。方法是重覆舀起一些拌料，然後垂直切過泡沫，讓拌料沿著切面沉澱。

為什麼要這麼費勁地拌切而不是快速拌攪？因為拌料裡的澱粉、脂肪和其他外來物質的粗糙質地會使泡沫破掉，磨擦得越厲害，損失的泡沫就越多。持續攪拌等於將這兩種狀態彼此磨擦，因此會造成空氣大量流失。以抹刀拌切的好處是只會沿拌料沉澱的表面擾動泡沫，而且此表面只被擾動一次。結果可使泡沫與混合料之間的磨擦減至最小，而泡沫的存活數量也就最大。

一般食譜的指示會說，要快速將蛋白與拌料拌切在一起，但實際上應該要慢慢來。特定泡沫所受到的擾動剪力與它沿拌料推動的速度成正比。抹刀移動越慢，對泡沫造成的傷害就越小。

拌切的原則有個例外，那就是以水果泥或果汁加糖煮成糖漿所製做出的舒芙蕾。這樣的拌料可在打發雞蛋的過程中就加入（義大利蛋白霜的舒芙蕾版），而且這種作法還能增加混合料體積。

舒芙蕾的製作與餡料

自從文森‧拉沙沛勒在17世紀發明舒芙蕾之後，舒芙蕾就是以兩個步驟進行：首先在內部加入奶油，若是要做甜舒芙蕾，就塗上一層糖；而若是加上麵包屑及磨碎乳酪，就成了鹹的舒芙蕾。一般認為舒芙蕾混合料在膨脹時，奶油應有助於混合料沿器壁向上升，而顆粒狀的材料則是讓混合料膨脹時可以攀附。不過這個說法矛盾，而且並不正確！不管有沒有加奶油或麵包屑，舒芙蕾膨發起來的高度是一樣的，奶油只是讓舒芙蕾的表面更

容易從烤模脫離。而糖、麵包屑以及乳酪會帶來美味酥脆的棕色外殼，否則就只有柔軟的內容物。

一旦放入盤子，硬度適當的舒芙蕾混合料可在冰箱裡放上幾小時，不至於發生泡沫劣化。在冷凍庫裡則能無限期保存。

製作舒芙蕾

烤舒芙蕾並非冒險事業。將室溫裡的舒芙蕾混合料置於熱烤箱中，它就會發起。別怕打開烤箱的大門，因為混合料要到實際開始冷卻時，才會逐漸塌陷，而即使這樣，只要再加熱，還是會再發起來。

大多數的舒芙蕾就直接放在烤爐裡的烤架或烤盤上，不過小型的單人份舒芙蕾重量太輕，經常會被底部產生的蒸氣吹跑，最後變成一半是空的。烤盤裡裝水或烤盤上各別放上裝水的鋁箔杯，都能調節底部溫度，讓小型舒芙蕾能完整地留在烤模裡。

舒芙蕾的外觀與質地受烤箱溫度影響甚鉅。溫度超過200°C時，混合料膨發的速度最快，在內部依舊潮濕且呈奶油狀時，表面就已變黃。在160~180°C之間，發起的速度就比較緩和，表面焦黃時，內部也同時變得緊實。緩慢加熱的烤箱可能使表面凝結的速度過慢，慢到膨脹的混合料從烤模裡溢出而非垂直發起。我們可以用牙籤戳它的內部來判斷是否已烤好，這視個人的喜好而定，有些人喜歡較乳狀的感覺，會沾黏到牙籤；有些人則偏好完全煮熟的質地，牙籤插入後不會沾黏混合料。

蛋黃泡沫：薩巴里安尼與沙巴雍

無助力下蛋黃無法發泡

蛋白攪打2分鐘，就會脹大8倍，成為半固態的泡沫。

蛋黃攪打10分鐘，運氣好的話體積變2倍。蛋黃的蛋白質比蛋白更豐富，還具有乳化磷脂質，非常適合包覆脂肪微滴，為什麼卻無法穩定泡沫，產生優質的蛋黃泡沫？

薩巴里安尼與沙巴雍的中世紀前身

我們現代的義大利和法國版本的蛋黃泡沫，源自中世紀時代，那時是以蛋黃稠化的酒。在法國和義大利只是加味，在英國則加入大量辛香料。

病中飲品：「法蘭德斯熱飲」(Chaudeau flament)

將一點水煮沸；然後去掉蛋白，只攪打蛋黃，與白酒混合後，慢慢地倒進水裡，充分攪拌，使它不會凝結；從爐火移開時加入鹽。有人會加上非常少量的酸果汁。

—— 泰意文（Taillevent），《Le Viandier》，約公元1375年

提供一個線索：在清洗裝蛋黃的碗時，只要一倒入水，它就會產生泡沫！原來蛋黃富含蛋白質與乳化劑，但是缺水。它的水分不但只有蛋白的一半，而且幾乎所有水分都與其他原料緊密結合。一般大型雞蛋中，一湯匙15毫升的蛋黃，大概只有1/3茶匙（2毫升）的水分可自由起泡。加入兩茶匙水，使蛋黃含水量與蛋白相同，它就能激烈發泡。

激烈但短暫。把耳朵靠在泡沫邊，就會聽到泡沫爆掉的聲音。蛋黃的另一項不足之處就是它的蛋白質太穩定。使勁打蛋或是有氣泡存在，都不會使蛋黃的蛋白質打開摺疊結構再彼此鍵結，因此無法形成強化的網狀結構。當然，高溫加熱就能做到，我們從全熟水煮蛋蛋黃和卡士達醬的例子就可得知。因此以液體加入蛋黃，然後打蛋同時小心烹煮，就能將混合料打發到原本體積的4倍以上。這種製作流程正是薩巴里安尼與沙巴雍醬的法則。

從薩巴里安尼到沙巴雍

蛋黃泡沫的食譜發展過程並不順利。薩巴里安尼的字根涵義為「混合的」、「困惑的」，原本是15世紀時，義大利用蛋黃來增加濃稠度的調味酒；到了1800年，這種酒有時有泡沫，有時又沒有（現代有一些薩巴里安尼食譜不是用打的，而是用攪拌的，做出來比較像是有酒味的英格蘭奶油醬）。法國人大約在1800年發現薩巴里安尼，到了1850年引入法國醬汁系統，成為甜點的奶油醬，名稱變成講究又響亮的沙巴雍。到了20世紀，他們將此料理的基本作法延伸至烹調鹹的肉清湯與高湯，並且使以蛋黃為主原料的傳統奶油醬汁和油醬變得更清淡，包括荷蘭醬與美奶滋（有關醬汁的介紹，請見第二冊）。

薩巴里安尼的製作技術

製造薩巴里安尼標準的方法是混合等體積的糖與蛋黃，再加入酒（通常為瑪莎拉酒，份量可與蛋黃相等或最多增加到4倍），將碗置於微微發泡的熱水上方，攪打幾分鐘，直到混合料成為泡沫狀而變濃稠。混合及初步發泡期間，蛋黃的蛋白質所形成的精巧巢狀球體紛紛解開，準備進行反應。稀

考德費利（Cawdell Ferry）
將生蛋黃與蛋白分開；然後取優質酒，在壺裡以適當的火加溫，倒進蛋黃，充分攪拌，不過不要讓它沸騰，直到變濃稠；倒入糖、番紅花與鹽、肉豆蔻、紫羅蘭花和磨成細粒的莎草（薑的近親），還有肉桂粉。上桌時，灑上薑粉、肉桂粉和肉豆蔻粉。
—— 哈利文庫（Herleian）MS 279，約公元1425年

薩巴里安尼（Zabaglone）
製作4杯的薩巴里安尼需要12顆新鮮雞蛋蛋黃、3盎斯的糖、半盎斯的優質肉桂，以及一個大口杯的優質甜酒。煮到像肉清湯一樣濃之後，取出分到每位男孩前的盤子裡。還可以隨意加上一點新鮮的奶油。
—— 郭克·那波里坦諾（Cuoco Napoletano），約公元1475年

釋、酒的酸度與酒精，還有氣泡，這些因素全都擾動著蛋黃微粒及脂蛋白複合體，成為個別的分子，於是這些分子才能包覆並穩定空氣泡沫。溫度上升到 50°C 時，就可以打開一些蛋黃的蛋白質，使混合料開始變濃，捕捉空氣的效率更高並開始膨脹。蛋白質持續打開摺疊並彼此鍵結，泡沫也隨之蓬鬆隆起成堆。製作最輕淡的薩巴里安尼，關鍵是當泡沫在固態與液態之間徘徊時就要離火，若是再繼續加熱，成品會較硬、較濃，甚至在蛋白質過度凝結後像堅硬的海綿。

薩巴里安尼傳統製造法是在銅盆裡隔水加熱，混合料在如此低溫之下就會變濃稠，若直接加熱很快就會煮過頭。在專業的廚房裡，經驗老到的廚師在時間倉卒時，有時會將薩巴里安尼與沙巴雍直接放在火焰上料理。使用銅盆製造蛋黃泡沫的優點不是取其化學性質，而是物理特性：它絕佳的熱傳導能力，不論廚師做任何調整，它都能迅速反應出來。不過，銅會賦予泡沫一種獨特的金屬味，有些廚師因為這理由而偏好不銹鋼盆。

理想的薩巴里安尼或甜沙巴雍質地軟而輕盈，彷彿瞬間就要融化消逝。不過它的穩定度還夠，冰凍後便能以冰涼的溫度上桌。鹹的沙巴雍不需煮到體積最大的量，以維持可傾倒的狀態，不過泡沫壁裡的潤滑液體最終會析出而使得泡沫崩塌。還好，崩塌的沙巴雍可以重新打發，恢復原本的質地。

蛋的保存和醃製

在最新的飼養技術與人工照明發展出來之前，家禽會按照季節生蛋：春天開始下蛋，持續到夏天，然後在秋天停止。因此，我們的老祖宗就像處理牛乳、水果和蔬菜一樣，發展出保存蛋的方法，如此一來，一整年都可以吃到蛋。這些方法中，有許多就是將蛋與空氣隔離，使蛋大致上不發生變化。飽和石灰水（氫氧化鈣）的鹼性夠強，足以抑制細菌生長，並且可在蛋殼上覆蓋薄薄的一層碳酸鈣，封住蛋殼的部分毛細孔。大約在 1800 年的荷蘭農場，顯然已有人開始使用亞麻籽油處理蛋。20 世紀初則開始使用水玻璃（矽酸鈉水溶液），這也會封死蛋殼的毛細孔並兼具殺菌功能。不過一旦出現冰箱，加上雞蛋全年無休地生產之後，這些保存方法就顯得過時了。

中國保存蛋的方法，在已知最早的記載出現之後，仍繼續流行了500年。它能維持蛋的營養價值，但大幅改變了風味、質地與外觀。西方可與這種煉蛋術相提並論的作法，只有乳酪的製造了：動物乳汁經過製作處理之後，變成截然不同的食物。西方一般的醋醃蛋之微不足道，與中國的皮蛋相比，就像優酪乳之於斯第爾頓乳酪。

醃蛋

　　普通醃蛋是將水煮蛋浸泡在醋、鹽、辛香料及常使用的色素中（如甜菜汁製成的溶液）1~3週。這段期間，醋酸會將蛋殼裡大部的碳酸鈣溶解到蛋裡，並且降低它們的酸鹼值，以避免微生物成長而破壞食物。（復活節蛋染料裡的醋會將蛋殼表面蝕去，有助於染料的穿透。）醃蛋可在常溫下保存1年以上。

　　醃蛋可以連著殼（或只剩殼的殘餘物）整個吃掉。除了比較酸之外，它們還比現煮的水煮蛋硬一點；人們通常以橡皮來描述它的蛋白。在醃液裡加入大量鹽，並且讓蛋浸入沸騰的醃液，可使醃蛋質地更柔軟。雖然蛋在室溫下不會壞，但若儲存在陰涼的環境中，蛋黃比較不會膨脹，而蛋白也較不易裂開（雞蛋吸收醃液的速度若太快，就會發生這樣的問題）。

中國保存蛋的方法

　　雖然中國人食用蛋的數量平均為美國人的1/3，而且儘管大部分是雞蛋，但中國最著名的是醃製鴨蛋，其中包括「皮蛋」。皮蛋以及鹹鴨蛋，來自盛產鴨的南方省分，經過處理後可將蛋送到遠方販售，在非產期儲存數個月之久。有些處理方式較不適用於雞蛋的蛋白質與蛋膜。

鹹蛋

　　保存蛋最簡單的方法就是用鹽處理，它能析出細菌及黴菌內部的水分，抑制它們生長。作法是將蛋浸在35％的鹽水溶液中，或以鹽、水及黏土或

泥巴混成的土團，將蛋一顆一顆包起來。經過20~30天，蛋停止吸收鹽分，達到化學平衡。奇怪的是，蛋白依舊保持液態，不過中間的蛋黃則變為固態（審定注：烘焙業者會直接取出蛋黃使用，將蛋白丟棄）。帶正電的鈉離子以及負電的氯離子，會將蛋白的蛋白質分子阻隔開來，不過也會使蛋黃粒子凝固成顆粒狀物質。鹹蛋在吃以前要先水煮過，讓蛋白凝結成白色固體，以供食用。

發酵蛋

第二類的醃製蛋，在西方很少見到，作法是以煮過的米或其他混鹽的穀物發酵後，輕輕將蛋殼敲裂，覆蓋其上。這些發酵物質基本上就是濃縮與加鹽的清酒或啤酒。醋蛋是經過4~6個月熟成的蛋，會吸收包覆物的香氣、甜度以及酒味。蛋白與蛋黃會凝結，而且脫離變軟的蛋殼，可以直接拿來吃或是先烹煮過。

皮蛋：「千年」鹼醃製蛋

最著名的醃製蛋，是所謂的「千年蛋」，實際上它們大約有500年歷史，熟成的時間大約要1~6個月，然後可以保存1年左右。它們通俗的名稱（皮蛋，也就是包起來的蛋）主要來自其驚人的老舊外表：外殼以泥巴包覆，蛋白呈現棕色透明的果凍，蛋黃則如半固態、暗沉的玉。它具有土味與化學味、最濃厚的蛋味、鹹而令人麻痺的鹼味，還有強烈的硫磺味與氨味。將皮蛋剝殼後用水沖洗可使氣味減弱，同時在上桌前讓它有時間「呼吸」。皮蛋是中國的珍饈，通常被當成開味小菜。

除了蛋之外，製作皮蛋只需兩項重要的材料：鹽以及一種強鹼物質，可以是木灰、石灰、碳酸鈉、鹼液（氫氧化鈉）或是上述物質的組合。經常會使用茶調味，而泥土則用來製造土團，乾燥後產生保護外殼，不過也可以將蛋浸於上述醃料的水溶液裡（這樣醃起來會比較快，不過也會留下較難聞的鹼味）。有時會添加一些氧化鉛的醃製液體，製造較溫和、蛋黃較軟的皮蛋。鉛與來自蛋白的硫作用，形成微小的硫化鉛黑色粉末，塞住蛋殼的毛

細孔,降低鹽和鹼性原料進一步滲入蛋裡的速度。(鉛是強烈的神經毒素,所以應該避免食用這樣的蛋;小心挑選標示「不含氧化鉛」的包裝。以鋅取代鉛也可達到類似的效果。)

創造清澈、顏色與口味 皮蛋裡真正造成改變的物質為鹼。蛋原本就是鹼性,而鹼又會逐漸提高其酸鹼度,從pH 9~12以上。這種化學壓力可視為無機式的發酵,也就是,它使蛋的蛋白質變性,打斷一些複雜而無味的蛋白質與脂肪,變成更簡單而口味更重的成份。具有破壞性的強鹼,強行將蛋的蛋白質打開,同時賦予它們強烈互斥的負電荷。鹽溶解後會釋出帶正電與帶負電的離子,調節互斥現象,使得到處散布的蛋白質微小細絲能鍵結成為固態但透明的膠狀物質。在蛋黃中,相同的極限狀態破壞了蛋黃球體的組織結構,也破壞一般顆粒狀態;蛋黃的蛋白質會凝結為乳狀的物質。極鹼也會使蛋白產生褐變,因為它會加速蛋白質與微量葡萄糖的反應(請見第120頁),而且促使硫化鐵在蛋黃各處形成,使蛋黃變綠,而不只是在表面而已(就像在水煮蛋裡發生的現象;請見第120頁)。最後,鹼會將蛋白質及磷脂分解成硫化氫、獨特的動物脂肪酸以及刺鼻的氨(剛敲開的蛋散發的氣體會使石蕊試紙變藍)。

創新皮蛋 台灣有兩位食品科學家設計出令人震驚的清淡口味皮蛋。他們將化學的影響降到最低,因此改變了皮蛋的顏色與風味,在5%的鹽和4.2%鹼液的溶液裡,以8天為期限進行鹼化處理。這種蛋不會自行固化。不過若以70°C溫和加熱10分鐘,促進蛋白質鏈的打開與鍵結,這些蛋會產生金黃色的蛋黃以及無色純淨的蛋白。

松花蛋 一種特別珍貴的皮蛋,在顏色如肉凍般的蛋白裡,處處出現細小而蒼白如雪花般的圖樣,這種蛋就是所謂的松花蛋。因為強鹼使一些胺基酸從蛋白脫落,而且胺基酸的某些官能基已被改變,這些修飾過的胺基酸所形成的結晶就是「松花」。因此它們是蛋白質分解及氣味產生的指標,是

礦物界在動物的白色球體上留下的精巧印記，也是最粗獷的料理技術中隱藏著驚喜的例子。

肉類

part one

chapter 3

　　在所有食物中,最受人類推崇的莫過於肉類。這樣的推崇源自於人性深處。我們靈長類的祖先,長久以來幾乎都靠植物維生,一直到200萬年前,非洲氣候變遷,植物逐漸減少,才迫使人類開始大啖動物的屍體。與絕大多數的植物性食品相比,動物的肌肉與多脂的骨髓能提供更豐富的能量以及建構肌肉組織所需的蛋白質。這種養分能滋養人腦,使它容積變大,成為早期人科動物進化為人類的重要指標。或許由於有肉類作為食物,人類之後才得以從非洲遷徙出來,在較為寒冷、植物會季節性匱乏的歐洲和亞洲生存下來。大約在10萬年前,人類成為活躍的狩獵者;原始人的山洞壁畫鮮活明白地顯示,他們將野牛和野馬等獵物視為力量與活力的化身。這種特質後來也歸功於肉類,且長久以來,只要狩獵成功,便會滿溢驕傲和感恩之情,值得大肆慶祝一番。雖然肉類不再是我們的生存必需品,我們也不再仰賴狩獵以獲取肉品,動物的肉依舊是全世界大多數膳食中的要角。

　　矛盾的是,在所有主食中,肉類也是最多人想要避開的。為了食肉,我們必須讓其他動物在恐懼和痛苦中死亡,而這些動物的肉身與我們相當類似。從古至今,很多人都認為,為了自身的滋養與歡愉而殺生,乃天理所不容。反對肉食的道德論點主張,過去讓現代人類進化加速的食物,今日反而成為實踐人道的絆腳石。不過從生物和歷史的角度而言,肉類對人類進食習性的影響力可不容小覷。然而,不論文明如何高度發展,人類終究是雜食性動物,而肉類是滿足口慾同時兼具營養的食物,是多數食物傳統中不可或缺的一環。

不過數十年來，肉質已有大幅改變，而廚師要面對的，不僅是這個哲學問題，還有一個迫切的難題。由於工業化追求更高的效率，以及消費者對動物性脂肪的疑懼，使得肉品越來越幼嫩且精瘦，也比較容易變得乾澀乏味。傳統的烹煮法無法全然適用於現代肉品的料理，因此廚師必須懂得如何調整。

所有會動的物種，人類大概都吃，從昆蟲、蝸牛到馬和鯨魚。本章只詳述在已開發世界中比較常見的肉類，不過大致原則適用於所有動物性肉品。而儘管游魚珠貝和飛禽走獸一樣，基本上都是肉類食物，但在許多方面，海鮮的肉質還是十分獨特。第四章將以此為主題。

食用動物

本書中，「肉」指的是可食用動物的身體組織，從蛙腿到小牛腦等等。我們通常會區分為「真肉」，具運動功能的動物肌肉組織；以及「器官肉」，如肝、腎和腸等內臟。

動物的本質：有肌肉可以活動

是什麼使生物成為「動物」？動物一詞源自印歐語，意思是「呼吸」，亦即帶動空氣進出身體。動物最明確的特性就在於有能力移動身體和四周的東西。大部分的肉類是肌肉，動物就靠這個推進器在草原上、天空中和海洋裡移動。

肌肉要做的事情就是在神經系統傳來適當訊息時進行收縮（變短）。肌肉由細長的肌纖維細胞組成，而每條肌纖維則布滿了兩種相互交纏、可收縮的特化蛋白絲。事實上，肉類之所以具有豐富的蛋白營養，就是因為這些蛋白絲。當神經對肌肉發出電波訊號，蛋白絲便會互相滑動，然後以交叉支撐的方式固定住。蛋白絲改變相對位置就會使肌肉細胞整個縮短，而交叉支撐則藉著固定住蛋白絲的位置以維持收縮。

眾神吃肉嗎？

特洛伊城外，希臘祭司將牛隻獻祭給阿波羅：
他們把牲牛的頭往後拉，劃破喉嚨，剝皮取肉，
再將脂肪摺起再摺起，切成片，包裹大腿肉，上面再覆蓋肉條。
老人在乾燥的柴火上燒盡這一切，倒出閃亮的酒水
身旁站立的年輕人手持五齒叉。祭司燒透牛骨，嚐了內臟，
接著將剩餘的肉切塊，以叉刺穿，在火上烘烤、翻面，再將肉自火上取下。
——荷馬，《伊里亞德》，約公元前 700 年

肉類 | chapter 3

肌肉組織和肉的結構

一塊肉是由許多獨立的肌肉細胞（也就是肌纖維）所組成。而這些纖維裡又充滿許多肌原纖維。肌原纖維由肌動蛋白和肌凝蛋白（也就是主導運動的蛋白質）匯聚而成。當肌肉收縮，肌動蛋白和肌凝蛋白形成的纖維交互滑過，使肌肉組織的長度縮短。

肌纖維

蛋白原纖維

肌動蛋白　肌凝蛋白

可伸縮蛋白質

肌肉收縮

光學顯微鏡下的兔肌纖維，放鬆（上圖）和收縮（下圖）。

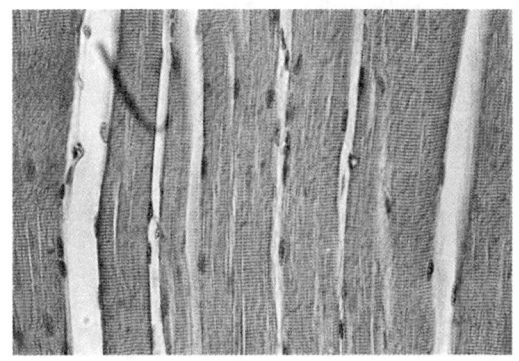

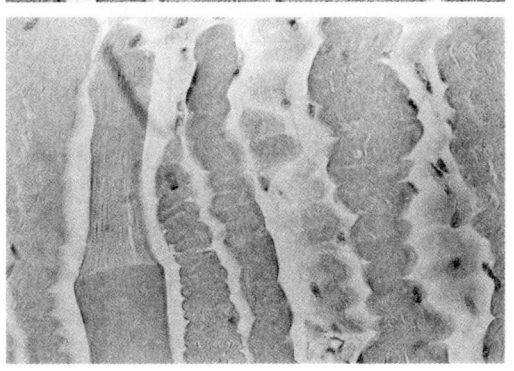

動物的本質：有肌肉可以活動 | 159

謀殺的血肉不能玷污諸神的祭壇，人類也不該碰觸這類食物，就如同人不該吃人。
——希臘哲學家波爾菲里（Porphyry），《論禁食》(*On Abstinence*)，約公元 300 年

可攜式能源：脂肪

　　肌蛋白結構就跟機器一樣需要能源驅動。對動物來說，和驅動機制幾乎同等重要的是，這樣的能量來源必須質精量輕、不會拖累肌肉運動。巧的是，脂肪儲存的熱量是等重碳水化合物的兩倍。正因如此，動物幾乎將熱量完全儲存於脂肪中而非澱粉質內，這和固著不動的植物大不相同。

　　由於脂肪關係到動物的存活，大部分動物都能藉由儲存大量脂肪，從豐富的食物中獲益。從昆蟲、魚類、鳥類到哺乳動物，許多物種為準備遷徙、繁殖或在季節性缺糧中求生，多會大吃特吃。有些候鳥在數週內暴肥，從原來纖細的身體增加50%的脂肪量，然後從美國東北部一口氣飛行3000~4000公里到南美，中途不必再進食。在地球上有寒季的地方，秋天是鳥類增肥的季節，野禽在此刻最為肥美誘人；此時人們也會進行農作的增肥，亦即收割和儲藏穀物，以度過糧食不足的冬季。人類長久以來利用食用性動物的增肥能力，在屠宰前超量餵食，使肉質更為多汁可口。（見第177頁）。

肉食性人類

　　大約在9000年前，肉類成為人類穩定的食物來源，當時中東人將數種野生動物馴化為家畜。首先是狗，然後是山羊和綿羊，接下來是豬、牛和馬。家畜不但能將不可食用的草和殘餘物轉化成營養豐富的肉類，還可作為活動式的食品儲藏室，裡面裝滿營養物資，需要時可隨時宰食。由於家畜適應性強，人類易於掌控，因此供肉家畜得以大量繁殖，目前數量多達數十億；同時，由於都市興起，許多野生動物的棲境受到擠壓，而農地也變得越來越小，因此野生動物的數目也逐漸下降。

說文解字：肉

英文的肉（meat）並不總是指動物肉，它的沿革顯示出英語人士進食習慣的改變。根據《牛津英文字典》，公元900年首度出現meat這個字，當時是指固體食物，與飲料互為反義詞。今日這種痕跡依然存在，人們習慣將核果果肉稱為meat。一直到公元1300年，meat才拿來指動物肉，而且要到更後來，英國人在飲食上對肉的喜愛越發強烈，meat才專門指動物肉。（法文的viande也可發現相同的轉變。）英語人士對於肉的喜好，可以從查爾斯．卡特（Charles Carter）在1732年的著作《城鄉廚師大全》（Compleat City and Country Cook）看出一些端倪。這本書中有50頁的肉食譜、25頁的禽肉、40頁的魚，只有25頁是講蔬菜，以及小篇幅的麵包和糕點。

食肉歷史

農業社會食用肉的匱乏

我們的祖先在馴化動物時，也開始培育出一些草本植物，這些植物遍地繁衍且生產出大量營養豐富的種子。這就是農業的創始。大麥、小麥、稻米和玉米的培育成功後，遊牧民族開始定居耕種、生產糧食，人口隨之增加，然而大多數人絕少吃肉。種植穀物作為食物來源，遠比在同樣的土地上牧養動物有效率，於是相較之下，肉類成為價格昂貴的奢侈品，主要保留給統治者享用。從史前時代發明農業到工業大革命，地球上絕大部分人口都是靠粥糜和麵包維生。歐美國家到了19世紀時，工業化使肉品變得較便宜也更容易取得，這完全歸功於牧場管理和計畫性畜牧的發展、密集繁殖牲畜以提昇的肉品生產效率，以及農莊到都市交通運輸的改善。不過在全世界的低度開發地區，肉類仍是僅供少數富人享用的奢侈品。

北美洲肉產豐富

美洲大陸地廣物博，美國人一開始便享有豐富的肉食。19世紀，美國開始都市化，越來越多人離開農村、遷往都市，而肉類多置於桶內加鹽醃製，以利於運輸或商店販售時防腐。鹹豬肉幾乎和麵包一樣都是主食，也因此有「桶底刮肉」(scraping the bottom of the barrel，意指勉強湊合著用)和「豬肉桶政治」(pork-barrel politics，意指政客自肥)這些片語。1870年代，鮮肉(特別是牛肉)的銷售範圍開始擴增，而這得拜科技進展之賜：西部牧牛業的成長、引進運載牛隻的火車車廂，以及古斯塔·史威福(Gustavus Swift)和菲利普·亞默(Philip Armour)發展出來的冷凍火車貨櫃。

今日美國人口占全球的1/15，肉品消耗量卻達全球1/3。如此大量的肉類消費，只可能發生在像美國如此富裕的國家，因為和植物蛋白質相比，動物肉依然是效率較低的營養來源。一個人生存所需消耗的穀物量，比起先飼養食用牛或雞隻再宰殺來餵飽一個人所需的穀物量少許多。即使運用當今先進的生產方式，仍需以兩公斤穀物換取一公斤雞肉，豬肉的比率是4:1，

說文解字：動物及肉

小說家華特斯·史考特(Walter Scott)等人指出，1066年諾曼人征服英國使得肉的英文字彙發生分歧。撒克遜人對於動物有自己的日耳曼名稱，例如：牛ox、小閹牛steer、乳牛cow、小母牛heifer、小牛calf；綿羊sheep、公羊ram、閹羊wether、母羊ewe、小羊lamb；豬swine、閹豬hog、小母豬gilt、母豬sow、小豬pig。然後將「肉」接在這些動物名稱之後(meat of)，作為各種肉的名稱。諾曼人征服後的幾世紀，法文成為英國皇室語言時，鄉下地區仍然沿用這些動物的名稱，但在皇家食譜引領的風潮下，肉類料理重新命名。首本英文食譜就使用beef (來自法文的boeuf，牛肉)、veal(veau，小牛肉)、mutton(mouton，羊肉)及pork(porc，豬肉)。

牛肉則是8:1。我們能將動物當成主要食物來源，全賴種子蛋白質產量過剩。

食肉和健康

■ 人們為什麼喜歡吃肉？

　食肉有助於人類生存並四處繁衍，難怪許多人喜愛吃肉，而肉類也在人類文化傳統上扮演重要角色。然而，食肉最深層的滿足，或許來自於人類的生物本能。人類在成為文化生物之前，營養的智慧是建立於感官系統之上，如味蕾、味覺受器以及大腦。特別是味蕾的設計，目的就在於協助我們辨識和追蹤重要營養來源，我們有各類感官器專事偵測人體不可或缺的鹽分、能量豐富的糖分、蛋白質的組成基石胺基酸，以及攜帶能量的小分子核苷酸。生肉能喚起以上所有味覺，因為其肌肉細胞頗為脆弱，且其生化活性大。相對而言，植物的葉子和種子細胞有堅韌的細胞壁保護，大部分的物質很難在咀嚼後被釋出，因此植物的蛋白質和澱粉便會被鎖在低活性的儲存微粒裡。於是，肉類能夠提供口腹的滿足感，而植物便不易做到。烹煮肉類時散發出來的濃郁香味，也是來自相同複雜的生化作用。

■ 古代肉食的營養特點

　人類最原始祖先的飲食當中，蛋白質和鐵質最密集的自然來源就是野生動物的肉，而最密集的能量來源則是多油的堅果（維生素B的含量也最多）。肉類、鈣質豐富的葉菜食物，再加上操勞的生活形態，早期狩獵採集者大多長得健壯結實，具有強而有力的骨骼、下巴和牙齒。一萬年前，人類在中東展開農業屯墾生活之後，飲食種類和日常活動範圍便大幅縮減。容易種植但鈣、鐵和蛋白質相對匱乏的澱粉類穀物，取代了早期有肉有菜蔬的飲食，再加上人口增加和部落擁擠導致傳染性疾病更為盛行，於是農業興起的結果是人類體型、骨骼硬度和牙齒健康全面衰退。

　19世紀末，工業化地區的人類才開始恢復類似狩獵採集者的強健體格。

由於醫藥及公共衛生（如水質、廢物處理）的改善，再加上肉類和牛乳對人類的營養貢獻越來越大，人類體格和壽命大幅增進。

現代飲食的缺點

到了20世紀中，人們對於每日營養所需已有更深入的了解。大多數西方人食物豐盛，平均壽命增長至七、八十餘歲。此時醫療重點已轉移到會縮減壽命的疾病（主要是心臟病及癌症）和營養的關聯。肉類與其強大魅力反而成為嚴重缺陷：肉類攝取量高，會增加罹患心臟疾病及癌症的風險。在後工業時代的生活形態，人體活動力降低，而對肉類的口慾又能獲得無限度滿足，肉類原本極富價值的能量供給，反而導致肥胖，增加罹患數種不同疾病的風險。飽和脂肪乃典型的肉類脂肪，會提高血液中的膽固醇含量而引發心臟疾病。在人類的餐桌上，肉類大幅取代了可協助抵抗心臟疾病和癌症的蔬果（見第二冊），而這也降低了我們對心臟疾病和癌症的抵抗力。

因此審慎之道，是控制我們對肉食的迷戀。肉成就今日的人類，但現在卻反過來破壞我們健康。肉類的攝取要適度，同時也要以蔬果補足肉類缺乏的營養成分。

降低熟肉的有毒副產品

肉類料理也要小心。科學家發現，料理肉類過程中產生的三類化學物質，會破壞實驗動物的DNA而導致癌症，還可能提高我們罹患大腸癌的風險。

雜環胺（HCA） 肌酸和肌酸酐這類少量肉類成分是在高溫之下與胺基酸作用後形成。HCA一般多出現在肉品表面，該處受熱最多且肉汁最多，也出現在燒烤、炙烤和煎炒熟透的肉裡。烤箱烘烤在肉上殘留的HCA較少，不過留在烤盤裡的肉汁則含有大量HCA。酸漬還有慢火烹煮成半生熟或中等熟的肉食，均會減少HCA。蔬菜、水果和嗜酸菌（見第69頁）似乎會在消化道結合HCA，以防消化道受到損害。

多環芳香烴（PAH） 幾乎所有有機物質（包括木材和脂肪），在受熱達到燃點而開始燃燒的那一刻，均會產生PAH（見第二冊）。因此在冒煙的柴火上烤肉，等於讓木材產生的PAH堆積到肉上。木炭的炭火大致來說是無煙的，但若是脂肪滴落而在炭上燃燒，或肉面上的脂肪自行著火燃燒，均會產生PAH。高溫煎炒食物也會形成小量PAH。要減少PAH的危害，烤肉要選擇煤炭（而非木柴），不加蓋，讓煙炱和煙霧能夠消散，且避免油滴下而使火苗暴起，還有就是少吃燻肉。

亞硝胺（Nitrosamines） 含氮物質聚集在胺基酸及相關化合物上，再結合亞硝酸鹽，便形成亞硝胺。數千年來，人類醃肉時便是以亞硝酸鹽來抑制肉毒桿菌（見第203頁）。而人體消化系統和超高溫的炒菜鍋，都會讓胺基酸和亞硝酸鹽發生反應。據了解，亞硝胺是威力強大、會破壞DNA的化學物質。不過目前並無確切證據證明醃肉所含的亞硝酸鹽會增加致癌風險。無論如何，食用醃肉還是要適量，且以慢火烹煮才是謹慎之道。

肉品與食物引起的感染

肉類不僅僅有可能引發心臟疾病和癌症而縮減我們壽命，還可能因為滋生病菌而為人體帶來立即損害。以下都是常見問題。

細菌感染

正因為肉是營養物質，所以特別容易滋生微生物（尤其是細菌）。同時因為動物毛皮和消化系統正是細菌的大本營，因此原本乾淨的肉品，在屠宰、剝皮、去毛、清除內臟的過程中難免都會受到污染。在標準機械化屠宰操作中，這個問題更為嚴重，因為技術好的屠戶處理屠體較為細心，且機械化操作中，單一受染屠體極可能感染其他屠體。大部分的細菌並無害，僅會食取肉類的養分使肉腐壞，最後產生令人不悅的味道，並在肉表形成黏膜。不過某些細菌會入侵我們消化系統的細胞，產生毒素，摧毀宿主細胞

和其防衛系統，以加速自人體脫逃。引發嚴重疾病的肉類細菌主要有兩種：沙門氏菌和大腸桿菌。

沙門氏菌有2000多種不同的細菌，是歐洲和北美最凶猛的食物性傳染病源，而且病例似乎有增多之勢。該屬細菌耐力強，能適應極端的溫度、酸度和溼度，幾乎在所有動物（包括魚類）體內均可發現。在美國，沙門氏菌在家禽和蛋類中尤其肆虐，這顯然是拜工業化飼養家禽之賜：將動物性副產品（羽毛和內臟）回收利用再製成飼料，還有將動物圈養在非常擁擠的禽舍內，這兩種做法都是細菌散播的幫凶。沙門氏菌對帶菌動物通常不會造成什麼影響，但在人類體內卻造成腹瀉和其他身體器官的長期感染。

大腸桿菌是許多相關菌種的集合名稱，是溫血動物（包括人類）腸內正常的寄生者，不過其中有數種是外來入侵者，如果不慎攝入，將入侵消化道細胞，造成疾病。最惡名昭彰也最危險的是一種叫做O157:H7型的特別菌種，會導致出血性腹瀉，有時還會造成腎衰竭，特別是孩童。在美國，被診斷罹患O157:H7型腸炎者，1/3必須住院，患者死亡率是5%。O157:H7型大腸桿菌寄生於牛隻（特別是小牛）和其他動物體內，對宿主幾乎不會造成影響。牛絞肉是最常見的感染源，因為原本少量的感染肉塊會在絞肉過程中分散至全部的絞肉當中。

預防 要預防細菌感染，首先得接受一個合理假設，就是所有食用肉至少都會受到某些病菌感染。因此我們必須設法確定這些病菌不會擴散至其他食物，然後想辦法在烹煮過程中消滅它們。料理時碰觸過肉品的手、刀、砧板和流理台等，在處理其他食物之前，應先用熱肥皂水洗淨。大腸桿菌在68°C時會被殺死，因此絞肉內部至少要烹煮到此熱度才最安全。沙門氏菌和其他細菌在5~60°C時會快速繁殖，所以肉品不應在此溫度範圍內放置超過兩個小時。自助餐菜餚應該要夠熱，剩飯剩菜應馬上冷藏，再食用時要加熱至70°C以上。

旋毛蟲症

旋毛蟲症是旋毛蟲胞囊感染造成的疾病。在美國，旋毛蟲症過去一直與未煮熟的豬肉有關。這些豬隻可能是以廚餘飼養，而廚餘中含有受感染的齧齒類或其他動物。1980年，美國禁止使用未煮過的廚餘餵養豬隻，從此旋毛蟲症在美國降至每年不到10個病例。其中大部分感染源不是豬肉，而是野生肉類，如熊、野豬和海象。

過去對料理豬肉的建議是，得烹煮至超過全熟，以確保消滅旋毛蟲。目前則知道中等熟度（亦即58°C）便足以殺死肉中的寄生蟲，65°C的烹煮溫度已是安全無虞了。在-15°C以下的溫度下冷凍至少20天，也可以消滅旋毛蟲。

狂牛症

「狂牛症」是牛海綿狀腦病（BSE）的俗名。得病的牛隻腦部緩慢遭到破壞。特別令人憂心的是，這種疾病的感染源是無生命的蛋白分子，烹煮過程無法消滅，人若吃下受感染的牛肉，似乎也會罹患類似的致命疾病。關於狂牛症，我們所知還不夠完整。

狂牛症源自1980年代初期，當時牛群的飼料是罹患羊搔癢症這種腦性疾病的羊隻，病原似乎是原本化學性質安定的蛋白質集結而成，稱為普恩蛋白（prion）。普恩蛋白不知何故竟然能適應新宿主，開始造成牛隻的腦病變。

人類並不會感染羊瘙癢症。不過有一種主要是遺傳性的人類腦疾病與羊瘙癢症類似，病原也是結構相似的普恩蛋白：庫賈氏症（CJD）。庫賈氏症的典型病癥是：老年人的動作開始變得不協調，接著會失智，最後喪命。1995~96年，10名還算年輕的英國人因一種新變異型庫賈氏症而喪命，死者身上發現的普恩蛋白非常接近狂牛症普恩蛋白。這明顯意味著，人類能因攝入帶有狂牛症病原的牛肉而染上致命疾病。一般認為，普恩蛋白會聚集在牛腦、脊髓和視網膜的組織上，不過一份2004年的報告指出，普恩蛋白也可能存在肌肉內，亦即一般的牛肉之中。

英國在撲殺病牛、改換飼料並實施監控之後，狂牛症在該地似乎已經絕

消失的動物

歷史學家威廉・克洛南（William Cronon）曾洋洋灑灑寫到，在19世紀肉品生產系統發生改變之後，食用動物的消失：

過去，豬肉和牛肉是人與動物之間錯綜複雜共生關係下的產物，而人們也不太可能忘記，是豬和牛犧牲了生命才成為人類的食物，因為人們親眼看到牠們在熟悉的草地吃草、流連於穀

跡。不過病牛卻又在美國、加拿大、日本以及歐洲其他國家出現。為做好防範措施，某些國家已至少暫時禁止一些傳統作法，如選用較具風味的熟齡牛肉（因為較老的動物更可能染上狂牛症），還有食用牛腦、胰臟和脾臟等免疫系統器官，以及含有免疫系統組織的腸。一些國家也禁止使用「機械取得的肉」，亦即不得以機器刮取牛頭骨和脊柱骨，取得肉屑後再混入牛絞肉。只要我們發展並實施快速檢驗動物疾病的技術，並且更為了解人畜之間的傳染途徑，未來這些規定都還有可能修正。

截至目前為止，因狂牛症病原牛肉而死亡的人數，已知約數百人，因此自牛肉感染普恩蛋白疾病的整體風險顯然非常小。

當代肉業的爭議

肉品業是一門大企業。幾十年前，肉品業的規模在美國只僅次於汽車製造業。業者和政府雙方一直針對生產和成本控管研發新法，以維持可靠又廉價的肉品供應。不過，隨之而來的，是肉品業逐漸遠離最初家庭式農莊牧場、豬圈和雞舍的生產系統，而各種不同的麻煩也隨之而生。許多新法是在動物身上施打化學物質，用以操作動物的新陳代謝，這種作法有會影響人體健康之虞。其他新法則關乎動物的生存環境，那個環境越來越人工化而且過度擁擠，而動物飼料則來自各類農業的再生廢料，這也是狂牛症以及雞隻感染沙門氏菌的肇因。當代肉品業的生產規模和密集度，將數十萬隻動物圈養在單一設施內，這造成水、土壤和空氣相當嚴重的污染。消費者和生產者已對這些發展感到不安，因此目前出現了規模較小的畜產企業，以較傳統的型態經營，並對動物的生活和肉質投入更多關注。

■ 激素（荷爾蒙）

操控動物的激素是一門古老的技術。農人在數千年前便懂得閹割雄性動物，使牠們更為溫馴。去除睾丸不僅能防止雄性激素生成、減少動物的攻擊性行為，而且閹割對於脂肪組織成長的助益更勝於肌肉。因此長久以來，

倉場，並送往肉舖屠宰，為提供人類每日的餐食而犧牲生命……隨著時間流逝，很少有肉食者曾目睹口中嚼食的肉類還是活生生動物時的模樣，至於親手屠宰過這些動物的，更是少之又少。在包裝肉品的世界裡，我們很容易就忘記進食和道德脫離不了關係，它和殺戮的行為息息相關……肉只是包裝整潔地放在市場販售。它跟大自然裡的生物一點關係都沒有。
——《自然的大都會》（*Nature's Metropolis*），1991年

閹牛和閹雞肉一直被認為比公牛和公雞肉更適合食用。不過由於現代人對瘦肉的偏好，某些生產者已開始飼養未閹割的動物，或是以天然或合成的激素取代某些閹割牲畜體內的激素。這些激素包括雌激素和睪固酮，能使牛隻吃得少、長得快，且產出的肉質較為精瘦結實。有關單位還持續針對牲畜的種種生長因素和藥物進行研究，希望有助於業者更精密掌控食用動物的成長速度和肥瘦比例。

目前美國、加拿大、澳洲和紐西蘭畜牛業者可以注射在肉牛身上的激素一共有6種，不過這在歐洲是禁止的。由於一樁喧騰一時的激素濫用事件，歐洲經濟共同體於1989年立法禁用激素：一些義大利肉業者為小牛注射了大量禁用的類固醇，這些小牛肉後來製成嬰兒食品，而有些嬰兒在食用後性器官發生改變。不過研究指出，動物在合法範圍內注射激素，其肉品僅含些微殘留物，人類攝食之後對健康其實沒有重大影響。

抗生素

肉品業為了追求有效率的工業規模，在封閉的空間內圈養大量動物，而這樣的環境正有利於疾病快速傳播。為了控制動物病原，許多業者定期在飼料中添加抗生素。這種作法有另一個意外的好處：能夠提升生長速率、節省飼料。

抗生素在肉類的殘留量顯然微不足道。不過有力的證據顯示，為牲畜施打抗生素，會使得彎曲桿菌（campylobacter）和沙門氏菌演化出對抗生素具有抗藥性的菌種，並已有美國消費者因此染病。由於具有抗藥性的細菌比較難控制，歐洲和日本規定業者不得為牲畜施打抗生素。

人道的畜肉產業

許多人並不認可大規模畜養牲畜的作法。自1978年開始，瑞士即透過一連串的法案和行政命令，規定業者提供動物生存所需的環境，如生活空間、

接觸戶外和自然光線，並限制飼養牲畜或家禽的數量。歐盟亦針對畜產業頒布動物福利指導方針，同時有數國的業者也組織團體訂立指導方針並自行監管。

若非畜肉量產，不可能人人都有辦法負擔肉食。由於我們畜養牲畜只是為了食用，因此讓牠們短暫的生命盡量活得快活，似乎才合乎公平正義。不過想要在維持經濟效益的情況下畜養動物，又得兼顧牠們天性和本能的需求，讓牠們得以自在漫遊、築巢和繁衍後代，確是一項挑戰。不過我們在索盡枯腸去節省1%生產成本的同時，也應當努力讓牠們過得快活。

肉的結構和品質

瘦肉由三種基本物質構成：大約75%水、20%蛋白質和3%的脂肪。這些物質交織成三種組織，主要的組織是成塊的肌肉細胞，動物的運動就有賴此長纖維的收縮和伸展。圍繞肌肉纖維的是結締組織，一種將纖維黏聚在一起的膠質，並聯結由肌肉帶動的骨頭。散布在纖維和結締組織間的是成群的脂肪細胞，成為肌肉纖維的能量來源。肉的品質（質地、顏色和味道）大致由肌肉纖維、結締組織和脂肪組織的排列和相對比例所決定。

肌肉組織和肉的質地

肌肉組織

當我們注視一塊肉，我們大部分看到的是成束的肌肉組織，亦即具運動功能的纖維。單一纖維非常纖細，厚度大概相當於一根人髮（直徑是1/10~1/100毫米），不過長度卻可等同於整條肌肉。肌肉纖維是成束的組織，煮熟的肉上可以清楚看到並容易撕開的，是較粗的纖維束。

成塊肌肉纖維賦予肌肉質密實而堅韌的基本質地，烹煮後會更緊、更乾、更堅實；而肌肉纖維並排延伸，則形成肉質的「紋理」。水平切割肌肉纖維束，從切面可觀察到肌肉纖維層層相疊，如同木屋牆壁排列整齊的圓木；垂直切割肌肉纖維束，則只會見到纖維端點。撕開纖維束比折斷纖維束還

容易，因此順著纖維的方向縱向撕咬比橫向咬斷更為容易。通常刀會垂直切割肉紋，如此食用者便能順著紋理嚼食。

幼獸的肌肉纖維細小，因為肌肉運動量少。隨著動物發育成長和運動，肌肉會變得更粗更強健，這並非纖維數量增加，而是因為每根纖維內的可伸縮蛋白肌原纖維的數量增加了。換句話說，肌肉細胞的數量一樣，只是變粗。細胞內包含越多蛋白肌原纖維，就越難切斷。因此動物年齡越大、運動量越多，肉質就越硬。

結締組織

結締組織駕馭著身體所有組織（包括肌肉），它能連結各個單一細胞和組織，安排協調其動作。結締組織乃人眼無法察覺的薄層，環繞著肌肉纖維並將鄰近纖維固定成束，合併成一大張銀白色薄片，把肌纖維束組織成肌肉，並且形成透明肌腱來連結肌肉與骨頭。肌纖維收縮時，會一併拉扯具固定作用的結締組織，然後連帶拉扯骨頭。肌肉的力量越大，就需要更多、更強健的結締組織來強化。因此，當肌纖維隨著動物的成長和運動而增厚，結締組織也會跟著變得厚實、堅韌。

結締組織包括了活細胞，還有許多由細胞分泌的分子，散布在細胞之間的龐大空隙內。這些分子中，最讓廚師關心的，就是貫穿組織並具強化作用的蛋白絲。其中一種伸縮性超強的彈力蛋白，質地特別強韌，是構成血管壁和韌帶的主要成分；其交錯的結構無法藉由高溫烹煮破壞。幸好大多數肌肉組織裡的彈力蛋白並不多。

最主要的結締組織是膠原蛋白，約占動物體內蛋白質的1/3，主要集中於皮膚、肌腱和骨骼。該名稱在希臘文是「製造黏膠」的意思，因為堅硬的固態膠原蛋白在水中加熱後，部分會溶化為具有黏性的膠質（見第三冊）。結締組織經過烹煮之後會變軟，不像肌肉組織烹煮後會變硬。動物的生命源自大量的膠原蛋白，而膠原蛋白很容易溶化成膠質。隨著動物逐漸成長，

結締組織
肌纖維成束被固定住，外圍層層包覆著結締組織。一塊肉結締組織越多，質地就越堅韌。

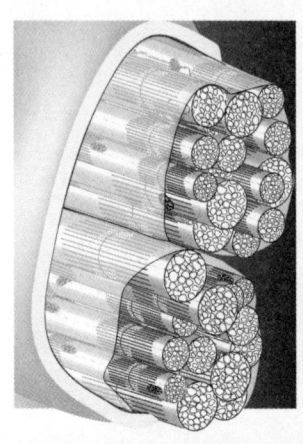

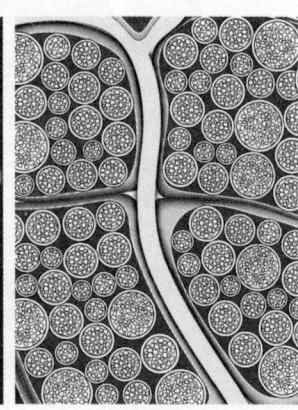

肌肉開始運作，體內的膠原蛋白總量會減少，能夠留下的是交錯更為繁複、更難溶於熱水的蛋白絲。因此小牛肉看起來膠質較多且質地較軟，成牛牛肉則相反。

脂肪組織

脂肪組織是一種特殊的結締組織，其中有部分細胞負責儲存能量。動物形成脂肪組織的部位有三：皮膚正下方，可提供保暖及熱量；體腔內特定區域，常見於腎臟、腸和心臟周圍；以及隔離肌肉和肌纖維束的結締組織。「油花」一詞，便是用來形容紅色的肌肉細胞結構中白色斑點分布的圖樣。

組織和質地

嫩肉的質地，就和其風味一樣獨特且令人喜愛。具有肉感的食物，質地密實，剛開始牙齒咬入時會有阻力，但隨即分開，味道也跟著釋放出來。「硬」是抵抗牙齒嚼食，時間長到令人不悅的口感，這種質地可能是肌肉纖維及其周圍的結締組織在作祟，還有肉中缺乏油花的緣故。

一般來說，肉質的軟硬和動物身體的部位、年齡及其活動程度有關。在動物以四肢站立、垂頭吃草時，你可以注意到牠的頸、肩、胸部和前肢都要施力，而背部則比較放鬆。動物在站立和行走時，肩部、四肢，還有一些不同的肌肉及其結締組織鞘，都得持續施力，因此這些部位的質地相對較堅韌。里脊肉（tenderloin，意思為腰部嫩肉）的確名符其實，因為它是背部一整條幾乎不具結締組織的肌肉，鮮少運動，所以很嫩。同樣的道理，禽類的腿比胸肉堅韌；雞腿蛋白質內含 5~8% 的膠原蛋白，而雞胸肉則僅含 2%。幼齡動物的肌肉纖維比較細嫩，因為幼獸體形較小，運動量也較少，如小牛肉、小羊肉、豬肉和雞肉。比起牛肉，這些肉品都來自更幼小的牲畜，

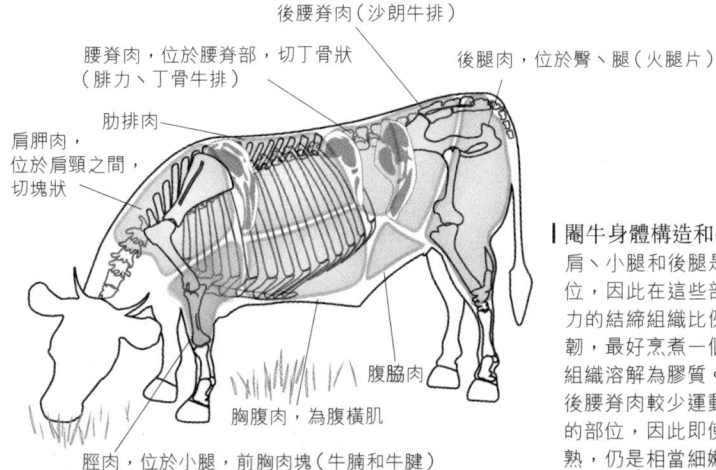

後腰脊肉（沙朗牛排）
腰脊肉，位於腰脊部，切丁骨狀（腓力、丁骨牛排）
後腿肉，位於臀、腿（火腿片）
肋排肉
肩胛肉，位於肩頸之間，切塊狀
腹脇肉
胸腹肉，為腹橫肌
脛肉，位於小腿，前胸肉塊（牛腩和牛腱）

閹牛身體構造和牛肉部位

肩、小腿和後腿是動物施力最多的部位，因此在這些部位中，用來增強肌力的結締組織比例相當高，質地較堅韌，最好烹煮一個小時以上，使結締組織溶解為膠質。肋骨、胸腰脊肉和後腰脊肉較少運動，一般而言是最嫩的部位，因此即使只稍微烹煮至五分熟，仍是相當細嫩。

而幼獸肌肉結締組織中膠原蛋白轉化成膠質的速度，又比成獸肌肉中交錯的膠原蛋白，來得更迅速、更全面。

脂肪對肉類的嫩度顯然有下列三項貢獻：脂肪細胞會中斷並弱化結締組織層及成束的肌纖維；脂肪遇熱會溶化而不像肌纖維那樣變乾、變硬；脂肪潤滑纖維組織，並有助於隔開肌纖維。如果沒有脂肪，原本細嫩的肉會變得緊縮、乾硬。牛肩脊肌比腿肌含有更多結締組織，不過脂肪也較多，因此煮出來的肉比較多汁。

肌肉纖維的種類：肉的顏色

為什麼雞肉有白色與深色，而且吃起來味道也不同？為何小牛肉色淺質細，牛肉則色紅質堅？關鍵在於肌纖維。肌纖維有好幾種，每一種都是為特殊功能而設計，而其顏色與味道也各不相同。

白色和紅色肌纖維

動物的動作基本上分為兩種。第一種是突發、短暫的動作，例如一隻被驚嚇的雉雞一飛沖天，然後在數公尺之外降落。第二種是刻意、持續的動作，例如同樣的雉雞以雙腳支撐自身重量站立和行走；或者是一隻小牛站著咀嚼反芻。負責執行這些動作的肌纖維有兩種：雞胸的白色肌纖維，以及鳥和牛腿的紅色纖維。這兩種纖維的生化細節大不相同，但是最主要的差異在於兩者所使用的能量來源。

白色肌纖維 白色肌纖維的主要功能是在短時間內迅速施力。供給它能量的是少量儲存於纖維內的肝醣，細胞液內的酵素能將肝醣快速轉化為能量。白色細胞使用氧氣燃燒肝醣，不過在必要的時候，它們產生能量的速度可以比血液運送氧氣的速度還快。此時，細胞會堆積乳酸這種廢物，一直等到更多氧氣送達為止。乳酸堆積會限制細胞的耐受力以及能量供給，因此白色細胞在短時間爆發的運動（前後有長時間休息）表現最佳，因為在這種

白色和紅色肌纖維
快速肌細胞較慢速肌細胞來得厚，只含微量蓄氧肌紅素和燃燒脂肪的粒線體。慢速的紅色肌纖維因形狀細薄，會加快外部血液供給的氧氣擴散至纖維中央的速度。

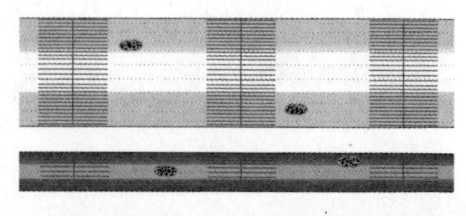

節奏下，乳酸可被清除而肝醣可被補充。

紅色肌纖維　紅色肌纖維主要用於長時間施力，能量主要由脂肪供給。脂肪的新陳代謝絕對需要氧氣，並透過血液取得脂肪（以脂肪酸的形式）和氧氣。紅色纖維相對較薄，所以脂肪酸和氧氣可以藉由血液輕易擴散開來。纖維本身也有自己的脂肪微滴，以及將之轉換成能量所需的生化構造。此構造包含兩種蛋白質，能讓細胞呈現紅色：一個是肌紅素，讓血液呈紅色的攜氧血紅素之近親。肌紅素從血液中接收氧氣之後會暫時儲存起來，然後傳給能夠氧化脂肪的蛋白質，像是細胞色素。細胞色素是另一種能讓細胞變紅的蛋白質，它與肌紅素及血紅素一樣，內含鐵元素，所以顏色很深。肌纖維對氧氣的需求量以及運動量越大，它的肌紅素和血紅素就越多。小牛和小羊肌肉中，肌紅素占重量的0.3%，色澤較為蒼白。不過持續處於運動狀態的鯨魚，由於長時間潛游時需儲存大量氧氣，因此肌肉細胞內的肌紅素重量超過25倍，顏色也近乎黑色。

肌纖維比例：白肌和紅肌　由於大部分動物的肌肉都得同時應付快速和慢速的動作，因此同時包含白色和紅色肌纖維，以及兼具這兩種纖維特質的混合纖維。各種纖維在特定肌肉的比例，端賴遺傳基因對該肌肉的特殊設計，以及肌肉的實際使用方式。青蛙和兔子經常做快速、零星的動作，甚少持續使用骨骼肌，因此肉色非常蒼白，主要由白色快速肌纖維構成。另一方面，不斷反芻、咀嚼的牛隻，其顎部肌肉則全是紅色的慢速肌纖維。雞和火雞只在受驚嚇時才會飛，偶爾跑動，大部分時間都是站立或行走，因此牠們的胸肌主要是由白色肌纖維構成，而腿肌一般而言是半白半紅。

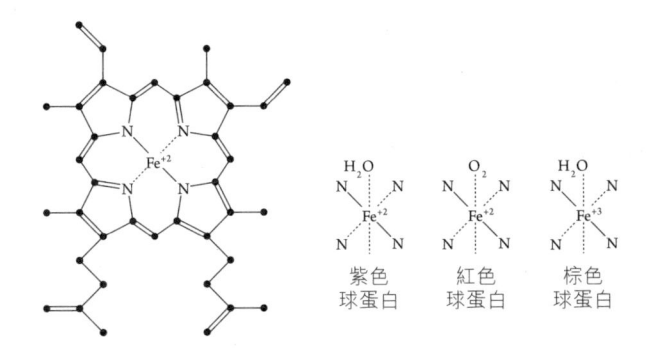

| 肉色素

圖左：血色素群，位於血紅素和肌紅素中央共用的碳環結構，其功用是在儲存氧氣，以供動物身體細胞使用。這些分子的蛋白質成分叫球蛋白，是一長型摺疊鏈狀的胺基酸，並未出現在本圖中。圖右：生肉內血色素群的三種不同狀態。缺氧時，肌紅素呈紫色；肌紅素若和一氧分子鍵結則呈紅色；當缺氧的情況持續發生，血色素群裡的鐵原子很容易就會氧化（被搶走一個電子），如此一來分子便呈現褐色。

鴨和鴿這類候鳥的胸肌多為紅色肌纖維，這樣的設計有助這些鳥類一次飛行數千英里。

肌肉色素

肌肉主要的色素是蓄氧的蛋白質肌紅素，隨著化學環境的不同，肌紅素會有數種不同的形狀和顏色。肌紅素是由兩種結構連結而成：一個包覆著鐵原子的分子圈，旁邊附著一個蛋白質。當氧分子拉住鐵原子，肌紅素為鮮紅色，而當肌肉需要氧氣而派出酵素拉走氧氣時，肌紅素就變為暗紫色。（同樣地，血紅素在人的動脈血管內為紅色，因為剛從肺部出來還很新鮮，到了靜脈則為藍色，因為氧氣已經跑到到身體細胞內。）當氧氣搶走鐵原子的一個電子後逃逸，鐵原子便喪失抓住氧氣的能力，只能與水分子湊在一起，此時肌紅素就會變成棕色。

紅肉同時具有紅、紫和棕色的肌紅素。這些色素的比例，以及肉色的呈現，由以下幾點因素決定：可使用的含氧量、肌肉組織內耗氧酵素活動的情況，以及能再提供棕色肌紅素一個電子（使它轉變為紫色）的酵素活動。酸度、溫度和鹽的濃度也有關係；只要有任何一項高到使附著的蛋白質不穩定，那肌紅素就比較可能喪失一個電子而轉成棕色。一般而言，帶有活躍酵素系統的新鮮紅肉，表面會因為氧氣豐富而呈現紅色，內部則因為氧氣被酵素消耗殆盡而呈現紫色。當我們切開全生或半生熟的牛排，原本紫色的內部很快就會變紅，那是因為肉直接接觸到了空氣。同樣的，真空包裝的肉品因為缺氧而呈紫色，要去除包裝後肉色才會轉紅。

至於醃肉的粉紅色澤，則來自肌紅素分子的另一項變化（見第195頁）。

■ 肌肉纖維、組織和肉類的風味

肉類最大的魅力來自它的風味。肉的風味分為兩個面向：即一般所謂的肉質，還有不同動物肉的特殊氣味。肉質主要由肌纖維組成，特殊氣味則來自脂肪組織。

■ 肉色素為鐵的優良來源
肉類營養的其中一項優點是，它所提供的鐵質比蔬菜更能有效為人體吸收。確切原因還不明確，不過可能是色素蛋白質能鎖住鐵質，避免它和無法消化的植物化合物結合。肉的顏色是鐵質含量的良好指標：紅色的牛肉和羊肉平均含鐵量為蒼白豬肉的2~3倍之多；顏色相對較深的豬肩肉含鐵量為里肌肉的2倍。

▌肌纖維：動作的風味

肉味是充斥齒、舌間的味道，以及特殊、濃郁香氣的合作成果。肌肉酵素會把蛋白質以及供應肌纖維能量的物質分解成小碎片，經過烹煮後，便成為味覺和香氣的來源。這些碎片中有單一胺基酸、胺基酸組成的短鏈、糖、脂肪酸、核苷酸和鹽，它們刺激舌頭而釋放出甜、酸、鹹、鮮等滋味。胺基酸受熱時，會相互作用而形成數以百計的香味組合。一般來說，比起運動較少、主要為白色肌纖維的肌肉（如雞胸和小牛肉），運動量大而紅色肌纖維比例高的肌肉（如雞腿和牛肉）風味較佳。紅色肌纖維中，能產生香味的物質較多，特別是脂肪微滴以及細胞膜上的類脂肪成分（細胞膜中含有細胞色素）。紅色肌纖維也含有較多物質，可將上述香味前驅物分解為風味十足的碎片，包括鐵原子（在肌紅素和細胞色素內）、氧分子（附著在香味分子上），以及酵素（可以把脂肪轉化成能量，並再生細胞蛋白質）。

運動量和肉類風味的關聯，長久以來一直為人所知。大約在200年前，布里亞‧薩瓦蘭就開過美食家的玩笑：「雉雞睡著時支撐全身重量的那條腿，風味絕佳，而那些美食家假裝這是自己發現的。」

▌脂肪：肉味之首

不論是哪種動物，紅肌或白肌纖維的結構大致是相同的，因為它的任務就是產生動作。另一方面，脂肪細胞是主要的儲存組織，任何一種脂溶性物質最後都可能儲存於脂肪細胞。因此脂肪組織的內容物，會隨生物種類而異，同時也受動物飲食和胃腸內常駐微生物的影響。牛肉、羊肉、豬肉和雞肉的獨特風味，也多得自脂肪組織的內容物，而這些風味則是由許多不同香味分子所構成。脂肪分子受熱或是和氧氣結合後，可以轉變為具有水果、花朵、堅果或青草味的分子，至於比例為何，要視脂肪的本質而定。牛肉的「牛腥味」來自於糧草植物中的化合物，小羊肉和羊肉的獨特羊羶味，則來自一些與眾不同的分子，其一是支鏈脂肪酸，那是肝臟用瘤胃內微生物生成的一種化合物所製造出來的；還有百里酚，這和百里香的獨特氣味是相同的分子。豬肉的腥味和鴨子的野味，則可能來自腸內微生物與胺基

酸新陳代謝所生成的脂溶性產物，而帶給豬肉甜味的分子（內酯），同時也為椰子和桃子帶來特殊風味。

糧草或穀類

一般來說，比起食用穀物或精飼料長大的牲畜，吃牧草或糧草的牲畜，肉質更具風味，因為植物有豐富多樣的香味物質、活躍的多重不飽和脂肪酸，還有葉綠素，這些物質都可藉由瘤胃內的微生物，轉化成萜烯類化學物質（這和許多香草香料的香氣化合物相近，第二冊）。糧草對氣味還有一個重要貢獻，就是糞臭素，它本身聞起來有糞味！不過，食用穀物的動物腥味卻更重。動物隨著年歲增長，脂肪中累積的氣味化合物就越多，因此攜帶的氣味也越重，所以小羊肉比成羊肉來得受歡迎。

生產方式和肉類品質

生命經驗豐盛的動物，肉質風味才會豐富。不過，運動和年齡也會讓肌纖維變粗、結締組織更為交錯，因此豐富的生命也意味著更堅韌的肉質。過去幾世紀，大多數人吃的肉是又老又硬又腥羶，因此發展出一套軟化肉質的長時間烹煮方式。今日，大多數人食用的，都是幼齡、細嫩且氣味溫和的肉，短時間烹煮最能展現絕佳口感，長時烹煮反而會讓肉質乾澀。肉類品質的轉變於是也改變了牲畜餵養的方式。

農村和都市型態的肉品

傳統上，獲取動物肉的方式有兩種，產出的肉類品質也各具特色。

第一種方法是把動物當作生活夥伴來飼養：為了耕地而飼養公牛和馬、為了蛋而養母雞、為了乳和羊毛而養母牛、綿羊和山羊，要等到牠們不具生產能力時才取肉食用。在這種體系裡，為肉屠殺牲畜是資源的最後利用，因為牲畜活著比死去更有價值。此時肉品來自成年動物，經過充分運動，肉質較硬實、精瘦但氣味豐富。這種方式自史前時代至19世紀，一直是最

普遍的產肉方式。

第二種方法是為了食肉而飼養動物。讓動物吃得好，減少不必要的運動，在幼齡時宰殺以取得肥嫩又氣味溫和的肉。這種方式也可回溯到史前時代，豬隻、母雞生的小公雞，還有產乳的動物，都是為了食肉目而飼養。隨著城市興起，人們在狹小空間裡飼養肥胖的供肉動物，讓可負擔如此奢侈享受的城市菁英食用。我們可以從埃及壁畫和羅馬文人的文字作品中，看到這些景象。

農村和都市的肉品文化，共存了好幾個世紀，並啟發兩種截然不同的烹肉方式：細嫩、肥潤的肉供有錢人燒烤，硬實的瘦肉給農家燉煮。

農村型態的消失　工業革命使得役畜逐漸被機器取代。城市人口和中產階級的增長，使得肉類需求增加，也帶動大規模肉業的興起。1927年，美國農業部以都市型態肉品的肥度，訂定肉類品質規格，其牛肉等級便是依據肌肉中的油花含量而定（見178頁「美國農業部牛肉等級」）。成獸的肉品開始在北美消失，而越來越有效率的工業化生產，已將都市型態的肉品帶向新的極致。

量產幼獸肉

今天，幾乎所有食用肉都來自專門供肉的動物。量產的基本訴求，就是一個簡單的經濟原則：肉品的生產成本要降到最低，亦即生產時間也要壓縮到最短。動物被圈養起來，以縮減不必要的活動、降低飼料供應，並在未成年時就加以宰殺，因為動物到了成年，肌肉生長速率會減緩。快速、受限的成長條件，有利於生產白色肌纖維。於是現今的肉品相對較蒼白，也比較嫩，因為動物鮮少運動。由於快速成長，動物結締組織的膠原蛋白不斷被分開重建，因此較少發展出強壯的交叉鍵結，此外，快速成長能讓體內保留較多可以分解蛋白質的酵素，這種酵素在熟成過程中會使肉質軟化（見第188頁）。不過許多肉食的饕客卻覺得在近幾十年來，肉類風味變得較差。完整的生命能強化肉質風味，但現代的供肉動物卻越活越短。

現代對脂肪的口味

1960年代早期，美國消費者開始捨棄富含油花的牛肉和豬肉，轉而取用含脂量較少的肉塊和精瘦的禽肉。由於油花只有在動物的快速肌成長趨緩後才開始發展，因此製肉業者樂於減少脂肪紋，以促進生產效率。基於消費者和製造業者對於瘦牛肉的喜好，美國農業部於1965年和1975年，再度降低對頂級肉品脂肪紋含量的規定。

正因如此，現代模式的肉品結合了傳統型態的要素：都市型態的幼齡肉品，加上農村型態的精瘦特質，得到的是質軟且容易在烹煮中變乾的肉品。現代廚師往往得面對挑戰：把豐富的農村傳統佳餚，應用在過於講究的食材上。

高品質生產：法國的例子

儘管一般肉商會盡可能壓低食用肉的生產成本，但還是有一些少數的重大例外。1960年間，法國禽肉產業發現，許多消費者對於市售的標準雞肉並不滿意：雞肉的味道平淡，而且煮後常會縮水並自雞骨脫落。一些業者因而發展出兼顧品質和效率的生產標準，後來便出現了「紅標」（label rouge）雞肉，作為依據特定標準畜養的標識，並大受消費者歡迎：這些雞隻生長速度慢，主要飼以穀類而非人工精飼料，以小規模在戶外放養，雞齡到達80天以上才會屠宰，而非僅40~50天。紅標雞較為精瘦，也比一般標準工業化生產的雞肉更強壯有力，在烹煮過程中，流失的水分減少1/3，質地緊密、風味明顯更佳。直到今日，仍有不少國家採用類似的標準來生產肉品。

因此，雖然許多大肉品商共同追求的是氣味平淡、肉質細嫩這種符合現代品味的肉品，還是有小型業者專門生產較熟齡、更具風味的肉品，有時是來自罕見的家傳品種。的確，也有消費者樂於付錢換取高品質的肉品，因此小型業者還是可以找到獲利市場。

美國農業部牛肉等級：脂肪勝過瘦肉

如經濟學家詹姆士·羅德（V. James Rhodes）所述，美國農業部的牛肉分級制度，並非來自政府對肉類品質的客觀分析，而是1920年初農業衰退期間，由美國中西部和東部的牧牛業者所推動的成果。業者希望刺激以玉米飼養的純種肥牛的需求量，而減少精瘦、哺乳用的次級牛群。最主要的宣傳者是《畜產公報》的編輯歐文·山德斯（Alvin H. Sanders），他以生花妙筆詆毀緩慢燉煮瘦肉塊是「古老歐洲大陸的神話，幻想用幾根骨頭和一點點肉就料理出一桌筵席。」山德斯和同僚試圖說服整個美國：「動物肌肉組織只有靠大量脂肪，才會口感細嫩且風味完備。」1926年夏，地位崇高的紐約畜產業者和金融家歐克雷·索恩（Oakleigh Thorne），親自指導農業部長，迅速為所有受聯邦政府健康部門監督的肉品屠宰加工場進行免費分級，而分級標準則依據肉中的油花含量而定。美國的「一級」牛肉因此在1927年誕生。數年後，政府贊助的研究發現，油花較多並不保證肉質較細嫩或口味較佳。不過，帶有大量油花的上等牛肉依舊聲聲高漲，而美國也同時成為全世界將含脂量作為肉類品質主要衡量條件的三個國家之一，另兩國為日本和韓國。

供肉動物及其特點

每種供肉動物，都有各自的生物本性，以及人類為了滿足自身需求和口味的馴化歷史。本節將描述一些常見食用肉的特質，還有這些肉類目前主要的生產型態。

■ 畜養的供肉動物

■ 牛

現代牛的祖先是野牛或原牛，過去曾散布在氣候溫和的歐亞大陸森林和平原中漫遊吃草。牛是體型最大的供肉動物，長到成獸的時間也最久，大約是兩年。所以牠的肉色相對較深，氣味也較重。飼養者在18世紀開始培育特殊的肉牛：英國生產出小型、多脂肪的赫里福德牛、短角牛和蘇格蘭亞伯丁安格斯牛；歐洲大陸生產的肉牛則仍然較接近身形瘦長、精瘦的役用品種，包括法國的夏洛來牛和利穆贊牛種；還有義大利的夏尼納牛，可能是全世界身形最大的品種（公牛重達1800公斤，是英國品種的2倍）。

美國牛肉 1927年，美國聯邦政府引進牛肉分級制度，於是美國便發展出一套統一的標準（見左頁下方），最高等的「一級」保留給幼齡、質細並且油花豐富的肉品；純種的亞伯丁安格斯牛和赫里福德牛肉，穩坐此等級長達30年以上。不過後來由於消費者喜好改變，偏愛低脂肉，美國農業部於是修改等級標準，使較瘦的肉品仍符合一級和特選等級的資格（見左頁下方）。現今，美國牛肉主要來自牛齡在15~24個月的小閹牛（幼時被閹割的公牛）和小牝牛（從未懷孕的母牛），並且在屠宰前4~8個月餵食穀類。近年來，人們開始青睞完全以牧草飼養的牛隻，這種牛肉比主流市場的牛肉更精瘦且氣味更豐富（見第175頁）。

歐洲牛肉 還有其他喜愛牛肉的國家各以不同方式畜養牛群，生產出口味獨特的牛肉。義大利偏愛16~18個月大的小牛肉。在狂牛症肆虐之前，大部分法國和英國牛肉來自數歲大的乳牛。按照1995年法國出版的食物標準手冊《美

■ 當今美國的牛肉品質和等級

儘管上等牛肉的名聲顯赫，研究肉類的科學家目前的共識是，整體而言，肉中油花對於牛肉料理是否細嫩、多汁及風味好壞，僅占不到三成的影響。其他重要的因素包括牛隻品種、運動量、年齡、屠宰時的狀況、屠宰後熟成的程度（見第187頁），還有出售後儲藏的情況。上述條件大部分消費者都無法評估，不過目前美國正致力於建立商家和生產者的「品牌」，希望能提供更多與生產穩定性有關的資訊。

顏色較深、肌纖維較粗的牛肉，更具風味、年齡較大。

大部分超市販售的牛肉等級是含脂量4~10%的「首選級」以及2~4%的「精選級」。上等牛肉的含脂量目前是訂在10~13%，牛絞肉可能是全瘦肉或是瘦肉和肥肉的混合，含脂量5~30%。

食科技》(Technologie Culinaire)，年齡不到2歲的動物肉質「味同嚼蠟」，而3~4歲大的小醃牛則是「極致臻品」。不過由於動物得狂牛症的風險會隨著年歲增大，現在有好幾個國家要求，肉牛最晚在3歲前需送屠宰。2004年，大部分法國和英國牛肉都來自於30個月以下的動物。

日本牛肉 日本最推崇的是「霜降牛肉」，即油花多的牛肉，而最有名的產區便是神戶。當地「和牛」役牛品種的小閹牛，大多在24~30個月大時屠宰。而高品質的小牝牛（和一些閹牛）在篩選出來後，再以穀料養胖一年以上。（目前日本對所有肉牛都進行狂牛症檢驗。）這種過程生產的牛肉成熟、風味佳、細嫩，同時也非常肥潤，油花量可高達40%。品質最佳的肉塊通常削成1.5~2毫米的薄片，然後在壽喜燒或涮涮鍋的高湯內涮個數秒即可入口。

小牛肉 小牛肉來自乳牛產下的幼齡公牛。一般而言，小牛肉的價值在於它與成牛肉有極大差異：色淺、氣味精緻、脂肪層較軟，加上具有溶水性的膠原蛋白，一經烹煮即快速溶化成膠質，因此肉質細嫩多汁。隨著小牛一天天成長，小牛肉會變得越來越像成牛肉，因此大部分的供肉小牛都無法過正常生活：牠們被關起來，以防運動讓牠們變黑、變腥、變硬。牠們食用的是低鐵飼料，不吃牧草，以降低肌紅素和瘤胃的發育（見第31頁），因為它們會使脂肪飽和、變硬。在美國，小牛肉通常來自圈養並餵食黃豆或配方乳的小牛，牠們在5~16週之間、體重達70~230公斤時宰殺。牛犢肉或「放養」（drop）小牛肉的來源，為自由放牧、以牛乳餵食、年齡不到3週的動物。「自由放牧」和「穀類飼養」的小牛肉已經越來越常見，因為這是較符合人道主義的替代作法，不過它在色澤和風味都比較像成牛肉。

羊

羊的體積小，重量大約只有牛的1/10，再加上天生易於牧養，綿羊和山

羊大概是繼狗之後，最先被馴服的動物。大部分歐洲品系的綿羊是專門提供羊奶和羊毛，而較少專門供肉的品種。

小羊肉和成羊肉　小羊肉和羊肉比牛肉更細緻、柔軟，不過肌紅素更多、味道更重，還帶有一種非常獨特的氣味（見第175頁），會隨著羊齡而增加。食用牧草的羊隻，特別是吃紫花苜蓿和丁香的羊，身上的糞臭素會更多，這種味道的化合物也是豬肉帶有穀倉味的原因，但如果小羊在屠宰前一個月吃的是穀物飼料，這種味道就會減少。

在美國，羊肉販售的年齡從1~12個月、重量從9~45公斤都有，名稱各異，包括較幼齡的「奶羊」和「溫室羊」，以及「春羊」和「復活節羊」（儘管已不再按照季節生產）等。紐西蘭綿羊是食用牧草，但在4個月大時屠宰，比大部分美國羊來得稚齡且氣味溫和。在法國，較老的小羊肉（mouton）和較幼小的母羊肉（brebis），在屠宰後進行熟成處理一週以上，會發展出一種非常豐富的味道。

豬

豬是歐亞野豬的後代。雖然牛肉在歐洲和美洲一直是最受推崇的肉類，但豬肉卻餵飽更多歐洲和美洲以及其他國家的人們：在中國，「豬肉」兩字也泛指一般肉品。豬的優點包括體型較小、雜食、嗜吃、成長快速且胎數眾多等等。豬什麼都吃、胃口好，表示牠可將原本沒有用的垃圾轉變為肉，不過要是牠們食用的動物或屍體有受到感染，那麼這些豬肉也可能會攜帶並傳播寄生蟲（見第166頁有關旋毛蟲症的介紹）。或許基於這個原因，再加上豬很難大量牧養，而且會吞食田園裡的作物，因此有些民族禁食豬肉，特別是中東的猶太人和伊斯蘭教徒。

豬還有各種特殊用途的品種：豬油種、培根種和供肉種；有些骨架大、重量重，有些則較精瘦、長得慢、體型小而肉黑（例如伊比利亞和巴斯克火腿豬種），和牠們南歐的野豬祖先非常類似。今日大部分的特殊豬種，都被一些生長快速的歐洲培根豬種和供肉豬種所取代。

豬肉 和牛肉一樣，現代豬肉與一世紀之前已大不相同。現代豬肉來自較為年幼且脂肪較少的豬。豬在6個月大剛進入性成熟期時屠宰，此時體重達100公斤，豬肉結締組織仍具可溶性，肉質也較細嫩。一般而言，現在歐美國家的肉塊脂肪含量，僅有1980年代時豬肉的1/2~1/5。豬肉的色澤比牛羊還淺，因為豬使用肌肉的時間較為斷續，因此肉中紅色肌纖維的比例較低（約為15%）。一些中國和歐洲小型豬種的肉色較深，風味顯然也更加豐富。

畜養的供肉禽鳥

雞

雞的祖先是具侵略性又好鬥的紅原雞，原居於印度北部和中國南部叢林。紅原雞是雉雞家族，隸屬於雉科。雉科禽鳥是源自歐亞洲的鳥類大族，大多居住在疏林或是原野和森林的邊緣。人類似乎在公元前7500年就已經在泰國鄰近地區馴養了雞，並且在公元前500年左右傳至地中海地區。在西方，雞一直是農場上的無敵清道夫，一直到19世紀大型中國禽鳥進口，歐洲和北美才興起一陣狂熱的養雞風潮。到了20世紀，雞隻開始大規模生產，於是肉雞品種的多樣性被迫消失，取而代之的是一種生長快速的混種雞，由寬胸的可尼西雞（Cornish chicken，英國以亞洲鬥雞改良而成）和美國白普利茅斯洛克雞（White Plymouth Rock）交配而成。

雞肉型態 現代雞肉幾乎都來自生長快速的品種，餵食時間短、飼料用量少。3.6公斤的飼料在6週內便可養出一隻1.8公斤重的雞，這的確是農業工程上一項令人欽佩的成就！這種雞生長迅速，活得又不長，因此肉質相當乏味，其中生長期更短的「小母雞」或「童子雞」肉更是如此。

為了扭轉工業化雞肉的形象，美國現在也開始販售「自由放養」的雞肉，不過這個標籤只代表雞隻有機會在戶外的雞場活動。「烤雞」和閹雞的雞種，飼養時間比標準小肉雞多出1倍以上，體重較重，腿肌活動的時間也較長；閹雞肉因油花較多，也可能較滑嫩多汁。

說文解字：火雞（Turkey）

「火雞」這個名字顯然是鳥類學和地理學的混淆；火雞來到歐洲的時間較晚。墨西哥的西班牙人大約是在1518年首度發現火雞，他們以pavo（孔雀）為字根，將之命名為peafowl（孔雀鳥）。其他歐洲語言中，早期指稱火雞的名稱大多與印度有關：法文稱火雞為dinde或dindon（即d'Inde，來自印度之意），德文為Kalikutische Hahn（hen of Calicut，卡里卡特之母雞。卡里卡特為印度港口名），義大利文pollo d'India（fowl of India，也就是印度禽鳥）。火雞實際上是在公元1615年就已抵達印度，所以從亞洲傳入歐洲各國的可能性相當高。英國與火雞的關聯則可回溯至1540年左右，同時歷史淵源也較隱晦。Turkey可能反應出人們對這種鳥的模糊印象，只曉得牠們來自異國奧圖曼帝國的前哨，而此帝國正是源自Turkey（土耳其）。

火雞

　　火雞也是留鳥雉雞科的一員。野生火雞的祖先分布在北美洲和亞洲之間。現今體型巨大的火雞源自1927~1930年間，由加拿大卑詩省的一位農夫所培育而成，重達18公斤，具有超大型翅膀和大腿肌。美國西北部農民就是利用這種家禽品種改良寬胸布朗茲（Broad-Breasted Bronze）的火雞品種。這種火雞很少用到胸肌，因此肉質軟嫩、平淡，脂肪也少；支撐胸部的腿肌則經常運動，故色深味美。

　　今日工業化養雞場，經年生產鳥齡12~18週、重量6~9公斤的火雞；美國某些小型農場會延長畜養期至24週，而品牌火雞「法國布列思」（French Bresse）的飼養期則長達32週以上，送宰前幾週會關在狹小空間餵食玉米和牛奶以增肥。

鴨和乳鴿

　　鴨和乳鴿的特出之處，在於胸肉色深而味美，因為一天可以飛行數百英里，僅需稍事休息，因此肌纖維布滿肌紅素。在中國、歐洲大部分地區以及美國，最常見的鴨子品種為綠頭野鴨的後代。綠頭鴨是一種水棲候鳥，脂肪重達全身重量的1/3，以供給能量並具有保暖功能。鴨子的食用齡有二種：15~20天尚未孵化中的蛋中胚胎（菲律賓的珍饈balut），以及孵化後6~16週。疣鼻棲鴨（俗稱紅面番鴨）則是另一種完全不同的鴨子，為較大型的林棲鴨，是中美洲西岸和南美洲北部的原生鳥種，與綠頭野鴨有三大差異：體內脂肪比綠頭鴨少1/3，體型明顯較大，味道也更為濃烈。

　　不論是乳鴿、野鴿或是鴿，都是歐洲原鴿；城市中常見的鴿子也包含在其中，而乳鴿則是指還不會飛的幼鴿。鴿類飛行用的肌肉是腿肌的5倍。今日，人們食用的乳鴿肉，是4週大、約480公克重、長到正要能開始飛行時宰殺。

野生動物和禽鳥

野生動物（有時候稱為野味）在秋季特別受到喜愛，因為動物為了過冬而在這個季節囤積脂肪。在歐洲，許多餐廳會在適合狩獵的秋季祭出野鴨、野兔、雉雞、鶌鴣、野鹿和野豬等野味佳餚，但在美國，野生動物肉是禁止交易的（只有受過檢驗的肉可以合法販售，而狩獵取得的肉並未接受檢驗）。目前美國消費者可以買得到的「野味」，大多來自農莊或牧場，這種肉或許稱為「半家畜肉」會較合適。這類動物有些是從羅馬時代便畜養迄今，不過還不像家畜般密集培育，所以仍然很像野生種。

現在，美國人的野味消耗量有逐漸增多的趨勢，其中包括野鹿（各類鹿種和羚羊）、野牛肉等，這是因為野味的風味獨特、肉質精瘦。野生動物的肉含脂量特低，因此導熱快，所需烹煮時間較一般肉類短，要脫水保存也較容易。廚師烹調時，通常會裹一層脂肪或脂含量高的培根肉，以避免直接接觸爐火，在烹煮中也會不時淋上油脂。如此一來，肉的表面溫度會因蒸

肉禽的一些特性

一般來說，年齡較老、體型較大、紅色肌纖維較多的鳥，其風味也較顯著。

鳥	年齡（週）	重量（公斤）	胸肌內含紅色肌纖維比（%）
雞			10
工業產小肉雞（broiler）炸用雞（fryer）	6~8	0.7~1.6	
烤用雞（roast）	12~20	1.6~2.3	
法國「紅標雞」（label rouge）	11.5	1~1.6	
法國「原產地名控制」（appellation contrôlée）	16	1~1.6	
小型春雞（game hen）	5-6	0.5~1	
閹雞（Capon）	<32	2.3~3.6	
燉用雞（Stewing fowl）	>40	1.6~2.7	
火雞		3.6~14	10
工業產	12~18		
優質雞（法國商標fermière，美國商標premium）	24		
法國「原產地名控制」	32		
鴨	6~16	1.6~3.2	80
鵝	24~28	3.2~9	85
鵪鶉（野生）	6~10	0.1~0.15	75
乳鴿	4~5	0.3~0.6	85
母珠雞	10~15	1~1.6	25
雉雞	13~24	1~1.4	35

發而不致過高,而且熱量傳入肉塊的速度也會減緩(見第206頁)。

野味肉質

真正的野生動物具有豐富、變化多端的風味,而這都要歸功於成熟的獸齡、充足的運動,以及多樣的飲食。不過這些特質若過了頭,這種別具風味的野味就會變得「太野」。在18世紀末美食家布里亞‧薩瓦蘭的時代,野味通常會先吊掛數日或數週,直到肉開始腐爛。這種處理方式叫做mortification(原意為壞疽)或faisandage(來自雉雞faisan一字),目的有二:軟化肉質,並增強「野」味。不過太野的野味已不再流行。和野生的動物比起來,現代人工飼養的動物運動量少、飲食內容單一,在到達性成熟期之前就被屠宰,所以肉質較嫩,味道也較平淡。由於特殊的肉味來自脂肪,切割時小心處理便可將野味減至最低。

動物肌肉變為盤中肉

要生產肉類,第一步就是飼養健康的牲畜,第二步則是將活生生的動物轉變為有用的肉塊。這轉變過程會影響肉類品質,而這也可以說明,同樣一家店、同一個部位的肉,為何這週是鮮嫩多汁,下週卻又乾又硬。因此,了解屠宰場和包裝工廠的情形是很有用的。

屠宰

減輕動物的壓力

最人道的屠宰方式也就是最能維持肉類品質的方式,這真是個幸運的巧合。數百年以來,人們了解到動物臨死前所受到的壓力(肉體的勞動、飢餓、運送時的監禁、相互打鬥,或是單純的恐懼),都會降低肉的品質。牲畜屠宰時,牠的肌肉細胞還會繼續存活一段時間,並消耗能源(肝醣,一種動物澱粉)。在這個過程中,肌肉細胞會累積乳酸,而乳酸會降低酵素活動、減緩微生物的腐化作用,並讓體液流出,使得肉顯得溼潤。要是動物在屠宰

說文解字:野味和獵物

獵物(game)一字源自德文,最初的意思是古英文的「娛樂」或「運動」,數世紀之後,該字應用於以打獵為樂的有錢人所獵獲的動物(Hunt最初的意思是「抓獲」)。野味(Venison)源自拉丁文動詞獵捕(venari),不過它最原始的字根則是來自印歐語,其意為「欲求、爭取」。同樣的字根也衍生出今日英文裡的贏取(win)、希望(wish)、崇拜(venerate)、維納斯(Venus)和毒液(venom,原意是春藥)。Venison最初是指所有獵物,不過現在主要指鹿和羚羊,這兩種動物和牛、羊一樣是反芻動物,仰賴雜草和灌木叢便得以在較貧瘠的土地上生存,而牠們已被馴養的近親則不然。

前受到壓力，便會耗盡供給肌肉的能量來源，死後累積的乳酸便較少，產生色深、肉質乾硬又易於腐敗的「黑切」肉。對這種肉質的描述首度出現在18世紀。因此，善待動物是有回報的。1979年11月，《紐約時報》報導一家芬蘭屠宰場將一群年輕音樂家從附近的房子趕走，因為他們的練習造成了黑切肉。

屠宰程序

一般而言，屠宰業者在屠宰時，盡可能不使牲畜遭受精神傷害。首先通常是棍擊或電擊牲畜頭部使牠昏迷，然後自腿部倒掛，再切開一、兩條主要頸動脈，使動物在昏迷狀態下流血而死。要盡可能放血（大概要放掉一半）以降低屠體腐敗的風險。（不過也有少數例外，如法國的盧昂鴨，刻意讓鴨血滯留體內以加強鴨肉的風味與色澤。）牛、羊在放血後，便去除頭部，然後剝皮、切開屠體、去除內臟。豬隻宰殺後，先用滾水燙過、進行擦刮、拔除豬鬃，然後才去除豬頭和內臟，不過豬皮會留著。

至於雞、火雞還有其他禽鳥則必須先拔毛。宰殺後的鳥通常要先浸在熱水中，使羽毛鬆脫，再由機器拔毛，然後浸置於冷水或以冷空氣吹打。不過，冷水浸置過久也會使屠體的水分顯著增加。美國允許雞肉重量中有5~12%為吸收的水分，亦即1.8公斤重的雞肉，可以有90~200公克的水分。相較之下，歐洲和大部分北歐國家所採用的標準作法是空氣冷卻法，卻會把水分除去，所以肉質會更緊密，皮色也較容易變深。

kosher和halal是符合猶太教和伊斯蘭教規的肉，分別依照兩宗教的戒律處理過，其中一項規定就是要以鹽短時間醃漬過。這種作法不允許禽鳥屠體先川燙再拔毛，因為鳥皮常會因此撕裂。拔了毛的屠體得先鹽漬30~60分鐘，然後以冷水稍加清洗；這種肉和以空氣冷卻的禽肉一樣，幾乎不會吸收外來的水分。鹽漬使得皮肉脂肪更容易氧化並產生異味，所以這兩種肉的保存期限會比一般處理的肉還要短。

屠體僵直

屠宰時機、姿勢和溫度

　　動物死後，短時間內肌肉是放鬆的，此時如果立即切割烹煮，肉質會特別柔嫩。不過肌肉很快就會緊縮，發生所謂的「屍體僵直」。如果在這個階段烹煮，肉會非常硬。僵直作用會在肌纖維耗盡能源時開始（牛肉大約是屠宰後2.5小時，羊肉、豬肉和雞肉則是1小時以內），此時肌肉纖維的控制系統失效，引發蛋白絲收縮，纖維便就此固定住。將屠體吊掛起來，重力會使肌肉伸展，蛋白絲就無法收縮或過度交錯；若非如此，蛋白絲便會緊緊束在一起，肉質也就變得異常堅硬。不過接下來，肌纖維內消化蛋白質的酵素會開始啃食將肌動蛋白和肌凝蛋白絲綁在一起的組織。此時蛋白絲仍然互相交錯，肌肉也無法伸展，但是肌肉的整體結構會變弱，肉質也隨之軟化，開始邁入熟成。牛肉要一天才會開始熟成，豬和雞則是數小時之後。

　　屠體僵直的過程中，肉質一定會變硬，要是溫度控制不良，變硬的情況會更加嚴重，這也可能是零售肉品過硬的原因。

熟成

　　肉品和乳酪與酒一樣，經過一定時間的熟成，緩慢的化學變化能讓風味更佳，肉質也會變得更柔嫩。19世紀，人們會在室溫下將牛和羊關節靜置數日或數週，直到外層真的腐敗。法國人稱這種作法「壞疽」，大廚師安東尼·卡漢姆說這個過程應該「越久越好。」不過，當今人們的口味偏愛較無壞疽的肉！事實上，美國大部分肉品是在屠宰加工場運送到市場販售的數天之內，順道發生熟成作用。雞肉經過1~2天的熟成就能加強它的風味，豬肉和小羊肉則需一週的時間（豬肉和禽肉的不飽和脂肪很快就會腐敗）。不過牛肉的味道和質地，在一個月內都會持續增進，特別是整塊未包裹的肉表，在1~3°C以及70~80%的相對溼度下，會發生「乾熟成」。低溫能抑制微生物的生長，適度的溼度則使肉中的水分緩慢蒸發，肉變得更緊實、風味更濃。

▌肌肉酵素產生氣味⋯⋯

肉的熟成主要是肌肉酵素的作用。一旦動物被屠宰，細胞內的控制系統即停止作用，酵素開始不分青紅皂白地攻擊其他細胞分子，將大型而無味的分子，變成較小、具風味的碎片。這些酵素將蛋白質分解成風味極佳的胺基酸，將肝醣轉變為具有甜味的葡萄糖，運儲能量的三磷酸腺苷（ATP）則變為美味可口的單磷酸肌核苷（IMP），脂肪和生物膜上的類脂肪變成帶香味的脂肪酸。這些裂解後的產物能讓熟成的肉品發展出濃郁的肉味和果仁風味。在烹煮的過程中，這些香味產物也相互作用，形成新的分子，更進一步增添香味。

▌⋯並降低硬度

未受控制的酵素（酶）活動也會使肉質變得柔軟。鈣蛋白酶主要是會減弱讓收縮蛋白束聚在一起的支持蛋白質；組織蛋白酶則會分解各種蛋白質分子，包括收縮蛋白絲和支持分子，而且也會分解成熟的膠原蛋白纖維內部的一些牢固的交叉結構，進而弱化結締組織。這些作用帶來了兩個重要的影響：烹煮時會有更多膠原蛋白溶解成膠質，而使得肉質更加柔嫩多汁；減少結締組織受熱時造成的擠壓力（見第197頁），讓肉類在烹煮的過程中少流失一些水分。

酵素的活動和溫度有關。鈣蛋白酶在40°C左右會變質而失去活動力。不過低於此臨界溫度，溫度越高活動力卻越強。某些加速「熟成」的作用會在烹煮時發生。如果將肉塊以大火炙煎或放入沸水川燙到變色以除去表面微生物，然後再慢慢加溫烹煮（例如用燉或慢火烘烤），那麼肉裡面促進熟成的酵素，在肉質變性前的數小時內會非常活躍。慢火烘烤一塊23公斤重的船型牛肉塊，大約要10小時以上的時間，溫度才會達到50-55°C，這樣烹調出來的肉質，要比同部位牛肉塊切小塊後快速烘烤出來的肉質還要柔嫩。

▌在塑膠包裝和廚房中熟成的肉

儘管熟成對肉質有正面貢獻，現代肉品業者通常還是會避開這個過程，

因為讓肉熟成必須將產品包好放在冷藏室，水分會蒸發掉一部分（約肉品20%的重量），還得花心思將乾枯、腐敗、甚至發霉的肉表切除。現在大部分的肉品是在屠宰後不久便在包裝工廠切割成零售大小，以塑膠包裝，立即運往市場，從屠宰到販售平均只花4~10天。肉品在塑膠包裝中數日或數週，能夠隔絕氧氣並保持溼潤，此時肉中的酵素會開始作用，進行「溼性熟成」（wet-aged）。溼性熟成的肉可產生一些乾性熟成肉品的風味和嫩度，不過味道不及後者濃郁。

廚師也可以在廚房中熟成肉類。只要在要烹調前數天進貨，肉品在冰箱內即可進行某種程度的熟成。可以把肉緊包起來，或鬆開包裝使水分蒸發。（包裝不密或是不包裝，都會使肉塊表面吸收異味、產生乾點，因此得進行必要的切除；這種作法比較適合烤肉用的大肉塊，而不適合肉排或肋排肉。）如上所述，文火慢煮可讓熟成酵素在數小時內便完成原本需花上數週的熟成效果。

分割和包裝

20世紀末期之前，傳統屠宰法最為普遍（不過現已式微），屠體在傳統屠宰場便分割成大塊（2等份或4等份），然後交由零售肉販把肉分割成烘烤用大肉塊、肉排、肋排和其他標準的切塊。這些肉可能要到販售時才會用紙稍微包一下。肉品因持續暴露在空氣中，會完全氧化而呈紅色且逐漸乾枯，風味同時也會變得濃厚，不過肉表會有些變色甚至走味，必須切除。

現代屠宰業則是在屠宰場便將屠體切成零售用肉塊，確實用塑膠膜真空包裝以防止肉表接觸空氣，然後將這些包裝妥當的肉塊直送到超級市場。真空包裝的肉品具備生產線高效率的經濟優勢，同時不會脫水、不需切除乾臭的表面，故重量可保持數週不變（牛肉最多為12週，豬和羊肉為6-8週）。這些肉品經過重新包裝後上架，可在陳列櫃內保存數日。

小心處理並且包裝良好的肉品，觸感堅實、溼潤，且外表色澤均勻，聞起來則是不刺鼻的新鮮肉味。

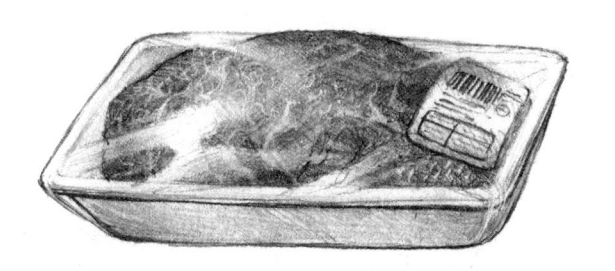

肉類的腐敗和保存

鮮肉是一種不穩定的食物。當活生生的肌肉轉變成一塊肉時，肉就開始產生化學和生物學變化。熟成作用相關的變化（酵素在肉的內部產生氣味並使肉質柔嫩）符合人們的需求，不過這個作用要是發生在肉的表面，便不討喜了。空氣中的氧氣和光線中的能量，都會使肉表走味、肉色黯淡。肉對人類來說是營養的食物，對微生物亦然。細菌一逮到機會，便會在肉表繁衍起來，結果會使肉品變得難吃且不安全，因為一些分解死肉的微生物，也可能毒害或侵襲人體。

肉的腐壞

脂肪的氧化和酸敗

肉類最重要的化學破壞，就是脂肪被氧氣和光線分解成小而難聞的碎片，這種味道就是人們所說的酸敗味。酸敗的脂肪不一定會使人生病，不過聞起來很糟，所以這種變化決定了肉品熟成和保存的期限。不飽和脂肪最容易酸敗，也就是說魚、禽肉和野生鳥肉腐壞的速度最快。牛肉的脂肪在所有肉類當中是最飽和也最穩定的，所以可以保存最久。

我們無法預防脂肪在肉品內部的氧化，不過小心處理可以延緩氧化過程。把生肉緊包在不透氧的塑膠套裡（聚偏二氯乙烯PVDC，商品名賽綸saran，聚乙烯PE可透氣），然後再用鋁箔紙或紙包起來以避免透光，放在冷凍室或是冰箱最冷的位置，並盡快烹煮。須用到絞肉時，最好是現絞現煮，因為把肉分成許多小塊，會增加肉接觸空氣的面積。烹調肉品時，加鹽會促進脂肪氧化，減少用量可使肉不那麼快酸敗。還有一招是使用能抗氧化的材料，如地中海香料，特別是迷迭香（參見第二冊）。在熱鍋中讓肉表發生褐變，也可以產生抗氧化分子而減緩脂肪的氧化作用。

因細菌和黴菌產生的腐壞

牲畜若是健康且肌肉沒有受傷，一般而言並不會有微生物寄生。會出現細菌和黴菌使肉腐壞，通常是在加工過程中，受到動物的皮毛或包裝機器

所沾染。禽肉和魚特別容易腐壞，因為它們是連皮販售，而儘管經過沖洗，皮上依舊有許多細菌。這些細菌大部分無害，但總是令人不快。細菌和黴菌會分解肉表的細胞，把蛋白質和胺基酸消化成聞起來有腥臭味的小分子，就如腐敗的蛋味。腐壞的肉聞起來比其他食物腐壞更噁心，全都是因為肉的蛋白質會產生這些刺鼻的化合物。

肉的冷藏

在已開發國家中，最普遍的家庭肉品保存方法就是冷藏。冷藏有兩項絕佳的優點：所需的處理時間很短（甚至無需處理），而且肉幾乎能保持原本新鮮的狀態。肉冷藏之後能延長食用期限，因為溫度降低會使細菌和肉中酵素的活動力減弱。儘管如此，腐敗作用仍然會繼續進行。肉類最佳的保存溫度是接近冰點0°C或以下。

冷凍

冷凍大大延長肉類和其他食物的保存期限，因為冷凍會停止所有的生物性活動。生命需仰賴液態水才能存活，冷凍會使水結成固態冰晶。冷凍條件良好的肉可以保存數千年，西伯利亞北部冰原所發現1萬5000年前的長毛象肉，便可充分證明。冷凍肉品的溫度是越冷越好。一般建議家庭冷凍庫的溫度維持在-18°C（許多冷凍庫的運作溫度是介於-12~-19°C）。

冷凍可使肉無限期保存，不會出現生物性腐敗。不過對肉而言這是一種極端處置，一定會破壞肌肉組織，而多方面減損肉的品質。

細胞破壞和液體流失 生肉冷凍時，冰晶會刺入柔軟的細胞膜而戳破細胞；這些冰晶會在肉解凍時融化，露出肌肉細胞被戳出的孔隙，使肌肉組織迅速流失富含鹽分、維生素、蛋白質和色素的液體。肉類烹煮時液體會流失更多（見第197頁），更容易變得又乾又緊又硬。肉煮熟後再冷凍較能保持肉的品質，因為肉的組織在烹煮時已受破壞，在加熱過程中已流失了液體。

欲減少細胞破壞和液體流失，得盡快將肉冷凍起來，且溫度保持越低越好。肉裡面的水分越快凍結，形成的冰晶就越小，肌肉細胞膜也就越能保持完整，而溫度保持越低，冰晶的體積就越不會擴大。將冷凍庫溫度調至最低，並將肉切成小塊，而且剛放入的時候先拆掉包裝（等到結凍再包上；包裝具隔離作用，可能會拉長凍結所需的時間），都可加速冷凍。

脂肪氧化和腐臭　冷凍除了會破壞肉質，它造成的化學變化，也會縮短肉品的保存期限。冰晶形成時，會析出體液中的水分，使肉品中鹽分和微量金屬的濃度增加，進而促使不飽和脂肪氧化，累積出腐敗的氣味。這個過程一定會發生，而一旦發生就表示肉的品質開始大幅下降。鮮魚和禽肉在冷凍庫數週就會開始變質，而豬肉大概是6個月，小羊肉和小牛肉是9個月左右，牛肉則是1年。絞肉、醃肉和煮過的肉味道惡化更快。

凍傷　冷凍的最後一個副作用是「凍傷」，也就是肉在冷凍數週或數月後，肉表常見的褐白色澤。這是水的「昇華」（0°C以下發生的蒸發作用）所造成，亦即肉表的冰晶蒸發至冷凍庫的空氣中。水分流失會在肉表留下許多小洞，在光線的散射下使肉表顯得慘白。這時候，表面實際上是一層薄薄被凍乾的肉，脂肪和色素快速氧化，以致肉的質地、味道和色澤都遭到破壞。
　　用防水塑膠袋盡可能包緊肉品，可將凍傷減至最低。

解凍　冷凍肉通常是等到烹調前才會解凍。最簡單的方法，就是把肉放在廚房流理台，但這既不安全也缺乏效率。當肉表溫度上升到適合微生物活動的範圍時，肉的內部卻可能仍未解凍，這是因為空氣導熱速度慢，只有水的1/20。把肉包好浸入冰水中，則是比較安全又有效率的方法，這能使肉表維持在安全的溫度，並且更有效地將熱傳導到肉的內部。如果肉塊太大，無法完全浸入水裡，或是並不急著使用的話，把肉塊放在冰箱內解凍也是個安全的作法。不過冷空氣的熱傳導效率特別差，要讓一大塊肉解凍，可能得花上好幾天。

烹煮未解凍的肉　冷凍肉不用解凍就可以烹煮，特別是慢速烹調。如用烤爐烘烤，熱度有時間傳至肉的內部，而不會讓肉的外部過熟。冷凍肉的烹煮時間一般比鮮肉還多出30~50%。

輻射殺菌

　　由於游離輻射（見第317頁）會破壞脆弱的生物機制（如DNA和蛋白質），因此可以殺死食物中的病菌，抑制腐敗作用，進而延長肉品的販售期限，食用起來也較安全。測試結果顯示，低量輻射能夠殺死大部分微生物，包裝完好的冷藏肉品，販售期因此可延長一倍以上。不過，以這種方式處理會留下一種如金屬、硫磺和山羊味般獨特的輻射殘留味，有可能幾乎聞不出來，也可能強烈到令人不悅。

　　1985年起，美國食品與藥物管理局核准用輻射來控制一些肉類中的病源：第一是豬肉中的旋毛蟲，然後是雞肉的沙門氏桿菌和牛肉裡的大腸桿菌。以輻射殺菌來處理肉品，特別適用於大量生產的絞肉，因為如果其中小小一塊肉遭到感染，便會牽連其餘數千公斤的肉，進而影響數以千計的消費者。儘管如此，由於消費者有所顧慮，輻射的應用依然有限。不過數十年來的試驗顯示，輻射處理過的肉品確實可以安心食用。但另一個反對意見也很有道理：如果肉品沾染了動物排泄物，以致帶有大腸桿菌，那麼即使輻射能殺死那些細菌，使得肉品在3個月內仍可食用，卻依舊改變不了它受到污染的事實。許多消費者對於這些能滿足每日營養和味蕾的食物，具有較高的標準，他們要的不僅僅是不帶病菌、保存期限長的肉品，還在意食物的品質，會設法購買在當地經過嚴格把關、近期生產的肉品，在品質最佳的數日之內享用。

肉類烹調的幾項原則

烹煮肉類的四個基本理由：吃得安全、容易咀嚼、好消化（蛋白質變性後比較容易被人類的消化酵素分解），還有就是讓味道更好。肉品食用安全的主題，在本書第162頁起有詳細的說明，現在我要描述的是肉品在烹煮過程中，物理和化學性質的改變，還有這種改變對味道和質地的影響，以及究竟該如何把肉煮好。這些改變將總結於第200頁的表格。

溫度和肉的風味

生肉可口，但風味不足。生肉裡面有鹽分、美味的胺基酸，以及舌頭察覺得到的微酸，不過香氣卻很少。肉品經過烹調後，可以強化味道並且產生香氣。烹煮對肌纖維造成簡單的物理性破壞，使得肌肉釋出更多液體，裡面的物質對味蕾更具刺激性。肉品只需稍加烹煮到所謂「三分熟」時，液體的釋放便達到極致。溫度若繼續上升，肉也會隨之乾掉，接著發生化學變化取代物理變化，細胞分子會分解，然後重新結合成新的分子。新的細胞分子不只帶有肉味，還有果香、花香、堅果香和草香（如酯、酮和醛）。

在高溫肉表的褐變

如果鮮肉受熱的溫度未達水的沸點，那麼這塊肉的味道，大致上就由蛋白質和脂肪分解之後產生的物質所決定。不過烘烤、炙烤和煎炸的肉，會形成一層味道特別濃厚的外殼。那是因為肉的表面脫水，且溫度高到足以造成梅納或褐變反應（見第311頁）。褐變反應產生的肉香，一般來說是小的碳原子環，加上氮、氧和硫磺原子，其中許多香味帶有一般「烘烤」特色，不過另一些則帶有草香、花香、洋蔥味或辛辣味，甚至是土味。烤肉裡已知的香味化合物竟高達數百種！

溫度和肉的色澤

烹煮時肉色的改變可分為兩個不同階段。一開始有點半透明，因為細胞

內的液體中懸浮著結構鬆散的蛋白質網狀物。當溫度上升至50°C，肉質會呈現不透明的白色，這是因為肌凝蛋白遇熱後變性，凝結成塊，讓光線發生散射。由於這項變化，紅肉在紅色色素受到影響之前就開始變淡，從紅色轉成粉紅色。在60°C左右，肌紅素開始變性，成為棕褐色的血色原。當這個轉變發生時，肉色便從粉紅轉為褐灰。

肌紅素的變性與纖維蛋白質的變性是同時進行的，因此我們得以從肉色的變化判別肉的熟度。稍微煮過的肉和肉汁是紅的，中度烹煮的肉和肉汁是粉紅的，完全煮熟的肉是褐灰色，至於肉汁則是清澈的。（未變性的紅色肌紅素能滲入肉汁；已變性的褐色肌紅素則被其他凝結的蛋白質包圍住，留在細胞內。）不過肌紅素有一些奇特之處，即使是熟透的肉，也會呈現紅色或粉紅色而造成誤導（見表格）。此外，若是肌紅素長時間受曝曬或冰凍而發生變性，還沒煮熟的肉也有可能呈現熟肉的褐色色澤。烹調肉品時，若要求溫度高到足以毀滅微生物，廚師就應當使用溫度計，精確掌握溫度至少要到達70°C，因為單憑肉色判斷可能會被誤導。

溫度和肉的質地

食物的質地來自本身的物理結構：碰觸時的感覺，固體和液體成分的比例，還有牙齒將食物撕咬成碎片的難易度。影響肉類質地的關鍵要素是肉品所含的水分（重達肉品的75%），以及限制水分進出的纖維蛋白質和結締組織。

生肉和熟肉的質地

生肉的質地是一種光滑、有彈性、軟泥般的感覺，帶有嚼勁卻又柔軟，所以咀嚼的時候牙齒會陷入肉裡而非把肉咬斷。生肉所含的汁液能使肉感潤滑，但是單憑咀嚼並不能把肉汁釋放出來。

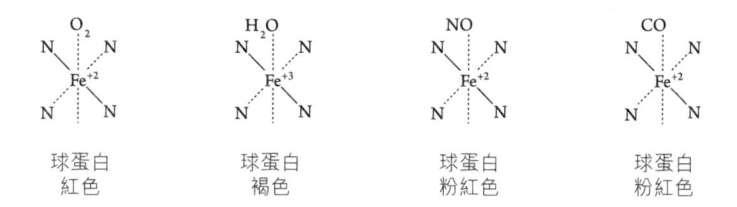

O_2	H_2O	NO	CO
Fe^{+2}	Fe^{+3}	Fe^{+2}	Fe^{+2}
球蛋白 紅色	球蛋白 褐色	球蛋白 粉紅色	球蛋白 粉紅色

熟肉和醃肉中的色素

左至右：生肉中，攜氧的肌紅素是紅色的；在熟肉之中，氧化並變性的肌紅素為褐色；使用亞硝酸鹽醃過的肉（包括鹹牛肉和火腿），肌紅素呈穩定的粉紅色（NO代表一氧化氮，是一種亞硝酸鹽的生成物）；用煤炭燒烤或瓦斯烤箱烹煮未鹽醃過的肉，會在肉裡面累積一氧化碳，使肌紅素產生另一種穩定的粉紅色狀態。

温度能徹底改變肉的質地。肉烹煮的時候會變硬，並且更有彈性、容易咀嚼。接下來肉汁會開始滲出，變得多汁。繼續烹煮下去，肉汁會被煮乾，具有彈性的肉感則變得乾硬。如果再煮上幾個小時，肌纖維束會受到破壞而四散，就連硬實的肉也開始分解。上述所有肉質的變化，就是肌纖維和結締組織變性的各個階段。

烹煮初期的肉汁：肌纖維固結

肌凝蛋白是兩個最主要的收縮蛋白絲之一，會在50°C左右開始凝結，使得每個細胞略為固化，肉也產生一些硬度。當肌凝蛋白分子結合在一起，將它們阻隔開來的水分子便會被排出。這些水分子會集結在緊緻的蛋白質束周圍，然後被薄而有彈性的結締組織擠出細胞外。在未破壞的肌肉裡，肉汁會從纖維外鞘較脆弱處流出，若是整塊肌肉切成薄片，例如肉片和肉排，肉汁也會從纖維切斷的地方滲出。煮到這個階段就上桌的肉，相當於一分熟（帶血的），肉質緊實而多汁。

烹煮後期的肉汁：膠原蛋白萎縮

當肉的溫度上升至60°C，細胞內有更多蛋白質發生凝結，於是各個細胞逐漸聚集，成為一團凝固的蛋白質，周圍環繞著包有液體的管子：如此一來，肉質逐漸變得更為緊實與多汁。溫度到達60~65°C時，肉突然明顯收縮並釋放大量汁液，質地也變得有嚼勁。這是因細胞結締組織外鞘的膠原蛋白變性，造成收縮，而這對它內部充滿液體的細胞產生新的壓力，於是肉汁大量滲出，肉塊減少1/6以上的體積，而蛋白質纖維則更緊密束在一起，也更難咬斷。在這種溫度範圍上桌的肉就是三分熟，肉質開始從多汁變乾澀。

熟肉中穩定的顏色

完全熟透的肉通常呈現暗淡的褐灰色，這是因為肉內的肌紅素和細胞色素發生變性。不過有兩種烹煮方式，可使全熟肉呈現吸引人的紅色或粉紅色。

- 若以文火慢慢加熱，那麼燻烤肉、燉肉、燜烤肉或者是油封肉的內部，可呈現令人驚喜的粉紅色或紅色。肌紅素和細胞色素能比其他肌肉蛋白承受更高溫。當肉品快速受熱、溫度迅速升高，肌肉蛋白會持續打開並發生變性，此時細胞色素也會開始進行相同作用，因此其他蛋白質能與色素發生作用，讓色素轉變為褐色。肉在緩慢加熱的過程中，要花一、兩個鐘頭才能達到肌紅素和細胞色素變性的溫度，但此時其他蛋白質早已完成變性、彼此相互作用。等到色素開始變得脆弱，可和色素起作用的蛋白質已所剩不多，於是色素便能保持原狀，而肉也就能維持紅色。製作油封鴨時，初步的鹽醃（見第203頁）能大幅強化上述效應。

- 在柴火、炭火和瓦斯火焰上烹煮肉（如燻烤豬肉或牛肉，甚至在燒瓦斯的烤箱內烹煮禽肉）時，通常會在肉的表面向下約8~10毫米處，產生一種「粉紅色環」。這是燃燒上述有機燃料時，微量的（數ppm）二氧化氮氣體所造成。二氧化氮似乎會溶入肉面形成亞硝酸，亞硝酸再擴散至肌肉組織而轉變為一氧化氮。一氧化氮接下來與肌紅素起作用，形成穩定的粉紅色分子，正如亞硝酸鹽醃肉內部的粉紅色分子。

柔嫩：膠原蛋白變成膠質

　　如果繼續烹煮，肉質會逐漸變得更乾、更緊密、更扎實。70°C左右，結締組織開始溶解為明膠，軟化成果凍般的質地，這時候，原先被結締組織緊緊綑綁的肌纖維便可輕易扯散。肌纖維此時依然乾硬，只是不再結成一大團，所以肉質就顯得比較柔嫩，明膠則提供特有的潤滑感。這就是慢火烹煮出來的可口肉品，如燜肉、燉肉和燻烤肉。

如何烹調出軟硬適中的質地

　　人們通常喜歡柔嫩多汁而非堅硬乾澀的肉，因此肉的理想烹調應該要讓肌纖維緊縮的現象降至最低，保留最多肉汁，同時讓結締組織內堅韌的膠原蛋白，盡可能轉變成液態的膠質。不幸的是，這兩個目標會互相衝突。為減低纖維變硬和水分流失的程度，肉必須以55~60°C快速烹煮，不過要將膠原蛋白轉變成明膠，又得在70°C以上的溫度長時間烹煮。所以烹調肉類實在沒有理想方式，必須依據肉類的軟硬度隨時調整。肉質較嫩的，最好是快煮，在流出最大量肉汁時就熄火；燒烤、煎和烘烤是普遍的快煮方式。肉質較硬的，最好在沸點以下的溫度長時間烹煮，燉、燜，或是慢火烘烤是最常見的方式。

嫩肉很容易煮過頭

　　嫩肉要調理得完美，就要控制肉的內部到達我們想要的溫度，而這的確是一項挑戰。如果我們想燒烤一塊厚肉排，內部要達三分熟、60°C，那麼肉在表面溫度達到沸點之前就會先乾掉，而肉的中心點和表面之間的溫度分布，就會是在60°C的三分熟肉到100°C的乾肉之間。事實上，只消再加熱1~2分鐘，整塊肉就會超過三分熟而把整個肉排都燒乾了。在狹窄的溫度範圍，高低相差不超過15°C，才能保持肉塊鮮嫩多汁。當我們燒烤或煎一塊2.5公分厚的牛排或肉塊，肉中心點溫度增加的速度，有時會超過每分鐘5°C。

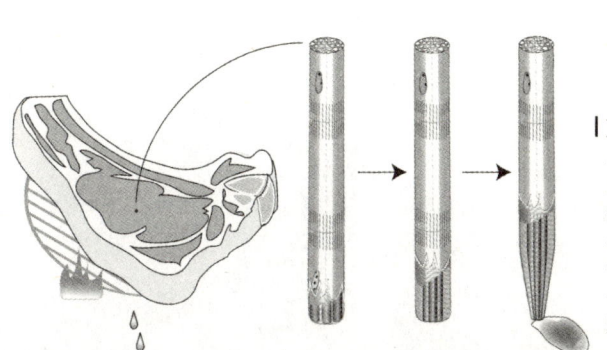

烹煮是如何把水分從肉裡逼出？
水分子原本與肌細胞中的蛋白質原纖維緊緊束縛在一起。肉品加熱後，蛋白質凝固，原纖維將一些水份擠出之後便縮小了。於是包覆肌細胞的結締組織彈性薄層便再將這些不受束縛的水分從細胞切面處擠出。

解決方案：兩階段烹煮、隔熱以及預測　要減緩烹煮速度，以獲得受熱較均勻的肉，方法有幾種。最常見的方法是分兩階段烹煮，先以高溫加熱使肉表褐變，隨後以較低的溫度烹煮，縮小肉中心和肉表的溫差，所以大部分肉與肉中心的溫度相差不到幾度。這也意味著肉要慢慢烹煮，才有充分的時間讓內部熟度適中。

另一種技巧是在肉表覆蓋其他食材，如肥肉或培根條，或是麵糊、麵包粉、酥皮和麵團。這些材料能使肉表不直接受熱，還可減緩熱氣的穿透力。

為避免把肉煮得過熟，也可以在肉品尚未煮熟之前，就從爐子或鍋子裡取出，讓它利用自身餘溫緩慢完成烹調，直到肉表溫度夠低，餘溫再從肉的內部散出。餘溫加熱的程度取決於烹煮溫度、肉的重量、形狀和肉的中心溫度。薄肉片的內外溫差可能只有微不足道的幾度，大塊肉則可能達到10°C。

何時該停止加熱

肉要烹調得宜，關鍵在於知道何時該停止加熱。食譜裡有各種熟度的公式，例如每公斤或每公分的肉品該加熱幾分鐘。但這些資料再棒，也只是粗略的近似值，無法顧及一些重要而不可預知的因素。肉的起始溫度、煎鍋和烤箱真正的溫度、肉翻轉的次數，以及烤箱門打開幾次等種種因素，都會影響加熱時間。肉的脂肪含量也有影響，因為脂肪比肌纖維的導熱性低，因此較肥的肉煮起來比瘦肉慢。骨頭也會有所影響，它具有陶瓷般的礦物質，導熱性是肉的兩倍，但由於內部通常呈蜂窩狀，而中空結構會減緩熱的傳導，因此骨頭反而會成絕熱體。這就是為什麼人們常說「骨邊肉最嫩」，骨頭邊的肉更多汁，因為這裡較難完全熟透。最後，烹煮的時間還取決於肉表是否經過處理。肉的外層若是沒有包覆或僅塗上油脂，烹煮時水分會從肉表蒸發，降低肉的溫度，因此煮起來比較慢；但如果裹上一層脂肪或油脂，則會阻礙水分蒸發，如此可減少1/5的烹煮時間。

會影響烹煮時間的變數這麼多，因此，公式或食譜是不可能絲毫不差地預測出烹調時間。最後還是要廚師來掌控全程，決定何時應該停止加熱。

如何烹調出軟硬適中的質地

評斷熟度　評斷肉品熟度的最好方法，仍然是廚師的眼睛和手指。用溫度計測量大塊烤肉的內部溫度很有效，但較小的肉片就不適用了。（廚房標準溫度計的感溫金屬軸有一英寸長，且不是只有溫度計頂端會感溫。刻度盤式溫度計還需經常校準，以保持其準確性。）要準確的判斷熟度，最簡單的方法是切開肉塊以檢查肉色（這只會流失部分切入部位的肉汁，而且份量很少）。

大部分專業廚師還是依靠他們的「感覺」和肉汁的流動情況來斷定熟度：

- 生肉（bleu meat），表面熟，內部只是溫溫的，肉質幾乎維持不變，觸感柔嫩，一如拇指和食指之間的肌肉完全放鬆時的狀態，肉汁幾乎無色（一些無色的脂肪可能會融化流出）。
- 一分熟的肉（rare meat），裡面一些蛋白質已經凝固，用指頭戳時較有彈性，像是拇指和食指遠遠拉開時的肌肉觸感，肉表開始出現紅色的肉汁。有些人覺得這種肉最滑潤多汁，但有些人則認為這種肉仍然是生的、「多血的」（但其實這些是肉汁而不是血），並具有潛在危險。
- 五分熟的肉（medium-done meat），結締組織內的膠原蛋白已收縮，肉質較硬，像是拇指和食指捏緊時的肌肉觸感。此時用手擠壓肉排或肉片會滲出紅色肉汁，而內部則是淡色或粉紅色。大多數微生物會在這個溫度範圍被殺死，不過還不完全。
- 全熟的肉（well-done meat），幾乎所有的蛋白質均已變性，堅硬的觸感，幾乎不含肉汁，而且肉汁和肉的內部都呈現暗褐色或灰色。此時微生物全部死亡，而對許多饕客來說，肉也死了。然而，長時間的文火慢煮仍可鬆開結締組織的束縛，因而恢復一些柔嫩度。

肉品的熟度和安全

我們之前提到，肉品一定會藏匿細菌，需要70°C以上的高溫才能保證迅速摧毀可能致病的細菌，這也就是全熟、流失了大部分肉汁的溫度。這麼說來，食用滑潤多汁、肉色粉紅的肉品是有風險的嗎？其實並不然。如果盤中肉是一塊健康、完整的肌肉組織，例如牛排或肋排肉，而且肉的表面

多汁口感的本質

多汁口感是一種主觀感受，而研究這個主題的食物科學家發現，這種感受包含兩個階段：一是牙齒一咬進食物時的滋潤口感，然後是咀嚼時液體持續釋出的感覺。第一口咬下去的滋潤感，直接來自肉類本身可自由流動的水分，而持續的多汁感受，則來自肉的油脂和其他香味，兩者都會刺激我們流口水。因此大火炙煎煎得好，就會被認為肉質較多汁，儘管實際上是在炙煎的過程中擠出更多肉汁。最重要的關鍵在於，大火炙煎的方式會使肉品褐變而強化味道。濃郁的香氣會刺激口腔，使我們口水直流。

溫度對肉蛋白質、肉色和質地的影響

肉品溫度	熟度	肉的品質	軟化纖維的酵素	纖維蛋白	結締組織膠原蛋白	蛋白質與水的鍵結	肌紅素色素
40°C	全生（raw）	・觸感柔軟 ・光滑、平順 ・半透明、深紅色	活躍	開始展開	完好	開始從蛋白質流出水，在細胞內部聚集	正常
45°C	生肉（Bleu）						
50°C	一分熟（rare）49~55°C	・較堅實 ・不透明	非常活躍	肌凝蛋白開始變性、凝結		水加速流出和聚集	
55°C	三分熟（medium rare）55~57°C	・有彈性 ・較不光滑，纖維較明顯 ・切開時流出肉汁 ・不透明、淡紅色	變性變得較不活躍凝結	肌凝蛋白凝結			
60°C	五分熟（medium）57~63°C（美國農業部標準：三分熟rare）	・開始收縮 ・失去彈性 ・滲出肉汁 ・紅色褪成粉紅色		其他纖維蛋白變性、凝結	膠原蛋白鞘收縮，擠壓細胞	在膠原蛋白的擠壓下流出細胞	開始變性
65°C	七分熟（medium well）63~68°C（美國：三分熟medium rare）	・持續收縮 ・缺乏彈性 ・較少流動肉汁 ・粉紅色褪成灰褐色					
70°C	全熟，68°C以上（well and above）（美國：五分熟medium）	・繼續收縮 ・硬實 ・很少流動肉汁 ・灰褐色			開始溶解	停止流出	大多已變性、凝結
75°C	（美國：全熟well）	・硬實 ・乾澀 ・灰褐色					
80°C				肌動蛋白變性、凝結；細胞所含物質緊密壓縮			
85°C							
90°C		・纖維較容易分離			迅速溶解		

已經全熟，那就不會有問題。因為細菌使在肉的表面活動，而不是內部。絞肉風險較高，因為如果肉的表面受到污染又被剁成成小碎片，那麼病菌就會擴散到整團絞肉。生漢堡肉片通常都會有細菌，如果煮到全熟是最安全的。韃靼牛排（即生牛肉泥）和白汁紅肉（carpaccio，即生牛肉片）這兩種生肉料理，應該在食用前才小心切除可能含有細菌的肉塊表面，然後再來著手準備這兩樣料理。

烹煮較安全的三分熟漢堡

要享受三分熟漢堡又要降低感染病風險，其中一個辦法就是先快速殺死肉塊表面的細菌，然後再自己把肉塊絞碎。燒一大鍋水，將肉片浸置在滾水中30~60秒然後取出，接著瀝乾水、拍乾肉，然後放進徹底清潔過的絞肉機內絞碎。川燙能殺死表面的細菌，過熟的部份大約只會有表面1~2毫米，絞碎後便分散在其他絞肉內而看不見。

我們現已了解溫度的基本性質，以及溫度傳導和穿透肉品的方式，接下來讓我們檢視一般調理肉品的方法，以及如何徹底發揮它們的效果。

鮮肉烹調方法

許多傳統的肉類食譜都是在過去完成的，那時肉的肉齡較成熟、肉質較肥，因此也較耐煮。在烹調過程中，由於肉纖維外層有脂肪包裹而較為潤滑，而脂肪也能刺激唾液分泌，因此無論肉纖維煮到多乾，入口後依然會產生多汁的口感。長時間燜煮或燉煮的烹調方法，是因應成熟的動物肉而發展出來的，因為這種肉的膠原蛋白錯綜連結，需要長時間烹煮才能溶解成明膠。然而，當今工業化生產的肉品，都是來自相對幼齡的動物，可溶性膠原蛋白較多而脂肪較少，因此可以迅速煮熟，並很容易就煮過頭。燒烤肋排肉或肉排時，當肉的中心恰到好處，其他部位卻可能早已又乾又硬；長時間燉煮的肉塊，往往最後整塊肉都乾掉了。

今日，廚師烹調肉類時，比過去更不容許出錯。因此，就得了解烹煮肉

類的各種方法,以及如何完美運用這些方法於21世紀的肉類。

烹煮前與烹煮後對肉質的調整

有一些傳統的技術,會在烹煮前先嫩化較硬的肉品,把烹煮時間和肌纖維脫水的程度降至最低。嫩化肉質最直接的方法就是破壞肉類的物理結構,像是拍打、切割或磨碾,將肌纖維和結締組織切斷。小牛肉片拍打成薄片(像是 escalopes 或 scallopini 之小牛薄肉片),因為經過嫩化,加上本身很薄,烹煮1~2分鐘就熟了,肉汁也不會流失。將肉絞成小塊,則會產生一種完全不同的肉質:例如細心將牛絞肉塑形成漢堡肉,其細緻的口感和嫩牛排大不相同。

還有一種改善硬實肉質的法國傳統手法,叫做「入油法」(larding),這種方法十分耗工,得用空心針將豬肉脂肪條塞入肉中。入油法除了可以增加肉的脂肪含量,也能切斷部分纖維和結締組織層。

醃漬

醃漬汁是酸性液體,早先是用醋,現在還會用葡萄酒、果汁、白脫乳和酸奶等原料,在烹煮前先將肉品浸在醃料內幾個小時到數天。西方人自文藝復興時代便使用醃漬法,當時的主要功能是減緩腐壞並提供風味。今天,醃製肉類的主要用意在於調味,使其更加濕潤和柔嫩。或許最常見的醃漬肉就是燉肉,把肉浸在葡萄酒和香草裡一起燉煮。

醃漬液的酸的確會削弱肌肉組織,提高其保持水分的能力。不過醃漬液滲透緩慢,而且一旦滲透,肉的外層嚐起來便會過酸。要讓縮短醃漬的時間,可以將肉切成薄片,或以廚房專用的注射器,將醃漬液注入較大塊的肉品。

肉類嫩化物

肉類的嫩化物是從一些植物,像是木瓜、鳳梨、無花果、奇異果和生薑,萃取出會消化蛋白質的酵素。這些酵素原本就存在於水果或葉片內,或是經

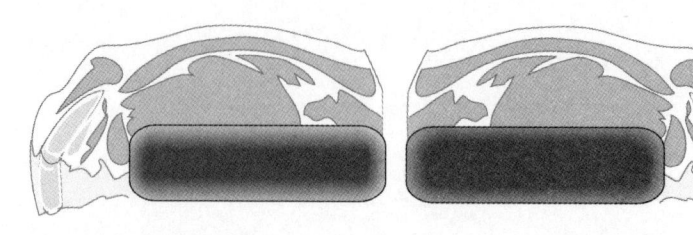

烹飪溫度對均勻烹調的影響
左圖:以爐火高溫煮熟的肉,在中心到達理想的溫度時,外層已經煮過頭。右圖:以低溫煮熟的肉,外層比較不會煮過頭,肉品也烹煮得較均勻。

提煉後磨成粉裝於調味罐內,以鹽和糖稀釋後使用(雖然與大眾的認知相反,但葡萄酒瓶的軟木塞並沒有活躍的酵素,無法使章魚或其他硬實的肉變嫩!)酵素在冰箱裡和室溫下並不活躍,但在60~70°C之間,活動速度會加快4倍,因此幾乎所有的嫩化作用都發生在烹煮期間。使用嫩化物的問題是,它們滲入肉裡面的速度比酸還慢,每天只會前進幾毫米,以致肉表往往積累太多嫩化物而變得過度粉化,但內部卻仍未受影響。將嫩化物注入肉裡面便可改善嫩化不均的問題。

鹽水浸漬

　　現代肉品較為乾澀,這使得廚師再度採用輕度鹽水浸漬法,這是北歐等地區的傳統方法。將肉類(最典型的就是禽肉或豬肉)浸在重量百分比為3~6%的鹽水內,浸漬時間為數小時到兩天(依據肉的厚度調整),然後再依照一般方法烹煮。這種肉烹煮後明顯較為多汁。

　　鹽水浸漬最初的作用有二:首先,鹽會攪亂肌絲的結構。3%的鹽水(每公升水加入30公克鹽)會溶解掉部分支持收縮肌絲的蛋白質結構,而5.5%的鹽水(每公升水加60公克鹽)則能進而溶解肌絲本身。其次,鹽和蛋白質的相互作用,會加大肌肉細胞的容水量,進而吸收鹽水中的水分。(鹽和水會往肌肉內部移動,再加上肌絲溶解,因此肉品會吸收更多鹽水中香草和香料的芳香分子。)肉在烹煮時會喪失約重量20%的水分,但鹽水浸漬過的肉品重量會增加10%以上,所以多少會平衡過來,把流失的液體有效減少了一半。此外,溶解的蛋白絲無法密集凝結成塊,所以肉經過烹煮之後,似乎會更為細嫩。由於鹽水是從外向內作用,所以它影響最大的部分,也是最有可能煮過頭的部分。因此就算肉的浸泡時間短而且不夠完全,還是會有所幫助。

　　鹽水浸漬法最大的缺點,就是肉和肉汁都會很鹹。有些食譜會加入糖或是果汁、白脫乳等食材來平衡鹹味,而後兩者還可同時產生甜味和酸味。

肉絲

即使肉質硬實的肉塊已經煮軟，但是卻又乾又澀，廚師還是有辦法使它恢復到一定的潤滑，作法是將肉撕成細絲，再淋上烹煮時滲出的肉汁或是其他醬汁。每條肉絲的表面都會裹上一層汁液，而使纖維重拾部分喪失的水分。肉撕得越碎，汁液吸收的面積就越大，肉絲就會越濕潤。如果肉絲和醬汁都還很熱，醬汁會比較接近液態而流過肉絲；冷卻的醬汁則會變得濃稠，因此會比較頑強黏附在肉絲上。

火焰、熾熱的煤炭，以及電子線圈

最早用來煮肉的熱源，很可能是火焰和熾熱的煤炭，而這種熱源溫度夠高，足以發生褐變反應而帶來香氣，烹調出來的肉也最為可口。不過使用這個「原始」方法時需要花點心思，才能在美味的脆皮下吃到多汁的肉。

燒烤和炙烤

「燒烤」一詞一般是指將肉放在金屬格網上，直接拿到熱源上方加熱，而「炙烤」則是將肉放在盤子上，置於熱源下方加熱。熱源可以是熾熱的煤炭、開放式的瓦斯火燄、由瓦斯火燄間接加熱的陶瓷板，或是電的元件。熱傳導的主要方式是紅外輻射，也就是直接以光的形式散發能源，煤炭和火焰和加熱元件所發出的光都屬於此一類型（見第315頁）。由於肉表離熱源只有幾公分的距離，承受的溫度確實非常高：瓦斯燃燒的溫度大約在1650℃，煤炭和電熱元件則在1100℃時發紅發亮。以這種溫度烤肉，內部還未烤熟，表面就已經燒焦了，所以燒烤只能用在較薄、較嫩的肉類，如肋排肉、肉排、禽肉和魚類。

最有彈性的做法，是安排兩個烤床，其中一個烤床的碳火較旺或瓦斯火力大開，目的在使肉表褐變。另一個烤床的碳火較弱或瓦斯火力較小，肉品和火源的距離大約在2~5公分，目的在讓肉品熟透。在高熱烤床上，以2~3分鐘的時間盡快將肉的兩面都烤到褐色，然後轉移到溫度較低的烤床，徐

燒烤和油煎肉品的秘訣：肉要預熱並經常翻面

由於燒烤肉和煎肉要用到高溫，因此肉很容易在內部煮熟時，外部早過熱。我們可用下列兩種方法，使過度煎烤的情況降至最低：預熱肉品，還有經常翻面。

- 肉下鍋前的溫度越高，煮熟所需時間就越短，肉表暴露在高溫之下的時間也就越短。把肉排和肋排肉包起來，浸泡在溫水內30~60分鐘，當肉品的溫度接近體溫（40℃）時，即開始煎烤（細菌在溫水中成長快速）。如此可減少1/3以上的煎烤時間。
- 煎或燒烤牛排或漢堡時，肉應該翻面幾次最好？如果肉表要呈現完美的烤架烙印，那麼答案是一次或兩次。如果比較重視肉質和溼度，那麼答案是每分鐘翻一次。經常翻面，肉的兩面都不會有太多時間吸熱或散熱。這樣一來，肉會熟得快，而外層也比較不會太熟。

緩均勻地將肉烤熟。

旋轉串烤

　　旋轉串烤就是以金屬或木叉串肉，然後置於輻射熱源附近並持續轉動，最適合燒烤體積龐大的烤肉和整隻動物。串烤可以使肉面均勻且間歇暴露在會形成褐變的高溫下。肉的每一個部位均受到密集紅外線輻射，只不過每次受熱時間僅有數秒。當肉面轉離熱源，熱會散逸到空氣中，所以每次旋轉時，只會有少部分的肉受到高溫輻射，而肉的內部則會穩定而緩慢地變熟。此外，不斷旋轉會使肉汁滾動黏覆在肉表，以蛋白質和糖層層裹住肉，使肉表褐變。

　　要讓旋轉串烤達到最佳效果，最好是在開放的烤床上烤肉，或者是讓烤箱門半開。原因在於封閉的烤爐會讓溫度迅速竄升，以致無法徐緩地將肉熱透。

燻烤

　　燻烤是一種非常美式的烹飪方法，現代形式大約在一個世紀前定型。在封閉的烤爐內用悶燒木炭產生的熱空氣，以低溫緩慢烤肉。這種作法很像在烤箱中慢火烘烤，只是地點搬到戶外，而烤出煙燻味重、質地鬆軟的嫩肉。

　　現代的燻烤設備可讓廚師控制溫度和煙霧量，並可定時為烤肉塗上醬料（大多數為偏辣或酸）以增強風味、滋潤肉的表面，並進一步減緩加熱的作用。最理想的設備是，讓木材在燃燒室內燃燒，肉品則在相連的第二室內燻烤，因此肉品並未直接接觸炭火的熱輻射，而是由較低溫的煙霧傳遞熱度（約90°C）。熱傳導的效率較低，烘烤效果也較和緩，因此大約需要數小時才能使大塊的肋骨肉、豬肩肉、豬腿和牛胸肉的內部溫度達到75°C左右，而燻烤一整隻豬則要18個小時以上。這種烤肉法可以讓原本硬實的廉價肉變得鬆軟。

　　許多燻烤肉在烤完後會留下一個「煙圈」，即肉表下層會有褪不掉的粉紅或紅色區塊（見第196頁）。

說文解字：燻烤（barbecuing）

Barbecue一字源自barbacoa（從西印度洋群島傳至西班牙的文字）以及泰諾人（西印度群島上的一族）的一個字，該字表示一種以綠色樹枝編成的烤架，懸吊在柱子上，其上放置肉、魚和其他食物，以燒煤炭加以燒烤。烤架高度和火焰大小都可以調整，所以食物可以迅速烤熟或慢慢燻乾。在美國殖民時代，燻烤肉是一種相當盛行而且極具娛樂性質的大型戶外烤肉活動。到了20世紀初，這種活動演變成今日為人所熟知的慢火細烤而風味絕佳的肉品。

熱空氣及爐壁：烤箱烘烤

相對於燒烤，以烤箱烘烤是較間接也較均勻的加熱工具。烤箱主要的熱源有火焰、線圈或是煤炭，但無論如何，都是先加熱烤箱，然後透過烤箱以熱空氣對流和爐壁的紅外線輻射，從四面八方加熱食物（見第318頁）。烤箱加熱是一種相對緩慢的方法，非常適合需要長時間加熱才能完全熟透的大型肉塊。烤箱的加熱效率和溫度有特別密切的關係，溫度範圍可以從95~260°C。每500公克的肉所需的烘烤時間從60分鐘到10分鐘以下都有可能。

低爐溫

當爐溫低於125°C時，溼潤的肉表要花很長的時間才會乾掉。水分在蒸發時會冷卻肉表，因此儘管烤箱的熱度頗高，肉表溫度卻可能只有70°C。這意味著肉表的褐變反應會較少，烹飪的時間也需要拉長，但如此一來，內部的溫度可是緩慢升高，水分流失量將減到最小，讓整體肉塊在較長的時間內達成一致的熟度。此外，在數小時之內讓一大塊烤肉的內部溫度緩慢上升至60°C，可容許肉本身的蛋白質破壞酵素進行某種程度的嫩化作用（見第188頁）。配備風扇的烤箱將熱空氣吹向肉品（強力對流），可促進肉表在低溫烘烤下褐變。低爐溫不只適合烘烤細嫩的肉塊（以保存肉汁），也適合肉質堅韌的肉塊（烘烤時間可拉長，讓肉裡面的膠原蛋白溶解為膠質）。

高爐溫

爐溫一旦達到200°C以上，肉表便會迅速褐變，並發出特別的烘烤香味，且所需的烹飪時間亦短。另一方面，肉品大量脫水，烤到到最後外層會比內部的溫度高出許多，而且肉的中心部位在幾分鐘內就可能從熟變成過熟。高溫烘烤適用於細嫩且較小的肉塊，它能迅速讓肉熟透，而肉表接觸高溫，可在短時間內褐變。

估算烘烤時間

究竟一塊肉烤多久最好？答案有許多種。通常會以肉的厚度或是重量來估算料理時間，但根據熱傳導的計算公式，加熱時間會與肉的厚度的平方成正比，或是與重量的2/3次方成正比。不過烹煮時間還牽涉到其他許多因素，因此沒有簡單或正確的公式可以告訴我們，在特定的廚房中，究竟烤一塊肉要花多久時間。最好的辦法是監控實際烘烤過程，根據肉中心溫度升高的情況，估算何時該熄火。

中爐溫

中爐溫約在175°C，許多肉品都適用，就跟兩階段烹飪法一樣，例如先將烤箱調至高溫以獲致初期的褐變（或者用熱鍋將肉煎成褐色），然後再把溫度降低，慢慢把肉烤熟。

遮蔽和塗料的影響

當烤箱溫度調在中溫和高溫時，爐壁、爐頂及爐底均輻射大量熱能。這意味著，若有物體介於食品和爐面之間，食物接收到的熱能就會比較少，加熱也會比較慢。這種遮蔽效應可能是個障礙，也可以當成有用的工具。放在烤肉下方的烤盤，會使肉的底部受熱較慢，廚師應定時翻轉肉塊，以確保頂部和底部平均受熱。用鋁箔紙包裹肉品，也可轉移大部分的熱能，從而減緩烘烤效率。還可用含水的醬料塗抹肉塊，當水分自肉表蒸發時便能冷卻肉塊。

烤全雞的挑戰

雞、火雞和其他禽鳥，整隻下去烤的難度相當高。因為禽鳥肉有兩種肌肉，最好分別處理。細嫩的雞胸肉若加熱溫度高於68°C，會變得乾硬；而禽腿肉則充滿結締組織，如果烹煮的溫度不到73°C，會很難咬。因此廚師通常必須選擇：是要讓腿肉充分熟透、雞胸肉變乾硬，還是把雞胸肉煮得細嫩多汁，但腿肉則像軟骨一樣咬不爛。

廚師試著用許多方法克服這個問題：翻轉全雞時，會以多種方式使雞大腿關節部位接觸多一點熱源；用錫箔紙、濕棉布或肥肉條（「裹脂法」）覆蓋胸肉，或在胸肉上抹油，以減緩受熱速度；以冰袋覆蓋胸肉，靜置於室溫下一小時，如此在烘烤時，腿肉的初溫就會比胸肉高；透過鹽水浸漬以增加胸肉的汁液。至於完美主義者的作法則是把禽鳥切開，腿肉和胸肉分開烹調。

熾熱的金屬鍋：煎、炒

簡單的煎或炒，是讓熾熱金屬鍋的熱能直接傳導到肉裡面，通常會抹上薄薄一層油，以防止肉品沾鍋，並讓熱能均勻散布在鍋裡的肉品上。金屬是目前所知最佳的導熱體，因此肉的表面在煎炒時會迅速變熟，並在短短幾秒鐘內褐變並散發香味。要產生大火炙煎的效果，一方面要有熱源，但還要搭配適當的煎鍋，即使肉汁正在蒸發，它也可以保持高溫。如果鍋子未充分預熱或加入太多濕、冷肉品，導致鍋溫下降、肉汁在鍋內聚集，那麼肉就會在肉汁中燜煮，直到燒乾為止。如此一來，肉表不會產生良好的褐變反應（如果煎肉時蓋上鍋蓋，水蒸氣被困住而滴回鍋內，也會產生以上情形）。煎肉時，鍋內發出撩動食慾的嘶嘶聲，實際上是肉品碰觸熱鍋時，水分從肉中蒸發的的聲音；廚師可透過此聲音判斷鍋子的溫度。連續而強烈的嘶嘶聲代表水在熱鍋中立刻變成了水蒸氣，並且表示肉表迅速褐變。要是劈啪聲音薄弱且時有時無，表示水已集結成水滴，鍋溫大概只能勉強將水滴煮至蒸發。

因為油煎是一種快速的烹煮方式，因此，主要適用於薄嫩的肉片，就和燒烤及烘烤一樣。此外，肉在下鍋時的溫度若在室溫左右或更高，而且經常翻轉，那麼便可迅速煎出口感細嫩的肉（見第204頁下方）。廚師會用鍋鏟、重鍋子甚至磚頭壓在肉上，以加強肉品和鍋面的熱傳導。至於較厚的肉塊，因為內部需要更多時間才能加熱完全，因此廚師會在肉表完成初步褐變之後，便減緩熱的傳導，防止肉的外部過焦。方法是把火候轉小，或把鍋子移到烤箱裡繼續加熱，這時熱度是從四面八方而來，廚師就不用翻轉肉品了。餐廳裡的專業廚師經常先把肉的一面煎出顏色然後翻面，接著馬上放入烤箱來完成這道煎肉。

熱油：淺炸和深炸

脂肪和油是相當好用的烹飪媒介，因為可以把它們加熱到遠遠高過水的

脆皮的秘訣

禽肉若烹調得當，油滋滋的脆皮是最受喜愛的了。禽鳥和其他動物的皮，主要成分為水（約50%）、脂肪（40%）和締結組織膠原蛋白（3%）。為了使外皮脆，廚師必須讓堅韌的膠原蛋白溶於皮的水分中，成為柔軟的膠質，然後讓水分自表皮蒸發。高溫的烤箱或煎鍋最能有效地達成此目的；低溫慢烤則可使皮乾硬，並不會讓膠原蛋白融為膠質，因此仍保持皮的韌性，不會酥脆。禽鳥若先經過脫水處理（例如符合猶太教和回教戒律處理過的禽鳥），皮沒有被灌過水（見第186頁），因此較容易變得酥脆。把未包裹的禽肉放在冰箱內1~2天，也有助於風乾。還有就是在烘烤禽肉前，先在皮上塗油（油脂有助於傳遞烤箱空氣的熱度至溼潤的肉上）。煮好的禽肉應該馬上食用，因為皮下熱騰騰的肉會傳來溼氣，使酥脆的皮軟化。

沸點，而使油炸食物的表面乾、酥和焦黃。淺炸是讓油脂的深度足以浸過肉的底部和兩側，深炸則是將肉完全浸入油內。炸是藉由油脂溫度對流，將鍋子的熱度傳導到肉。油脂的導熱效率不比金屬和水，不過仍是烤箱的兩倍以上。由於傳熱溫和，再加上油脂能均勻且緊密接觸肉品，使油炸成為功能繁多的烹調技術。油炸法主要用於家禽和魚類，從薄魚片、雞胸肉，到整隻重達7公斤的火雞（要炸透可能得花1小時以上，用烤箱烤則要2~3個小時）。油炸的溫度通常介於150~175°C，而在肉品放入以及肉的水分開始蒸發時，溫度便會降低；等到水分的蒸發減緩，炸油的溫度便會再度升高。此一溫度足以使肉表脫水、褐變，並且變得酥脆。另外因為熱度是逐漸進入肉品，因此廚師能有足夠的時間去判斷何時該起鍋，讓肉不致於炸太乾。

為了某些目的，肉品可先以較低的油溫預炸至半熟，然後上桌前再以高油溫把肉炸透、炸得焦黃。速食店的炸雞是用特殊壓力鍋炸出來的（見第319頁）。壓力鍋的油炸溫度與其他鍋沒什麼兩樣，但是會提高水的沸點，因此油炸過程中的水分蒸發量便會減少，肉可以炸得更快（較不會因水蒸發而降低油溫），肉質也比較多汁。

裹粉和麵糊

幾乎所有油炸的肉，不論是淺炸或深炸，下鍋前都會先沾一層乾麵包粉或麵糊。這些炸粉不會封住水分，卻能形成一層關鍵性的絕緣薄層，使肉的表面不會直接接觸到油脂。炸粉（不是肉）會迅速脫水，形成人們愛吃的

煎肉封汁的問題

解釋烹調方法最為人所知的片語可能就是這句：「油煎肉以封住肉汁。」（Sear the meat to seal in the juice）這是知名德國化學家李比希（Justus von Liebig）於1850年左右所提出的點子。數世紀後證明這句話不是來自於他，但這個傳說依舊不斷流傳，即使是職業廚師也有人深信不疑。在李比希之前，大部分歐洲廚師在烤肉時，是把肉放在與火一段距離外慢慢烤熟，或是用一層油紙包裹肉以防過度烘烤，最後再很快的用大火把肉面烤焦。是否留住肉汁並不在烹調考量之內，不過李比希認為肉汁中溶有許多營養素，因此應該盡量減少肉汁流失。李比希在《食物化學研究》（Researches on the Chemistry of Food）寫道，若能迅速加熱肉品，肉汁可立即封鎖於肉內。他如此描述肉塊放入沸水中而水溫隨即降低的過程：

> 當肉放入沸水，蛋白質立即從表面往內部凝結，形成一道硬皮或外殼，此時外部的水分就無法繼續進入肉的內部……肉會保持原有的汁液，美味如同烤肉一般；因為在這個情況下，肉塊味道最美妙的部分已經保存在肉當中。

如果脆皮可以在煮肉的時候留住水分，那烤肉的時候也就能保持肉汁，所以最好能夠立即大火烤肉，然後再以較低的溫度繼續烤熟肉的內部。

李比希的想法很快就在廚師和食譜作者之間流傳，包括法國大廚師埃斯科菲耶（Auguste Escoffier）。不過到了1930年代，一些簡單的實驗就立刻推翻了李比希的說法。肉表形成的硬皮並不防水，任何廚師都可以親自試驗：肉在煎鍋、烤箱內或烤架持續發出的嘶嘶聲，就是液體不繼滲出、蒸發的聲音。實際上，液體的流失和肉的溫度成正比，所以油煎的溫度越高，流失的液體就越多。不過油煎確實會讓肉表褐變，進而提升肉的香味，而香味又會讓我們口水直流。李比希和他的追隨者對肉汁的判斷有誤，但是他們認為油封可以燒出好肉，卻是不爭的事實。

脆皮，這是一種導熱性低的乾澱粉塊，裡面封存著蒸氣或油脂。如果肉還沒炸熟，就會流出汁液，讓脆皮很快潮軟，因此要炸到油脂中不再出現氣泡才能起鍋，因為這才表示肉汁已停止流動。

熱水：中溫水煮、熬、燜、燉

以水作為烹調肉品的媒介，有以下幾項優點：水傳熱快速、均勻；廚師可依需要輕鬆調整水溫，水還能傳遞味道並變身為醬汁。水與油不同之處，在於它的熱度不足以使肉表產生褐變的香味，不過肉可以先行褐變，再放入以水為基礎的湯汁中煮熟。

用液體烹調肉類的方法有許多不同的名稱，既簡單又多變化，可用的湯底有好幾種，如肉類或蔬菜高湯、牛奶、葡萄酒或啤酒、水果泥或蔬菜泥等等。而湯底的種類、肉塊的大小、肉和液體的相對比例，以及第一階段的預先調理等，也會形成各種變化。（燜肉所用的肉塊，比燉肉更大，且液體較少。）不過最關鍵的差異是溫度，應該保持在沸點之下，約80°C，肉的外部才不會煮得太老。慢燜和和慢燉的方式大多維持在低爐溫，一般是在165~175°C，這溫度其實夠高，最後還是會把加蓋的鍋裡的湯汁煮沸。若是鍋子不加蓋，讓蒸氣帶走湯汁的熱量（濃縮並增加湯汁表面的風味），爐溫便會保持在93°C以下（法國原始的燜法，就是把鍋子加蓋後放在零星炭火上，鍋蓋也覆蓋一些炭火。）

用湯汁烹煮的肉品應該放在湯汁內冷卻，而且最好在遠低於烹調溫度時食用（約50°C）。肌肉組織的保水性在冷卻時會增加，所以肉還會吸回一些在烹調過程中流失的液體。

嫩肉快速烹調法

熱水導熱的效率極高，可以很快就把薄肉片煮熟。肉片、雞胸肉、魚排和魚片只需幾分鐘就可燙熟。如果先將肉以煎鍋煎黃提味，接下來可能只需1~2分鐘就可以煮熟。如果希望肉的嫩度一致，就先把肉放入煮沸的湯汁

說文解字：水煮、熬、燜、燉

這些不同的字彙基本上代表相同的料理程序，但字源卻大異其趣。Poach（水煮）來自中世紀法文 pouch，意指水煮蛋所形成的蛋白。Simmer（熬）在16世紀是 simper，意指做作、自負的臉部表情，其關聯可能是氣泡上升從熱水表面破滅時，如同害羞地眨著眼睛。Braise（燜）和 Stew（燉）兩字都借用自18世紀的法文，前者來自和「煤炭」相關的字，意指把煤炭放在鍋子上下；後者來自蒸氣室（étuve）一字，意指爐子或加熱的房間，也就是一個熱的密閉空間。

中殺菌，幾秒鐘後加入一些冷的湯汁，使鍋內溫度降至80°C，如此肉的外層就不會煮過熟，同時還能有足夠的時間讓肉的內部充份煮熟。如果需把湯汁煮到濃稠以加重味道或成為醬汁，則應先取出湯汁裡的肉。

▌又硬又大塊的肉：慢煮即可多汁

含有大量堅韌結締組織的肉品，烹煮溫度至少要達到70~80°C，這樣膠原蛋白才能溶化為膠質。不過當溫度遠高於60~65°C以上，肌纖維就會流失汁液。所以一塊硬實的肉要煮得帶汁，的確是一項挑戰。關鍵在於文火慢煮，或讓溫度略高於膠原蛋白溶解所需的溫度，好讓肌纖維乾硬的情況降到最低。還有應該不時去查看烹煮情形，一旦肌纖維很容易撕開（叉子容易插透）就離火。結締組織亦有助於增加潤滑感，因為一旦它溶化成膠質，就會沾附在從肌纖維擠出的汁液上，而賦予肉質一種多汁的口感。腿肉、肩肉和幼齡動物的頰肉都含豐富的膠原蛋白，因此可以調理出頗為順口、富含膠質的燜肉。

燜肉和燉肉的訣竅之一，就是烹調時間要長（1~2個小時），期間要緩慢加溫，讓湯汁微滾。肉在溫度低於50°C的湯汁中燉煮，會經歷快速的熟成作用，此時結締組織變弱，可縮短高溫加熱的時間（高溫會使肌纖維乾掉）。以溫和漸進的方式燉燜出來的肉會有一種特徵：即使整塊肉都熟透了，還是會呈現出獨特的紅色。原因在於緩慢的烹煮過程有助於酵素嫩化肉品並增加風味，同時也讓更多的肌紅素不受破壞（見第195頁）。

水蒸氣：蒸煮法

目前要讓熱能滲入食物，最快速的方法就是蒸煮。因為當水蒸氣在食物表面凝結成水滴時，會釋放出大量熱能。然而，蒸氣只有在肉表溫度低於沸點時效率才會高，因為肉品本身導熱速度很慢，蒸氣帶到肉表層的熱無法及時傳遞到肉的內部，因此熱能會積聚在肉表，並且很快達到沸點，於是熱傳導的速率就會下降，僅足以讓肉表維持沸點溫度。雖然蒸是以水氣

加熱，但不能保證蒸出來的肉就會多汁。因為肌纖維加熱到沸點時，一樣會收縮並擠出大量水分，而蒸氣並無法取代這些流失的水分。

由於蒸氣能在短時間內使肉表達到沸點，因此最適合僅需數分鐘就可熟透的薄嫩肉片，不會使外層煮過頭而變得乾硬。肉通常會包裹起來蒸（可以是可食用的萵苣或高麗菜葉，也可以是不可食用但能添加香氣的香蕉葉、玉米莢，或是烘烤紙或錫箔紙等），以保護肉表不受強大蒸氣襲擊，而是較緩和地加熱。肉品必須放置於鏤空的蒸架上，若其中一面沒有直接接觸到蒸氣，蒸熟的速度就會比其他部分還慢很多。鍋內的水要足夠，鍋子才不會因為水分蒸發光而乾燒。水中還可以放入香草和辛香料，以增加肉的風味。

低溫蒸煮法

蒸肉時，廚師得在一旁顧著，注意保持鍋蓋密合，維持高熱度，以確保鍋內充滿水蒸氣。不過利用較低的溫度徐緩蒸煮也是可行的。水在加蓋的鍋內加熱至80°C時，鍋內的空氣也會維持在80°C左右。這樣的溫度蒸肉，肉的外層比較不會過熟。在中國，有些菜餚在蒸的時候是不加蓋的，好讓水蒸氣與空氣混合，使溫度遠低於沸點。商用的對流蒸鍋可以調整鍋內蒸氣的溫度，範圍從體溫到水的沸點。餐廳廚師使用這種蒸鍋，輕輕鬆鬆就可烹調出汁水淋漓的肉品和魚類，同時在上桌前一直保持理想的食用溫度。

高壓和低壓烹調

傳統烹調的最高溫度受限於水沸點（見第318頁），壓力鍋則可把水溫提高到100~120°C。壓力鍋把肉和液體嚴格密封於鍋內，水蒸氣在鍋內所累積的壓力，大約是平時海平面氣壓的兩倍。壓力增加，沸點就升高，而高壓和高溫的結合，可使熱能傳遞到肉的效率全面增加2~3倍，肉裡面的膠原蛋白也能因此迅速溶解成膠質。用壓力鍋烘烤肉塊，不到一個小時就可以完成，而一般則需要2~3個小時。當然，由於肌肉蛋白質加熱至極高的溫度，因此會滲出大量的水分，所以必須選擇脂肪和膠原蛋白含量都很高的肉，才不會煮得又乾又硬。

燜燉出多汁的準則

要燜或燉出多汁、柔嫩的肉品，廚師得多留意幾項烹煮細節。其中最重要的原則是：勿使肉品內部溫度接近沸點。

- 盡可能保持肉品完整，減少切面以減少液體流出。
- 若必須切塊，切成相對較大的體積，每邊至少要有2.5公分。
- 讓肉的外部在熱鍋裡迅速褐變，內部則稍微變熱就好。這會殺死肉表的細菌，並產生風味。

另一種極端是在高海拔烹煮。海拔越高，氣壓明顯就越低，水的沸點也會降低（1600公尺高的丹佛市，水沸點在95°C，而3000公尺高的地方，水沸點在90°C），煮起肉來比較緩慢，也更費時。

微波爐烹調

微波爐烹調非乾非濕，是利用電磁波烹煮（見第321頁）。在爐內產生的高頻無線電波，會使具有電極性的水分子振動，進而把熱能傳遞給食物組織。由於無線電波能穿透有機物質，可直接把熱送至肉表下數公分左右處，因此微波爐烹調速度非常快，但往往也會比傳統的烹煮法流失更多液體。如果用微波爐烹調大塊肉，經常是內部煮熟時，表面數公分的肉則已煮過頭，比用一般方式烘烤出來的肉還要乾硬。由於微波爐不會加熱爐內的空氣，因此無法使肉表褐變，除非藉助微波爐的特殊套件或是有炙烤的元件。（不過培根之類的醃肉是個例外，這種肉經過微波之後，會變得非常乾硬而發生褐變。）

調整的方法是，把肉浸在湯汁裡微波，容器無需緊密蓋住，並不時檢查烹煮的情形。有些證據顯示，微波爐溶解膠原蛋白成膠質的效率極佳。

調理完畢：靜置、切割、上桌

一道肉食料理可能在烹調時完美無瑕，但在上桌之前若處理不當，還是會讓人大失所望。用烤箱烤出來的大塊肉，應該至少先靜置半小時再來切割，這樣不僅可讓餘溫繼續烹煮肉的內部（見第198頁），還能使肉塊冷卻，最理想的溫度是降到50°C左右（這可能需要一個小時以上的時間；有些廚師甚至是烘烤多久就靜置多久）。隨著溫度下降，肉的結構變得比較緊實、不易變形，保持水分的能力也會增加。因此，肉在冷卻之後更容易切割，切割時也比較不會流失肉汁。

切割時要盡量垂直於肌纖維紋理，以減少纖維般的口感，讓肉更容易咀

- 將肉和燉汁置於鍋內，放入冷的烤箱開始烹調，鍋蓋半開使蒸氣逸出，將烤箱溫度設於93°C，這樣就能以50°C左右的溫度緩慢燉肉2小時以上。
- 升高烤箱溫度至120°C，如此燉肉便能緩慢地從50°C加熱至80°C。
- 經過一小時後，每隔半小時查看一次，等到叉尖可以輕易刺穿肉塊，就可以熄火了。讓肉在燉湯裡冷卻，此時它會吸收一些液體。
- 燉汁可能需要煮沸，使它濃縮而增加風味與濃稠度，記得要先將肉取出。

嚼。切肉的刀具要鋒利，用鈍刀來回鋸肉，會擠壓肉的組織而流失美味肉汁。

最後，記得牛肉、羊肉和豬肉的飽和脂肪在室溫下為固態，這代表油脂會迅速在盤中凝結。此外，化成膠質的膠原蛋白在體溫左右也會開始凝固，使肉質明顯變得較硬。預熱主肉盤和個人餐盤，可延長溫熱的肉餚在餐桌上的吸引力。

二度加熱

再加熱的異味

肉品在烹煮後會產生獨特的風味，但煮過的肉要是經過一段時間之後重新加熱，便會產生一種化學變化，散發出一種陳腐、紙板般的異味。（事實上，食材豐富或味道重的菜餚，放了越久再重新加熱，風味可能會更佳；重新加熱的異味只會出現在肉本身。）陳腐味的主要來源是不飽和脂肪酸，它會被氧氣和肌紅素中的鐵質破壞；這在冰箱中會緩慢進行，重新加熱時則會快速發生。肉類的脂肪組織若含有較多不飽和脂肪（如禽肉和豬肉），走味的情形就會比牛肉和羊肉更嚴重。醃肉較不受影響，因為內含亞硝酸鹽，作用猶如抗氧化劑。

有幾種方法可以盡量減少隔餐肉發生出再加熱的異味。用含有抗氧化物的香草和香料調理食品（見第二冊）；使用低滲透性的保鮮膜把肉包覆起來（如賽綸樹脂或聚氯乙烯PVC；聚乙烯有驚人的透氧性，不適用），並把包裝內的空氣擠出；剩菜盡快吃完，在符合食品安全的範圍內，盡量減少重新加熱的次數。舉例來說，隔夜的烤雞，冷的會比熱的嚐起來更新鮮。

保持水分

如果你已經小心翼翼煮出一道肉餚，那麼重新加熱的時候，最好也一樣謹慎：只消煮沸片刻，就足以把一道肉質良好的燉肉給燒乾。先單獨將湯汁煮沸，再把肉放進去，如此肉塊接觸到沸騰汁液的時間不會太長。接著再把火轉小並攪拌湯汁，使湯汁快速降溫到65°C，讓肉在這種溫火下熱透。

安全

一般而言，吃剩的肉料理最安全的處理方式，是在煮好之後兩小時內即送冷藏或冷凍，下次食用前迅速加熱到65°C以上。若要吃冷肉，一開始就要先把肉徹底煮熟，然後迅速送進冷藏，吃的時候才從冰箱取出，1~2天之內食用完畢。如果有疑慮，最好還是把肉徹底加熱，若要彌補口感和味道，可以把肉撕碎，再淋上味美的湯汁以增加肉的潤滑度。

內臟

動物有肌肉，因為牠們必須四處走動覓食，才能存活。動物身上還有肝、腎、腸等內臟，以分解結構複雜的食物，留下有益生長的部分並丟棄廢物，同時分送營養至全身各處，協調身體的活動。

「肉」一般是指以肢體活動的動物身上的骨骼肌。但骨骼肌大約只占動物身體的一半，動物的各種器官和組織也有營養，並且具有獨特又突出的味道和質地。胃、腸、心和舌等非骨骼肌，通常比普通肉含更多結締組織，有時高達3倍之多。這種肉品最好要以緩慢的方式烹調，以保持內部的水分並溶解內臟的膠原蛋白。肝臟所帶的膠原蛋白相對較少，它是一團靠結締組織網絡聯結起來的特殊細胞，而由於此一結締組織幾乎沒有遭受任何肢體運作的壓力，因此結構非常細緻且脆弱。肝臟如果快煮會相當細嫩，但煮太久就會又硬又易碎。

一般的肉通常取自彼此分離而大部分無菌的骨骼肌，內臟則不同，常帶有外來物質。內臟在煮食前必須加以清理、切邊然後川燙，或者浸於冷水中，慢慢煮到小滾。緩慢加熱能將蛋白質和微生物從肉表滌清，這些物質凝結起來浮上水面，就可從水面撤除。川燙也可多少減輕肉表強烈的氣味。

肝

肝臟是動物體內的生化動力所。動物從食物中吸收到的大部分營養素，會先送到肝臟進行儲存或處理，再分送至其他器官。這些工作會消耗大量

能量,所以肝臟是暗紅色,並含有燃燒脂肪的粒線體和細胞色素。肝細胞必須直接連通血液,因此在微小的六角柱細胞之間會有少量的結締組織。肝臟是脆弱的內臟,烹煮時間最好要短,煮久就會變硬。少有人深入研究肝臟的特殊風味,這味道似乎和硫化合物(噻唑和噻唑啉物質)大有關係,而且煮越久這種味道越強。通常動物的年齡越大,這種味道就會越重,質地也會越粗。雞肝偶爾會出現乳白色外表,這是不常見但無害的脂肪堆積,含脂量(8%)大概是正常紅色肝臟的兩倍(4%)。

鵝肝

在眾多動物內臟中,特別值得一提的就是鵝肝,因為它可說是肉品的極致,是動物肉及其主要吸引力的縮影。鵝肝是強行灌食鵝和鴨之後所取得的「肥肝」。這種食品可回溯至羅馬時期甚至更久以前,自古便深獲人們讚賞;公元前2500年的埃及藝術中,顯然就有受強行灌食的鵝。鵝肝像是活生生的法式肉派(pâté),巧妙地在鵝隻體內生長。由於營養長期過剩,原本小而精瘦的紅色內臟會長到正常尺寸的10倍大,含脂量高達50~65%。油脂分散在肝細胞內極其細小的微滴內,完美融合了光滑、豐潤和美味的細膩口感,創造出無與倫比的滋味。

鵝肝的料理法

品質優良的肝,外表不能有破損,顏色因含脂肪微滴而顯得蒼白,且質地綿密。肝細胞組織緊實而柔韌(如雞肝),脂肪在涼爽的室溫下呈半固態。好的鵝肝在冷卻狀態下,手指下壓會下陷並留有指印,並帶點柔軟和油膩的觸感。不夠肥潤的肝則富有彈性,觸感緊實且潮濕;而脂肪過多以致肉質鬆軟的肝,觸感則是軟趴趴且十分油膩。

剛從鵝身上摘下的新鮮鵝肝狀況最好。除可作成法式肉派之外,一般還有兩種調理方式。第一種是略厚切片,在高溫的鍋內乾煎,直到切面表面焦黃,內部則只是稍微熱透,可立即上桌食用。那種溫暖、扎實的肉味,

加上入口即化的口感，真是舉世無雙。這種料理方式特別要求肝本身的品質，要是肝細胞太肥，遇到高熱便會流出大量的油脂，而肝的質地便會因此變得鬆弛而不爽口。

第二種料理方式是將整個肝臟煮熟，冷藏後切片冷食。品質次佳的肝臟用於這種方式比較無妨，同樣可呈現出本身獨特的甘美風味。法式肉凍（terrine）的作法則是將肝臟輕輕按裝在陶碗內，然後隔水加熱；製作布包鵝肝（torchon of foie gras），是將肝臟裹在布內，浸入高湯或鴨脂、鵝脂內慢熬，徐緩、漸進加熱到理想的熟度。這種作法所流失的脂肪最小（45~70°C，較低的溫度會煮出較綿密的質地），只要把湯汁控制在稍微高出目標溫度。冷卻後部分脂肪凝固，才能切出漂亮俐落的切片，讓鵝肝呈現出緊實又入口即化的質地。

皮、軟骨和骨頭

通常廚師並不喜歡肉裡面有太多結締組織，這會使肉變硬。但是動物的皮、軟骨和骨頭，卻因為幾乎都是結締組織、充滿膠原蛋白，而大大提高它們的價值（動物皮還提供美味的脂肪）。結締組織有兩種用途。首先，骨頭或皮內的結締組織在高湯、湯和燉汁內經過長時間烹煮後，會溶解而釋放出大量的膠質和富含營養的物質。第二，結締組織本身就可以煮成美味佳餚，隨著食材的種類、刀法和烹煮方式的不同，調理出或多汁多膠的質

器官肉的成分
器官肉（內臟）的化學成分一般來說和骨骼肌類似，不過所含的鐵質和維生素常高出骨骼肌許多，原因在於器官具有特殊功能（禽鳥的心和肝還有小牛肝，特別富含葉酸，這是一種維生素，據說可相當有效降低罹患心臟疾病的風險）。器官肉的膽固醇含量高，這表示器官細胞比肌肉細胞還小，因為膽固醇正是細胞膜的必要成分，而細胞越小，細胞膜所占的比例就越高。下方圖表概括列舉了動物不同器官的營養含量。膽固醇和鐵質含量單位是每100克含多少毫克（10-3克）；葉酸則是每100克含多少微克（10-6克）。

肉名	蛋白質 %	脂肪 %	膽固醇 毫克	鐵質 毫克	葉酸 微克
標準肉塊	24~36	5~20	70~160	1~4	5~20
心臟	24~30	5~8	180~250	4~9	3~8
舌	21~26	10~21	110~190	2~5	3~8
沙囊（胗）	25~30	3~4	190~230	4~6	50~55
牛胃（牛肚）	15	4	95	2	2
肝	21~31	5~9	360~630	3~18	70~770
小牛胰臟（腰尺）	12~33	3~23	220~500	1~2	3
腎（腰子）	16~26	3~6	340~800	3~12	20~100
腦	12~13	10~16	2000~3100	2~3	4~6

地或硬脆的口感。在湯水中長時間烹煮，可以調理出小牛頭料理（tête de veau）中細嫩的小牛耳、臉頰肉和嘴邊肉，或是中式牛腱或多脂的豬皮；短時間烹煮可調理出硬脆或富嚼勁的軟骨料理，如豬耳朵、鼻子和尾巴；快速油炸則可以作出酥脆的炸豬皮。

脂肪

固體脂肪組織很少直接拿來料理，我們通常會將脂肪自細胞中榨出，作為烹調的媒介以及食材。不過這項原則有兩個主要的例外：首先是油網膜，這是結締組織的薄膜，內嵌有小脂肪球聯結成的網狀物。這種膜通常是豬或羊包覆在腹腔上的網膜或腹膜。羅馬時代或更早以前，人們就會用油網膜來包裹食物，烹煮時可以讓食物不會散掉，同時也滋潤食物表面。烹煮時，網膜會軟化並釋出大部分脂肪，因此最終會溶入食物當中。

第二種常用到的脂肪組織為質地柔軟的豬肉脂肪，尤其是緊貼在肚皮下和肩脊下厚厚的一層脂肪。培根肉主要來自腹部的脂肪組織，而背部脂肪則是製作香腸的首選（見第219頁）。義大利的 lardo 是用鹽、香料和葡萄酒醃過的豬肉脂肪，可以直接吃或用來為其他菜餚調味。經典法式料理用豬油來提味，為瘦肉增添滑潤口感；有的是以脂肪薄層覆蓋在食物上，在烘烤過程中保護食物表面；或是把肥肉碎餡注入肉裡面。

榨油

要從脂肪組織取得純脂肪，方法是把脂肪組織切成小塊再緩慢加熱。有些脂肪會從肌肉組織融出，但還是要施加壓力才能完全擠出。以此取得的牛脂肪叫作牛油，豬脂肪叫豬油。不同的動物脂肪，味道和濃度都不一樣。反芻的牛、羊，脂肪比較飽和，因此比豬或禽鳥脂肪來得硬（原因和牛、羊瘤胃的微生物有關；見第31頁）；由於他們所處的環境比較冷，皮下脂肪層比儲存在體內的脂肪更不飽和，因此會比較軟。取自牛腎臟脂肪的牛網油，是最硬的烹飪用脂肪，其次是牛的皮下脂肪，然後是從豬腎取得的豬網油，

早期的香腸食譜
盧卡尼亞香腸（Lucanians）
搗碎胡椒、小茴香、香薄荷、芸香、荷蘭芹、其他調料、月桂以及鹹魚醬（liquamen），然後與細絞肉混合，一起研磨成泥。加入鹹魚醬、胡椒粒數顆，大量肥肉和松子，灌進拉成很薄的腸衣，掛起來煙燻。

―― 阿比修斯，公元世紀初

和取自豬背和豬腹的豬油。雞、鴨和鵝的脂肪更不飽和，在室溫下呈半液態。

肉類混合料

把一隻全牛或全豬轉變為各式標準的烤肉、肉排和肋排肉時，會一道產生各類零碎肉和副產品。這些零碎肉可以再利用，重新組合後成為「塞滿油脂和血的山羊肉腸」（偽裝易容的奧德賽，在擊退妻子的求婚者之前，於一場熱身賽中贏得的東西），或是蘇格蘭的羊雜碎布丁哈吉斯（haggis，一種將羊肝、心和肺塞進羊肚的食品），或是將火腿、豬肩肉和調味料混製而成的現代罐頭食品「午餐肉」（Spam）。這些切碎或絞碎、混入其他食材再壓成形的零碎肉，有時候會是一頓飯當中最豐盛甚至是最豪華的菜餚。

香腸

Sausage（香腸）源自拉丁文的Salt（鹽），意指將切碎的肉和鹽一起填塞入可食用的管狀物內。鹽在香腸內有兩個重要作用：抑制微生物生長，並將肌纖維中的蛋白質絲（肌凝蛋白）溶解出來覆蓋到碎肉上，這時鹽會把食材黏合在一起。傳統上，可食用的容器即是動物的腸或胃，其中至少1/3是脂肪。目前有許多香腸以人工腸衣來灌裝，脂肪含量也少得多。

香腸的作法變化無窮，不過大致上可以劃分為幾大類。有些香腸是以生的來販售，煮後現吃；有些香腸可能經過不同程度的發酵、風乾、烹煮和（或）煙燻，以延長保存期限至數日或無限期。作法是將肉類和脂肪切成不同大小的碎塊，或者先絞碎再混合，然後煮成質地均勻的肉團。香腸的主要內容物可以是肉和脂肪，也可能加入相當比例的其他食材。

發酵過的香腸是醃肉的一種，詳見第228頁。

生香腸和熟香腸

生香腸就是剛做好、未發酵也未煮過的香腸，因此極容易腐壞。這種香腸應在做好或購買後一兩天內就烹煮。

肝腸（Esicium ex lecore）
豬或其他動物的肝臟以沸水稍微燙過後絞碎。取與肝臟等量的豬腹部，切碎，與兩個雞蛋、足量的陳年乳酪、墨角蘭、荷蘭芹、葡萄乾和磨碎的辛香料一起混合。把這些材料捏製成堅果大小的肉球，包覆在網膜脂肪內，以豬油在鍋內煎熟。它們需要以小火慢煮。

── 普拉提納，《論正確享受與健康生活》，1475年

熟香腸在製作過程就已經加熱過，買來就可以吃，不需再烹煮，保存期限為數日。如果香腸是半乾的或經煙燻，可保存更久。不過通常人們在食用前會再煮一次熟香腸。熟香腸通常會混合肉類和脂肪，或其他烹煮後會凝結起來的食材。法國的白香腸是各種白肉加入牛奶、雞蛋、麵包屑或麵粉混合而成，而黑香腸則完全不含肉：大約1/3是豬脂肪、1/3是洋蔥、蘋果或栗子，另外1/3則是豬血，加熱時豬血會凝結而使香腸凝固成形。肝腸則是把肝臟和脂肪絞得很細，混合在一起烹調成形。製造商經常使用豆蛋白和固體脫脂乳，使香腸凝結並保持水分。

乳化香腸

乳化香腸是一種特殊的熟香腸，最有名的是法蘭克福香腸或維也納香腸，名稱來自它們的發源地；義大利摩特戴拉大香腸（bologna，波隆納）也是如此。這種香腸的質地細緻、均勻，內部柔軟，味道較平淡。作法是將豬肉、牛肉或家禽肉，還有脂肪、鹽、亞硝酸鹽及調味料等，全部放進大型攪拌器切攪，通常還會加入水，直到形成平滑的「肉糊」，就像是美乃滋般的乳化醬（見第三冊）：此時脂肪均勻分散在肉糊細小的微滴當中，而且周圍圍繞著肌細胞碎片和被鹽分解的肌蛋白。混合攪拌時的溫度極為關鍵：如果豬肉糊高於16°C，牛肉糊高於21°C，攪拌出來的乳狀液體將不穩定，脂肪也會滲出。接下來肉糊擠壓至腸衣中成形，並加熱至70°C。熱度會讓肌蛋白凝固，並將肉糊煮成有黏性的固態肉團，此時即可除去腸衣。由於乳化香腸含水量相當高，約占50~55%，因此容易腐敗，必須冷藏。

香腸的原料：脂肪和腸衣

做香腸用的脂肪通常是豬背的皮下脂肪。豬脂的優點是味道相對平淡，同時背部脂肪的質地，則特別適合製作香腸：硬度夠，在絞碎時或在溫暖的室溫下，脂肪碎塊不致於融化或分離；但當冷食吃又夠柔軟，不會有顆粒狀或糊狀的口感。豬的腹部脂肪比理想標準還軟，腎臟油脂、牛脂或羊脂則太硬；禽鳥脂肪又太軟。在標準的非乳化香腸中，30%以上的脂肪含量

法式肉派（pâté）和肉凍（Terrine）：早期食譜
從這些中世紀食譜可看出，就算早期的肉派也是直接在鍋盤內烹調出來的，而不是使用當初賦予pâté這個名稱的派皮。

牛肉派（Pastez de beuf）
取優質的小牛肉，去除所有脂肪。將瘦肉切小塊，煮沸，然後送交糕點師傅剁碎，然後加入牛骨髓使它油潤。

—— Le Menagier de Paris，約1390年

有助分離絞肉碎塊,並提供軟度和濕度。肉塊碎片越大,脂肪必須潤滑的總面積就越小,因此所需的含脂量也就越少(最少可以僅達15%)。

香腸腸衣傳統上是取自動物消化管中的各個部位。今日大部分的「天然」腸衣都是豬腸或羊腸薄薄的結締組織層,以高溫和高壓剝除內膜層和外在肌肉層,半乾燥後加鹽包裝備用(牛腸衣會帶有部分肌肉)。目前也有以動物膠原蛋白、植物纖維素和紙做成的人工腸衣。

烹煮生香腸

香腸的原料是碎肉,因此料理香腸時不需太講究,質地也會具有某種程度的柔軟。不過,如果能像其他鮮肉一樣小心烹煮,也能增加香腸的風味和口感。500多年前,美食家普拉提納(Platina)就表示,肝腸應該慢慢烹煮(見219頁下方)。他還說,另一種摩特戴拉香腸「稍微帶點生,吃起來比煮過頭還可口。」生香腸應該徹底煮熟,以殺死微生物,不過溫度不應高於全熟的肉(70°C)。慢煮可防止香腸內部達到水的沸點而使腸衣爆裂、水分滲出,導致風味流散且質地變硬。刻意刺穿腸衣能讓水分在烹煮中釋出,又確保煮到最後香腸不會變形破裂。

法式肉派和肉凍

中世紀歐洲烹飪食譜大多會提供一些肉餡餅的作法,例如將切碎的肉和脂肪放進派皮或抹了油的陶鍋內烹煮。經過數百年來的改良,法國廚師已經把這種調理方法發展得更為細緻,不過另一些國家則依舊保存著質樸的農村形式。所以英格蘭有肉餡烘餅(pastie)和小肉餅(pattie),法國則有肉派和肉凍。這兩組詞彙基本上意思都差不多,但今日法式肉派的質地通常較為精細且一致,基本是以肝為主,而法式肉凍則較為粗糙且帶有紋路。法式肉派和肉凍因此代表著種類繁多的美食,從粗獷、原鄉風味的豬雜碎肉泥,到帶有白蘭地香氣的豪華鵝肝醬和松露。

現今的法式肉派和肉凍脂含量低,但傳統混合料的肉脂比是2:1,能做出

肉派(Pastilli di carne)
取適量瘦肉用小刀充分剁碎,加入小牛脂肪、辛香料一起混合。裹上派皮送入烤箱烘烤⋯⋯亦可放在充分抹油的烤模裡烘烤,而不需要包派皮。

—— 馬斯托・馬提諾(Maestro Martino),約1450年

豐潤、入口即溶的細膩口感。豬肉和小牛肉（較少結締組織又可釋出大量膠質）是經常使用的主要原料。這兩種肉和著脂肪一起絞碎（通常是豬脂肪，因為可以打出理想的濃稠度），能使蛋白質與脂肪緊密混合。以手工剁切比較不易使肉泥升溫或破壞完整的脂肪細胞，如此一來，油脂在烹煮的過程中較不易自肉團分開。隨後在肉泥中加入很重的調味料，因為混合料富含蛋白質和脂肪，會將味道綁住，而且這種食物通常是冷食，香味會因此降低。接下來把混合料放入模具，加蓋，和緩地隔水加熱直內部溫度達70°C、釋出清澈的肉汁。（鵝肝醬肉凍的烹調溫度往往更低，大概是55°C，特別是當完整的肝葉層層疊起時，可煮出玫瑰般的粉紅色澤。）此時蛋白質凝結成固體，會包裹住大部分的脂肪。然後在肉派上重壓使體積緊縮，冷藏數天讓質地緊實，並使各種味道融合在一起。煮熟的肉餡可保存一星期左右。

肉的防腐

　　如何保存肉製品以免受微生物腐化變質，一直是人類歷史上一項重大挑戰。最早的方法可回溯4000年前，以物理和化學方法阻礙微生物在肉品上繁殖：以日曬、風吹、火烤使肉品脫水，抑制細菌生長。含煙的火焰會在肉表產生對細胞致命的化學物質。重鹽醃漬（如用岩鹽、略為蒸發的海水，或含鹽植物的灰燼醃漬）也會使細胞排出維持生存所必要的水分。中度鹽醃容許某些頑強但無害的微生物生存，並協助排除其他有害的細菌。一些人類最複雜、最有趣的食品就來自上述原始的防腐方法，如乾醃火腿和發酵香腸。

　　工業革命帶來一種新的保存方法：不去改變肉本身，而是控制肉類保存的環境。罐頭將熟肉封存在微生物無法進入的無菌容器內；機械性的冷藏和冷凍使肉品保持足夠的冷度，減緩微生物生長或完全殺菌；肉在封裝時經輻射處理，可消滅所有微生物，而肉品本身幾乎不受影響。

脫水肉：肉乾

　　微生物需要水才能生存和生長，因此簡單且古老的保存技術就是把肉變

傳統鹽醃豬肉作法

鹽醃火腿：這是將肉放在缸子或桶子裡醃製的方法……在罐底或桶底鋪滿一層鹽，放上腿肉，皮面向下，再鋪滿一層鹽，然後放上另外一層腿肉，接著再以同樣方式鋪上一層鹽，小心勿使肉與肉接觸。持續重複同樣的作法，直到腿肉填滿容器，最後以鹽覆滿缸口或桶口，直到完全看不見肉，然後把鹽抹平。腿肉在容器內放置5天，將肉和鹽全部取出，重新裝填，不過這一次把原先最上層的肉放在最下層……
在第12天取出腿肉，拍掉鹽分，掛在通風處2天。第3天以海綿拭淨醃肉，然後抹上油。把醃肉掛起煙燻2天，第3天在肉上塗抹油醋混合液。
接下來便可將醃肉掛在肉房內，此時蝙蝠和蟲都不會對它有任何興趣。
　　　　　　　　　　　　—— 卡托（Cato），《論農業》（*On Agriculture*），公元前50年

乾，最初的方法是靠風吹日曬。現今，讓肉脫水的方法是先以鹽稍加醃漬，防止肉表出現微生物，然後置於對流烤箱內，以低溫加熱烘乾，除去至少2/3的重量和75%的水分（水分超過10%，青黴菌和麴菌就可能生長）。由於肉乾的味道濃郁，加上質地與一般的肉大異其趣，迄今仍大受歡迎。當今的肉乾種類包括美國的jerky，拉丁美洲的carne seca，挪威的fenalår和南非的biltong，其質地從富嚼勁到爽脆都有。義大利的bresaola和瑞士的Buendnerfleisch是兩種更精緻的肉乾，都是鹽漬牛肉，有時使用葡萄酒和香草調味，然後以緩慢、低溫的方式脫水乾燥長達數月之久，食用時切成如紙般的薄片。

冷凍乾燥

冷凍乾燥法最初是安地斯族用來製造乾牛肉的技術。他們運用稀薄的乾空氣使水分在晴天蒸發，在寒夜則從冰晶狀態昇華，生肉於是形成蜂窩狀組織，烹煮時很容易再吸收水分。工業化的作法是讓肉在真空中迅速凍結，然後緩慢加熱到水分昇華。這種脫水法不需加熱，因此不會導致肌肉組織緊縮，所以相當厚的肉塊可先用此法乾燥再行還原。

鹽漬肉：火腿、培根和鹹牛肉

鹽醃法能把細菌和黴菌賴以維生的水分排掉，以保存肉品。在肉中加鹽（也就是氯化鈉），鹽會在微生物周圍解離，產生極高濃度的鈉離子和氯離子，然後微生物細胞會把鹽吸入而釋出水分，就此中斷微生物的細胞機能。於是微生物便會而死去或大幅減緩生長速度，而肌肉細胞也會有部分脫水並吸收鹽分。傳統上，以鹽乾醃或鹽水浸漬數日所製出的鹽醃肉，大約會帶60%的水分和5~7%的鹽分。此法做出的火腿（來自豬腿）、培根（豬腹肉）和鹹牛肉（即corned beef，corn在英文原意為「顆粒」或是「鹽粒」）以及其他相似的製品，不必烹煮也可保存數月之久。

如何使培根脫水：將腿肉連一塊腰肉切下（幼豬的腰肉），然後混合硝石細粉和紅糖，每天充分塗抹在肉上，連續2~3天，然後再加鹽徹底醃製；放置6~8週後，掛起來（選擇乾燥處）風乾，此時肉會呈現紅色。—— 威廉・薩門（William Salmon），
《家庭辭典：家用指南》（*The Family Dictionary: On Household Companion*），倫敦，1710年

有用的雜質：硝酸鹽和亞硝酸鹽

氯化鈉並不是鹽醃法中唯一扮演重要角色的鹽類原料。其他還包括岩鹽、海水和蔬菜鹽中所含有難以預測的礦物雜質，這些都是早期用來醃製食品的鹽類。其中，硝酸鉀（KNO_3）於中世紀發現，名為硝石，因為人們發現它是生長在岩石上如鹽一般的結晶。16、17世紀時，人們發現硝石會使肉的色澤變鮮豔，並改善其風味、食用安全性和保存期限。1900年前後，德國化學家發現在鹽醃過程，某些具耐鹽性的細菌，會將一小部分的硝酸鹽變成亞硝酸鹽（NO_2^-），而亞硝酸鹽（並非硝酸）才是真正使肉產生化學作用的成分。製造商知道這件事之後，立刻在鹽醃水中拿掉硝石，而以更小劑量的純亞硝酸鹽替代，成為現今的作法。不過傳統的乾醃火腿和培根的醃製原理不太一樣，它是讓細菌將硝酸鹽轉化成亞硝酸鹽，以此延長肉品熟成的時間。

現在我們知道，亞硝酸鹽在鹽醃肉中有幾項重要作用：提供本身具刺激性的辛辣味；在肉裡面形成一氧化氮（NO），搶先與肌紅素內的鐵原子結合，防止鐵與脂肪氧化，進而阻斷脂肪形成腐臭味。上述肌紅素與鐵結合的過程，使鹽醃肉產生特有的明亮粉紅色澤。最後，亞硝酸鹽能抑制各種細菌生長，其中最重要的是將引發致命肉毒症的厭氧細菌孢子一網打盡。香腸的鹽醃程度如果不足或不均勻，會滋生肉毒桿菌；德國科學家率先將肉毒桿菌（*Clostridium botulinum*）中毒的症狀命名為香腸病（Wurstvergifung，拉丁文 botulus 意指香腸）。亞硝酸鹽明顯能抑制要命的細菌酵素，並干擾能量產生。

硝酸鹽和亞硝酸鹽可能和其他食物成分發生作用，而形成致癌物質亞硝胺。此一風險現在看來滿小的（見第164頁）。儘管如此，在美國，鹽醃肉內硝酸鹽和亞硝酸鹽殘留量規定為 200 ppm（即0.02%），而一般含量通常遠低於此一限額。

極品火腿

只要花數個月醃製鹹肉，竟就能將豬肉轉變成世界級的珍饈！首先介紹乾醃火腿，它的歷史至少可回溯至古典時代。現代版的乾醃火腿包括義大

鹽醃火腿之謎：不含亞硝酸鹽的鹽醃肉

儘管大部分長時間鹽醃製的傳統火腿，都會加入硝石以穩定提供亞硝酸鹽，但有些火腿卻不是如此。大名鼎鼎的義大利帕瑪燻火腿（prosciutoos of Parma）和聖丹尼爾燻火腿（San Daniele）只以海鹽醃製，卻還是能呈現出經亞硝酸鹽穩定的肌紅素那獨特的玫瑰紅色澤。海鹽的確含有硝酸鹽和亞硝酸鹽雜質，不過含量並不足以影響火腿色澤。後來日本科學家發現，

利帕瑪火腿、西班牙塞拉諾火腿、法國巴約納火腿和美國鄉村火腿，這些火腿可能得花上一年以上的時間慢慢熟成。雖然這些火腿可以烹煮後再食用，不過最佳的口感還是切成紙片般的薄片生吃。其生動、玫瑰般的半透明色澤、絲綢般的質地，同時還具有肉味和水果般的風味，跟新鮮豬肉比起來，猶若陳年乳酪和新鮮牛奶的對比：那是一種昇華，是鹽、酵素和歲月翻雲覆雨中的表現。

鹽的作用

除了在火腿熟成時，保護火腿不產生腐敗現象之外，鹽還有助改善火腿外觀和質地。高鹽濃度在正常情況下，會將肌肉細胞內緊密成束的蛋白絲分離成為單一的蛋白絲。這些絲線太細，無法散射光線，所以通常不透明的肌肉組織會變成半透明。這種分解成絲的情況也會削弱肌纖維，同時脫水作用也會使組織更形嚴密與集中：火腿緊密但細嫩的質地便因此產生。

乾鹽醃味的提煉術　鹽醃過程中，肌肉的一些生化機能完好無損，特別是保存了很多酵素，能將無味的蛋白質分解成味道鮮美的胜肽和胺基酸。在數個月的醃製過程中，可能有1/3以上的肉蛋白質會轉變成香味分子。充滿肉味令人垂涎的麩胺酸，濃度會升高10~20倍，而且就跟乳酪一樣，胺基酸中的酪胺酸濃度也同樣很高，可能會形成白色小晶體。此外，豬肉的不飽和脂肪會分解，再作用形成數以百計的揮發性化合物，其中有些帶有香瓜（香瓜和乾醃火腿是傳統上與化學上的美食絕配）、蘋果、柑橘、花卉、新鮮草料和奶油的的特殊香味。其他化合物與蛋白質分解物起作用，散發出通常僅存於熟肉的堅果、焦糖風味（雖是低溫加熱，但藉濃縮作用便能獲得高溫下才有的效果）。總之，乾醃火腿的風味是如此複雜而讓人回味無窮。

現代的鹽水醃肉

既使在有冰箱冷藏的時代，鹽醃已不再是肉類的基本處理方法，但鹽醃肉依然持續流行。不過我們現在以鹽醃肉的目的在於風味，而不是想延長

這種火腿所含的穩定紅色色素，並非亞硝基肌紅素，它的形成似乎與一些特殊熟成細菌有關（肉葡萄球菌和解酪葡萄球菌）。同時，這種火腿的品質之所以如此優越，或許不含亞硝酸鹽是關鍵之一。亞硝酸鹽能保護肉中脂肪不受氧化，因此不會有酸敗味，不過，脂肪分解後也能給火腿帶來美好的風味。比起利用亞硝酸鹽醃製的西班牙和法國火腿，未添加亞硝酸鹽的帕瑪燻火腿有更多果香酯化合物。

保存期限，因此量產的鹽醃肉鹹度較淡，一般必須冷藏和（或）熟食。工業鹽醃肉的醃製時間非常短，也就是說味道會比乾醃肉單調。工業製培根是將鹽水（典型的溶液大約是 15% 鹽，10% 糖）以成排的針頭注入豬腹肉，或者將豬肉切片，浸泡在鹽水 10 或 15 分鐘。這兩種方法的「熟成期」縮短到幾個小時。製成的培根在當天封裝。火腿的製作方法是注射鹽水，然後放進大型旋轉筒「滾動」一天，以鹽水均勻按摩肉品使肉質更為柔軟，最後壓製成形，不經熟成就直接烹煮至半熟或全熟，然後冷藏、銷售。某些無骨「火腿」的製作方法是將豬肉片和鹽混在一起滾動，肌蛋白內的肌凝蛋白隨即釋出，產生黏性將肉片結合起來。許多鹹牛肉現在也是以注射鹽水的方式製成，牛胸肉連一顆真正的鹽粒也不會碰到。

現代火腿和培根的水分比乾鹽醃肉更多（有時比原本生肉的含水量更高），含鹽量則大約是傳統 5~7% 的一半（3~4%）。傳統火腿和培根切片很容易用油煎，並且煎過之後仍保留 75% 的重量。現代的傳統火腿比較潮濕，煎的時候會釋出水分而令油水飛濺，肉片也會收縮捲曲，最後只剩下原重量的 1/3。

煙燻肉

自人類的祖先征服火以來，人類就一直以植物（通常是木材）燃燒產生的煙來保存食物。煙的效用來自複雜的化學特性（見第二冊）。煙含有數百種化合物，其中有些會消滅或抑制微生物生長，有些則會延緩脂肪的氧化作用和酸敗味，還有些則會增添迷人的香味。由於煙燻僅能影響食物的表面，所以人們一直將它與鹽醃法和乾燥法合併使用，這樣的作法可說是絕配，因為鹽醃肉特別容易產生酸敗味。美國鄉村火腿和培根便是煙燻的鹽醃食品。由於目前已有其他保存肉類的方式，而一些煙的成分已知對健康有害（見第二冊），現在已較少拿來作為主要的防腐劑，而較常用在製造風味。

冷和熱燻

用煙燻肉有兩種不同的方式。熱燻時，肉直接放在燃燒木材的煙燻室上

或裡面，因此烹煮的同時也會受到煙燻。這會使肉的質地或多或少變得較為堅實和乾燥，程度則隨溫度高低（通常是在55~80°C之間）還有燻烤時間而定。煙燻還可以消滅肉塊所有的微生物，且不光是肉表的。（燻烤是一種熱煙燻法，見第205頁。）冷燻時，肉是放在未加熱的煙燻室內，煙則來自隔離的火箱。肉的質地和肉裡面原有的微生物，幾乎都不受影響。煙燻室的溫度可能低至0°C，不過通常介於15~25°C。熱燻時，煙霧沉積肉表的速度是冷燻的7倍；不過，冷燻肉往往累積更高濃度的甜、辣酚類化合物，因此可能有比較細緻的味道（也往往累積更多的可能致癌物質。）空氣中的濕度也會造成差異；煙霧沉積在潮濕表面的效率比較高，所以「濕」煙燻在較短時間內有較強效果。

發酵肉製品：臘腸

要將牛奶轉變為可長期保存的美味乳酪，其方法就是去除牛奶的一些水分，然後加鹽，讓無害的微生物在牛奶內成長和進行酸化作用；肉類也可用大致相同的方法取得類似效果。香腸就是剁碎鹽醃肉重新塑形的肉團（見第219頁），種類繁多。發酵臘腸的風味最濃郁，因為細菌把無味的蛋白質和脂肪分解為體積較小而味濃的芳香分子。

史前時代的人們，可能是以鹽醃和乾燥法保存肉屑時發展出發酵香腸的。當鹽醃的肉屑被擠壓在一起時，會使沾滿微生物的肉表布滿潮濕的肉團，無氧也能存活的耐鹽細菌會繼續在肉團內繁衍。這些細菌絕大部分就是在缺氧且高鹽的乳酪內部生長的細菌，也就是乳酸桿菌和白念珠球菌（還有同屬的微球菌、小球菌和肉桿菌等）。這些細菌會產生乳酸和醋酸，使肉的酸鹼值從6降至4.5到5，變得更不適合腐敗性微生物生存。然後，隨著香腸慢慢乾燥脫水，鹽和酸變得越來越濃，香腸本身的抗腐性也就越來越強。

南方和北方香腸

發酵臘腸一般而言有兩種，一是質乾、味鹹、調味重，來自溫暖、乾燥

的地中海地區的典型香腸。義大利蒜味鹹香腸（薩拉米香腸 salami）和西班牙、葡萄牙的辣香腸丘利左香腸（chorizo）含水量 25~35%，含鹽量超過 4%，能在室溫下保存。另一種是較濕、較不鹹的香腸，通常是煙燻且（或者）已煮過，在氣候涼爽、潮濕，以致較難使香腸乾燥的北歐典型的香腸便屬這類。這些「夏日」香腸與德國塞爾維拉特燻臘腸（cervelat），含水量都是 40~50%，鹽分 3.5%，必須冷藏。以上兩種香腸不用煮就可以吃。

製作發酵臘腸

目前臘腸的作法是把用來抑制肉毒桿菌的硝酸鹽（歐洲）或亞硝酸鹽（美國）添加到肉、脂肪、培養菌、鹽、調味料的混合物中，還加上一些會被細菌部分轉化成乳酸的糖。發酵過程持續 18 個小時到 3 天，視溫度（15~38°C，其中乾香腸所需溫度偏低）和香腸的體積而定，直到酸度達到 1%，酸鹼值 4.5 到 5。高溫發酵傾向於產生揮發酸（乙酸、丁酸）與強烈的香味，低溫發酵則產生一種更為複雜的堅果醛類、水果酯類混合香味（傳統的薩拉米香腸味）。接下來把香腸拿去烹煮和（或）煙燻，然後是 2~3 個星期的乾燥期，以達到最終理想的溼度。在乾燥的階段，可能會在腸衣上長出無害的白色粉狀黴菌和酵母菌（如青黴菌、假絲酵母菌和德巴利酵母菌）；這些微生物有助風味形成，並防止腐敗性微生物的生長。

發酵臘腸會發展出緊實、帶嚼勁的質地，原因在於被鹽萃出的肉蛋白，細菌產生的酸會使這些肉蛋白的變性，另外則是因為肉整團是乾燥的。臘腸撲鼻的香味來自細菌產生的酸性和揮發性分子，以及微生物和肉品內的酵素分解蛋白質和脂肪後產生的芳香化合物。

油封肉

在古老的時代，從中亞到西歐的廚師都了解，熟肉可以埋在厚厚的、不透氣的脂肪中加以保存。今天，採用這種方法的料理，最有名的是法國西南部的油封鵝、鴨腿。油封鵝肉受到鵝肝醬的拉抬提攜，在 19 世紀開始受

說文解字：油封（Confit）

今日，confit 一字被用來泛指幾乎所有經緩慢烹煮以致質地豐潤多汁的食品：例如以橄欖油慢煮的洋蔥，或以澄清奶油烹煮和保存的蝦子。事實上，這個字的用法相當廣泛，字源是法文動詞 confire 和拉丁文 conficere，意指「做、製造、執行、準備。」該法文字動詞首次在中世紀使用時，是用來指以糖漿、蜂蜜或酒精烹煮調儲存的水果（法文的 confiture 和英文的的 confection 便由此而來，蜜餞之意）。後來該字用來指以醋醃的蔬菜、油漬的橄欖、各類鹽醃食物，以及以油脂封存的肉。一般的意思是指將食物浸入某種物質當中，使這些物質滲入食物，以此調味並保存食物。本字的現代用法多與浸入、注入、調味、慢的，以及慎重緩慢的製作有關。至於保存（以及在這數週和數月發展出的特殊味道）的涵義，則漸漸消失了。

歡迎。事實上鵝肝醬的來源可能是意外產生的副產品，當時農人灌食鵝隻，原是想取得鵝脂肪，好用來製作不甚流行的農家油封鵝肉！法國油封肉一開始可能是一種民間的保存法，在過了秋天屠宰季之後，以豬油來儲存過一整年所需的豬肉。罐裝鵝、鴨似乎是巴約納的鹽醃肉製造商在18世紀發展出來的食品，當地的玉米盛產，便得以用便宜的成本來灌飼禽鳥以獲取脂肪。在當今以罐頭和冷藏保鮮的時代，油封肉仍是一種方便、長期保持的食材，至今仍然繼續生產，其獨特風味可用於調理沙拉、燉肉和湯。

傳統的法國油封肉是先用鹽醃漬肉塊一天，有時也會加入香草和香料，然後把肉弄乾，再浸入脂肪裡，非常徐緩地逐漸加熱數小時。然後把肉自油脂中取出，此時肉的內部往往仍呈現粉紅色或紅色（見第196頁），濾乾，置入經過消毒的容器，灑上鹽；然後自任何易腐敗的肉汁上收集浮油，將浮油加熱後倒在肉上，將容器密封並存放在陰涼的地方。油封肉可以儲藏數月之久，並可不定期加熱以延長保存期限。

肉毒桿菌在低氧的環境中仍然可以生長，肉受到污染的機率雖然不高，但仍是個風險。不過只要再次加鹽、儲存溫度低於4°C，並在鹽內增加硝酸鹽或亞硝酸鹽含量，均可降低此一風險。最現代的作法多是裝罐或冷藏以維護肉品安全，還有，現代油封肉的實用期限都很短，因此鹽的用量並不多，加鹽主要是為了添加風味和顏色而非為了保存。

據說，傳統油封肉的風味會在數個月之間漸漸加強。雖然烹煮時應該已經把細菌消滅，並使肉內的所有酵素喪失活性，但隨著時間的推移，肉內一定發生某種生化反應，脂肪也會開始氧化。輕微的酸敗味正是傳統油封肉的風味之一。

罐頭肉

大約在公元1800年，啤酒釀造商暨糖果製造商尼古拉・阿培爾特（Nicolas Appert）發現，若將食物密封在玻璃容器中，然後將容器放在水中加熱至沸騰，食物就可以無限期地保存。這便是罐頭的起源，先把食物和空氣、外

在的微生物污染源隔絕，然後再加熱到足以消滅食物內的所有微生物。（此時巴斯德尚未證實微生物的存在；阿培爾特只是簡單地觀察到，他的作法能摧毀所有的「發酵作用」。）如果處理得當，罐頭的確是非常有效的保存法：保藏一世紀之久的罐頭肉，經食用後確實對人體無害，不過可能也缺乏令人愉悅的口感。今日，肉類的罐裝幾乎完全透過工業化製造，部分原因可能是罐頭肉對廚師而言，風味和質地均乏善可陳。

魚貝蝦蟹

part one

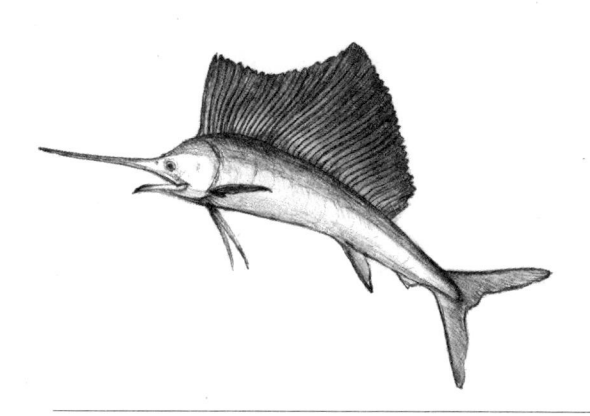

chapter 4

　　魚貝蝦蟹類來自地球另一個世界：廣闊無垠的水底世界。乾燥陸地占地表面積不到 1/3，與海床從海平面向下陷入 11 多公里的海洋相比，陸地只能算是一片薄如紙片的棲境。海洋浩瀚且古老，是孕育所有生物的「原湯」，啟發人類對萬物生滅、形變與重生理論的無盡想像。這些生物生活在此寒冷、黑暗、密實且缺乏空氣之處，卻是人類所取食的各種動物裡最多元而奇異的一群。

　　自古以來，人類取魚貝蝦蟹滋養自身，也仰賴魚貝蝦蟹壯大繁衍：地球海岸沿線堆滿著大量的牡蠣與貽貝殼，是無數饗宴的見證，年代最遠可回溯至 30 萬年前。早在 4 萬年前的史前歐洲，獵人便鑿刻出鮭魚的圖像，並造出史上第一個魚鉤來捉取河魚，不久後，他們還坐上船隻到海上探險；從中世紀晚期開始，歐洲與斯堪地那維亞的航海國家便大量利用大西洋裡豐饒的鱈魚與鯡魚，將之乾燥、鹽醃後當商品販售，奠下今日繁盛的基礎。

　　500 年後，人類踏入 21 世紀，海洋的生產力卻已逐漸枯竭，因為它要餵養的人口增加了十數倍，而人類的漁獵技術與效率又不斷進步。更快更大的漁船、能探知深海的聲納、長達數哩的大網，以及全面機械化的捕魚技術，人類在這些科技的協助下，無所不用其極地捕獵各種海洋生物為食，導致牠們瀕臨滅絕。過去在歐美常見的鱈魚、鯡魚、大西洋鮭、旗魚、真鰈、鱘魚及鯊魚等，已變得越來越稀有；其他如橘棘鯛、智利海鱸、鮟鱇魚等，在市場上時有時無，而一時的豐饒，也由於過度捕撈而不復見。

野生海魚數量下降，這促使水產養殖如雨後春筍般復甦且更現代化。目前的淡水魚類、大西洋鮭與貽貝等水產生物，幾乎都來自養殖場。有不少業者在作業上已能有效保護野生魚，但也有業者更加肆無忌憚地掠奪海洋生物資源並破壞環境。我們現在需要多花一點功夫，才能挑選到那些以環保、永續的方式所生產的水產。

儘管如此，現今仍是大啖海味的好時機。我們有更多管道能享用更多優質的魚類，來自全球各地的海鮮讓我們有機會發掘新的食材，享受新的樂趣。海產種類豐富且變化多端，挑選與製作的過程因此充滿了挑戰。魚貝蝦蟹類食材比一般肉類更脆弱、更難以預測，本章將深入介紹這類食材的特性，以及最佳的處理與料理方式。

漁場與水產養殖

在我們的所有食物中，魚貝蝦蟹是目前唯一仍大量野生捕撈的。世界漁業史便是一段人類憑恃機智、勇氣、慾望與揮霍無度囊吞五湖四海的傳奇故事。知名生物學家赫胥黎在1883年表示，他相信「鱈魚、鯡魚、沙丁魚、鯖魚、還有其他大型海洋漁場，都是永不枯竭的；也就是說，我們的作為並不嚴重影響魚的數量。」但才過一個世紀，北大西洋兩側的鱈魚與鯡魚便已衰竭，許多其他魚類也逐年減少。聯合國糧食及農業組織估計，人類捕捉的重要商業魚類中，有2/3的捕捉速度已經等於或超過牠們維持永續生存的速度。

現代化漁業除了使特定魚群面臨枯竭危機，也連帶危害到其他魚類。拖網作業一網打盡所有魚類，遭「誤捕」的魚兒只有被丟棄一途，而且這會危害海床棲地生態。此外，捕魚也是一種危險工作，常須面對不確定的天候，在海上操作重機械也很冒險。由於整個捕撈體系問題重重，因此水產養殖或養魚池這種替代方案也就顯得更加重要，許多地區甚至已有數千年歷史。目前美國市面上所見的所有虹鱒與絕大多數的鯰魚，都來自陸地上的養殖池或養殖槽箱；挪威在1960年代也首開先河，在離海設置箱網，作為飼養

| 布里亞・薩瓦蘭（Jean Anthelme Brillat-Savarin）談魚
| 魚肉總是能引起無盡沉思與驚奇，這些奇特多樣的生物形態，生存的方式五花八門，牠們的生活環境對於牠們生活、呼吸、運動的影響……
——《味覺生理學》（Physiology of Taste），1825

大西洋鮭的海洋養殖場。目前全球有1/3以上的食用鮭魚都是由歐洲、北美與南美所飼養；世界1/3的溫水蝦則是來自水產養殖，並以亞洲為主要產地。整體而言，全球目前有70種水產是由人工飼養。

水產養殖的優缺點

水產養殖有一些特出的優點。其中最重要的，是生產者能充分掌控魚隻的狀況與收成細節，讓魚貨上市時能有較佳的品質。養殖的魚經仔細選育，可培育出生長快速或具備其他優良特性的魚，養到整齊均一、適於食用的階段，然後上市。藉由調節水溫、水流速率與光的強度等，能使魚兒成長得遠比野生狀態還快，同時也可在能量消耗與增強肌肉的運動間達到平衡。養殖魚通常較為肥，肉質較為多汁，屠宰時不會因為被鉤住、網住、或一股腦兒丟到甲板上而發生緊迫與受傷。我們迅速俐落地處理、冷凍養殖魚，便可延長最佳品質的期限。

儘管如此，水產養殖並非解決海洋漁業問題的完美之道，它本身也造成若干嚴重問題。外海箱網養殖的廢物、抗生素以及未吃完的飼料會污染周圍水質，而遺傳背景一致的魚隻一旦逃脫到海中，也會危及已非常脆弱的野生族群的多樣性。食肉性或食腐性海洋生物（鮭魚、蝦）的養殖飼料，主要為富含蛋白質的魚粉，因此有些養殖業其實是在消耗而非保育野生魚類。新近研究更發現，魚粉中含有部分高濃度的環境毒素（多氯聯苯，見235頁），會累積在養殖鮭魚體內。

有一個問題比較不那麼嚴重，但會影響到烹調方式。養殖魚類有時會受到水流速率較慢、魚的運動量有限，以及人工飼料的影響，肉質與風味都變得不一樣。品嘗測試的結果顯示，養殖的鱒魚、鮭魚與鯰魚，與野生的同類相比，吃起來比較無味且鬆軟。

現代水產養殖業仍屬年輕產業，經過持續的研究與規範，相信終能解決當中某些問題。同時，最環保的水產養殖，當屬陸地上的淡水魚與一些海水魚（鱒魚、大菱鮃），以及沿海的軟體動物養殖。有心的廚師與消費者可

| 海洋的銀亮溪流

魚……看似平凡且基本的商品，然而我相信那些不計代價真正付出努力的，都將發現一切是值得的……貧困的荷蘭人主要以捕魚為生，他們在風雲難測的遼闊汪洋中付出極大的代價與勞力……終於能成就其威武、強大與富裕，除了威尼斯有荷蘭的兩倍物力，沒有任何其他國家能像荷蘭那樣擁有許多富足的城市、美麗的鄉鎮、堅固的堡壘……海洋孕育了銀亮的溪流孕育了他們的美好，而他們的美好造就了他們今日的工業奇蹟。是這種種發展當中最完美的典範……

——史密斯（John Smith）船長，《維吉尼亞、新英格蘭，以及夏島、倫敦通史》
（*The Generall Historie of Virginia New-England and the Summer Isles, London*），1624

以在許多公開的網站上取得水產養殖業的最新消息，包括加州的 Monterey Bay Aquarium（蒙特里海灣水族館）。

海鮮與健康

魚類有益人體健康，這是已開發國家的海鮮消費量不斷增長的重要原因。確實有證據顯示，魚油對人體的長期健康貢獻良多，但另一方面，在我們所吃的一切食物當中，魚貝蝦蟹類也含有最多種對人體有立即危害的物質，從細菌、病毒，到寄生蟲、污染物等各種奇怪的毒素都有。廚師與消費者都應該了解這些有害物質，並知道如何將之減至最低。最簡單的辦法就是向有見多識廣且魚貨出清快速的海鮮專家買魚，並且立刻將海鮮食材徹底煮熟。全生或只有稍微烹煮過的海鮮雖然美味，卻有食物中毒的風險。若偶而想放縱一下口慾，最好選擇有優質貨源、精於此道且具有口碑的餐館。

對健康的助益

魚貝蝦蟹類與肉類一樣是蛋白質、維生素 B 群及各種礦物質的優良來源，碘與鈣更是其強項！魚肉多半較為精瘦，因此營養豐富且熱量少。然而海魚的油脂卻特別有營養價值，而且與許多油脂一樣，在常溫下為液態，通常都稱為「魚油」。

魚油的益處

海中生物因為生活在冷水中，特別富含高度不飽和的 Omega-3 脂肪酸（即碳原子長鏈上的第一個雙鍵出現在倒數第三個鍵上），人體無法很有效率地從其他種脂肪酸自行合成這種脂肪酸，因此必須從飲食中攝取。證據顯示，這種脂肪酸對於我們身體的代謝有許多益處。

Omega-3 脂肪酸對人體的益處大多是間接的，但一個是直接的：它對腦與視網膜的發展及運作相當重要。大量攝食 Omega-3 脂肪酸似乎有益中樞神經系統健康，不論是嬰兒時期或整個生命階段都一樣。我們的身體也會將

魚貝蝦蟹的養殖
從21世紀開始至今，常見於養殖場的魚貝蝦蟹有：

淡水魚類	海水魚類		軟體動物	甲殼類動物
鯉魚 吳郭魚 鯰魚 鱒魚（虹鱒） 尼羅河鱸 鰻魚 條紋鱸（雜交）	鮭魚 海鱸 鱘魚 鱒魚（鋼頭） 嘉魚 大菱鮃	鯕鰍魚 虱目魚 黃尾 紅魽 鯛魚 河豚 鮪魚	鮑魚 貽貝 牡蠣 蛤蜊 扇貝	蝦子 淡水螯蝦

Omega-3脂肪酸轉化成一組能安撫免疫系統的特別訊號（花生油醯酸）。免疫系統在我們受傷時會有發炎反應，殺死傷處周圍的細胞，以準備修復組織。但有時候發炎症狀會持續下去，造成的傷害多過好處，其中最嚴重的是損及動脈、造成心臟疾病，同時也可能造成某些癌症。富含Omega-3脂肪酸的飲食有助於控制發炎反應，因而能降低心臟病與癌症的發生率。它也可以抑制血栓，從而降低中風的機率，也能降低造成動脈損傷的血膽固醇。

總而言之，適度且定期食用富含油脂的海魚對我們有許多好處，魚類的Omega-3脂肪酸，是直接或間接來自微小的海洋浮游植物。養殖的魚類因為飼料配方之故，Omega-3脂肪酸含量普遍較低，淡水魚類則因為不吃浮游生物，因此肉中的Omega-3脂肪酸微乎其微。儘管如此，所有魚類都僅含少量會提高膽固醇的飽和脂肪，因此飲食中若能以一定數量的魚來取代肉類，可降低血膽固醇，因而減少心臟病風險。

對健康的危害

污染魚貝蝦蟹類的有害物質通常有三種：工業毒素、生物毒素、致病的微生物與寄生蟲。

有毒金屬與污染物

雨水將化學污染物自空中帶到地面，再和灌溉系統一起將化學物質從地

一般魚類的脂肪含量

低脂魚類（0.5-3%）	中脂魚類（3-7%）	高脂魚類（8-20%）
鱈魚	鯷魚	紅點鮭
比目魚	竹筴魚	鯉魚
大比目魚	鯰魚	智利海鱸（小鱗犬牙南極魚）
鮟鱇魚	鮭魚：粉紅鮭、銀鮭	
岩魚	鯊魚	鰻魚
鰩魚	胡瓜魚	鯡魚
笛鯛	多佛真鰈	鯖魚
鮪魚：大眼、黃鰭、鰹魚	條紋鱸	鯧鰺
	鱘魚	黑鱈
大菱鮃	旗魚	鮭魚：大西洋、國王、紅鮭
	吳郭魚	
玉梭魚*	鱒魚	鯡魚
橘棘鯛*	鮪魚：藍鰭、長鰭鮪	
棘鱗蛇鯖*	白鮭	

＊ 又通稱「油魚」。這些魚類含有像油一樣的蠟酯，人體無法吸收。看起來雖然很肥，但實際上是低脂魚類。

面沖刷到溪流與海洋中，全球製造出來的所有化學物質最後幾乎都累積在魚貝蝦蟹類的生物體內。在魚體發現的潛在有毒物質當中，最應注意的便是重金屬與有機（含碳）污染物：惡名昭彰的戴奧辛與多氯聯苯（PCB）。重金屬包括汞、鉛、鎘以及銅等，會干擾氧氣的吸收與神經系統的訊號傳導，目前已知會傷害人類腦部。透過動物實驗，我們已經知道有機污染物會造成肝臟損傷、癌症與內分泌失調，並且會堆積在體脂中。美國大湖地區肥腴的銀鮭與鱒魚便含有大量有機污染物，政府單位不建議食用。

烹煮無法去除化學毒素，而消費者也無從得知魚隻是否有超量毒素。這些毒素通常集中在那些從大量水中濾食懸浮粒子的帶殼貝類（如牡蠣），以及食物鏈頂層的大型掠食性魚類，因為牠們壽命較長，且吃下了多種已累積了毒素的水中生物。近年來發現許多常見海魚含有高量的汞，美國FDA因而建議小孩及孕婦不要攝食旗魚、鯊魚、方頭魚、國王鯖魚等，同時將魚肉攝取量控制在每週335公克以下。即使是鮪魚（目前在美國受歡迎的程度僅次於蝦），或許也會被列為最好只偶一食之的魚類。較不容易含汞或其他毒素的魚類，通常體型較小、壽命短、生長於寬闊海洋或水質經管控的養殖場，包括太平洋鮭、真鰈、一般的鯖魚、沙丁魚，以及養殖的鱒魚、花條鱸、鯰魚與吳郭魚等。在淡水水域或接近沿海都市之處釣魚，較有可能釣到受髒水與工業廢棄物污染而較不乾淨的魚。

具感染性與會分泌毒素的微生物

海鮮帶有感染原與毒素的風險，與肉類並無不同。生食或沒有完全煮熟的蝦蟹貝類最為危險，特別是雙殼貝類，因為牠們在濾食浮游生物時也會沾染到細菌與病毒，而人們食用時，會整隻（包含消化道）吃下，有時還是生吃。早在19世紀，公共衛生官員就曾將霍亂與傷寒疫情歸咎於污染水域的貝類，許多國家則以監測水質與制定貝類的收成與銷售法規，有效降低這個公衛問題，而謹慎的餐廳老闆在選擇夏季生食吧的食材時，則只向控管嚴格的貨源購買，或挑選風險較低的冷水養殖貝類。但無論如何，喜歡生食或半生食的饕客還是應該要注意感染的可能性。

一般來說，以60°C以上的溫度烹煮海鮮，可以預防細菌與寄生蟲感染，但有些病毒則要到82°C才能殺死。烹煮無法消滅一些由微生物產生的化學毒素，因此即使微生物已經死亡，還是能造成食物中毒。

以下是魚貝蝦蟹類海鮮中最主要的幾種微生物：

- 弧菌：一般棲息於河口港灣水域，在溫暖的夏季特別活躍，其中有一種會造成霍亂，有一種則造成輕微下痢，還有一種名為創傷弧菌，常附著在生蠔上，引起的症狀包括高燒、血壓下降、皮膚與肌肉損傷等，致死率高達一半以上，在所有海鮮引起的疾病中，這是最致命的一種。
- 肉毒桿菌：生長在未冰凍的魚類消化系統中，會產生致命的神經毒素。魚類的肉毒桿菌中毒事件，大多數是因為低溫煙熏、醃漬或發酵過程處理不當。
- 腸病毒：即「諾瓦克」病毒，會攻擊小腸黏膜，造成嘔吐與下痢。
- A型與E型肝炎病毒：會長期損害肝臟。

鯖魚中毒　鯖魚中毒並不常見，其病源是一些原本無害的微生物，但這類微生物若在未妥善冷凍保存的鯖屬魚類體內滋長，便會產生毒素。一些同樣泳技了得的魚類，如鮪魚、鯕鰍魚、竹筴魚、鯡魚、沙丁魚及鯷魚等也可能發生。受害人一旦吃了受感染的魚，即使已經煮熟，也會在半小時內發生暫時性頭痛、紅疹、搔癢、噁心及下痢等症狀。造成這些症狀的原因，可能是包括組織胺在內的一些毒素。人體受損時，細胞會用組織胺來朝彼此傳遞訊息，服用抗組織胺可稍微減緩鯖魚中毒的症狀。

貝類中毒

在水中生活的生物，除了魚、貝之外，還有其他成千上萬種生物，而為了因應激烈的生存競爭，有些生物會以化學毒素為武器。例如有一類細胞藻類「甲藻」（Dinoflagellates，又稱為渦鞭毛藻）會產生防禦性毒素，對人體消

毒藻造成的中毒

毒藻造成的中毒	常見區域	通常的來源	毒素
下痢性貝介中毒	日本、歐洲、加拿大	貽貝、扇貝	岡田酸
失憶性貝介中毒	美國太平洋沿岸、新英格蘭	貽貝、蛤蜊、太平洋大蟹	軟骨藻酸
神經毒性貝介中毒	墨西哥灣、佛羅里達	蛤蜊、牡蠣	紅潮毒素
癱瘓性貝介中毒	美國太平洋沿岸、新英格蘭	蛤蜊、貽貝、牡蠣、扇貝、鳥蛤	蛤蚌毒素
雪卡中毒	加勒比海、夏威夷、南太平洋	梭魚、石斑、笛鯛、其他礁岩魚類	甲藻毒素

化系統與神經系統造成毒害，嚴重時還可能致死。目前已知的甲藻種類超過60種。

人類並不直接食用甲藻，但卻會食用以甲藻為食的動物。濾食性的雙殼貝類如貽貝、蛤蜊、扇貝、牡蠣等，會將藻類毒素濃縮在腮或消化器官中，再將毒素轉移給其他有殼類動物（通常是螃蟹與螺等）或人類，因此甲藻中毒也被稱為「貝類中毒」。許多國家都會針對甲藻與貝類毒素進行例行水質監測，因此中毒風險較高的是私人採集的貝類。

貝類中毒有幾種截然不同的典型，各由不同毒素造成，症狀也稍有不同（見下表），不過受害者幾乎都是在吃下貝類幾分鐘後到數小時之間出現刺痛、麻痺及虛弱的症狀（只有一種除外）。一般的烹調無法破壞甲藻毒素，有些甚至在加熱後變得更毒。總而言之，不要吃可疑的貝類。

有鰭魚類通常不會累聚甲藻毒素，唯一的例外是一些熱帶珊瑚礁魚，包括梭魚、石斑魚、狗魚、國王鯖魚、鯕鰍魚、鯔魚、真鯛、笛鯛、油魚等，這些魚類吃一種以藻類為食的海蝸牛「雪卡」（Cigua），因而可能引起貝類中毒。

寄生蟲

寄生蟲既不是細菌也不是病毒，而是動物，從單細胞的原蟲到較大的蠕蟲都有。牠們寄住在一種或多種動物體內，把這些動物宿主的身體當庇護所及營養來源，度過其生命週期裡的某個階段。超過50種魚類寄生蟲能夠透過全生或烹煮不完全的魚傳染給吃魚的人，其中有許多是相當常見的寄生蟲，萬一感染了可能必須動手術才能取出。寄生蟲的生物組織較為複雜，對於冷凍處理很敏感（細菌通常比較不敏感），因此對付魚貝蝦蟹類寄生蟲，原則很簡單：以60°C以上的溫度烹煮，或先以冷凍處理。美國食品及藥物管理局建議，海鮮應以-35°C冷凍15小時，以-23°C冷凍7天，但這種方式在一般家庭並不適用，因為家用冰箱很少能到-16°C以下。

安尼線蟲及鱈魚線蟲　這兩種線蟲體長可達2.5公分以上，直徑約有幾根頭髮粗，兩者都會造成輕微而無害的喉嚨刺痛，但有時會入侵胃或小腸的黏

健康問題：含蠟酯的魚

食用含蠟酯的魚類，如玉梭魚、棘鱗蛇鯖和橘棘鯛等油魚，會造成特殊的消化問題。牠們體內或多或少累聚一些蠟酯，這是一種由長鏈脂肪酸及長鏈醇結合而成的物質，看起來像油，但人體沒有消化酶能將它分解成較小、可吸收的分子，因此當蠟酯通過小腸抵達結腸後，仍是油狀的完整分子，如果量太多就會引起腹瀉。要享用這種美味健康的魚（魚肉裡這種零熱量的油可高達20%），餐館是最佳地點，因為他們通常會把量控制在可忍受的範圍內。

膜，造成疼痛、噁心及腹瀉。線蟲常見於鯡魚、鯖魚、鱈魚、大比目魚、鮭魚、岩魚以及魷魚體內，人類吃了這些魚類做成的壽司，或只稍微浸泡、醃漬或低溫煙熏方處理的海鮮，都可能被傳染。養殖的鮭魚比野生鮭魚較不易帶有線蟲。

條蟲與吸蟲　條蟲的幼蟲能在人體腸道中成長到9公尺，全世界溫帶地區的淡水魚類體內都可見到，其中最著名的是白鮭，不少感染案例是一般家庭以白鮭製作猶太料理魚丸凍時，為了調味而試吃生魚肉所造成。

另一種比較嚴重的危害是吸蟲或蛭蟲，最常見於淡水或淡鹹水的小螯蝦、螃蟹及魚類體內，人們通常是因為食用活跳蝦沙拉或醉蟹等亞洲美食而感染，導致肝臟與肺臟損傷。

烹製海鮮過程中可能產生的致癌物質

有些烹調程序會將肉類或魚肉中的蛋白質與相關分子轉化成損害DNA的高度活性物質，因而引發癌症。因此烹調肉類的守則也適用於魚類：為了盡可能不產生致癌物質，以蒸、燜、水煮等方式為上，且應避免燒烤、炙烤或煎炸，倘若仍需採用高溫乾燒，可考慮添加鹵汁，運用其濕度、酸性與其他化學性質來降低致癌物的產生。

水中生物與魚類特性

孕育許多生物的各種水域，是地球的另一個世界，與牛羊豬雞的生長環境大不相同。魚貝蝦蟹為適應水中生活而具備的種種特性，也使其成為獨特的食物來源。

魚肉的白軟特性

水的密度比空氣高，魚類在體內儲存一些比水還輕於的油或空氣，便可輕輕鬆鬆浮在水中（幾乎處於無重力狀態），因此魚類不必像陸地上的動物

需要笨重的骨架或強韌的結締組織來協助支持身體、對抗重力。魚類的骨架小且輕、結締組織纖弱、肌肉質量大而顏色淡白。

魚的淡白肉色，是因為水的浮力及浮力對魚的行動造成的阻力。在水中游來游去需要長時間的耐力，因此是由慢速紅色肌纖維來執行，它以飽含氧氣的肌紅素與脂肪作為能量來源（見172頁）。在有浮力的水中游泳相當容易，魚類只以1/10~1/3的肌肉來應付這方面的需求，通常是在皮下薄薄的一層深色肌肉。然而在水中，阻力會因魚的游速加快而急遽增加，這表示魚類必須發展能很快加速的高度動力，因此能儲備緊急能量的快速白色肌纖維占去大多數的肌肉質量，以備魚兒在偶而要突然加快時使用。

除了上述的紅、白肌纖維之外，鮪魚科及一些其他魚類則具有「粉紅」肌纖維，這是含較多儲氧色素的白肌纖維，功能是讓這些魚能一口氣游更久。

魚貝蝦蟹的風味

海洋與淡水生物的風味大不相同，原因是海洋魚類會吸入及吞入鹽水，因此需要發展出維持體液電解質正常濃度的方法。在開放的海域中，鹽大約占海水重量的3%，但動物細胞內礦物質的最適濃度（包括氯化鈉）卻是1%以下。多數海洋生物的細胞中會充滿胺基酸及其類似的胺類化合物，以平衡海水的高鹽度。胺基酸當中的甘胺酸是甜的，而麩胺酸的單鈉麩胺酸鹽（味精）型式則風味鮮美，令口齒留香。蝦蟹貝類特別富含這些美味可口的胺基酸，而有鰭魚類除了這種成分外，其風味也仰賴一種名為氧化三甲胺（TMAO）的胺類化合物。鯊魚、鰩魚、魟魚等則含有另一種物質：稍具鹼性與苦味的尿素，這是動物代謝蛋白質廢物後排出體外的物質。魚一旦宰殺之後，TMAO與尿素便會帶來問題，因為細菌與魚體的酵素會分別將它們轉換成很臭的三甲胺（TMA）與氨水，這便是魚不新鮮時的臭味來源。

淡水魚的情況又不一樣了。淡水魚生活的環境比其細胞的鹽度還低，因此不需要累積胺基酸或尿素，所以肉相對較清淡，不管新鮮或不新鮮都一樣。

| 魚肉組織橫切面

下左：多數間歇性游泳的魚種，肌肉主要由快速白色肌纖維組成，間或含有慢速紅色肌纖維。中：鮪魚游泳的時間較持久，因此含有較多深色肌纖維，連白色肌纖維也含有較多肌紅素。右：真鰈、大比目魚及其他貼近海床生活的鰈魚科魚類以單側游泳。

魚油有益健康

為什麼魚肉能提供最多對人體有益的不飽和脂肪，而安格斯小公牛肉就沒有這麼多？因為海水比牧場及穀倉冷，而多數的魚類都是冷血動物。將一塊牛排丟進海中，裡頭的油會凝結起來，因為它的細胞是設計在一般動物體溫（40°C）下運作的，但海洋魚類與其賴以維生的浮游生物，細胞膜與儲存的能量在0°C時，仍必須維持液態且正常運作，因此牠們的脂肪酸結構很長且不規則（見第340頁），只有在溫度極低的狀況下才會固化成結構規則的結晶。

魚貝蝦蟹類容易腐敗

水中寒冷的環境也是令海鮮比其他肉類容易腐壞的原因。寒冷的效應有兩種，首先，它讓魚類必須仰賴在低溫下仍能維持液態的高度不飽和脂肪酸，但這種脂肪酸的分子很容易氧化，產生餿腐、硬紙板般的怪味。另一個更重要的效應是，魚類在冷水中生存，必須具備能在低溫下作用的酵素，同樣的，寄生在魚體內或附著於魚體外的細菌，也都能在低溫下保持活躍。一般溫體動物內的酵素與細菌，作用溫度通常是40°C左右，因此只要冷藏於5°C的冰箱，活性便會減緩；但同樣的低溫對於深海魚類的酵素與腐敗菌，卻是溫和宜人的完美溫度。在所有魚類當中，生活於寒冷水域的（特別是較肥腴的種類），會比生活於熱帶的魚類更容易腐壞。冷凍牛肉能在冰庫中保存好幾週，鯖魚與鯡魚只能在冰上維持5天，鱈魚與鮭魚8天，鱒魚15天，鯉魚與吳郭魚（非洲原生的淡水魚）則為20天。

肉質脆弱，火侯控制不易

烹調魚類時得面臨雙重挑戰：魚肉比一般肉類更容易煮過頭而變得乾硬，就算煮得恰到好處，肉質也很脆弱，從鍋裡或燒烤爐架移到盤中時，很容易

被弄得支離破碎。魚肉對於熱的敏感度與其易腐性是有所關連的：適合在寒冷中運作的肌纖維不但會在低溫度下腐壞，在低溫下也比其他肉類容易煮熟；若是在室溫下，海魚肌肉蛋白質的摺疊結構甚至會立刻打開並凝結！

儘管煮得過熟會讓魚肉變乾，卻不至於老到咬不動。煮過的魚肉之所以脆弱，是因為它的結締組織相當少，且膠原蛋白在低溫下便被分解成膠質。

■ 魚肉品質難以捉摸

海鮮的品質在不同季節可能天差地遠。這是因為在海鮮的生命週期裡，通常有一個階段是生長與成熟期，此時牠們會蓄積能量，達到最適合上桌的最佳品質；但在接下來的階段，牠們便把先前蓄積的能量用來迴游、製造大量卵子與精子以繁衍後代上。大多數魚類並不像陸生動物那樣以一層層油脂來儲備體力，而是以肌肉中的蛋白質作為備用能量來源。在迴游與繁殖期間，牠們的肌肉累積了蛋白質消化酵素，等於是將自己的血肉化成下一代的骨肉。魚兒經歷這階段後會消瘦許多，肌肉量幾乎耗盡，煮起來的口感變得鬆軟而沒有彈性。

不同的魚有不同的生命週期，且同時間在不同區域所捕獲的，也可能處於不同生命階段，因此我們很難判斷某一條捕來的野生魚，是否正好當令。

魚的構造與品質

魚貝蝦蟹有許多共同點，但解剖構造卻大不相同。魚類是有骨骼的脊椎動物，而蝦蟹貝類則是沒有骨骼的無脊椎動物，兩者肌肉與器官的位置全然不同，因此口感也截然不同。關於蝦蟹貝類的解剖構造，將另行於第277頁說明。

■ 魚類的構造

約莫4億年前，遠在爬蟲類、鳥類或哺乳類動物出現之前，魚類便已經擁

有和今日相同的基本身體結構特徵：子彈般的流線體型，能將游動時的水流阻力降至最低。儘管有些許例外，但我們可以把大多數魚類想像成一片片被結締組織固定住的肌肉組織，以及一具帶有推進能力的尾部骨架。魚類藉著整個身體的起伏與尾部的擺動，推動身後的水流。

魚皮與魚鱗

魚的皮膚有兩層，外層為薄的表皮層，內層為厚的真皮層。真皮層具有各種腺體細胞，能分泌化學保護物質，其中最重要的是黏液，一種蛋白質類物質，相當類似蛋白。魚類的皮膚通常比肌肉豐腴，脂肪量約5~10%，厚厚的真皮層尤其富含結締組織，膠原蛋白通常約占其重量的1/3，因此魚皮比魚肉（0.3~3%的膠原蛋白含量）或魚骨更容易燉煮出濃稠的膠質。以蒸或燉的方式調理，通常能使魚皮變成滑溜的膠質片，而用煎炒或燒烤方式處理，則能使魚皮變得酥脆。

鱗片是另一種保護魚皮的重要組織，由堅韌的含鈣物質所構成，成分與牙齒相同，可用刀片逆著鱗片的排列方向來刮除。

骨骼

中、小型魚類的骨骼由背脊骨及與其相連的肋廓組成，通常能整付與魚肉分離。不過魚類通常會有突出到魚鰭的骨骼，而鯡魚、鮭魚與一些其他科的魚類，則有不與主要骨架相連的「浮」刺或「細」刺，能支撐一些結締組織，並導引肌力方向。由於魚骨比陸生動物的骨骼小、輕，且較少與鈣結合成礦物，其中的膠原蛋白也沒那麼堅韌，在接近沸點的烹調溫度下，不需太長時間便能軟化，甚至溶解（鮭魚罐頭因此富含鈣質）。魚骨本身甚至就是一道菜，西班牙的加泰隆尼亞、日本與印度，都有酥炸魚骨這種料理。

魚內臟

魚貝蝦蟹等各式海鮮的內臟，能提供人類特別的食用樂趣。有關魚卵的部分將於稍後說明（見303頁）。不少魚類的肝臟被奉為珍貴佳饌，包括羊魚

（紅鰹）、鮟鱇魚、鯖魚、魟及鱈魚等，甲殼類動物的肝胰腺也有類似風味。鱈魚及鯉魚的「舌頭」實際上是喉部肌肉及結締組織，長時間烹煮後便能軟化。魚頭的脂肪量可高達20%，可以塞進填料而後慢煮至骨頭軟化為止。另外還有魚鰾或浮囊，是結締組織構成的氣球，鱈魚、鯉魚、鯰魚及鱘魚等都有這種充氣構造，作為調整浮力之用。亞洲料理會將乾燥的魚鰾油炸到膨脹，然後再以滷汁慢煮。

質地脆弱的魚肉

魚的肉質遠比其他陸生動物脆弱，原因在於魚類肌肉的層狀構造，以及稀疏而脆弱的結締組織。

肌肉構造

陸生動物的單一條肌肉或肌纖維可長達十幾公分，肌肉末端逐漸變細，以堅韌的韌帶連結在骨骼上。但魚類正好相反，肌纖維是呈片狀排列，每一小段不到數公分厚（肌節），一段段短纖維合併為一層非常薄的結締組織（肌隔）。肌隔是稀疏的膠原蛋白纖維網狀結構，從魚的背脊骨延伸至皮膚，一片片肌肉摺起、交疊成繁複的W形，能導引這些肌纖維將力量以最有效率的方式傳遞至背脊骨。一條像鱈魚那樣長的魚大約有50片肌隔。

結締組織

魚的結締組織很脆弱，因為其膠原蛋白中能強化結構的胺基酸含量比牛肉膠原蛋白裡的少；同時肌肉組織也是能量的供應者，因此會反覆增生與分解，而陸生動物的肌肉組織則隨著年齡增強。一般肉類的膠原蛋白十分堅韌，必須烹煮好一段時間才會分解成膠質，但魚肉的膠原蛋白在50~55°C便會很快分解，使肌肉層分開成一節節。

魚類解剖圖
魚類的肌肉與陸生動物大不相同，它是由一層層短的肌纖維排列而成，並被一片片又薄又脆弱的結締組織隔開。

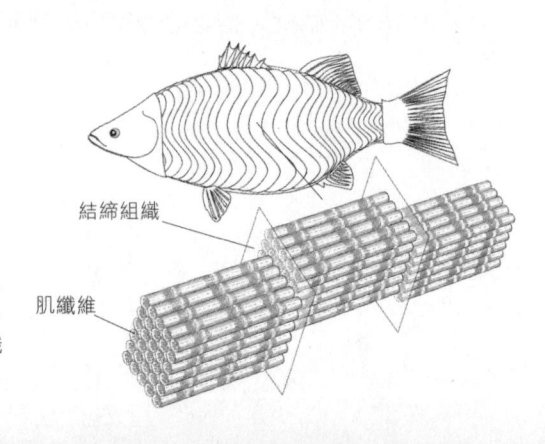

結締組織

肌纖維

來自膠質與魚脂的鮮美滋味

膠質與脂肪都讓魚肉具有多汁口感，相較於大比目魚、鯊魚這些膠質含量較多的魚，鱒魚、鱸魚等膠質含量少的魚在煮過之後肉質似乎比較乾。由於魚類在水中不斷游動，力量主要來自背部後端，因此魚尾的結締組織比魚頭更多，吃起來也比較多汁。紅肌纖維比白肌纖維薄，需要以更多結締組織連結，因此深色的魚肉肉質更細緻，也較多膠質。

不同魚類的肌肉脂肪含量差異極大，肉色同樣是白色的魚，鱈魚只含0.5%，一些其他的魚種（如飼養狀況良好的鯡魚）卻可高達20%。脂肪儲存細胞主要以層狀結構分布於皮下，其次是在分隔肌節的結締組織中。魚腹通常最肥，而在肌肉構造裡的脂肪，則是頭端較肥、尾端較瘦，因此從魚肚部位橫切的鮭魚排，其含脂量可能是從尾部橫切的兩倍。

軟化

有一些情況可能造成魚肉軟化，變得不可口。例如過了迴游與繁殖期，魚類耗盡體力，肌蛋白變少，連結變鬆，整體肉質因而變軟、不結實。這種「不結實」的鱈魚或「膠狀」的比目魚，因為肌肉間的連結實在太鬆，情況嚴重時甚至會像是液化了。有些冷凍過的魚在解凍後肉質會變成糊狀，是因為冷凍會破壞細胞內的胞器、釋出能溶解肌纖維的酵素。烹調過程中的酵素作用也會使結實的魚肉變爛。

魚肉的滋味

魚肉的滋味，受到魚種、生長水域的鹽度、魚所吃的東西，以及捕獵與處理的方式等眾多因素影響，在我們平常吃的食物中，是最變化多端的。

魚肉的味道

海鮮通常比其他肉類或淡水魚類更有味道，這是因為生活在海中的生物須累積胺基酸來抗衡海水的鹽度（見240頁）。海魚肉和牛肉及鱒魚肉相比，

鈉鹽含量差不多，但游離胺基酸的含量卻是3~10倍，尤其是帶有甜味的甘胺酸與美味的麩胺酸。蝦蟹貝類、鯊魚、魟以及各種鯡魚與鯖魚科的成員，更是富含這類胺基酸。由於海水鹽度變化極大，遠海的鹽度極高，但河口的鹽度較低，因此魚肉的胺基酸含量與食用的味道，也會因為海域的不同而大異其趣。

另一個影響魚肉味道的因素，是攜帶能量的化合物「三磷酸腺苷」（ATP）的間接影響。當細胞從ATP獲取能量時，ATP經一連串代謝作用，然後轉化成各種小分子，其中有一種代謝產物「肌苷酸」（IMP）也具有類似麩胺酸的美味。不過IMP只是一個過渡物質，魚肉在宰殺後一段時間會因IMP增加而變得美味可口，但IMP消失後就沒那麼美味了。

魚肉的香味

植物般的新鮮氣息　極新鮮的魚肉聞起來會有像植物葉子榨汁後的味道，但很少人能有機會親自體驗這種令人驚豔的香味。魚肉與植物都含有很多不飽和脂肪酸，而植物的葉子與魚皮也都擁有脂肪氧化酶，能將這些沒有味道的大型脂肪酸分子分解成具有香味的小分子。幾乎所有魚肉都帶有一種香氣分子（8個碳原子長度），會散發濃郁的天竺葵葉香味，並帶有些微金屬味。淡水魚類也有一種香味很像新割下的草（6碳分子），以及一種在香菇裡也有的泥土味（8碳分子）。有些淡水魚及迴游魚類，尤其是胡瓜魚，會產生像甜瓜或胡瓜般的氣味（9碳分子）。

海岸的氣息　海魚通常會有另一種特殊的海岸氣息，這種氣息似乎來自溴酚這種化合物。溴酚是藻類與一些原始動物運用大海中豐富的溴元素所合成，經過海浪的作用散發到海岸邊的大氣中，因此我們會在海邊聞到溴酚的味道。魚的體內也會堆積溴酚，通常是因為吃了藻類或以藻類為食的生物，因此海魚能讓我們想起海洋的氣息。養殖的鹹水魚便缺乏這種大海氣

生鮮魚貝蝦蟹類的風味化合物
魚貝蝦蟹類的基本風味，是來自不同的風味與香氣分子組合。

來源	胺基酸：甜、鮮美	鹽：鹹	IMP：鮮美	TMA：魚腥味	溴酚：海洋氣息	胺類：（尿素）	土味素、茨醇：土味
一般陸生動物的肉	+	+	+	-	-	-	-
淡水魚類	+	+	+	-	-	-	+
鹹水魚類	+++	+	+++	+++	+	-	-
鯊魚與魟	+++	++	++	+++	+	+++	-
軟體動物	+++	+++	+	++	+	-	-
甲殼類動物	++++	+++	+	+	+	-	-

息，除非在人工飼料中加入溴酚。

泥土味 淡水魚有時候會帶有令人不悅的土味，通常是在河底層覓食的魚類。直接開挖土地所築成的人工魚塘，養出的魚土味尤其重，如鯰魚與鯉魚。造成這種氣味的化學成分，是藍綠藻所製造的兩種化合物：土味素與甲基異茨醇，尤其是在溫暖氣候下。這些土味物質似乎主要累積在魚皮與深色肌肉組織，去除這些部位能讓魚更美味。土味素會在酸性環境下分解，因此有些傳統食譜會以醋或其他酸性佐料搭配魚肉，相當符合化學原理。

魚腥味 從宰殺的那一刻起，魚肉便開始散發出種種氣味。最容易聞到的強烈氣味便是魚腥味，主要來源是魚類為了平衡海水鹽度而產生的化合物氧化三甲胺（TMAO）被魚體表面的菌分解成有味道的三甲胺（TMA，見240頁）。淡水魚一般不會累積TMAO，甲殼類則只有少量，因此不像海魚那麼腥。此外，魚類製造的不飽和脂肪以及鮮草香味物質（醛類化合物）也會逐漸起化學作用，產生的分子會發出不新鮮、腐敗的味道，有些還會強化TMA的腥味。在冷凍過程中，魚體本身的酵素會將一些TMA轉換成二甲胺（DMA），聞起來有淡淡的氨水味。

　幸好，我們只要用一些簡單的方法就能有效去除魚腥味。魚體表的TMA只要用自來水就可以沖除，酸性佐料（檸檬汁、醋、番茄）也有兩個作用：促進腐臭味物質與水的作用，降低其揮發性；此外也提供一個氫原子給TMA與DMA，使這兩種分子帶有正電荷，並與水及其他周邊分子結合，如此氣味就不會從魚體表散發到我們的鼻腔中。

　魚肉煮熟後的香味，將於第264頁中探討。

魚肉的色澤

蒼白的半透明

　大部分生魚肉的肌肉多為白色或灰白色，有一種細緻的半透明感，這是

因為它不像生牛肉與豬肉那樣在肌肉細胞外還包覆著容易散射光線的結締組織與脂肪細胞。魚肉較肥的部位（如鮭魚與鮪魚的腹部）會呈現明顯的乳白色，與鄰近部位的魚肉形成強烈對比。魚肉經烹煮後，肌肉蛋白會展開且互相連結成能散射光線的大型分子，顏色便由半透明轉為不透明。除了加熱之外，以酸性汁液醃漬處理也能使魚肉蛋白質結構展開，使肉色變為不透明。

紅色的鮪魚

有些鮪魚呈現牛肉般的肉色，是因為含有氧合肌紅素（見172頁），以因應牠們忙個不停的生活形態（見255頁）。魚類的肌紅素特別容易氧化成褐色的變性肌紅素，尤其在-30°C的冷凍溫度之下。鮪魚必須以比這更低的溫度冷凍，才能保有其顏色。魚肉肌紅素會在烹調時變性，變成灰褐色，與牛肉肌紅素變色所需的溫度差不多，大約在60~70°C之間。但由於魚肉的肌紅素量很少，因此變色的效果不明顯，會被其他細胞蛋白質展開、互相連結而造成的乳白色給掩蓋掉。所以有些魚（長鰭鮭魚、鱵鰍魚）的魚肉在生的時候是粉紅色，但煮過之後卻變成一般的白色魚肉。

粉橘色的鮭魚與鱒魚

鮭魚特有的肉色是來自與紅蘿蔔的色素（胡蘿蔔素）化學結構相近的物質：蝦紅素。這些色素來自鮭魚所獵食的小型甲殼類動物，牠們會利用藻類的 β − 胡蘿蔔素製造蝦紅素。有許多魚類都會將蝦紅素儲存於皮膚與卵巢，但只有鮭魚會將蝦紅素儲存在肌肉，而由於養殖的鮭魚與鱒魚並沒有機會吃到野生的甲殼類動物，因此肉色較淡，除非在飼料中額外添加甲殼類動物的殼，或是角黃素這種工業化生產的類胡蘿蔔素。

我們食用的魚

世界上有形形色色的魚,種類繁多、不可勝數。在所有脊椎動物中,魚類就占了一半以上,大約 2 萬 9,000 種,其中人類經常吃的魚約有百來種,會不定期出現在美國的超級市場的至少有 20~30 種,而另外數十多種,則出現在高級餐廳或異國料理之中,且通常有不同名稱。以下列出一些常吃魚種的生物分類關係,隨後也將分別介紹一些重要的魚類科別。至於貝蝦蟹則是性質殊異的動物,缺乏脊骨且和魚類明顯不同,因此將另行討論。

常見食用魚的名稱與家族關係

近親的魚種歸在一類,在圖表中,位置越接近的魚種,關係就越親近。鹹水魚沒有做任何特別標示;「淡」代表淡水魚種,「淡+鹹」代表淡、鹹水種類都有。

科別	種數	舉例
鯊魚(數種)	350	藍鯊(Prionace)、長尾鮫(Alopias)、雙髻鯊(Sphyrna)、黑尖鯊(Carcharinchus)、狗鯊(Squalus)、青鮫(Lamma)、玲瓏星鯊(Mustelus)
鰩魚	200	鰩魚(Raja)
魟魚	50	魟魚(Dasyatis, Myliobatis)
鱘魚	24	白色大鱘魚、歐洲鰉(Huso)、奧西特拉鱘、閃光鱘、尖吻鱘、黃鱘、中吻鱘、高首鱘(都是 Acipenser)
槳吻鱘(淡)	2	美國白鱘、中國白鱘(Polyodon, Psephurus)
雀鱔	7	雀鱔(Lepisosteus)
大海鰱	2	大海鰱(Tarpon)
北梭魚	2	北梭魚(Albula)
鰻鱺(淡+鹹)	15	歐洲、北美、日本(均為 Anguilla)
鯙鰻	200	海鱔(Muraena)、海鰻(Muraenesox)
海鰻	150	糯鰻(Conger)
鯷魚	140	鯷魚(Engraulis, Anchoa, Anchovia, Stolephorus)
鯡魚	180	鯡魚(Clupea)、沙丁魚、沙瑙魚(Sardina, pilchardus);黍鯡(Sprattus)、西鯡(Alosa)、鰣魚(Hilsa)
虱目魚	1	虱目魚(Chanos)
鯉魚(淡)	2000	鯉魚(Cyprinus, Carassius, Hypophthalmichthys…等)、鰺魚(Notropis, Barbus)、丁鱥(Tinca)
鯰魚(淡)	50	北美鯰魚(Ictalurus)、大頭魚(Ameirus)
大鯰魚(淡)	70	六鬚鯰(Silurus),東歐
海鯰	120	海鯰(Arius, Ariopsis)
狗魚(淡)	5	狗魚、小梭魚(Esox)
胡瓜魚	13	胡瓜魚(Osmerus, Thaleichthys)、毛鱗魚(Mallotus)、香魚(Plecoglossus)
鮭魚(淡+鹹)	65	鮭魚(Salmo, Oncorhynchus)、鱒魚(Salmo, Oncorhynchus, Salvelinus)、嘉魚(Salvelinus)、白鮭及湖青魚(Coregonus)、茴魚(Thymallus)、折羅魚(Hucho)
狗母魚	55	狗母魚(Synodus)、印度龍頭魚(Harpadon)
翻車魚	2	翻車魚、月魚(Lampris)
鱈魚	60	鱈魚(Gadus)、黑線鱈(Melanogrammus)、綠青鱈及青鱈(Pollachius)、綠鱈(Pollachius, Theragra)、鱈魚(Molva)、牙鱈(Merlangus, Merluccius)、江鱈(Lota)
狗鱈	20	狗鱈(Merluccius, Urophycis)
南方狗鱈	7	尖尾無鬚鱈(Macruronus)

長尾鱈	300	長尾鱈（Coelorhynchus, Coryphaenoides）
鮟鱇魚	25	鮟鱇魚（Lophius）
鯔魚	80	烏魚（Mugil）
麥銀漢魚	160	麥銀漢魚、銀漢魚（Leuresthes）
頜針魚	30	頜針魚（Belone）
秋刀魚	4	秋刀魚（Scombersox）
飛魚	50	飛魚（Cypselurus, Hirundichthys, Exocoetus）
棘鯛	30	橘棘鯛（Hoplostethus）
金眼鯛	10	金眼鯛（Beryx, Centroberyx）
的鯛	10	海魴（Zeus）
高的鯛	10	異海魴（Allocyttus, Neocyttus）
岩魚	300	岩魚、「海鱸」、美國海岸「鯛」（Sebastes）；鮋魚（Scorpaena）
魴鮄	90	魴鮄（Triglidae）
黑鱈	2	「黑鱈」（Anoplopoma）
六線魚	10	六線魚（Hexagrammos）、龍躉（Ophiodon）
杜父魚	300	杜父魚（Cottus, Myoxocephalus）、褐菖鮋（Scorpaenichthys）
圓鰭魚	30	圓鰭魚（Cuclopterus）
鋸蓋魚	40	尼羅河鱸、澳洲尖吻鱸（Lates）、鋸蓋魚（Centropomus）
溫帶鱸魚（淡＋鹹）	6	歐洲海鱸（Dicentrarchus）、美洲花條鱸、白鱸、黃鱸（均為Morone）
海鱸	450	黑海鱸（Centropristis）、石斑（Epinephelus, Mycteroperca）
翻車魚（淡）	30	翻車魚、大翻車魚（Lepomis）、小嘴鱸及大嘴鱸（Micropterus）、雙刺蓋鱸（Pomoxis）
河鱸（淡）	160	河鱸（Perca）、鼓眼魚（Stizostedion）
方頭魚	35	方頭魚（Lopholatilus）
竹莢魚	3	竹莢魚（Pomatomus）
海豚魚	2	海豚魚、鯕鰍魚（Coryphaena）
狗魚	150	狗魚（Caranx）、紅鮋及黃尾（Seriola）、真鯵（trachurus）、圓鯵（Decapterus）、鯧魚（Trachinotus）
鯧魚	20	鯧魚（Pampus, Peprilus, Stromateus）
笛鯛	200	笛鯛（Lutjanus, Ocyurus, Rhomboplites）、夏威夷紅鯛（Etelis）、吳庫魚（Aprion）、奧帕卡帕卡魚（Pristipomoides）
真鯛	100	真鯛（Calamus, Stenotomus, Pagrus）、鮐魚（Pagrosomus）、海鯛（Sparus）、赤鯮（Dentex）、羊頭鯛（Archosargus）
石首魚	200	美國紅魚（Sciaenops）、大西洋黃花魚（Micropogonias）
羊魚	60	紅鰹、緋鰹（Mullus）
慈鯛（淡）	700	吳郭魚（Oreochromis=Tilapia）
鱈冰魚	50	「智利海鱸」（Dissostichus）
梭魚	20	梭魚（Sphyraena）
蛇鯖魚	25	玉梭魚（Lepidocybium）、油魚、帶鯖（Ruvettus）
帶魚	20	帶魚（Trichiurus）
鮪魚與鯖魚	50	鮪魚（Thunnus, Euthynnus, Katsuwonus, Auxis）、大西洋、圓鯖（Scomber）；西班牙、馬鮫、巨鯧（Scomberomorus）、火樹魚／ono（Acanthocybium）、黃鰭鮪（Sarda）
長槍魚	10	姥鮫（Istisphorus）、四鰭旗魚（Tetrapturus）、槍魚（Makaira）、旗魚（Xiphias）
比目魚（左眼）	115	大菱鮃（Psetta）、鰈魚（Scophthalmus）

比目魚 （右眼）	90	大比目魚（Hippoglossus, Reinhardtius）、歐鰈魚（Pleuronectes）、 比目魚（Platichthys, Pseudopleuronectes）
真鰈	120	真鰈（Soles, Pegusa）
河豚	120	鈍、河豚（Fuga）；河豚魚（Sphoeroides, Tretraodon）
翻車魚	3	翻車魚（Mola）

引用自尼爾森（J.S. Nelson），《魚的世界》（*Fishes of the World*），3rd. (NY: Wiley, 1994)

■ 鯡魚家族：鯷魚、沙丁魚、黍鯡、西鯡

鯡魚科是個古老、種類繁多、多產的家族，數百年來都是北歐民族的重要動物性食物來源。種類眾多的鯡魚分布於各海域，往往集結成群，很容易網獲。鯡魚體型通常相當小，約僅十數公分，不過有時候也會長到40公分、重達0.75公斤。

鯡魚科成員在覓食的時候，會不斷游動並濾食海水中的浮游動物，因此肌肉很有力，並含有能夠軟化肌肉的酵素，在捕獲後不久便會產生強烈的氣味。鯡魚在進入繁殖期時，脂肪含量可高達20%，由於不飽和脂肪酸較易氧化，因此容易產生異味。鯡魚的肉質脆弱，通常以煙燻、鹽漬或做成罐頭的方式保存。

■ 鯉魚與鯰魚

淡水鯉魚來自東歐與西亞，目前是地球上最大宗的魚類科別。鯉魚能繁衍得如此成功，乃是拜一些特性之賜：能耐受髒水與低氧量，適應的溫度範圍從冰點到38°C。這些特性也使鯉魚成為水產養殖的理想魚種，因此中國早在3000年前就已經開始飼養鯉魚。鯉魚可重達30公斤以上，但通常在1~3年間長到幾公斤時便撈起。牠們是多刺的魚種，肉質粗，脂肪含量在中低水準。

另一類最常見的淡水魚為鯰魚科，同樣具備超強適應力，能在污水裡生活，屬雜食性，因此也能適應人工養殖。人們最熟的鯰魚科成員為北美河

鯰（Ictalurus），通常在長到30公分長、450公克時捕撈，但野生河鯰可長到1.2公尺長。鯰魚較鯉魚優勢的地方，是牠的骨架較單純，因此容易製成無骨魚排，以真空方式包裝置於冰上可保持良好品質達3週之久。鯉魚與鯰魚都可能會有土味，尤其在晚夏與秋天氣溫較高之際更是強烈。

鮭魚、鱒魚及其他近親魚種

鮭魚與鱒魚是人們熟悉的食用魚，也是最出色的魚肉。牠們是最古老的魚類家族，可追溯至一億年前。鮭魚是肉食性魚類，生於淡水，但在海中成長，爾後回到出生的溪流中繁殖。淡水鱒魚則是從一些大西洋與太平洋鮭魚的陸封族群演化而來。

鮭魚

鮭魚蓄積肌肉與脂肪，作為產卵與向上游迴游的能量來源，這段過程會消耗鮭魚近半體重，魚肉因而變得鬆軟而蒼白。不過當牠們迴游至溪流入海口時，肉質會達到顛峰，因此漁夫會在這個地方捕捉鮭魚。大西洋鮭魚的族群因為數百年來的過度捕撈，加上產卵所需的溪流環境遭破壞，野生鮭魚已近枯竭，因此目前市面上的鮭魚大多來自斯堪地那維亞與南北美洲的養殖場，至於野生的阿拉斯加鮭魚，魚源還算健全。野生與養殖鮭魚的品質比較，各方意見莫衷一是，有些專業廚師偏好養殖鮭魚的肥腴與穩定品質，但有些廚師則偏好野生鮭魚的濃郁風味及顛峰時期的堅實肉質。

大西洋與太平洋的王鮭都有潤腴的脂肪，但氣味不像同等肥度的鯡魚與鯖魚那樣強烈。鮭魚獨特的香味可能有部分是來自蓄積的蝦紅素，這種色素來自鮭魚所攝食的甲殼類動物，在加熱時會產生具有果香與花香的揮發性分子。

鮭魚及其特性

來源	含脂量（%）	體型（公斤）	主要用途
大西洋			
大西洋鮭（Salmo salar）	14	野生：45	+
太平洋			
王鮭（Oncorhynchus tshawytscha）	12	30+/14	鮮肉、煙燻
紅鮭（O. nerka）	10	8/4	鮮肉、煙燻
銀鮭（O. kisutch）	7	30/14	鮮肉、煙燻
狗鮭（O. keta）	4	4~5	魚卵、寵物食品
粉紅鮭（O. orbuscha）	4	2~4	罐頭
櫻鮭（O. masou）*	7	4~6/2~3	鮮肉

＊產於日本、韓國，台灣有其亞種「櫻花鉤吻鮭」。

鱒魚與嘉魚

這是鮭魚的主要淡水魚分支魚種,擅長游泳,因此人類將之從原生水域移到世界各地的湖泊與溪流中。由於鱒魚的食物來源缺乏含有色素的甲殼類動物,因此並不像鮭魚具有顏色。目前美國市場與餐館裡的鱒魚幾乎都是養殖的虹鱒,通常以魚粉、動物肉骨粉及維生素餵食。只要一年的生長期,虹鱒便能長到225~450公克,足夠端上桌當一道份量適中的主食,供應正餐所應有的蛋白質。挪威與日本的養殖業者以鹹水飼養同樣種類的鱒魚,生產出養殖的鋼頭鱒,體重可達23公斤,且具有與小型大西洋鮭魚一樣的粉紅色肉質與風味。迴游性的北極嘉魚能長到14公斤,在冰島、加拿大及其他地區的養殖場則能長至2公斤左右,肥腴程度媲美鮭魚。

鱈魚家族

鱈魚科與鯡魚、鮪魚同屬歷史上最重要的魚類,鱈魚、黑線鱈、狗鱈、牙鱈、綠鱈及青鱈等,都是中型掠食魚,在大陸棚近海床處捕食。鱈魚不大游動,酵素系統因此相當不活躍,風味與肉質穩定。鱈魚具有溫和的風味、光亮結實的大片魚肉,幾乎沒有紅肌與脂肪,在歐洲堪稱白色魚種的典型。

鱈魚科約在2~6年內長成,過去產量曾經達到鯡魚科捕獲量的1/3。許多族群因為人類大量捕撈,目前幾乎枯竭,但在北太平洋的綠鱈還是十分多產(最常用來做魚漿、包了麵包粉或拍扁的冷凍魚等調理食品),有些鱈魚則以箱網養殖方式飼養在挪威外海。

尼羅河鱸與吳郭魚

在歐洲與北美,以淡水魚為主的真鱸魚家族都算是非主流的食用魚種,目前較常見的是一些養殖種類,是鱈魚與鰈魚魚排的替代品。尼羅河鱸或維多利亞湖鱸若以其他種魚類餵養,能長到135公斤,目前世界許多地區都

鱒魚、嘉魚及近親魚種
鱒魚家族十分複雜,以下是常見的種類與來源地。

俗名	學名	來源地
褐鱒、鮭鱒	Salmo trutta	歐洲
虹鱒;鋼頭鱒(遠洋)	Oncorhynchus mykiss	北美西部、亞洲
溪鱒	Salvelinus fontinalis	北美東部
湖鱒	Salvelinus namaycush	北美北部
北極嘉魚	Salvelinus alpinus	北歐、亞洲,北美北部
白鮭	Coregonus species	北歐、北美

有養殖。草食性的吳郭魚原生於非洲，目前也已廣泛養殖，牠的生命力強，能適應20~35°C的水溫，無論在淡水或半鹹水中都能順利成長。許多不同品種以及雜交的品種都以吳郭魚為名出售，品質卻大不相同，其中紅色吳郭魚據說是培育歷史最久且肉質最佳的。尼羅河鱸與吳郭魚是少數能產生TMAO的淡水魚種，這種化合物會分解成有魚腥味的TMA（見246頁）。

鱸魚

　　北美的淡水鱸與翻車魚都是善游的魚種，而其中有一種已成為重要的水產養殖魚：由美國東部的淡水白鱸與海生的花條鱸雜交而成的條紋鱸。這種雜交魚種的生長速度比雙方的親代都快，且更有活力，肉不但多且可保存2週以上。與野生的條紋鱸相比，雜交鱸魚的肉質較脆弱，風味較淡，有時去皮可降低土味。

　　海鱸包括美洲花條鱸與歐洲海鱸（法文loup de mer，義大利文branzino）等，以肉質結實、風味細緻、骨架簡單著稱，目前主要養殖於地中海與斯堪地那維亞海域。

冰魚

　　「鱈冰魚」家族生長在南極外海的冰冷深海，是以浮游生物為食的大型棲息性魚類，最著名的是肥腴的「智利海鱸」，能長到70公斤重。智利海鱸的真名其實是「小鱗犬牙南極魚」，「智利海鱸」並不正確，但卻是很親切的俗名。它的脂肪在皮下形成層狀構造，位在骨腔中，也散布於肌肉纖維中，含量可達15%。廚師一直要到1980年代中期才懂得欣賞這種滋味腴美的魚種，牠有大片魚肉，而且不容易煮過頭，實屬難能可貴。小鱗犬牙南極魚就像橘棘鯛與其他深海生物一樣繁殖緩慢，已有跡象顯示，牠們的魚源已因人類的過度撈捕而面臨枯竭的危機。

鱸魚家族及近親

海鱸	歐洲海鱸	Dicentrarchus labrax	北美淡水鱸	白鱸	Morone chrysops
	黑海鱸	Centropristis striatus		黃鱸	Morone mississippiensis
	條紋鱸	Morone saxatilis		美國白鱸	Morone americana
				雜交條紋鱸	Morone saxatilis x Morone chrysops

鮪魚與鯖魚

光從平價鮪魚罐頭的外觀來看，誰會想到這裡頭裝的可是地球上最特別的魚種之一？鮪魚是汪洋大海裡的大型掠食者，可重達680公斤，游動時一直保持70公里的驚人時速。它的白色快速肌纖維在魚身不斷游動時身負重任：它具有大量的氧合肌紅素，以及能將脂肪與蛋白質轉換成能量的酵素，因此氧氣的運用效率高，使鮪魚肉呈現暗紅色，且味道如牛肉般濃郁鮮美。鮪魚經烹煮、製成罐頭後，能散發出一種肉香，其氣味是來自核糖與含硫胺基酸半胱胺酸之間的化學反應；而半胱胺酸可能是來自肌紅素，牛肉經過烹煮後也會產生具類似風味的化合物。

自古以來，鮪魚一直深受美食家推崇，從古羅馬作家與自然歷史學家普林尼的著述中可以得知，古羅馬人最鍾愛鮪魚的肥肚以及脖子（現今義大利文稱為 ventresca），當今的日本人也是一樣。鮪魚肚又稱為 toro，肥潤的程度是背部肌肉的10倍，以其絲滑溫潤的口感而博得上等魚肉的至高地位。藍鰭與大眼鮪魚的壽命最長、體型最大，性喜深、冷水域，所以儲存比其他品種更多的脂肪作為能量來源並用以保溫，肉價可達半公斤數百美元之譜。

近年來，大多數鮪魚都是捕撈自太平洋與印度洋，迄今捕撈量最大的鮪魚是鰹魚與黃鰭鮪魚，為中小體型、肉質較瘦的魚種，繁殖快速，常可在近水面處成群捕獲。牠們與長鰭鮪（具有獨一無二的淡色魚肉的，夏威夷語稱 tombo）都是用來製作鮪魚罐頭的主要品種，是所謂的「白」鮪魚（義大利的鮪魚罐頭常以肉色較深、味道較濃烈的藍鰭鮪魚，或是鰹魚較深色的部位製成）。

鯖魚

鯖魚是鮪魚的近親，體型較小，原生於北大西洋與地中海，體型通常約45公分長、0.5~1公斤重。鯖魚與鮪魚一樣都是精力充沛的掠食者，具有大量的紅色肌纖維與活躍的酵素系統，氣味獨特，通常也是整群捕獲、成批出售。如果沒有立即處理且全程冰凍，品質很快就會惡化。

鮪魚家族
以下為全球常見的遠洋鮪魚種類。

俗名	學名	數量	體型（公斤）	脂肪含量，%
藍鰭鮪魚	Thunnus thynnus（北）；T. maccoyii（南）	極稀少	675	15
大眼、ahi	T. obesus	少	9~90	8
黃鰭、ahi	T. albacares	多	1~90	2
長鰭鮪	T. alalunga	多	9~20	7
鰹魚	Katsuwonus pelamis	多	2~20	2.5

▌旗魚

長槍魚是一群體型大（4公尺長、900公斤重）、活動力強的海洋掠食魚類，有一支長錨狀魚骨自上顎突出，肉身結實、多肉，幾乎沒有刺，人類捕捉為食已達千年之久。長槍魚科中最有名的是旗魚，估計大西洋現有族群已不到原有數量的1/10，亟需保護。旗魚具有密實的肉質且肉香濃郁，冰凍可保有鮮度達3週之久，相當難能可貴。

▌鰈魚科：真鰈、大菱鮃、大比目魚、比目魚

鰈魚是底棲生物，魚身兩側擠縮在同側而成為扁平貼地的形狀。大多數鰈魚的活動力都不高，因此供應魚體能量需求的酵素系統並不太活躍，魚肉的風味也連帶較淡，這也使得鰈魚的肉在捕獲後通常還能維持好幾天的新鮮度。

多佛真鰈或英國真鰈是鰈魚科裡最珍貴的品種，主要產於歐洲水域（較次等的美國鰈魚也常被誤稱為歐洲真鰈），肉質細緻而味美，據說在捕獲後的2~3天滋味最佳，因此很適合空運至距離較遠的市場販售。另一種名聲遠

鰈魚家族與近親

鰈魚家族成員浩繁，名稱也五花八門。以下列舉較常見的種類。鰈魚的名稱經常會造成誤解：美國水域並沒有真鰈（sole）；有些大比目魚（halibut）實際上並不是大比目魚，大菱鮃（turbot）也常不是大菱鮃

歐洲真鰈	
多佛，英國真鰈	Solea solea
法國鰈魚	Pegusa lascaris
其他歐洲鰈魚	
大菱鮃	Psetta maxima
大西洋大比目魚	Hippoglossus hippoglossus
歐鰈	Pleuronectes platessa
比目魚	Platichthys flesus
西大西洋鰈魚	
大比目魚	Hippoglossus hippoglossus
冬比目魚、檸鰈	Pseudopleuronectes americanus
夏比目魚	Paralichthys dentatus
格陵蘭大比目魚或大菱鮃	Reinhardtius hippoglossoides
東太平洋鰈魚	
喬氏蟲鰈	Eopsetta jordani
挽龍涮	Glyptocephalus zachirus
太平洋孫鰈	Citharichthys sordidus
太平洋大比目魚	Hippoglossus stenolepis
加州大比目魚	Paralichthys californicus

播的鰈魚科成員大菱鮃，則是活動力較強的掠食者，體型可達真鰈的兩倍，肉質結實，據說在剛宰殺後滋味最甜美。牠們能透過皮膚吸收一些氧氣，因此歐洲的養殖場運用冰涼濕潤的容器便能將活生生的小型大菱鮃運送至世界各地的餐廳。

大比目魚是鰈魚中體型最大的品種，也是貪婪的掠食者。大西洋與太平洋的大比目魚都是庸鰈屬（Hippoglossus），體型可長到3公尺長、300公斤重，肉質瘦而結實，據稱能保鮮超過一週。牠的另一種遠親「格陵蘭大比目魚」則較軟、較肥，而體型較小的「加州大比目魚」其實就是比目魚。

從水裡到廚房

我們所烹煮的魚，品質深受各種因素影響，包括漁夫捕捉與處理的方式、大盤商與零售市場處理魚肉的過程等。

水產的捕撈

相較於一般肉類，魚貝蝦蟹等水產的肉質特別脆弱敏感，好比熟透的果實，理論上必須特別小心處理，但實際上有其困難。在一般的屠宰場，我們能控管宰殺每一隻動物的過程，降低動物的恐懼與生理緊迫，同時也可以在肉質敗壞之前立即處理好屠體。但漁夫無法掌握捕魚時的情況，只有養殖場稍能掌控。

海上捕撈

捕捉野生海魚有幾種常用方式，但沒有一種是完全理想的。最能控制品質的方式效率也最差：少少幾個漁夫、只捉幾條魚，並且立即將捕到的魚冰凍起來，數小時內送到岸邊。倘若漁夫捕捉時動作迅速、讓魚的掙扎減至最低、宰殺與清理的動作嫻熟流利，再快速將魚肉完全冰凍、迅速運送至市場，確實能維持非常新鮮、高品質的魚肉。但如果魚隻掙扎到精疲力竭，處理過程也不理想，或沒有全程冰凍，品質便大打折扣。目前比較普遍的方法是大量

處理剛宰殺的魚
業餘釣客經常無法在魚兒開始僵直前便將魚肉烹煮好，還好死後僵直的魚肉不像牛肉或豬肉那麼強韌。在魚剛殺好、尚未僵直之前，若已經先把魚切成魚排或魚片，就得立刻烹煮或冷凍。魚肉若在切塊之後發生僵直，那麼，由於肌纖維能夠自由收縮，肉塊的長度會縮短到甚至只剩一半，並形成有皺摺、強韌的團塊。如果魚肉切好便立即冷凍起來，之後再將魚肉擺放在少許碎冰上慢慢解凍，便能使肌肉逐步釋放儲存的能量而不會出現大幅收縮。

捕捉，每隔幾天或幾週便送往港口，但捕捉到的漁獲往往因為大規模作業、沒有即時處理且儲存條件較差，因此傷害了魚體、影響品質。附有加工廠的拖網漁船與遠洋漁船也是大規模作業，但在船上就先進行加工，往往在幾個小時內便完成清理、真空包裝與冰凍。比起一些沒能小心處理魚貨的小區域捕撈作業，這種遠洋作業的魚貨品質反而可能更佳。

養殖場收成

在海上捕魚必須面臨各種處理與運輸的挑戰，相反地，從養殖場捕收鮭魚則能藉由最好的作業方式來確保品質。首先，鮭魚在捕收之前的7~10天要先禁食，以減少腸道中的微生物與消化酶，減緩魚肉的敗壞的速度。將魚隻放入含飽和二氧化碳的冰水中加以麻醉，然後槌打魚頭或切斷魚鰓或尾部血管來宰殺。由於魚血中的酵素與帶鐵的血紅素會發生化學反應，因此放血能增進魚肉風味、肉質、顏色與保存性。工作人員須在魚體還很冷的狀態下清理魚肉，並以保鮮膜包裝，不讓魚肉直接接觸到冰塊或空氣。

屠體僵直效應與時間

有時候我們確實能吃到非常新鮮的魚貝蝦蟹，那是在牠們死後的幾分鐘到幾小時之內，屠體尚未經歷死後僵直的化學與物理變化（見187頁）。一條在生前曾奮力掙扎的魚，可能在死後不久便發生肌肉僵直；而一條飼養狀況良好的養殖鮭魚，卻可能在死後好幾個小時才發生。肌肉細胞開始相互分離或與結締組織層分離後，再過幾個小時或幾天，魚肉便會開始「溶解」，因此魚貝蝦蟹的肉若在屠體僵直前煮食，通常比屠體僵直後更有彈性。有些日本人喜歡吃十分新鮮、嚼起來還會抽搐的「活魚生魚片」（ikizukuri）；挪威人的珍饈「活宰鱈魚」（blodfersk，血－肉之意），是等客人點菜後才將養在水族箱裡的鱈魚撈出現殺；中國餐館也常隨時備有一箱箱活魚；法國人有現殺的「藍」鱒料理；許多蟹蝦貝類也都是活生生直接下鍋。

延緩屠體僵直的時間，通常便能抑制魚肉質地與風味變壞，大多數魚肉

都能在宰殺後發生僵直之前立即冰凍以維持肉質。然而有些種類的魚（沙丁魚、鯖魚及吳郭魚之類的溫水魚）若太早冰凍會破壞肌肉的收縮控制系統，令魚肉變得更硬。通常剛過僵直期是魚肉的最佳食用時機，約莫是死亡後的8~24小時，過了僵直期，魚肉便迅速腐壞。

判定魚肉的新鮮度

消費者現在通常很難得知市場上賣的某一塊魚肉是來自何處、以何種方式、在何時捕捉、花了多少時間運輸，或先前經過什麼處理等，因此一眼即能辨識出高品質的魚肉是極為重要的。但我們可能會被魚肉的外表與味道所矇騙，就算是非常新鮮的魚，如果剛好產完卵而體力耗盡，品質也不會很好。因此最好的辦法，就是要找真正懂得魚且可靠的魚販，在他的建議下購買當季品質最佳的魚。這類魚販通常也比較會挑魚貨供應商，較不會販賣非當季魚種。

魚排與魚片最好是選購時才從整條魚上切下來，因為魚肉一旦切下，新切面會立即接觸到微生物與空氣，舊切面則會很快腐壞發腥。

購買全魚時應注意：
- 皮膚應當緊實有光澤，不新鮮的魚會出現皺摺且失去光澤，至於顏色則不是很好的指標，因為許多魚的皮膚會在死亡後迅速褪色。
- 覆蓋在皮膚上的蛋白質黏液，通常在清理魚隻時便洗去，而如果還在的話，應該看起來清澈透明而有光澤。不過蛋白質黏液會隨著時間凝結而看起來像牛奶，顏色也從灰白變成黃色、褐色。
- 魚眼應該明亮、黝黑而突出。時間越長，魚的眼睛表面會轉為不透明、灰白色，眼球則變平。
- 魚腹若出現腫脹、軟化或破損，表示消化酶與微生物已經溶穿腸壁、進入腹腔與肌肉，因此一隻完好的魚不應該出現這樣的現象。一條處理過的魚應該已去除所有內臟，包括貼著脊椎的細長紅色腎臟。

如果是已經切片的魚，應該注意：

- 魚排或魚片應該看起來有光澤、飽滿。切面通常會隨著時間變乾，且因蛋白質凝結而形成沒有光澤的薄膜，如果出現褐色的邊緣，代表已經變乾、油脂氧化、出現異味。
- 不管是切片還是全魚，魚肉應該散發出新鮮海洋氣息或清新的草香，只能有輕微的魚腥味。強烈的魚腥味是因為細菌已作用了好一段時間，如果出現腐臭、尿味、爛果味、硫磺味或發臭，表示肉質已經變得更糟。

魚貝蝦蟹的儲存：冷藏與冷凍

　　一旦買到好的魚貨，接下來的挑戰便是如何保存。魚肉總是會變差的，一開始的凶手是魚的酵素與氧分子，兩者會使魚肉變暗、走味、肉質變軟，不過魚肉不致於因此就不能吃。魚肉會腐敗到不能食用，是因為微生物（尤其是儲存在魚鰓與瘦肉部位的細菌），特別是假單胞菌屬與其他耐冷的同類細菌。微生物會消耗賦予魚肉風味的游離胺基酸以及蛋白質，使之轉變成惡臭的含氮物質（氨水、三甲基胺、吲哚、甲基吲哚、腐胺與屍胺等）與含硫化合物（硫化氫與有臭鼬味的甲硫醇），然後魚肉就不能吃了，發生這一變化所需的時間遠比牛肉或豬肉腐敗還短。

　　避免腐壞的第一道手續便是沖洗。細菌會在魚體表面生存與作用，沖洗能除去大部分細菌及其造成腥臭味的副產品。將魚體清洗、擦乾後以蠟紙或保鮮膜緊密包裝，避免接觸氧氣。

　　但溫度控制才是最重要的防護措施，溫度越低，魚類酵素造成損害的速度就越慢。

冷藏：冰的重要性

　　就我們所吃的大多數食物而言，要讓食物維持數日的新鮮，一般冰箱已綽綽有餘；但魚肉例外，因為其酵素與附生的微生物相當適應低溫環境。冰是維持新鮮魚肉品質的關鍵，將魚肉放在0°C的碎冰中，保存期約為一般冷藏溫度（5~7°C）的兩倍長，因此無論在超市冰櫃、購物車、汽車或冰箱裡，

在黑暗中發亮的蝦蟹貝類

有些海洋菌類（發光桿菌屬及弧菌屬）會藉由一種特殊的化學反應而發出亮光，使蝦子與螃蟹在黑暗中發光！目前為止，這些冷光菌似乎對人類無害，但有些卻會讓甲殼類動物生病，因此這些甲殼類動物若因細菌而發光，代表著並不是那麼新鮮。

最好盡可能讓魚肉全程保持於冰溫下。薄冰或碎冰比大冰塊及厚片冰塊更能均勻接觸魚肉，包上保鮮膜則能預防魚與水直接接觸而失去風味。

高脂海水魚（鮭魚、鯡魚、鯖魚、沙丁魚）若好好以碎冰保護，通常能保存 1 週；較瘦的冷水魚（鱈魚、比目魚、鮪魚、鱒魚）則能維持約 2 週；瘦的溫水魚（笛鯛、鯰魚、鯉魚、吳郭魚、鯔魚）可維持 3 週。但魚肉在進市場販售時，可能已經冰存了一段時間。

冷凍

要讓魚肉幾天後仍新鮮可食，儲存溫度必須維持在冰點以下，以有效阻止魚肉遭細菌攻擊而敗壞，不過這依舊無法阻止魚肉組織中會產生腥臭味的化學變化。魚肉的蛋白質（特別是鱈魚及其相近魚種）似乎特別容易發生「冷凍變性」。蛋白質一旦失去正常水分，原本維持其繁複摺疊結構的鍵結便會受到破壞，然後蛋白質會展開且互相結合，造成堅韌、空洞的網狀組織，在烹煮時無法保有濕潤，吃進嘴裡則變成乾澀、有纖維感的蛋白質團塊。

因此若從市場上買到冷凍魚肉，最好立即使用。將魚肉緊密包裝好，及／或在表面抹水以預防凍傷（將魚冷凍、浸水、再冷凍，重複幾次後能形成一個有保護作用的冰層），然後儲存在一般冷凍庫中，如果是鮭魚這類較肥的魚通常就可以保存 4 個月，而大多數較瘦的白肉魚與蝦子則能保存半年。冷凍過的魚肉與牛肉豬肉一樣，解凍時應置於冷藏室或冷水中。

放射線處理

放射線處理之所以能保存食物，是因為造成酸敗的微生物，其 DNA 與蛋白質會被高能粒子破壞。初步研究顯示，放射線處理能延長新鮮魚肉在冷藏室的保存時間，最多可增加兩週之久，然而魚肉品質會變差，是由於魚體酵素與氧分子的作用，即使經放射線處理，這種作用仍然不會停止。此外，放射性處理本身便會使魚肉出現異味，因此目前仍看不出放射線處理未來是否會成為保存魚肉的重要方法。

生食海鮮

世界各地喜歡生食海鮮的民族不在少數，和豬肉、牛肉比起來，魚肉先天具有肉質細嫩與滋味腴美的優點，便於生吃且富有食趣，能提供原始的鮮味體驗。烹煮魚肉通常只簡單添加一些配料以增加互補風味與口感，或以稍微酸化（秘魯香檸魚生沙拉 ceviche）、鹽漬（夏威夷魚生沙拉 poke），或同時酸化與鹽漬（鯷魚以鹽與檸檬汁稍加醃漬）來使肉質扎實。生魚料理不需動用爐火，適合缺乏燃料的島嶼及海邊。

所有生食的鮮魚料理都會挾帶各種微生物、寄生蟲，有導致食物中毒與感染的風險，只有非常新鮮、最高品質的魚才適合生吃，且在料理時必須特別小心，以免遭其他食材污染。由於其他高品質的鮮魚也常帶有寄生蟲，因此美國食品法明文規定，作為生食之用的魚肉，在出售前必須在-35°C的低溫下完全凍透至少15小時，或在-20°C下凍藏7天。唯一的例外是日本料理店常用來做壽司與生魚片的鮪魚（藍鰭鮪、黃鰭鮪、大眼鮪、長鰭鮪），因為牠們很少有寄生蟲問題。儘管如此，大多數鮪魚在漁船上還是會先急速冷凍，好讓漁船能在海上停留多天。根據壽司評鑑家的說法，鮪魚經過適度冷凍，肉質還可接受，但風味卻大打折扣。

壽司與生魚片

最普遍的生魚料理大概非壽司莫屬。壽司源自日本，在20世紀晚期開始風行全球。壽司的前身似乎是發酵過的馴壽司（熟鮨，即熟壽司），而壽司的日文 sushi 便是「鹽漬」之意，但現在比較適用於調味過的飯，而非魚肉本身。握壽司（nigiri）是以薄鹽與酸性醃料處理過、做成一口量大小的壽司；nigiri 是「握」或「擠」的意思，因為飯的部分通常是以手來塑形，但超級市場販賣的大量生產壽司是由機器做成。

壽司師傅通常十分小心避免魚肉受到污染，準備過程中會以水稀釋過的加氯漂白水來擦拭桌面，處理壽司時也經常更換消毒溶液與衣物。

秘魯香檸魚生沙拉與東南亞酸辣魚生沙拉

秘魯香檸魚生沙拉（ceviche）是發源於南美洲北部海岸的傳統料理，作法是將生魚切成小塊或薄片，後後立即浸入檸檬汁或其他酸性汁液，通常還加入洋蔥、辣椒及其他調味料。魚肉經醃漬處理後，外觀與口感都改變了：醃漬15~25分鐘後會出現淺層的變化，若醃漬幾個小時則整塊魚肉會完全改變。強烈的酸性讓肌肉組織裡的蛋白質變性並凝結，原本呈現凝膠狀的透明組織會轉變成不透明，魚肉也會變得扎實，但比煮熟的魚肉脆弱，這樣調理也不會像高溫烹煮那樣造成風味的改變。

東南亞酸辣魚生沙拉（kinilaw）是菲律賓原住民版本的酸漬魚，切成小片的魚肉在酸醬汁中只沾浸數秒便取出，醬汁通常是椰子、尼伯棕櫚或甘蔗製成的醋汁拌入辛香佐料。「活跳蝦沙拉」則是在小蝦或螃蟹上灑鹽，浸入萊姆汁，在牠們仍然活跳之際生食入肚。

夏威夷魚生沙拉

在全世界眾多生魚料理的菜單當中，源自夏威夷的有poke（「片」、「切」的意思），與lomi（「磨」、「壓」、「擠」的意思）。所用的材料是小塊的鮪魚、槍魚及其他魚種，先抹上食鹽，經過一段時間後（如果需保存較長時間，就要醃到魚肉變硬為止），與香料、海帶與烤石栗等混合攪拌。Lomi的特別之處，是在醃漬前先以手指將魚的肌肉組織分開，讓魚肉軟化。

烹調海鮮

水生動物的肌肉組織對加熱的反應很像牛肉與豬肉，會變得不透明、變硬且更有味道。然而水產類還是有一些特殊之處，其中最突出的就是蛋白質的敏感性與活性，因此海產料理要煮到柔嫩、多汁，對廚師來說確實是個挑戰。至於蝦蟹貝類本身則有一些特性，將於第277頁說明。

如果認為煮一道最安全的菜餚遠比最美味的菜餚還重要的話，廚師的任務就簡單多了，只要將這類水產的內部溫度煮至83°C甚至是沸點，就可殺死所有細菌與毒素。

魚肉遇熱的變化

加熱與魚的風味變化

生魚的清淡風味一經加熱會變得更加濃郁而複雜。首先，中度火侯會加速肌肉酵素的作用，生成更多胺基酸，強化魚肉的甘鮮滋味，而已開始揮發的香味化合物也會變得更易揮發、更顯而易「聞」。魚肉熟透後，因為胺基酸及IMP與其他分子結合，嚐起來味道反而變淡；但由於脂肪酸、氧分子、胺基酸與其他物質間的交互作用，生成一些新的揮發性分子，聞起來的氣味卻變得更濃郁、更有層次。如果以燒烤或油炸方式處理魚肉，使其表面溫度超過沸點，梅納反應會造成典型的燒烤香味（見第310頁）。

蝦蟹貝類則有其獨特烹調風味（見第280, 286頁），魚肉煮熟後，風味可分成四大類型：

- 鹹水白肉魚味道最淡
- 淡水白肉魚有較強的氣味，這是因為牠們具有較多種脂肪酸片段，並帶有一些池塘或養魚池的土味，淡水鱒魚具有特殊的甘甜與香菇般的氣味。
- 鮭魚與海生鱒魚因為吃食甲殼動物而蓄積類胡蘿蔔素色素，因此具有水果與花的香氣，且呈現獨特的色調（來自含氧的碳環）。
- 鮪魚、鯖魚與其近親具有肉類般的牛肉香味。

古羅馬烹魚

夏天時，在他們的較低層的房間裡常會有清澈新鮮的流水從下方的開放渠道流過，水裡游著許多活跳的魚，由客人親自挑選、捉取。從古至今，魚總是享有這樣的殊榮，偉大之士總得假裝知道如何調理。其滋味確實比起一般的肉更美妙，至少我是如此認為。

——蒙田《論古代風俗》(*Of Ancient Customs*)，約公元 *1580年*

對抗魚腥味

烹煮魚肉會讓房子都是魚腥，這味道可能是來自由脂肪酸片段與氧化三甲胺（TMAO）作用後所產生的一群揮發性分子，日本科學家發現，有些食材佐料有助於淡化這種腥臭，原因可能是它們能抑制脂肪酸氧化，或能搶先與TMAO產生作用。這些佐料包括綠茶，以及洋蔥、月桂、鼠尾草、丁香、薑、肉桂等芳香植物，而它們本身的味道也多少能蓋過魚腥味。不管是加在煮魚的高湯裡，還是混在下鍋前用來沾浸的白脫乳，只要是酸味，都能讓產生腥味的揮發性胺類化合物及乙醛變得較不活躍，也能幫忙分解淡水養殖魚類（鯰魚、鯉魚）的土味素。魚類通常是從藍綠藻攝取到土味素，然後蓄積在體內。

簡易的物理方法也有助於去腥，例如一開始便挑選非常新鮮的魚，仔細洗除魚體表面上已經氧化的脂肪，以及細菌所產生的胺類物質。將魚肉裝入有蓋的鍋子，或以麵皮裹住，或密封在烤盤紙或鋁箔紙袋裡，或泡在高湯裡，以降低魚肉表面與空氣的接觸；油煎、炙烤、烘烤都會促使魚的氣味散發整間廚房，因此可等魚肉冷卻到一定程度再從鍋裡或封袋裡取出，以減少蒸氣揮發。

熱與魚肉的質地

烹煮魚類與肉類的真正挑戰是得讓肉的質地恰到好處，而決定魚肉與一般豬、牛肉質地結構的關鍵，在於其肌肉蛋白質的轉化。廚師必須能掌控好蛋白質的凝結過程，讓它不致凝結過頭，以免肌纖維變硬、汁液完全煮乾。

目標溫度

烹煮豬、牛肉時，臨界溫度為60°C，此時包覆在肌肉細胞周圍的結締組織膠原蛋白層瓦解、萎縮，擠壓充滿液體的細胞內部，迫使汁液從肉中流出。但魚肉膠原蛋白的擠壓力道極弱，且在蛋白質凝結與汁液大量流出之前便已開始瓦解，因此並不扮演這類關鍵角色；相反的，決定魚肉質地的，是蛋白質纖維肌凝蛋白的凝結。魚肉的肌凝蛋白與同類的蛋白質纖維，和

為什麼有些魚特別容易煮得太乾

調理魚肉時最令人困惑的事情之一，便是不同的魚肉，即使蛋白質與脂肪含量差不多，烹調的火侯也有著極大的差異。例如，岩魚、笛鯛、鱵鱙魚似乎就比鮪魚或旗魚來得多汁、耐煮，不像鮪魚或旗魚很快就煮硬、煮乾。日本的研究人員以顯微鏡檢視後，找到了可疑者：肌肉細胞中的酵素與其他並沒有被固定在收縮肌原纖維上而是游離在細胞中扮演其他功能的蛋白質。這些蛋白質和主要的收縮性肌凝蛋白相比，通常需要更高溫度才會凝集，因此當肌凝蛋白凝集並擠出細胞的水分時，這些蛋白質會跟著水分一起流出，有些後來便在肌肉細胞間凝集，將細胞黏在一起，讓魚肉比較不容易一咬就支離破碎。活動力強的魚種，像鮪魚、旗魚，所需的酵素會比笛鯛或鱈魚這些活動力小的魚更多，因此在煮到55°C以上時，肌纖維會互相黏著得較緊。

一般陸生動物的肉類蛋白質相比，對溫度更加敏感，一般肉類約在60°C時就會因蛋白質凝結及汁液流失而萎縮，到70°C便變乾。多數魚肉則在50°C萎縮，到60°C左右便已開始變乾。有關一般肉類與魚肉蛋白質的特性比較，詳見第200頁及下表。

一般而言，魚貝蝦蟹類煮到55~60°C時會變得較結實，但仍舊保持水分，有些肉質較為緊實的魚類（如鮪魚與鮭魚），在49°C時滋味特別腴美，但此時肉質仍然有點半透明，並呈現膠狀。結締組織膠原蛋白含量較多的生物（如軟骨鯊魚及魟），經高溫與較長時間的烹煮之後，膠原蛋白會轉為膠質，對其肉質有加分效果；如果沒有煮到60°C以上，往往吃起來仍很有咬勁。有些軟體動物也富含膠原蛋白，最好以較高的溫度烹調。

溫度對魚肉蛋白與質地的影響

魚肉溫度(°C)	魚肉品質	纖維分解酵素	纖維蛋白	結締組織膠原蛋白	蛋白結合水
20	・觸感柔軟 ・光滑　・半透明	半透明	開始打開	開始變弱	開始散失
…					
40	・觸感柔軟 ・光滑　・半透明 ・表面變濕	有活性	肌凝蛋白開始變性、凝集	膠原蛋白外鞘收縮、破裂	水分喪失加快；從細胞中滲漏而出
45	・開始收縮 ・開始變硬 ・變得不透明 ・汁液流出				
50	・繼續收縮　・有彈性 ・較不滑潤、更纖維化 ・不透明 ・切開時汁液流出	活性極強	肌凝蛋白已凝集	厚肌隔層開始萎縮、破裂	滲出情況最嚴重
55	・肌肉層開始分開 ・開始變成片狀	大部分變性失去活性	其他細胞蛋白質變性、凝集		
60	・繼續收縮 ・變硬　・纖維化 ・脆弱　・汁液變少	有些活性變得很強，可能嚴重破壞肌纖維		膠原蛋白溶解成膠質	停止滲出
65			抗熱性酵素變性、凝集	厚肌隔層溶解成膠質	
70	・硬化 ・變乾		肌動蛋白變性、凝集		
75		完全變性沒有活性			
80	・到最硬的程度				
85					
90	・纖維開始分離				

文火精烹

在實務經驗中，魚肉很容易煮過頭，只消稍多幾秒，便可能將一片薄魚排煮老。要把魚煮好並不容易，這與魚肉的兩個特性有關：首先，全魚或魚排都是中間較厚，但越往邊緣越薄，幾乎薄如紙片，因此當厚的部位煮熟時，薄的部位已經太老。其次，不同魚種的化學與物理狀況往往各不相同，遇熱的反應也差很多。鱈魚、竹莢魚與一些其他魚種的魚排，魚肉多少都會裂開，肌肉層分離後，熱能更容易透進去；鮪魚、旗魚及鯊魚等，肉質非常密實，裡頭充滿蛋白質（約25%），在溫度升高之前便吸收大量熱能；鱈魚家族中活動力較弱者，其肌肉中的蛋白質含量較低（15~16%），因此更容易煮熟。在傳導熱時，脂肪比蛋白質慢，因此同樣大小的魚，比較肥的需要煮得久一些。即使是同一魚種，也可能在這個月還富含蛋白質與脂肪，下個月就變得很瘦、很容易煮熟。

可利用以下幾種方式來應付這些無法避免的難題以及難以捉摸的特性：

- 盡可能以溫火將魚煮熟，以避免較外層的蛋白質煮過頭。一開始先用高溫使魚肉表面發生褐變並殺死微生物，而後以烤箱烘烤或高湯慢煮，將溫度控制在沸點以下。
- 在肉較厚的部位每隔1~2公分斜切一刀，能改善厚度不均造成的問題。這麼做能有效將厚的部位切割成小塊，讓熱能穿透得更快速。另一種處理大片魚肉的對策，是在薄的部位鬆鬆地包上一層鋁箔紙，以阻擋輻射熱，讓魚肉不那麼快煮熟。
- 早一點、勤一點檢查魚肉是否已煮熟。常用的簡單估算是：2.5公分厚的魚肉約煮10分鐘，而過去的經驗也有助於拿捏正確的烹煮時間。儘管如此，確實檢查魚肉的實際狀況仍是不二法門。利用可靠的溫度計來測量內部溫度；稍微撥開魚肉，看看內部是否仍半透明或已經不透明；選一根小魚骨試拉一下，看看結締組織是否已經溶解，讓骨頭能輕易與魚肉分開；將一根肉籤或牙籤插進肉中，試探一下是否遇到凝結的肌纖維所產生阻力。

為什麼小心煮還是煮糊了

溫火慢煮對一般肉類的烹調相當重要，有些魚肉（如大西洋鮭魚）如果以50°C的溫火烹煮，會產生一種幾乎像卡士達醬的質感。然而有時候慢煮會讓魚肉變糊，並不好吃，這是因為魚貝肌肉細胞中用來將肌肉轉換成能量的蛋白質消化酶發生了作用。這種酵素有些會隨著溫度上升而更加活化，直到加熱至55~60°C時才失去活性。容易煮糊的魚類（參閱下表）最好迅速加熱至能破壞酵素的溫度（70°C），但多少會煮得太乾；或者也可以用較低溫烹煮，但煮後立即上桌。

烹調的前置作業

清理與切割：美國市售魚肉，大部分已預先清理及切割，如此對消費者很方便。但去過鱗片及切割過的魚肉表面會暴露在空氣與微生物中好幾個小時，甚至好幾天，所以可能已經乾掉並產生異味。烹煮之前才處理，魚肉會新鮮些，無論是全魚還是切塊，都應以冷水完全沖淨，以除去內臟碎屑、先前蓄積的TMA、細菌副產物及細菌本身。

抹鹽

大多數的魚、蝦，日本廚師都會先抹鹽處理，以去除表面的濕氣與異味，並使外層肉質硬化。這道處理程序能使魚皮在煎煮時很快變得酥脆並產生褐變。將魚貝蝦蟹先3~5%的濃鹽水先行浸泡，能讓魚肉同時吸收水分與鹽分，產生濕嫩效果。這在烹煮一般肉類時也一樣有效。

海鮮烹調技巧

一般肉類與魚肉的各種加熱方法，前一章（見第156~165頁）已有詳細說明，簡而言之，「乾」燒法（燒烤、煎炸、烘烤）會使肉的表層達到足夠的高溫，以產生褐變反應的顏色與氣味；而「濕」煮法（蒸、煮）則不會引發褐變

容易變糊的魚貝蝦蟹
日本研究發現，在下列魚貝蝦蟹類的肌肉中，蛋白質分解酶活性的特別強，因此若用慢煮或以55~60°C烹調，很容易變糊。

沙丁魚	狗鮭	蝦子	鯡魚	鯖魚
牙鱈	龍蝦	鮪魚	吳郭魚	綠鱈

反應，但會讓食物更快煮熟，且使其他佐料更入味（中國廚師有兩全其美的作法：先煎炸過，再以調味醬汁稍加燉煮）。魚肉不需煮太久便能把結締組織溶解掉，使肉質軟嫩。這些五花八門的料理手法，目的不外乎讓魚肉中心很快達到適合的溫度，而外層卻不致於煮得過老。

處理嬌貴的魚肉

魚肉脆弱且結締組織含量少，這意味著煮熟的魚肉大多易碎而難處理，因此在烹煮時及煮熟後都盡量不要攪動魚肉。若要移動，也需將整片魚肉完全支撐住，小片魚肉可以鍋鏟處理，大片的就必須以網架或一大片鋁箔紙或紗布來支撐。要切出工整的肉塊，必須在煮熟前動手，此時組織間還有黏性；魚肉一經煮熟，質地就會變得脆弱，即使用利刃也會切得支離破碎。

燒烤和炙烤

燒烤是以輻射加熱為主的高溫烹調法，特別適合體型較薄的全魚、魚排或牛排。要烤得恰到好處，必須注意魚肉的厚度及肉與熱源間的距離，兩者要達到平衡，以使魚肉中心熟透，但外層卻不過老。魚肉必須夠結實，以鍋鏟翻面時才能維持完整（適合鮪魚、旗魚與大比目魚等）；或將魚肉夾在網架當中，翻面時才不會動到魚肉。鰈魚家族的魚排有時也會放在預熱過並塗有奶油或香柏的盤內，不必翻面便能烤熟。

烘烤

以烤箱烘烤魚肉有很多優點。烤箱是透過熱空氣來傳遞熱能，效率較差，慢且溫和，因此比較不會烤過頭。但烤魚時必須要讓容器裡的魚暴露在烤箱的熱空氣中，使魚肉的濕氣蒸發並降低表面溫度；如果容器是密閉的，水蒸氣悶在容器中，則魚肉並不是烘熟，反而是很快蒸熟。乾燥的烤箱空氣也有助於濃縮魚肉的汁液及各種帶有汁液的調味食材（例如酒或墊底的香草蔬菜等），同時引發褐變反應，產生香氣。

低溫烘烤　有一種極端的作法：將烤箱溫度訂在95~110°C，這是真正的溫和烹調。魚肉表面溫度被烤箱的熱空氣提高了，但同時又被魚肉蒸發的濕氣給降低了，因此實際上只有50~55°C，內部的溫度甚至更低，能把魚肉烤到剛好，並呈現卡士達醬般的質地。美中不足的是，這樣烤出的魚肉常會出現灰白色的固化細胞液團塊。這是因為剛開始烤時，溫度還不足以讓溶解的蛋白質凝結，有些游離的蛋白質會從肌肉組織中逸出（這種蛋白質約占總蛋白質量的25%，通常在肌肉內凝結），在魚身外形成灰白色團塊。

高溫烘烤　另一種極端的作法是餐館廚房經常採用的極高溫烘烤。熱煎魚肉表皮，發生褐變後，將魚肉連同煎鍋一起放入烤箱數分鐘，四面八方的熱空氣會在數分鐘內將魚肉烤熟，不需再翻面。也可以把魚片裹上麵包屑並淋上油，然後放入這種260°C的烤箱中「油炸」。

裹起來烹調：酥皮、紙包及其他

有一種很古老的魚肉烹調法，是將魚肉以土、粗鹽、葉子等裹起來，不讓魚肉直接受熱，然後連魚帶裹層一起加熱（見下欄），包裹在內部的魚肉熟度較均勻，溫度也不會太高，不過還是得檢查肉溫，避免烹調過頭。有一些手法比較花俏，包括以酥皮、奶油蛋麵皮（法式酥皮en croûte）等為裹層，置於烤箱中烘烤；更變化的作法是使用一層烤盤紙或鋁箔紙，或一片菜葉（味道較淡的萵苣或味道較濃的甘藍、無花果葉、香蕉葉、荷葉、墨西哥胡椒葉）裹住，可適用多種加熱方式（像是清蒸或燒烤），只要裡面的食材達到一定溫度，內部的魚汁與各種蔬菜汁液本身就足以將食材蒸熟。可以連魚帶裹一起上桌，由食客自行解開，讓香氣到了餐桌上才釋出，而不是瀰散在廚房中。

煎炸

在熱鍋上烹調有兩種方式，一種是只以少許的油潤滑與鍋子接觸的魚體，另一種則是用較多油覆蓋魚身。無論哪一種，魚肉都會接觸到高溫，表面

羅馬式裹蒸魚
蒸鰹魚
鰹魚去骨。將圓葉薄荷、小茴香、胡椒、薄荷、核果與蜂蜜一起搗碎，填入魚的肚子裡並縫合，而後以紙包裹，放入有蓋的鍋中蒸煮。以油、少量酒及魚露調味。
　　　　　　　　　　　　——阿比修斯（Apicius），公元前幾個世紀

也會變乾並產生褐變,因此產生一種十分酥脆的外皮與獨特而濃郁的香氣。由於高溫也會讓較瘦的魚肉部位纖維化並變得較韌,因此在煎炸之前通常會先裹上澱粉類及／或蛋白質類的材料,讓外皮酥脆而內部鮮嫩多汁。一般的外裹材料包括麵粉及麵糊;玉米粉或麵包粉;磨碎的香料、堅果或椰子粉;切絲、切條或切成片的馬鈴薯或其他含澱粉質的根莖類(有時會切片後排列成魚鱗狀);以及米紙等。先輕輕抹上食鹽,將一些富含蛋白質的黏性液體引到肉的表面,裹覆的材料會比較容易沾附在魚肉上。

以煎炸的方式烹調全魚或魚排,能使魚皮酥脆。先以食鹽塗抹魚皮,可除去濕氣,讓魚皮更快乾。

炸過的魚肉表面在接觸空氣後還能維持酥脆,但盛盤後若夾在多汁的魚肉與盤子之間,酥脆的表皮會重新吸收濕氣而變軟。因此,炸酥的魚排盛盤時必須使酥皮面向上,或至少要讓表皮有呼吸的空間。

煎 若要以少量油來煎魚,最好在加油之前先熱鍋(這樣油比較不會分解成黏稠聚合物),或先在魚肉表面抹些油。如果想要有一面非常酥脆的魚皮或酥皮,就需先從這一面煎起,輕輕按壓,讓熱鍋接觸到最多魚皮,並讓魚肉在高溫下充分受熱,煎成所要的口感,然後翻一次面,以較低溫度將魚肉完全煎熟。薄的魚排只需要幾分鐘就能煎熟,而且需要較熱的鍋,使表面盡速發生褐變。

油炸 炸魚時通常會先沾裹一層麵糊或麵包粉加以保護,然後把魚肉入炸油中。油的熱傳導效率較差,到175°C左右才會沸騰,比水的沸點高出許多。炸過的魚肉表面乾燥並因高溫而褐變,散發出獨特而濃郁的香氣,並形成一層酥脆的隔熱外殼,可減緩之後的加熱速度。以油炸烹調的魚能夠溫和且均勻地受熱,讓廚師有餘裕在內部的魚肉仍濕軟時起鍋。

日式天婦羅 日本傳統的炸魚稱為炸魚天婦羅,原文tempora,這料理用詞源於16世紀晚期在齋戒期烹調魚肉的葡萄牙與西班牙傳教士,tempora意即

「一段時間」。天婦羅現在通常指的是以麵糊包裹油炸的各種食物，特點是將食材切成小塊，在很短的幾分鐘內炸熟。麵糊是以一顆蛋黃、一杯麵粉（120公克）、加一杯冰水（250毫升）混和而成，以筷子拌勻，現炸現做。冰水能使麵糊更有黏性，在油炸時較能黏附在魚肉表面。現做的目的，是讓麵糊的麵粉顆粒只有很短的時間能吸收水分，油炸時表面很快就能除去濕氣，炸出酥脆的外殼。攪拌的時間短，代表麵糊不會很均勻，在油炸後會形成不均勻、有花邊的外層，而不是一整塊結實的炸魚片。

熬、中溫水煮、燉

將魚肉浸泡在煮汁中以文火慢煮，是一種簡單、富變化的烹調手法，能讓廚師有機會以無比的技巧控制熱度：可以用非常高溫的煮汁，在幾秒內將薄魚片煮熟；用中火煮較厚的魚肉；或一開始便將全魚放入冷煮汁中，而後慢慢煮熟。可以用很多種方式來調味，並煮成湯汁。如果將煮好的魚貝蝦蟹與大量湯汁一起盛盤，不管搭配什麼食材，法文均稱為à la nage，或「游水」(aswim)，非常貼切。

煮液 由於魚肉不需長時間烹煮，魚肉與煮汁間沒有太多時間可以相融入味，因此魚肉的煮汁不是味道相當清淡、煮完即予丟棄（如鹽水或水與奶的混合液），就是事先準備好的湯頭。傳統法式料理有兩種經典的煮汁：一種是酸、微微帶有蔬菜與香草味的作法；另一種是較濃郁的高湯，由魚與蔬菜熬製而成。

法式海鮮高湯（court bouillon）或「快煮湯」，是由水、鹽、酒或醋及有香味的蔬菜混和而成，約煮30~60分鐘，製成的湯頭能賦予魚肉淡淡香氣。若在接近完成前將酸性佐料加入湯裡，能使蔬菜軟化且更快釋出香味。白胡椒或黑胡椒也要到最後10分鐘才加入，以免萃煮出苦味物質。將全魚放入海鮮高湯烹煮，能為湯帶來風味與膠質，而後能煮成鮮美的湯汁，或留作魚高湯供日後使用。

魚高湯，或香汁（fumet，在法文中意即「香味」)的準備時間，通常不超過

一小時，因為長時間慢煮常會從魚骨中熬出鈣鹽，使汁液成乳白色，並出現粉筆味。高湯是以魚骨、魚皮、佐料與魚頭（特別具有膠質與風味）等熬煮而成（魚鰓通常不用，因為其風味惡化得很快）。魚的部位比例越高，高湯就越有風味；等重的水與魚（如1公升的水配1公斤魚）是相當好的比例。鍋蓋不需蓋上，以免不小心煮得太滾，令湯汁變濁，同時也可讓水分稍微蒸發，以濃縮湯汁。為了要煮出清澈的清魚湯（consommé），可先把蛋白打發，然後和生魚漿混在一起，放入濾出的高湯中，這種混和物的蛋白質團塊能吸附那些讓湯汁變混濁的微小蛋白質顆粒，變成一團後就很好撈掉。

　　魚肉還可以用其他煮汁來烹煮，包括油、奶油，以及奶油白醬（beurre blanc）與 beurre monté（注：將一塊塊冷卻的奶油丟進剛起鍋的熱汁裡，用打蛋器攪勻）等奶湯等（見第三冊），優點是能讓魚肉在一個較慢、較溫和以及較穩定的溫度（因為減少蒸發冷卻）下慢慢煮熟。

煮魚的溫度　文火煮魚最大的好處就是容易控制溫度，以煮出滋潤、味道濃郁的魚肉。中等大小的魚排應該在煮汁將滾之前下鍋，此時的溫度足以立即殺死魚肉表面的微生物，之後將鍋子從爐火上移開、加入冷卻的煮汁，使溫度更快降至65~70°C左右，讓魚肉慢慢熟。煮熟的魚肉在煮汁中冷卻，能使肉質更滋潤，這是因為熱魚肉若暴露在空氣中，表面水分將因蒸發而散失。

餐桌上現煮　由於魚貝蝦蟹類烹煮時間短，有些廚師會把烹調過程當成餐桌表演的一部分。例如將滾燙的清魚湯澆淋在一碗生扇貝或切成小塊的魚肉上，用餐者便能親眼目睹魚肉變不透明的過程，品味肉質如何變化。

燉魚湯、馬賽魚湯　燉魚湯是將切成小塊的魚肉（有時會混和幾種不同魚肉）煮熟後連同湯汁一起上桌，通常裡面也含有蔬菜，這是一種很基本的燉魚法。魚湯的湯底是事先準備好的，而魚肉則是到最後才加入，煮到剛好熟即可。較厚與較結實的先放，薄的、較不耐煮的最後放。以蝦蟹貝類搭

配魚肉一起煮成各種海鮮湯，也是很不錯的煮法。

比較好的作法，是以文火讓魚肉在煮汁中慢慢煮熟，以免把脆弱的魚肉煮爛，但法國南部的馬賽魚湯卻有部分例外。馬賽魚湯的原文bouillabaisse帶有煮沸的意涵，其特點來自煮沸時的劇烈擾動。這種南法的魚湯，是先以剩餘的魚碎屑及小而多骨的魚熬煮出帶有膠質與香味的高湯，並加入番茄與香草蔬菜，賦予湯汁香味與色澤，加入的少量橄欖油（約每公升加1/3杯／75毫升）只要煮個10分鐘就會乳化成湯裡的微小油滴。溶解的魚肉膠質與懸浮的蛋白質顆粒會包覆住小油滴，減緩它們凝聚。剩下的其他魚肉則等到最後才加入湯中，慢煮到熟透為止，煮好的魚湯必須立即趕在油浮出之前上桌。

蒸

蒸是一種很快速的烹調法，特別適合薄魚排，因為可以很快熟透（厚的魚肉往往在裡面煮熟時，表面已經過老）。在蒸魚的汁液裡加入香草、香料、蔬菜甚至海菜，或將這些材料鋪墊在魚肉下面，能使蒸出的魚肉呈現多層次的香味。

要使魚肉蒸得均勻，需要選擇厚度一致的魚片，同時蒸氣也要能夠接觸到每一個部位。如果魚片的邊緣非常薄，可以將它們摺起或疊在一起；如果魚肉的量超過一層，可以分批或分層蒸（例如使用可堆疊的中式竹蒸籠）。非常厚的魚排或全魚最好以低於沸點的溫度蒸煮，最有效率的溫度應該是80°C左右，以避免表面蒸過頭，方法是立刻降低鍋內溫度或稍微打開鍋蓋。更溫和的做法是中式的不加蓋蒸法，讓蒸氣與廚房的空氣互相混和，剛好控制在65~70°C的最適溫度。

微波

電磁波能完全穿透並迅速煮熟魚肉，如果魚片或魚排的厚度較薄，以微波方式來煮或蒸，成功率都相當高。為了避免較薄的部位煮得過老，可用防輻射的鋁箔紙覆蓋，或以交疊方式排列，使厚度均一。一般以微波爐煮

清魚凍

一般清魚湯很少能濃稠到可以變成有硬度的膠質，故很難形成穩固的清魚凍。為了讓魚肉凍冷盤有一層光澤、膠狀的外膜，廚師通常還會另外添加膠質，或在魚湯中加魚再煮一次。魚肉膠質的熔點比較低，大約是25°C，而豬肉、牛肉的膠質則是30°C，因此真正的清魚凍更加入口即化、滋味鮮美，且很快便釋出香味。

食時，為避免食物表層變乾、變硬，通常需把食材包起來：以烤盤紙包住魚片，或置於盤子裡包上保鮮膜，或用另一個盤子倒扣住。等魚肉稍微冷卻後再除去包膜，以免被蒸氣燙傷，並減少魚腥味與降低魚肉表層水分的散失。

爐上煙燻

煙燻全魚的過程耗時又繁複，冷燻的設備需有隔開的爐子分別放魚肉與煙燻材料，但如果魚肉不多，在庭院甚至室內的烤肉架就可以進行了。以鋁箔紙將鍋底及鍋蓋裡包起來，在鍋底鋪灑上煙燻料（乾燥的小木片或木屑、糖、茶葉、香料等），魚片事先以食鹽醃過，放在架子上，開大火，到冒煙時轉為中火，緊閉鍋蓋，讓魚肉在200~250°C下「烘烤」，直到幾乎熟透為止。

魚漿

魚肉與一般的肉類一樣，可以剁碎、搗碎或磨成魚漿，然後與其他材料混合，做成魚丸、魚餅、魚肉香腸、法式魚肉泥、法式魚肉凍等食物。這種方式能充分利用切剩的雜碎魚肉，也適合用來處理某些多刺、較不宜整片食用的魚材。一般肉類經過絞碎、混和後，通常會變得較嫩、富含脂肪塊，也會因為結締組織轉化成膠質而變得緊實；但魚肉的結締組織很少、脂肪在室溫下不會凝固。許多魚漿混製物反而是在追求一種獨特的清淡，從安希慕斯早期的經典法國菜古式魚餃（quenelles de brochet，見下欄）即可窺知這已是幾個世紀的風尚。

法式魚泥、法式魚餃

法式魚泥意指各種精緻的魚漿，原文Mousseline，來自法文mousse（慕斯），字意是泡沫，形容法式魚泥那輕而細緻的質地。將冷卻的魚肉細細剁碎或攪碎（注意不要讓魚肉在高速食物攪切機裡攪到過熱），然後與一種或多種

有黏性且能提昇口感的材料拌打在一起，把空氣一起拌入，使混合物變輕。如果魚肉非常新鮮，可加入鮮奶油，口感會更嫩、更豐富，而且只要加上食鹽便能黏合，原因是食鹽能從肌纖維裡萃取一些肌凝蛋白的蛋白質，讓它們黏合在一起。比較不那麼新鮮的魚肉（經過數週冷凍可能使蛋白質提早凝結，讓魚漿變得潮濕、不黏合）可用蛋白來協助黏合，一些含澱粉質的材料，包括麵包粉、含麵粉的法式白醬（béchamel）與高湯濃醬（velouté）、麵團、米泥及馬鈴薯泥等，也有相同效果。拌好的魚泥經冷藏後會變結實，能捏成餃子形的魚餃（Quenelles），或以薄魚片（paupiettes）裹住，然後稍微煮一下。也可放在小烤模或鍋子中，以水煮成法式魚泥及法式魚凍。水煮時魚漿中央的溫度應該在60~65°C之間，溫度若太高，魚餃會偏硬。

魚丸與魚餅

法式魚餃是一種相當精緻的魚丸，作法因地區不同而有許多不同變化。中式魚丸以蛋與玉米粉為黏合劑，以水來使丸子較輕盈；挪威魚丸以奶油與鮮奶油來使丸子更濃郁，用馬鈴薯粉來黏合；猶太式的魚丸凍（一般認為是演變自東歐所傳入的法式魚餃）以雞蛋與馬佐麵包粉（matzoh meal）黏合，在切剁過程中打入空氣。製作起來較簡單的魚漿製品，包括魚餅、炸魚丸，是以雞蛋與麵包粉之類的澱粉顆粒來黏合。法式魚泥則是以煮熟的魚肉為材料，黏合劑則是澱粉質的材料或膠質。

魚肉棒與魚漢堡、蟹肉棒

市售「魚漿」製品通常以一些太小或刺太多的白肉海魚為材料，製品種類包括魚棒、魚漢堡乃至較精緻的小魚餅與海鮮抹醬等。仿製魚排與仿製蟹肉是由魚漿與其他能協助成形的加工材料（包括從海草提煉出的黏膠與結構性植物蛋白）充分混和而後擠壓製成。

市面上最多的魚漿製品是蟹肉棒，原文surimi是日文的「魚漿」，這項製品已傳承1000年，現在被製成許多不同的蝦蟹貝仿製品。Surimi由很細的碎魚肉（通常是綠鱈）製成，洗過之後以擠壓的方式去除水分，而後加入食鹽

西方魚餃古法

狗魚也不錯，應將蛋白混入由狗魚所製成的泡沫（spumeum）菜餚中，如此混和後，這道菜將變得相當柔軟而健康。　　　　　　　　　　　　　　——安希慕斯（Anthimus），
《論對食物的觀察》（*On the Observance of Food*），約公元600年

與調味料、塑形魚漿，然後煮到結實定形為止。清洗碎魚肉的過程已將肌纖維膜與收縮蛋白以外的大多數物質洗去，鹽漬的過程能把肌凝蛋白從肌纖維裡溶出，因此在後續加熱時，肌凝蛋白能凝結成一整片有彈性的膠體，其他的纖維物質會混入其中。最後製出一種無味、無色的均勻基質，可再加味、上色、塑形成各種海鮮的仿製品。

蝦蟹貝類與其特性

儘管蝦蟹貝類與有鰭魚有許多共同點，烹煮手法也常類似，但還是有其特殊之處。我們所攝食的蝦蟹貝類，大部分是甲殼類動物或軟體動物，跟魚不一樣的是，牠們是無脊椎動物，沒有背脊或內骨骼，且大都不大游泳。其身體組織因此與魚類大相逕庭，在季節交替中經歷不同的變化，需要廚師特別處理。

甲殼類動物：蝦、龍蝦、螃蟹及其近親

甲殼類動物是有腳的貝類，有些還有螯，包括蝦與明蝦、龍蝦與螯蝦、螃蟹。甲殼類動物與軟體動物都是相當成功的古老動物，早在2億年前就有原始蝦類的蹤影；時至今日，甲殼類動物共有3萬8000種，體型最大的種類還具有4公尺大的螯！甲殼類動物屬於節肢動物門這個龐大家族，是昆蟲的親戚，也和昆蟲一樣，身體由好幾個環節組成，外表有一層堅硬的角質層（或外骨骼），能保護及支撐內部的肌肉與器官。牠們也有許多堅牢的附屬構造，能擔任各種功能，包括游泳、爬行及攻擊獵物等。大多數可食的甲殼類動物都是「十足目」的成員，有五對腳，其中有一對可能會特化成螯。甲殼類動物的肉主要是骨骼肌，與魚類或其他陸生動物一樣，其中比較特別的是附生不動的籐壺，這種動物在西班牙與南美洲被列為珍饈。

甲殼類動物能移動，屬肉食性，且經常自相殘殺，因此不像軟體動物那樣容易養殖。蝦子因為成長快速，體型極小，而且也吃植物，因此養殖最為成功。

甲殼類動物構造

所有甲殼類動物都具有相同的基本身體構造，通常分為兩大部分，前半部稱為頭胸部，在蝦子經常被稱做「頭」，其實相當於我們的頭加上軀幹，這個部位包括口器、感覺觸鬚及眼睛、五對可動作與爬行的附屬構造，以及消化、循環、呼吸及生殖系統的主要器官等。後半部稱為腹部，一般通稱為「尾」，通常是一大片多肉的游泳肌，能擺動像魚鰭一樣的尾柄。身體構造最特殊的是螃蟹，很少游泳，腹部只是一具在超大頭胸部下方覆攏的薄板。

甲殼類動物最重要的器官，是一種名為中腸腺或肝胰腺的構造，也就是我們所稱的「肝臟」。這個腺體分泌消化酶給消化道，以分解吃下的食物；它也負責吸收及儲存脂肪，作為產卵時的能量來源。因此這個腺體是甲殼動物體內最具風味的部位，在龍蝦與螃蟹身上更是極品，但它也是讓甲殼類動物快速腐壞的源頭。該腺體由許多脆弱的小管組成，動物被宰殺時，消化酶很快就會破壞小管，接下來向外擴展至肌肉組織，使肌肉變糊變軟。有幾種方式可以避免敗壞：龍蝦與螃蟹通常是以活體出售（有完整的消化器官），或者完全煮熟後出售，以去除消化酶活性。由於蝦的肝臟相當小，處理的人員經常連頭帶肝一起摘除，只販售尾部。若買到「留頭」的生蝦，務必要更仔細小心處理（立即保冰且持續維持低溫），不要久放。

甲殼類的角質層、蛻皮及品質的季節性變化

甲殼類動物的另一個特徵，是「殼」或由幾丁質構成的角質層。幾丁質通常由碳水化合物與蛋白質混合構成，形成一網狀結構。蝦子的角質層薄而透明；大型甲殼類動物則有厚而不透明的角質層，在幾丁質組成的網狀結構中填滿鈣質，硬化成像石頭一樣的殼。

當甲殼類動物成長變大之後，每隔一段時間便必須蛻去舊的角質層，並

甲殼類動物構造
甲殼類動物的前半部稱為頭胸部或「頭」，包含消化及生殖器官。後半部稱為腹部或「尾」，主要是能擺動尾鰭的快速肌肉組織，推動蝦子（上）與龍蝦（中）在水中短暫游泳移動。螃蟹（下）的腹部只剩退化後的殘餘部分，收攏在超大頭胸部之下。

製造一個更大的新殼，這個過程稱為蛻皮。動物會在舊的角質層下利用身體蛋白質與所儲存的能量來建造一個新的、柔韌的角質層。它會擠壓已皺縮的身體，並從舊角質層較弱的關節處鑽出來，而後吸水使身體膨脹（增加50~100%的體重），讓新的角質層伸展到最大，最後再以交聯與填入礦物質的方式讓新角質層硬化，並慢慢以肌肉與其他組織取代體內的水分。

蛻皮意味著甲殼類動物的肉質會有極大的變化，所以野生甲殼類動物會因種類與地域而有明顯的季節性差異。處於快速生長階段的甲殼類肉多而密實；那些正準備蛻皮的，則只剩下少許肌肉與肝臟；剛蛻皮的甲殼動物，含水量與肌肉幾乎一樣多。

甲殼動物顏色

甲殼動物的殼與卵能為餐桌上的菜餚妝點出鮮明的色彩，為了與海床融為一體，牠們通常是深綠－藍－紅－褐，煮過後便轉為明亮的橘紅色。這些甲殼動物吃下含有類胡蘿蔔素（蝦紅素、角黃素、β-胡蘿蔔素及其他）的浮游生物，將這些顏色明亮的色素接上蛋白質分子，如此淡化或改變其顏色，形成保護效果；但烹煮使蛋白質變性，類胡蘿蔔素因而得以釋出，這些甲殼動物自然也恢復了本色。

龍蝦、螯蝦與一些螃蟹的殼通常也被拿來熬煮成風味與顏色兼具的醬汁（法式料裡的Nantua醬汁）、湯及清膠質等，類胡蘿蔔素更能溶解在油脂中，因此煮汁裡多少要有一些脂肪或油（如奶油）才能萃出更多顏色。

甲殼類動物的質地

多數甲殼類動物的肉與魚肉一樣，含有白色的快速肌，但結締組織的膠原蛋白比魚肉多，受熱時較不易溶解（172頁），因此甲殼類動物的肉不如魚肉脆弱，但比較容易煮乾。肌肉中的蛋白質分解酶活性很強，如果沒有馬上烹煮破壞掉，肉質很容易就變爛。這些酵素在55~60°C時作用最快，因此烹煮時需要盡快讓溫度超過這個範圍，或讓它剛好達到這溫度（以保持濕潤度），盡快上桌。水煮或蒸是最快的加熱方式，通常也是料理蝦子、龍蝦與

說文解字：蝦、明蝦、螃蟹、螯蝦、龍蝦、甲殼類動物

甲殼類動物相關的詞彙多數源自史前時代。蝦shrimp來自印歐語的字根skerbh，意思是彎、翹或縮，約莫是指該動物彎曲的身形。意思相近的明蝦prawn最早出現於中世紀，來源不明。

螃蟹crab與螯蝦crayfish都來自印歐語的gerbh，意思是抓或刻，因為牠們的螯有時候確實會這樣對待人的皮膚。龍蝦lobster則與蝗蟲locust一樣來自印歐字根lek，意思是跳躍或飛，是早先人們對甲殼類動物與昆蟲的印象。

甲殼動物crustacean本身來自印歐語的字根，意思是冷凍、形成外殼，用以描述其堅硬的外骨骼。與結晶crystal來自相同字根。

螃蟹最常用的方式。

甲殼動物的肉質通常也比魚肉耐凍，冷凍蝦尤其能保持相當好的鮮度。然而家用冰箱冷凍庫的溫度通常不像商用冰箱那麼低，有時仍會使蝦肉發生一些化學變化，使肉質變韌，因此冷凍的甲殼類動物仍以盡快食用為佳。

甲殼類動物的風味

水煮的蝦、龍蝦、螯蝦與螃蟹等，散發出類似核果、爆米花般的香氣，與軟體動物或魚類的肉味大不相同。一般陸生動物的肉，如果只是用水煮而沒有真正烤過，也不會有這樣的味道。這香味是來自一些吡嗪（pyrazine）與噻唑類（thiazole）分子，通常是胺基酸與糖類分子在高溫下反應後所產生的（見第310頁，梅納反應）。很明顯，甲殼類動物發生這種反應的溫度較低，可能是因為牠們的肌肉組織內含有超高濃度的游離胺基酸與糖類。海洋生物需要在細胞裡蓄積胺基酸，以平衡海水的鹽分；甲殼類動物累積較多甘胺酸，它是具有甜味的胺基酸，因此甲殼動物的肉吃起來比較鮮甜。

在海灣褐蝦身上經常聞到的一種獨特碘味，偶而也會出現在其他甲殼動物身上。這味道來自一些溴化物，這些甲殼動物吃了含溴化物的藻類或其他食物後，將之累積在體內，並在腸道中轉化成味道更濃的化合物（溴酚），產生了這味道。

將甲殼動物連殼煮，通常會更有味道，這是因為角質層不但會留住肉的味道化合物，本身也富含蛋白質、糖類與色素分子，讓較外層的肉質風味更佳。

挑選與處理甲殼動物

由於甲殼動物的肉相當容易受自身酵素破壞，因此通常以冷凍、煮熟或活體形式販售，多數的「新鮮」生蝦是經冷凍儲存，到了店家才解凍販售，購買時應憑嗅覺判斷，如果聞到氨水味或其他異味就不宜購買，同時也應該在購買當天便煮食。

較大型的甲殼類動物如龍蝦、螃蟹等，通常是活體販售或預先煮熟，選

購活的甲殼動物時，要選水槽乾淨、動物本身活力佳者。買回的甲殼動物只要保持濕潤，都還能在冷藏室裡存活1~2天。體型較小的龍蝦與螃蟹，肌纖維較細小，因此肉質也細緻些。

　　料理龍蝦、螯蝦及螃蟹的傳統手法，是在牠們活跳之際，將牠們分切或丟下滾熱的鍋中，似乎覺得牠們沒有痛覺。這些生物沒有真正的中樞神經系統，頭部的「腦」只接收來自觸鬚與眼睛的訊號，每一段環節各自有其神經叢，因此很難得知該如何減輕牠們的疼痛。目前聽起來最合情合理的建議，是海洋生物學家的方法：在切割或烹煮之前，先以冰冷的鹽水將牠們麻醉30分鐘。

蝦與明蝦

　　蝦與明蝦是世界上最常見的甲殼動物，其優勢，來自其美味、大小適中、無論野生或養殖都繁殖快速，以及肉質耐凍。蝦與明蝦這兩個名詞常指同一種生物；在美國，「明蝦」通常就是體型較大的蝦品種。世界上可以吃的蝦及其近親共約300種，但最常見的，是亞熱帶與熱帶的斑節蝦屬（Penaeus）。斑節蝦屬的蝦種能在一年內成熟，長到24公分大。溫帶的蝦種成長較緩慢，通常體型也比較小（最大約15公分）。目前全世界約1/3的食用蝦是養殖蝦，以亞洲地區為主。

蝦的品質　　蝦肉若保存在冰溫下，不出幾天便風味大減，原因是胺基酸與其他帶有特殊風味的小分子隨時間逐漸流失。但蝦子的角質層具有保護作用，因此通常冰溫下14天仍然可食。賣蝦人通常以亞硫酸氫鹽漂白劑處理蝦子，以防褐色，並用聚磷酸鈉來保持濕潤，就像處理扇貝一樣；但這些作法會造成一些異味。

　　「尾」是蝦子最多肉的部位，約占全身體重的2/3，因此販售者經常先將蝦尾與最有味道的「頭」分開，並去除富含消化酶的腸子，以免太快敗壞。沿著蝦子腹部外側的那條深色「血管」其實是消化管的末端，裡頭往往充滿沙粒，而蝦子就是從這些沙粒上收集細菌與碎屑。這條泥腸很容易從蝦肉間

甲殼類動物：蝦、龍蝦、螃蟹及其近親　　281

去掉。儘管剝好殼並煮熟的蝦仁相當普遍而方便，但真正的老饕通常還是選擇新鮮的全蝦，將之帶殼快煮，以品嚐最佳風味。

龍蝦與螯蝦

鹹水龍蝦（螯龍蝦屬與海螯蝦屬下的蝦種）及淡水螯蝦（螯蝦屬、原螯蝦屬及其他屬）通常是同類裡最大的甲殼動物。美國龍蝦曾出現重達19公斤的紀錄，但現在通常只有450~1350公克。螯蝦品種高達500以上，是各自在獨立的溪流或河流等水域裡演化出來的，尤其是在北美與澳洲；牠們的體型通常很小，但澳洲的藍魔蝦與「莫瑞龍蝦」（Murray lobster）能長到4.5公斤。螯蝦是最容易養殖的甲殼動物，早在200多年前，美國路易斯安那州阿查法拉亞灣（Atchafalaya Basin）的天然池塘便已開始養殖；在瑞典，螯蝦是評價很高的珍饈。

甲殼動物最吸引人的地方，是白色的「尾」肉，歐洲與美國有3種龍蝦及其近親螯蝦都有很大的螯，美國龍蝦的螯可大到占去體重的一半。數量較多但親緣關係較遠的另一群龍蝦，如刺龍蝦與岩龍蝦（Palinurus, Panuliris, Jasus及其他屬），螯的比例較不那麼驚人，常被稱為「無螯」龍蝦；牠們是冷凍龍蝦的主要來源，因為這些龍蝦以供應尾肉為主，肉質比螯蝦更適合冷凍。蝦螯的肉質在主體和尾部差異很大，這是因為蝦螯需要較強的耐力，因此肌肉中含有大量的慢速紅色肌纖維（174頁），因而具有獨特而濃郁的風味。

龍蝦與螯蝦通常是以活體出售，路易斯安那螯蝦的盛產季節通常是在冬春之交，此時收成的螯蝦肉質最為結實。龍蝦的肝臟或龍蝦膏是相當富有風味的消化腺體，經過烹煮之後，顏色會從灰白轉綠。雌蝦可能還帶有卵巢，裡面含有成千上萬1~2毫米的卵，煮過後變成深粉紅色，因此也被稱為「珊瑚」。廚師在料理龍蝦時，經常先將肝及卵巢拿出，壓碎成泥，於龍蝦上桌前才加入熱醬汁，為龍蝦大餐增色也增香。

螃蟹

螃蟹沒有尾巴，卻有很大的頭胸部，其肌肉組織使牠們不但能生存於海

甲殼類動物的內臟

甲殼類動物的頭胸部中有肝胰腺，這是一個巨大、風味十足的腺體，分泌出的酵素會破壞周圍肌肉。沿著尾肌的深色「血管」（有時候會帶有砂粒）實際上是這個消化管的末端。

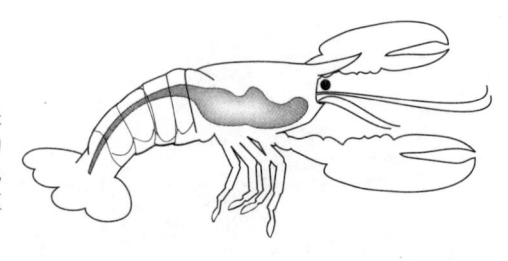

洋最深處，還能在陸地上鑽沙，甚至爬上樹幹。多數螃蟹擁有一隻或一對螯，用來捉住、切剪及壓碎獵物。螯部肉味鮮美，但吃的時候很費力、困難，不像身體其他部位的肉那麼容易吃，因此通常不算高貴食物。但也有例外，如佛羅里達的石蟹與歐洲的招潮蟹，其螯部肉多而鮮美；北太平洋帝王蟹的腿可長達1.2~1.8公尺，經常做成冷凍蟹肉柱出售。

市面上多數的螃蟹（Callinectes, Carcinus, Cancer與一些其他屬）都還是在陷阱或拖網中放置餌料捕捉，牠們可能是活著賣、全隻煮熟賣，或是煮熟後加工製成去殼蟹肉出售，這種去殼蟹肉可以新鮮的狀態出售，也可以先做殺菌處理或冷凍，以延長保存期。除了肌肉部位以外，螃蟹的消化腺體也是一道珍饈，具有濃郁、強烈且綿密的口感，故被譽為「芥末」或「奶油」，經常被做成醬汁或蟹醬。螃蟹的肝臟可能蓄積藻類毒素，造成海鮮中毒，因此美國一些州會定期監測毒性濃度，若發現有明顯升高便會限制捕撈。

軟殼蟹　剛蛻殼的螃蟹因為已經耗盡體內蓄積的蛋白質與脂肪，且為了撐大新殼而吸收了大量水分，因此通常不受饕客青睞。不過也有例外。威尼斯的軟殼岸蟹、美國亞特蘭大海岸的軟殼藍蟹，通常以全蟹炸熟來吃。要仔細觀察正要蛻殼的甲殼動物，一旦脫去舊殼後便立即從鹽水中撈起，否則新的角質層會在幾小時內韌化，且在2~3天內鈣化變硬。

軟體動物：蛤蜊、貽貝、牡蠣、扇貝、魷魚及其近親

在我們吃的食物中，軟體動物是最奇怪的一種生物，只要拿一隻完整的鮑魚、牡蠣或魷魚來仔細端詳便知道！但不論奇怪與否，軟體動物既繁多又美味，地球各大海岸線布滿了蛤蜊、牡蠣與貽貝殼堆成的史前貝塚，由此可推知人類很早就開始享用這種慵懶遲緩的生物。軟體動物是動物界相當成功的一個支系，約5億年前就已出現，目前有10萬種之多，小至僅一毫米的蝸牛，大至大型的蛤蜊與魷魚等，種類是魚類與其他脊椎動物的兩倍。

軟體動物之所以數量眾多（也最奇特），是因為適應性超強的身體結構，

包含三個部分：一隻肌肉發達的「足」，用來移動身體；一個精細而複雜的身體組成，包括循環、消化與性器官；包在這身體組成之外的一個多功能層狀「套膜」，功能包括分泌外殼、支撐眼睛及用來偵測食物或危險的觸鬚，以及藉由收縮與放鬆來控制進入內部的水流等。我們常吃的各種軟體類動物，是各以不同方式組合上述的三大構造。

- 鮑魚是最原始的軟體動物，用銼磨的口器採食海草，有一個杯狀的外殼能保護身體，一隻巨大而強韌的腳足可以移動身體及黏附於海草上。
- 蛤蜊藏身在兩片殼之間，以其足部在沙裡挖洞。牠們的套膜具有兩根能控制殼片開合的肌肉柱，能利用肌肉發達的管柱（管形口器或「頸部」）延伸到沙地表面，吸取流經的食物顆粒。所有雙殼貝類的軟體動物（蛤蜊、貽貝、牡蠣）都有梳子般的鰓，用來濾食因套膜吸進與排出而流過的食物顆粒。
- 貽貝也是雙殼貝類的濾食動物，但將足部永久固定在潮間帶與次潮間帶的岩石上。牠們不需要管形口器，控制外殼開合的肌肉中有一根已退化。
- 牡蠣將自己固定在潮間帶與次潮間帶的岩石上，其兩片厚重的殼是藉由中間一條強勁有力的大肌肉來控制開合，套膜與其他器官則分布在這條肌肉柱周圍。主體含括了柔軟的套膜與過濾食物的鰓。
- 扇貝並不附著在岩石上，也不將自己埋進沙裡，牠們自由躺在海床上，靠游泳擺脫掠食者。牠們靠著強韌的中央肌來閉合外殼，水從其中一端噴出，以推進身體移動。
- 魷魚與章魚是內部外翻的軟體動物，並已轉化為能快速移動的流線型肉食動物，有著巨大的眼睛與腕足。其細小的殼成為內部的支撐，管形口器特化成肌肉層，透過腳足所衍生而來的小型漏斗狀構造來伸展與收縮，形成推動力。

固生型的軟體動物很適合以人工方式養殖，經常布滿養殖池、掛在漁網或繩索上，可大量飼養，只要氧氣與營養物供給良好便能快速成長。

▌雙殼動物的閉殼肌

雙殼軟體動物必須將殼打開，讓水與食物顆粒進入，同時也要將殼閉上，以保護柔軟的內臟不受掠食者侵害。對於生活在潮間帶的貽貝與牡蠣而言，殼也能隔絕乾燥的空氣。為了達到關閉雙殼的目的，牠們演化出一種特殊的肌肉系統，這對廚師來說不但是項挑戰，更是方便無比，因為只要蓋上濕毛巾便能讓這些緊閉雙殼的動物在冰箱裡存活多日。

雙殼動物通常是機械性地張開雙殼，靠著一個彈簧般的韌帶連接雙殼接合的那一端，韌帶彈開後就可打開雙殼。要關閉雙殼時，牠必須提供能量給「閉殼肌」（源自拉丁語 adducere，是「聚集在一起」的意思），這條肌肉延伸到雙殼的開口端，收縮時能對抗韌帶的彈力。

快肌柔嫩、鎖肌強韌　閉殼肌有兩個截然不同的功能，其一是迅速關閉雙殼，以排出沉積物、廢物和卵，或躲避掠食者；另一功能是讓雙殼緊閉幾小時甚至好幾天，直到度過險境。這兩種工作各由這條肌肉裡兩個相鄰的部位所執行，負責快速收縮的「快」部位，十分類似魚類與甲殼類動物的快速肌，白色、半透明，且相當柔軟。但作用緩慢、負責維持拉力的「鎖」部位，是目前所知最強韌的肌肉之一，維持收縮時所耗的能量非常少，其訣竅是一種生物化學把戲，在肌肉縮短時能將肌纖維鎖住，並以大量結締組織膠原蛋白來強化。鎖肌具有乳光色澤，類似雞腿或羊腿裡的肌腱，除非長時間烹煮，否則難以咬食。扇貝的鎖肌部位雖小，卻會影響大片快肌的柔嫩口感，因此常會先切除。

▌軟體動物的肉質

閉殼肌主宰了幾種雙殼貝類的肉質，特別是扇貝，人們通常只吃扇貝那大片又柔軟的「游泳」肌。至於其他雙殼貝類則是整個都可吃，包括一個或兩個閉殼肌及其他內臟、肌肉與結締組織的小管與薄層、柔軟的卵子及精子與食物顆粒團塊，以及能夠潤滑與黏住食物顆粒的蛋白質黏液。因此蛤蜊、貽貝、牡蠣都很濕滑，未煮食前都是既脆又嫩，但煮熟後就變得很有

嚼勁。軟體動物的肌肉組織比例越高，吃起來就越有咬感。

軟體動物的生殖階段也大大影響其肉質。接近產卵期時，牠們體內充滿卵或精子，肌肉呈現柔軟的奶油狀，烹煮後變成布丁般的質地。產完卵後，組織變得薄而鬆弛。

鮑魚、章魚、魷魚的肉，主要是紋理複雜、具有許多結締組織膠原蛋白的肌肉組織，稍微煮一下就很有嚼勁，煮到膠原蛋白的變性溫度（約50~55°C）時會很堅韌，久煮後則變柔軟。

軟體動物風味

牡蠣、蛤蜊、貽貝都以其濃郁而能口齒留香的滋味被視為珍饈，尤其是生吃。這鮮美的味道，來自其體內為儲備能量及平衡外部鹽度而累積的風味物質。海洋魚類（還有魷魚與章魚）是以無味的 TMAO 與相當少量的胺基酸來平衡滲透壓，但大多數軟體動物幾乎完全倚賴胺基酸：使貝類特別富有鮮濃風味的麩胺酸。軟體動物以脂肪的形式來儲存能量，此外也積累其他胺基酸（脯胺酸、精胺酸、丙胺酸，以及一些其他化合的形式）與動物澱粉：肝醣。肝醣本身是無味的，但可營造一種黏且結實的口感，且能緩慢轉變成甜味分子（磷酸糖）。

由於貝類利用胺基酸來對抗海水鹽分，因此海水鹽分越高，貝類就越鮮美。這多少能說明不同水域的貝類為何風味濃淡也有所不同；而漁夫通常只在特定的幾個週或幾個月內「收成」特定水域位置的牡蠣，部分理由也在此。由於貝類用盡所有儲存的能量來準備產卵，因此在接近產卵期時，風味也明顯降低。

軟體動物煮熟後，滋味多少不那麼鮮美，因為加熱使一些胺基酸被封鎖在凝集的蛋白質網狀構造中，讓風味無法到達味蕾。但加熱也改變並強化了香味，軟體動物從所吃食的藻類中取得二甲基-β-丙酸並蓄積在體內，然後複合成二甲基硫（DMS），成為主要的香味物質。罐裝玉米與加熱的牛奶中也有這種突出的香味物質，因此與牡蠣與蛤蜊煮成海鮮湯與燉湯，才能如此相得益彰。

說文解字：軟體動物、鮑魚、蛤蜊、牡蠣、扇貝、魷魚
軟體動物 mollusc 是這些硬殼生物的統稱，這個字來自印歐字根 mel，意思是「軟」，確實能形容其內部組織。鮑魚 Abalone 的字源是 aulun，為蒙特婁的印地安人對這種流線型蝸牛的稱呼，經由西班牙語傳入成為英語字彙。蛤蜊 clam 源於印歐語 gel，是緊密的一團之意，其他相近的語詞包括：雲 cloud、黏附 cling、夾住 clamp 等。貽貝 mussel 來自印歐語 mus，同時有「老鼠」

軟體動物的選購與處理

選購時應選擇還活著且健康的新鮮雙殼貝類（除非已經去殼），否則牠們很可能已經開始壞敗。健康的雙殼貝類應有完整的殼，閉殼肌仍有功能，可將雙殼緊閉，尤其在受到劇烈敲扣時。軟體動物的最佳保存方式，是覆蓋濕布並置於冰上，絕對不要浸入融冰裡，因為冰水沒有鹽度，會使海洋生物死亡。將蛤蜊與類似的雙殼貝類浸泡於冷的鹽水（每公升20公克鹽）中讓牠們吐出殘留的沙、礫，品質會更好。

廚師若希望牡蠣或蛤蜊「脫殼」，或打開外殼取出生肉，首先必須對付牠的接合韌帶與閉殼肌。通常是拿一支堅硬的小刀，從雙殼之間、靠近接合處插入，切開彈性韌帶，再沿著其中一片殼的內層表面移動刀片，切斷閉殼肌（蛤蜊、貽貝有兩條，牡蠣與扇貝一條）。將鬆開的殼移除，並切斷另一端的閉殼肌，以使貝類的身體與另一片殼分離。

加熱能讓閉殼肌放鬆，所以軟體動物經烹煮後殼會打開。殼若沒打開，裡面的動物可能已經死亡，應予以丟棄。

鮑魚

鮑魚屬（Haliotis）大約有100個品種。牠們有一個很淺的殼，最大的種類可長到30公分大、4公斤重。在美國，目前已有業者在外海以箱網或在陸地上以水族箱飼養紅鮑，約經3年後，體型可達9公分大，產出100公克的鮑魚肉。鮑魚肉可能相當堅韌，部分原因是牠們以結締組織膠原蛋白作為儲備的能源！因此烹煮鮑魚必須以溫和的火候長時間加熱；超過50°C會使肉質嚴重變韌、膠原蛋白收縮且組織變得十分結實。一旦發生這種情況，繼續燉煮還是能讓膠原蛋白分解成膠質，使肉質變得柔軟滑潤。日本廚師通常將鮑魚燉煮數小時，使其滋味更加鮮美（游離胺基酸經化學反應後變成具風味的多肽類）。

蛤蜊

蛤蜊是會鑽沙的雙殼貝類。牠們向下伸展足部肌肉，將其末端擴大成一

與「肌肉」的意思，因為肌肉也像是一隻在皮膚下快速移動的老鼠。由於貽貝幾乎不移動，因此可能是用mus來比喻其深暗、呈長方形的身體。牡蠣oyster源自印歐語ost，意即「骨」，形容這種具有沉重與骨色外殼的軟體動物。扇貝scallop的殼呈現不尋常的對稱與花紋，源自日耳曼字根的escalope（殼），從法國中部傳入。至於魷魚squid，至目前為止，可把語言學家難倒了。這個字在17世紀突然出現，身世成謎。

個錨，而後收縮足部，同時噴水與搖擺外殼，藉以挖動海底或河底沉積物，將自己埋進去。牠們雖然躲在沙洞中，卻仍能接觸到洞外的水以進行呼吸與攝食，那主要是藉著一對肌肉管（管形口器），一個負責吸入，另一個負責排出，兩根口器可能是分開的，也可能聯合成為一個「頸部」。

在美國「硬殼」一詞是指能完全密合、十分頑強的蛤蜊（小圓蛤、圓蛤）；「軟殼」蛤蜊（如steamer、longneck）的管形口器則比外殼長很多，外殼通常很薄，總是有細縫。日本或馬尼拉硬殼蛤（Ruditapes philippinarum），由於穩定且偏好長在淺沙，是全世界唯一被大規模養殖的蛤蜊。其他十幾種一般的蛤蜊，則主要都是地區性的產物。有些大型的蛤蜊品種（Mactromeris屬）會吸收浮游生物的色素，因此在幾層肌肉中會有一層是鮮紅色。最大、最古怪的溫帶蛤蜊是象拔蚌（Panope generosa），生長於太平洋西北岸次潮間帶，喜歡深埋在泥灘裡，頸部看起來像一隻小型的大象軀幹。雖然大部分象拔蚌約在1.5公斤左右，但有些可達8公斤，頸部長達1公尺！

蛤蜊身上用來鑽土與吸水的肌肉很發達，因此相當具有嚼勁。大蛤蜊較柔嫩的部位（套膜、快肌）可以先切除、另行料理。大象拔蚌的頸部通常先用熱水燙過，去除堅硬的表皮，再將肉切片或搗成薄片，可生食、輕涮或燉煮。

貽貝

有些人們常吃的貽貝品種已經成為世界性食物，人們特意將牠們引入世界各地（不過有時候是搭便車），有野生的也有養殖銷售的，不到兩年的時間便可長到6公分。地中海與大西洋殼菜蛤（Mytilus）的種類習性剛好互補；大西洋殼菜蛤在春季盛產、夏季產卵；地中海殼菜蛤以夏季為最佳，在冬季產卵。

貽貝藉由一根稱為足絲或「鬍子」的蛋白質纖維，將自己固定在潮間帶。蛤蜊有兩條類似的閉殼肌能把外殼閉緊，而貽貝則是在殼的寬端有一條大的閉殼肌，窄端有一條小的。體內的其他構造有呼吸系統、消化系統與套膜，性組織則布滿整個體內，身體顏色隨性別、飲食與種類而異；來自海

蛤蜊與貽貝解剖構造

肌肉發達的足部占了蛤蜊身體（左）的大部分，而貽貝（右）則主要由套膜與非肌肉性的消化與生殖器官所構成，閉殼肌的肌肉相對較小。貽貝的「鬍子」是一叢強韌的蛋白質纖維，能讓貽貝固定在岩石或其他固定物上。

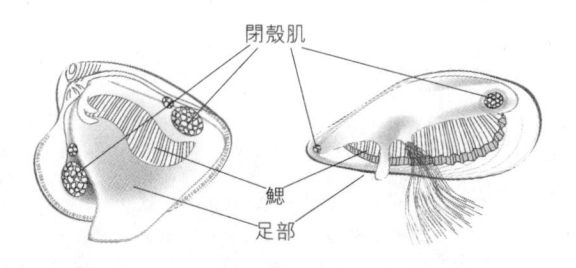

藻與甲殼類動物的橙色調色素，通常母貽貝與大西洋貽貝體內累積較多。

貽貝是最容易烹調的軟體動物，因為肌肉組織較少，比較耐煮，也比較容易與殼分離。鬍子與身體內部相連，強力拉扯可能會傷害到牠，應該到即將要煮的時候再拔除。為了避免把貽貝肉煮硬了，烹煮時最好用寬口的淺鍋，把牠們排成單層，這樣廚師就能隨時取出較早開殼的貽貝，而讓其他未開殼的貽貝繼續煮。

牡蠣

牡蠣是最珍貴的雙殼貝類，海洋裡最柔嫩的佳餚，相當於海裡的小牛肉或育肥雞肉。牡蠣的閉殼肌僅占體重的1/10，薄而脆弱的套膜與鰓占一半以上，而內臟則占1/3。從殼中挖出立即生吃，最能吃到牡蠣特殊的精妙美味。牡蠣的大小剛好可以一大口吞下，擁有飽滿、複雜的風味，有一種能挑逗味蕾的滑潤口感；其柔嫩，恰與岩石般的包覆外殼形成鮮明對比。

牡蠣種類 早在17世紀時，牡蠣便已數量大減，目前主要靠養殖供應。具重要商業價值的牡蠣大約有20多種，形狀互異，滋味也稍有不同。歐洲牡蠣（Ostrea edulis）帶有微微的金屬味，亞洲長牡蠣（Crassostrea gigas）則略帶甜瓜與小黃瓜香味，而維吉尼亞州美東牡蠣（Crassostrea virginica）則聞起來像綠葉。歐洲生產的牡蠣大多是原生的歐洲牡蠣「葡萄牙」及亞洲長牡蠣，雖然也有少數例外；在北美洲東岸為維吉尼亞州美東牡蠣；美西海岸、亞洲與太平洋地區為奧林匹亞牡蠣（Ostrea lurida）。幾乎可以斷定「葡萄牙」牡蠣是亞洲牡蠣的一支，可能是在四、五百年前搭乘早期探險家的「便船」，從中國或台灣旅行到伊比利半島。

牡蠣的水域 牡蠣的風味也取決於其居住的水域，因此標註牡蠣的出處是有其道理的。海水鹽度越高，牡蠣的細胞就必須含有更多具有味道的胺基酸，才能與外部的鹽分平衡，因此味道會更加可口。當地的浮游生物與溶於海水的礦物質，能使牡蠣帶有獨特的細微風味；而天敵、海流，以及暴

露在潮間帶中，則有助於牡蠣鍛鍊並擴大閉殼肌。水溫決定牡蠣的成長速度，甚至性別：溫暖、食物豐富時，牡蠣生長快速，且常會變性成肥腴的雌性牡蠣，體內帶著數以百萬計細小的卵；冷水使牡蠣生長緩慢，性成熟時間延後，肉質較瘦、較脆。

牡蠣的處理與烹調　使圓弧那一面的外殼朝下、密封在潮濕條件中，如此活牡蠣在冰箱裡可以存活一週或更久。這段冷藏期間可以提高牠們的風味到某種程度，因為無氧代謝會使牡蠣的組織累積琥珀酸這種鮮美的風味物質。預先剝去外殼的牡蠣要以乾淨的冷水沖洗，然後裝入瓶中，此時牡蠣會繼續分泌物質，而那些分泌物看起來應該是清澈的；若有明顯的混濁，表示牡蠣組織已遭破壞。瓶裝後的牡蠣往往先做低溫滅菌（加熱到大約50°C），以延遲敗壞，但仍保住大部分的新鮮口感與味道。

扇貝

扇貝家族成員約400種，從幾毫米大到一公尺大都有。大多數食用扇貝仍是從海床捕撈而來，大型「海扇蛤」（Pecten屬與Placopecten屬的扇貝）撈取自冰冷的深海，全年都可捕撈，往往每次出航捕撈都得花上好幾週。而較小的「海灣扇貝」與「白布」扇貝（Argopecten）則只在特定季節捕撈，可用拖網，或由潛水夫在接近海岸邊的水裡以手工採集。

扇貝與其他軟體動物不大一樣，牠柔嫩而甜美的閉殼肌十分可口！這是因為牠是唯一會游泳的雙殼貝類。為了捍衛自己不受掠食者侵害，牠會運用長達2公分（甚或更長）的中央橫紋肌來拍動兩片貝殼，以推水前進。這條閉殼肌占去扇貝身體相當大的比例，也是牠儲備蛋白質與能量的部位。

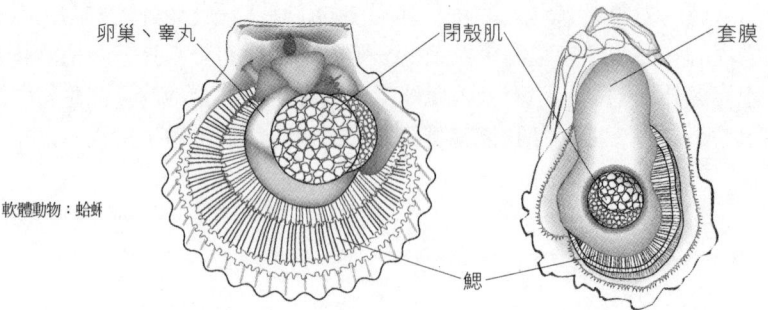

扇貝與牡蠣的解剖構造
扇貝（左）最珍貴的部位是大的主閉殼肌，它是一束柔嫩的快肌纖維，能迅速將殼閉合，讓扇貝遠離危險。一旁的半月形「鎖」肌可以讓貝殼緊閉，它富含結締組織，質地堅韌，我們通常會先把它跟閉殼肌切開。粉紅色的生殖組織在歐洲被視為珍饈，但在美國則否。牡蠣的身體（右）主要是消化與生殖器官，包覆在多肉的套膜裡；通常是整隻一起吃，閉殼肌與鎖肌賦予這項美食一種脆脆的嚼勁。

牠的甜味來自大量的甘胺酸及大量肝醣。當動物死亡時,有一部分肝醣會在消化酶的作用下逐步轉化成葡萄糖與相關分子(葡萄糖-6-磷酸鹽)。(編注:干貝即是曬乾的扇貝閉殼肌。)

由於扇貝的殼並不密合,通常捕獲後不久就會把殼去掉。若銷往美國市場,就只留下閉殼肌;若是歐洲,則留下閉殼肌與黃色及粉紅色的生殖器官。這意味著,扇貝的肉質通常早在上市販賣之前其已開始惡化。在出海超過一天的船上,漁獲可能會加以冷凍,或浸入聚磷酸鹽溶液中,此時閉殼肌會吸收並蓄積聚磷酸鹽,因而變得飽滿且呈現珍珠白光澤。然而這種扇貝風味較差,加熱後會失去大量汁液。未經處理的扇貝較灰暗,呈現帶點粉紅或橙色調的灰白色。

在廚房裡,廚師有時需要先將柔嫩的游泳肌與其旁較小、較硬、用來緊閉雙殼的鎖肌分離。煎扇貝時,由於游離胺基酸與糖類分子結合,發生梅納反應,扇貝很快便會產生褐變的濃郁硬皮。

魷魚、墨魚、章魚

頭足類動物是最進化的軟體動物,其套膜變成肌肉性的體壁,外殼退化後收入體內(稱為「頭足」意即足部肌肉靠近頭部)。章魚是 Octopus 與 Cistopus 屬的物種,有八隻腕足聚集於嘴巴周圍,用來在海底攀爬及捕捉獵物;沿海墨魚(烏賊屬 Sepia)和外海魷魚(鎖管屬 Loligo、北魷屬 Todarodes、Ilex 屬)的腕足較短,但有兩條長觸鬚。

頭足類動物的肉質　魷魚與章魚的肌纖維非常薄,直徑不及一般魚肉或小牛肉纖維的1/10(0.004毫米比0.05~0.1毫米),肉質因而密實而細緻。這些肌纖維排列成多層,其強化、韌化的結締組織膠原蛋白的量是一般魚肉的3~5倍以上,強度大幅增加。烏賊和章魚的膠原蛋白彼此交互連結,特性更接近一般肉類的膠原蛋白,不像魚類那麼脆弱。

魷魚、章魚與鮑魚、蛤蜊的料理原則一樣,要不就是輕涮,以防止肌肉

魷魚套膜的解剖構造

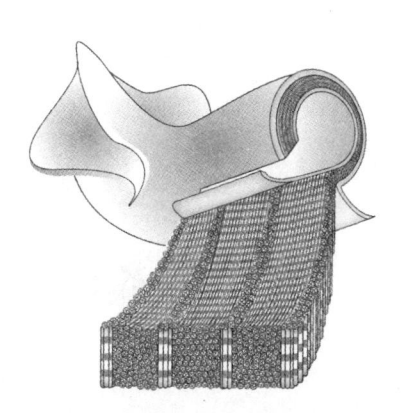

魷魚身體的主要部分包括一個肌肉性的套膜,能藉由肌肉收縮,擠壓海水流過小開口,推動身體前進。套膜肌肉是由強韌的結締組織與交錯的環狀肌纖維所組成,有些以橫越套膜的方向分布,有些則沿著套膜分布。

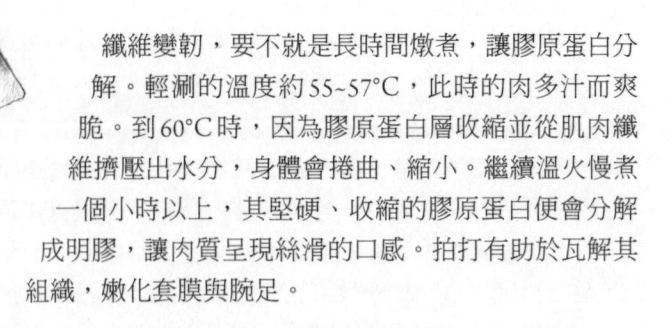

纖維變韌，要不就是長時間燉煮，讓膠原蛋白分解。輕涮的溫度約55~57°C，此時的肉多汁而爽脆。到60°C時，因為膠原蛋白層收縮並從肌肉纖維擠壓出水分，身體會捲曲、縮小。繼續溫火慢煮一個小時以上，其堅硬、收縮的膠原蛋白便會分解成明膠，讓肉質呈現絲滑的口感。拍打有助於瓦解其組織，嫩化套膜與腕足。

頭足類動物的香味與墨汁　魷魚、章魚與有鰭魚類一樣，主要是由無味的TMAO來維持其滲透壓的平衡，而不是游離胺基酸。因此牠們的肉不像其他軟體動物那麼鮮甜美味，且當細菌將TMAO轉化為TMA時便會出現魚腥味。頭足類動物的墨汁是一袋色素，由熱穩定酚類化合物混合而成（在植物界的表親是讓切開的水果與蔬菜變色的酚類化合物，見第二冊），當牠們遇到危險時可以將之噴入水中。廚師常用這墨汁來為食物與麵食染上深棕色。

■ 其他無脊椎動物：海膽

刺海膽是棘皮動物（echinoderms，希臘文是「有刺的皮膚」之意）的成員之一，可能占有深海海床90%的生物量。有商業價值的海膽種類約6種，平均直徑6~12公分。牠們幾乎全身封閉在一個球狀的礦物質外殼中，外面以尖刺保護，人們捕撈牠們，主要是為了其金黃色、具奶油般口感與豐富滋味的生殖組織，其體積可達內部組織的2/3。海膽的睪丸與卵巢都稱得上是珍饈極品，兩者很難區分。海膽生殖腺平均含有15~25%的脂肪和2~3%鮮美的胺基酸、多肽與IMP。在日本，海膽通常做成壽司生吃，或經鹽漬、發酵成鮮美的海膽醬；在法國，海膽加在炒蛋、舒芙蕾、魚湯與醬汁當中，有時是整顆水煮。

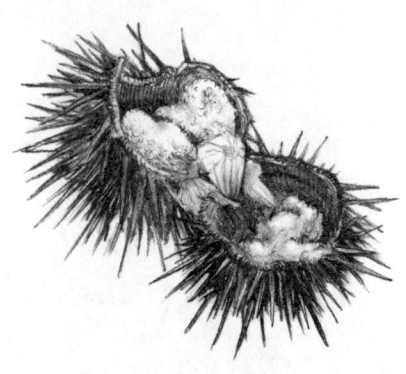

加工海鮮

很少有其他食品比魚類更快腐壞，直到最近，世界上仍然只有極少數人有機會吃到新鮮的魚。在冷凍技術與機動運輸還不發達的時代，魚獲量相當大，卻很快便敗壞，因此大多需要以乾燥、鹽漬、煙燻、發酵等抗菌方式加以保存。加工保存的魚肉仍然很重要，在世界大部分地區，特別是歐洲與亞洲，仍然被視為美味，甚至比美國中等標準鮮度的鮮魚更加可口。事實上，加工保存的魚肉並不只是前工業化時期遺留下的次等加工方式，牠們也可以是美味的選擇、歷史悠遠的品味。

脫水魚肉

以陽光曬乾或風乾是很古老的食物保存法。新鮮的魚含水量約80%，在低於25%時細菌便無法增長，低於15%時黴菌也無法生長。還好脫水能破壞細胞的結構並促進酵素的作用，同時將風味分子濃縮，讓這些分子彼此起反應，形成另一種味道，因此也提昇並改變了魚肉的滋味。做魚乾時，通常是選擇非常瘦的魚貝蝦蟹，因為空氣乾燥法會造成脂肪氧化，產生一些油耗味。脂肪豐富的魚類通常以煙燻處理，或鹽漬在密封的容器內，以盡可能減少酸敗。通常在乾燥之前會先以鹽醃漬，或者先煮過，讓魚體內的水分排出，這樣魚的表面也較不易滋生會造成腐爛的微生物。

中國與東南亞是乾海產的最大的產地與消費地。當地廚師利用蝦米（整隻或磨碎都有）來為不同菜餚調味；他們將乾扇貝蒸過及切碎，然後再加入湯裡；他們將鮑魚、章魚、魷魚、海蜇皮、海參等浸泡在水中，然後煮到軟為止。他們也用同樣的方式料理魚翅，讓湯汁呈現一種膠狀的稠度。

鹹魚乾

西方最著名的魚乾，大概就是斯堪地那維亞魚乾，傳統上是以鱈魚或其近親魚種來製作，在挪威、冰島與瑞典多風而寒冷的海邊，將魚肉連續幾週放在岸邊岩石上冷凍乾燥。魚肉會風乾成硬而輕、幾乎全是蛋白質的魚板，烹煮時有明顯的野味。現在北歐魚乾是在5~10°C以機械風乾2~3個月製

成。喜歡吃斯堪地那維亞與地中海魚乾的饕客會將硬化的魚乾浸入水中泡軟一至數天（過程中要經常換水，以防止細菌生長），然後去掉魚皮慢慢煮，再切成無骨的薄片或搗成糊狀食用，佐以各種強化劑與調味料：在北歐通常是奶油與芥末，地中海則是橄欖油與大蒜。

鹽漬魚肉

在氣候較寒冷或炎熱的地區，以自然乾燥法保存魚肉，效果相當好。但歐洲地處溫帶，魚肉通常在完全乾燥前就已經腐敗，因此人們習慣先醃製再乾燥，或直接醃漬。鹽漬一天通常便能讓許多魚類保存數日，使人們有足夠時間運送到內陸地區，若讓魚肉含鹽量達到25%，則能保存約一年時間。肉質精瘦的鱈魚與相近的魚種，通常醃過後再風乾；而脂肪較多的鯡魚及相近魚種，則必須避免暴露於空氣中，以免誘發酸敗，因此通常會浸泡在一桶鹽水之中，或在鹽漬後煙燻。品質最好的鹽漬魚肉能媲美鹽漬火腿，兩者都是以鹽來延長化學變化的時間：以溫和的方式長期保存，使魚肉的酵素與無害的耐鹽細菌將無味的蛋白質與脂肪分解成滋味鮮美的小分子，而後小分子再彼此反應，進一步創造出多層次的複雜風味。

我們很難明確區分醃製與發酵魚，即使是鹽漬鱈魚，也多少有細菌作用；大多數發酵魚肉也是從鹽漬開始，藉以控制細菌的族群與活性。大多數的醃鱈魚、鯡魚與鰻魚製品，通常不被認為是發酵製品，因此我會在這一節介紹。

鹽漬鱈魚

豐富的鱈魚產量是吸引歐洲人航向新世界的原因之一，一般的標準處理方式是將魚肉切開並以食鹽醃漬，而後鋪在岩石或架子上乾燥，大約需要幾週時間。而現在，鱈魚肉先以大量的鹽醃漬15天，魚肉含鹽量達到飽和（25%）後便不再乾燥，繼續存放幾個月。在這段其間，微球菌屬的細菌會產生游離胺基酸與TMA，讓魚肉具有特殊風味，而量極少的脂肪分子也會被

挪威鹼煮魚：Lutefisk

鹼性食品相當獨特且罕見，常有一種滑滑的、肥皂般的質感，需要時間適應（在化學裡，鹼性是酸性的相反詞）。蛋白就是鹼性食物之一，另一種則是挪威鹼煮魚，是挪威與瑞典的特殊魚乾料理法，大約從中世紀末流傳至今。這種烹調方式讓魚乾呈現果凍般搖晃的黏稠度，將泡水發到一半的鱈魚乾浸入強鹼溶液中至少一天，鹼液中添加了草鹼（來自木材燒過後富含碳酸鹽或礦物質的灰），有時還有石灰（碳酸鈣）以及鹼液（純氫氧化鈉，濃度約為每公升的水加5公克）。這些強鹼物質使肌肉纖維裡的蛋白質累聚正負電荷，並互相排斥，之後魚肉以一般方式烹煮時（先清洗數天以消除多餘鹼液），纖維蛋白之間的結合力會變成非常弱。

氧氣分解成游離脂肪酸（最多會分解掉一半），然後再變成一系列的小分子，也成為其香味的來源。之後的人工乾燥時間，通常不超過3天。

　　在地中海周邊、加勒比地區與非洲，鹽漬鱈魚仍然是一種很受歡迎的食品。它最早是隨著奴隸交易傳入，斯堪地那維亞與加拿大仍是最大的生產地。一般偏好白色製品勝過黃色或紅色，因為顏色已成為氧化或微生物造成異味的指標。廚師通常先將它泡水幾小時到幾天，讓它變軟、去鹽，過程中需不斷換水。最有名的料理方式，大概是普羅旺斯炙烤鱈魚（Provençal brandade），它是一種由切碎的水煮魚肉、橄欖油、牛奶、大蒜混合後搗成的糊狀食物，有時也加入馬鈴薯。

鹽漬鯡魚

　　鯡魚與其近親魚種的體脂肪含量可能高達20%，因此暴露在空氣中很容易腐臭。中世紀漁民為了解決這個問題，將鯡魚肉裝桶浸泡在鹽水中，可以使魚肉保存一年不壞。而約在公元1300年左右，荷蘭與德國北部發展出一種快速取出內臟的方式，但保留一段富含消化酶的腸道（幽門盲囊），再浸入中等鹽度（含鹽16~20%）的鹽水中醃漬1~4個月。在這段醃漬期間，這些消化酶會散布在浸液中，且協助肌肉與外皮的酵素分解蛋白質，製造出柔嫩、甜美的肉質與奇妙而複雜的風味，形成魚香與肉香及乾酪般的口感。這種鯡魚可以直接食用，不必去鹽也不用烹煮。

　　薄鹽醃漬的荷蘭groen與maatjes，或稱「綠色」與「少女」鯡魚，是特別珍貴的醃鯡魚。這兩樣醃鯡魚打破了整個冬季都以牛肉乾與魚乾為食的傳統。由於所有薄鹽醃漬的魚肉目前都先冷凍過以消除病原生物（見第238頁），這些原本僅能在特定季節食用的美食，現在已經能全年享用。

醃漬鯷魚

　　鯷魚是鯡魚的近親，但體形更小、生長水域更偏南，地中海周圍地區將牠們醃漬做成具地方特有風味的鯷魚醬（見298頁）。將鯷魚除去頭與內臟，厚厚鋪上一層鹽，浸透其組織。將魚肉施以重量加壓，並保持在15~30℃的

溫度下6~10個月,之後便可直接出售,或切成魚片重新裝罐或裝瓶,或磨碎後與油或奶油混合成鯷魚醬。來自鯷魚肌肉、魚皮、血液細胞與細菌的酵素能產生許多香味分子;其濃度加上溫暖的醃漬溫度,能使魚肉發生早期的褐變反應,形成迥異的香味分子。鹽漬後能產生多層次的香味,含括水果味、脂肪味、油炸味、黃瓜味、花卉味、甜味、奶油味、肉味、玉米味、蘑菇味及麥芽味等。這種醃鯷魚,具有集各種香味於一身的複雜香味,加上魚肉的獨特口感,從16世紀起,廚師就常拿它來為醬汁與其他菜餚調味與提味。

乾漬鮭魚與燻鮭魚

乾漬鮭魚,源自中世紀的斯堪地那維亞半島,是一種經薄鹽醃漬及加壓的鮭魚加工品,以發酵(見第298頁)方式保存,具有強烈氣味。早在18世紀時,其作法已演變成輕度鹽漬與加壓,但不發酵。這種新式的乾漬鮭魚有複雜的風味,以及緊實、絲綢般的質地,能夠切成非常薄的魚片,帶有閃閃發光、半透明的外觀。改良型的乾漬鮭魚在許多國家已相當流行。

現代的乾漬鮭魚配方,各有不等比例的鹽與糖,以及不同醃漬時間。新鮮蒔蘿已成為現在的標準配料,是頗能讓人食指大動的選擇,可能是用來代替傳統的松針。鹽、糖、調味料要均勻撒在鮭魚片的表面各處,然後將魚片重壓、裝於容器中冷藏1~4天。施加重壓是讓魚肉與調味料能緊密接觸,並壓出魚體內多餘水分,使肉質緊密。鹽分能溶解肌纖維裡肌凝蛋白的收縮蛋白,使肉質擁有緻密的嫩度。

一般人最熟悉的燻鮭魚,無非是熟食店裡跟著貝果麵包一起出售的魚肉,是一種高度鹽漬的鮭魚,通常在切片出售前先浸泡一段時間以去除鹽分。

發酵魚肉

從北極到熱帶地區,許多文化各異的民族,都懂得都把微生物引到魚肉身上,以改變其質地與味道。但是全世界發酵魚類的中心,非東亞地區莫

加隆魚醬(Garum):最原始的鯷魚醬

發酵魚露是歐洲相當重要的古早味,有多種不同的稱呼,包括garos(希臘)、garum與liquamen(羅馬)。根據羅馬自然歷史學家普林尼的說法,「garum包含魚的內臟與其他部位,其他魚露並沒有這些,因此garum才真的是來自腐爛魚肉的汁液。」普林尼指出,儘管它來自腐肉,有不折不扣的濃烈味道,但「除香水外,幾乎沒有任何液體比它更有身價。」最好的魚露由鯖魚製成,起源自羅馬人位在西班牙的境外軍事基地。製作方式是先以食鹽醃漬魚內臟,讓魚

屬。東亞將魚肉發酵，以達到兩個重要目的：保存魚肉、善加利用生長在當地沿海與內陸水域的大量小型魚類；以及作為一種凝聚多種風味的提味材料（包括味道濃郁鮮美的單鈉麩胺酸鹽與其他胺基酸），用來搭配味道較平淡的米食。

發酵魚肉顯然已有幾千年歷史，發源於中國西南方的淡水水域與湄公河地區，而後流傳到沿海三角洲，進而應用在海洋魚類上。發酵魚肉的技法有兩大派別：一種是只用食鹽醃漬一堆小型魚類或魚類的內臟，而後任其發酵；另一種是以薄鹽醃漬較大的魚類，而後放入由米或其他穀物、蔬菜或水果製成的發酵液當中。在簡單的發酵製程中，鹽的比例通常就足以保存魚肉免於變質，而細菌主要是用來改變風味；但在混合發酵的製程裡，小量的鹽只能讓魚肉保存幾週。以植物為基礎的配方，則是用來培養發酵用的微生物，這種微生物與釀製酸奶或使葡萄汁變成酒的微生物是同樣的。以這種方式醃漬，是以微生物製造的酸或酒精來保存魚肉，風味則來自微生物生長時產出的許多副產品。

亞洲各民族運用這簡單的原則，各自發展出許多獨特的發酵魚製品。歐洲也有多樣的發酵魚。最早的壽司也是使用發酵魚，而非放在醋飯上的新鮮魚肉！在此我將描述一些更常見的作法。

亞洲魚醬與魚露

我們可從亞洲發酵魚醬與魚露看到歐洲大多失傳已久、一度名聞遐邇的羅馬魚醬：加隆魚醬或龐貝魚醬（見第298頁）。（現代的番茄醬是一種又甜又酸的番茄調味料，其英文名稱源自kecap，原意是印尼的鹹魚調味品。）魚露扮演的角色如同黃豆生長不良地區的醬油，它還可能是醬油釀造技術的原始模型。

魚醬與魚露的作法一樣，但發酵時間不同。先以食鹽混合大量魚蝦蟹貝，讓整體鹽度達到10~30%，而後密封在封閉容器中，發酵一個月（做魚醬）至2年（做魚露）。魚醬通常有較強的魚肉與乾酪質感，而發酵較久、變化更徹底的魚露則更有肉味，滋味也更加濃鮮。最珍貴的魚露來自第一批取出的

內臟與鹽的混合物在陽光下發酵數月，直到魚肉幾乎散開，然後濾出其褐色汁液。如此製作出的魚露可作為菜餚的調味料，或當醬汁用，有時則與酒或醋混合。根據阿比修斯書裡所蒐集的食譜，在古羅馬時代後期，有些魚醬幾乎已是每一種美味佳餚的必備調味品。
加隆魚醬一直在地中海地區風行到16世紀，而後因現代版加隆魚醬（用鹽漬、以取出內臟的鯷魚製成）異軍突起，古式的加隆魚醬才逐漸式微。

發酵成品,煮過、調味或陳放之後,是沾料中最重要的風味來源。品質次佳的魚露是從發酵成品中再次淬取的部分,可與焦糖、糖漿或烘烤過的米拌在一起,用於烹調各種精緻的菜餚,讓風味更具層次。

酸魚:最原始的壽司與乾漬鮭魚

亞洲與斯堪地那維亞半島各自發展出傳統的發酵魚製法,以豐富的碳水化合物作為細菌的食物,利用細菌發酵產生的酸來保存魚肉。這些傳統製法後來衍生出現在更廣為流行的未發酵魚料理:壽司與乾漬鮭魚。

亞洲式的魚米混製品　在亞洲有許多種以魚與穀物混合的發酵方式,其中最有影響力的作法之一是日本的馴壽司,即現代壽司的原始形式(見第262頁)。最有名的版本是鮒壽司,以米與日本京都北部琵琶湖的鯽魚(Carassius auratus)製成,裡面的各種細菌會消耗米的碳水化合物,產生各種有機酸,能保護魚肉免於腐爛,軟化其頭部與骨幹,形成獨特的酸味與鮮味,帶有香醋、奶油與乾酪的口感。現代壽司改由新鮮生魚肉做成,因此便以加醋的米飯來代替這種原始馴壽司的酸味。

斯堪地那維亞式埋魚:乾漬鮭魚　食物人類學家阿斯崔・瑞德瓦(Astri Riddervold)表示,斯堪地那維亞式發酵魚(原始的gravlax、瑞典的surlax與sursild、

亞洲發酵魚製品

下表顯示出亞洲各國各式各樣的發酵魚調味品。

國家	魚片或魚醬	魚露	酸發酵(碳水化合物來源)
泰國	Kapi(通常是蝦子)	Nam-plaa	Plaa-som(煮熟的米)
			Plaa-raa(烘過的米)
			Plaa-chao(發酵的米)
			Plaa-mum(木瓜、南薑)
			Khem-bak-nad(鳳梨)
越南	Mam	Nuoc mam	
韓國	Jeot-kal	Jeot-kuk	Sikhae(小米、麥芽、辣椒、大蒜)
日本	Shiokara(魷魚、魚雜)	Shottsuru	Narezushi(熟米)
			Kasuzuke(熟米、清酒糟)
		Ika-shoyu(魷魚、魚雜)	
菲律賓	Bagoong	Patis	Burong isda(熟米)
印尼	Pedah		Bekasam(烘過的米)
	Trassi(蝦子)		Makassar(紅糖)
馬來西亞	Belacan(蝦子)	Budu(鯷魚)	Pekasam(烘過的米、羅望子)
		Kecap ikan(其他魚類)	Cincaluk(蝦子、熟米)

挪威的 rakefisk 與 rakorret)，可能是中世紀漁夫的權宜之計：他們從遙遠的河川、湖泊與海岸線捕獲了許多魚，卻缺乏食鹽與桶子保存魚貨，便以發酵魚解決這難題。他們的方法是把清理過的魚稍微用食鹽醃漬，就地挖一個洞，將魚埋入，或以樺樹皮包裹；gravlax 的意思就是「掩埋的鮭魚」。近北極地區夏季溫度偏低、稀薄的空氣、少量鹽分，以及添加的碳水化合物（來自樹皮、乳清、麥芽或麵粉），都可能促進乳酸發酵，使魚體表面酸化。魚肉與細菌的酵素使蛋白質與脂肪分解，產生奶油般的質地，以及強烈、鮮明、乾酪般的風味：在 sursild 和 surlax 裡的 sur，意思就是「酸」。

未發酵的現代乾漬鮭魚，是將鹽漬乾鮭魚排置放於冰溫下數天所製成（見第296頁）。

煙燻魚肉

煙燻魚肉的起源可能是漁民在太陽、風力與鹽分不足的時候，把漁獲放在火上烤乾，因此，我們熟悉的煙燻魚中有許多是來自涼爽的北國：德國、荷蘭和英國的煙燻鯡魚；英國的鱈魚與黑線鱈；俄羅斯的鱘魚；挪威、蘇格蘭與加拿大新斯科舍省（Nova Scotia，是熟食店中 Nova 鮭魚的發源地）的煙燻鮭魚；以及日本的煙燻鰹魚。原來，煙霧能賦予魚肉一種氣味，那可以掩蓋腐臭的魚腥味，而且有助於保存魚類與其本身的風味。木材燃燒所產生的許多化學物質都具有抗菌與抗氧化特性（見第二冊）。傳統的煙燻作法相當激烈，中世紀時代在加拿大雅茅斯的作法，是紅鯡魚不去內臟，以食鹽醃漬後煙燻數週，製成之後能保存一年，其原始芳香足以令人留下深刻的嗅覺記憶。從19世紀開始，鐵路運輸大大縮短了從產地到市場的時間，因此人們改以較少的鹽與較溫和的方式來煙燻魚肉。今日的作法，鹽含量都在3%以下，與海水相同，煙燻時間則在幾小時之內，有助改善風味並延長保存期限，大約可在冰箱裡保存數天到數週。許多現代的煙燻海鮮甚至以罐頭保存！

味道濃烈的輕漬魚肉：瑞典醃鯡魚（Surstrømming）

魚醬與魚露的作法，是以足夠的鹽來限制微生物的增生與活動。但也有以少量鹽分發酵的魚，用意是讓細菌滋長，以產生更強烈的味道。一個臭名昭著的例子便是瑞典的醃鯡魚。鯡魚在桶中發酵1~2個月，然後密封在罐中，繼續發酵一年。一般罐頭膨脹通常是肉毒桿菌增生的警訊，但對瑞典醃鯡魚而言，卻代表著美味正在醞釀中。在罐頭裡讓魚肉發酵的特殊細菌是一種鹽厭氧菌，會產生氫氣與二氧化碳氣體、硫化氫、丁酸、丙酸與乙酸等，實際上就是臭雞蛋、腐臭的瑞士乾酪與醋等臭味結合起來蓋過基本的魚味！

初步鹽漬與乾燥

目前的作法，是在魚肉運往煙燻工廠前先以濃鹽水浸泡數小時到數天，讓魚肉吸收少許鹽分（濃度尚不足以抑制微生物的腐敗作用）。這道處理程序也把肌纖維的某些蛋白質（特別是肌凝蛋白）拉到魚肉表面。當魚被吊起來滴水晾乾時，魚肉表面上溶出的黏稠肌凝蛋白會形成閃亮的凝膠或一層膜，在魚肉被煙燻後變成相當吸引人的金色光澤（金黃色是煙裡的醛類與薄膜上的胺基酸發生褐變反應，以及煙霧裡的深色樹脂濃縮而成）。

低溫煙燻與高溫煙燻

一開始煙燻時（通常使用木屑，因為那比整塊木材更能在較低溫度下產生更多煙霧），先採用較低的溫度30°C，避免表面硬化，如此才能使內部濕氣向表面蒸散，讓魚肉先散失一些水分，變得緊實卻不不致於煮熟，如此可使結締組織膠原蛋白變性，讓魚肉鬆散。最後，再將魚肉煙燻數小時。煙燻溫度有兩種選擇，低溫煙燻法低於32°C，魚肉維持生肉般的質地；至於高溫煙燻法，基本上是將溫度逐步升高到沸點，以熱空氣將魚肉煮熟，能很快讓內部溫度達到65~75°C，魚肉仍很完整但呈現乾燥、片狀紋理。以低溫長時間煙燻的魚肉可以在冰箱保存長達數月，而輕度煙燻的魚肉，無論採取低溫或高溫，都只能保存幾天或幾週。

精緻的煙燻鮭魚可以先用鹽醃漬，有時加上糖，時間約數小時到數日，而後沖洗、風乾。低溫煙燻的時間從5~36個小時不等，當溫度從30°C升高至最後的40°C時，魚體表面會浮出一些油，使外觀看來很有光澤。

以四種方式保存：日本鰹節（柴魚）

日本料理中最引人注目的魚類保存方式是柴魚（鰹節）。柴魚是日本料理的基石，可追溯至公元1700年左右，最常以鰹魚製成。將魚肉取下切成數塊，

煙燻魚肉技法

國家	魚片或魚醬
Kippered herring	鯡魚，去除內臟、切片，低溫煙燻
Bloater, bokking	鯡魚，全魚，低溫煙燻
Buckling	鯡魚，全魚，高溫煙燻
Sild	鯡魚，輕漬，全魚，高溫煙燻
Red herring	鯡魚，去除內臟、切片，低溫煙燻
Brisling	黍鯡，輕漬，全魚，高溫煙燻
Finnan haddie	黑線鱈，去除內臟、切片，低溫煙燻（泥炭）
Norwegian/Scotch smoked salmon; "Nova"	鮭魚片，低溫煙燻

放入鹽水中以慢火煮約一小時、去皮。接下來，每日反覆以硬木燃燒煙燻，直到魚肉完全硬化為止，這一階段約需持續 10~20 天。之後在這些魚肉上培養一種或多種黴菌（麴菌、散囊菌、青黴菌），密封在盒子裡，讓黴菌在魚肉表面發酵約兩週。然後，經過 1~2 天日曬後，刮除黴菌，重複進行 3~4 次的黴菌發酵。整個製程歷時 3~5 個月，結束時魚肉轉為淺棕色，且變得十分緻密，據說敲打起來就像木魚。

為何如此大費周章？因為它能積累許多不同的香味分子，其滋味深奧，只有最上等的加工肉品與乾酪才能媲美。魚的肌肉本身與酵素能產生乳酸與味道鮮美的胺基酸、多肽與核苷酸，煙燻則帶來辛辣的酚類化合物；水煮、煙燻及日曬乾燥帶來的燒烤肉香是來自含有氮與硫的碳環；而黴菌在魚肉脂肪上發生作用，則產生許多華麗的果香與清新的風味。

柴魚之於日本傳統料理，如同濃郁的小牛骨高湯之於法國，都是許多湯與醬料最便利的風味湯頭。將柴魚細刨成薄片，歷時數月製成的風味便立時浮現。製作基本的昆布鮮魚湯時，將一片昆布與冷水一起煮沸，而後取出昆布，加入幾片柴魚，再次煮沸，在柴魚吸足水沉入底部時將之撈出。柴魚片若煮太久，高湯便容易走味。

醃製魚肉

就化學原理而言，酸是一種容易釋放游離質子（氫原子的核，體積小、容易發生化學反應）的物質。水是弱酸性，活細胞只能在水中運作，但強酸帶來洪水般的大量質子，活細胞無法處理，化學機制因而受到破壞。這就是酸能夠保存食品的原因：它們能破壞微生物的作用。以醃製酸魚為例，其好處是賦予魚肉一種獨特的鮮香味，但魚肉在酸性條件下也會產生味道濃烈的醛類，醛類會讓具有魚腥味的TMA與水分子反應，成為非揮發性物質，因此主要的氣味是來自味道較淡的醇類。醃製可能使鯡魚與其他魚類變得出奇可口。

從阿比修斯書上的食譜（見下方「古式醋魚」）可以得知，地中海地區的居

古式醋魚
要使炸魚能保存久些，魚肉在炸好要起鍋時可淋上熱醋。　　——阿比修斯，公元初幾個世紀

民醃製魚肉已有數千年之久。以普通的現代名詞來說，醋魚escabeche及從這個字衍生的其他字，都來自阿拉伯文的sikbaj。在13世紀，sikbaj是指在料理的最後階段加了醋（乙酸，見第三冊）的肉、魚料理。醃製時也可用其他酸性液體，包括葡萄酒或取自未成熟葡萄的酸果汁。

海鮮類可以直接泡在酸液中，或先經初步的鹽漬或烹煮。例如在北歐，生鯡魚被浸在醃料（3份魚肉對2份10%的鹽與6%的醋酸混合物）中，在約10°C的溫度下醃漬一週；而製作日本漬鯖魚則是先將魚片抹鹽，風乾一天，而後浸泡在醋液裡一天。預先將魚肉煮過是希望能先以熱殺死細菌，並使肉質硬實，因此接下來的醃漬階段會採取較溫和的方式，比較不會使質地與味道產生太大的變化。

罐頭魚肉

罐頭魚肉不需冷藏也能長久保存，且十分便利，故成為大多數人最常吃的加工保存魚肉。在美國，罐頭魚是所有魚類產品中最受歡迎的一種：人們每年消費的鮪魚罐頭超過10億個。海鮮最早被加熱密封於容器中是在1810年左右，發明者是尼可拉斯・阿培特（Nicholas Appert）。約10年後，法國人約瑟夫・科林（Joseph Colin）開始以罐頭保存沙丁魚；美國德拉瓦州的漁民於1840年左右開始製作牡蠣罐頭，1865年開始做太平洋鮭魚罐頭，而一些義大利移民則於1903年在美國聖地牙哥創建了鮪魚罐頭工廠。鮭魚、鮪魚與沙丁魚堪稱目前全世界最受歡迎的罐裝海鮮。

魚肉罐頭通常要加熱兩次：一次是在封罐之前，造成烹煮流失，並除去水分（以及帶有風味、對健康有益的油脂），因此內容物不會有太多水分；另一次是封罐之後，目的是滅菌，通常以高壓蒸氣滅菌，約維持115°C。第二次加熱處理時能軟化魚骨，因此魚罐頭的骨骼是極佳的鈣質來源（一般每100公克的新鮮魚肉約含有5毫克的鈣，罐裝鮭魚卻含有200~250毫克）。為改善魚罐頭的風味與外觀，通常允許加入某些添加劑，特別是鮪魚罐頭。常見的添加物包括單鈉麩胺酸鹽（味精）與各式各樣的水解蛋白，這些蛋白

質分解成味道鮮美的胺基酸（包括麩胺酸）。上等魚罐頭只在罐頭中煮一次，保留其原汁原味，不需以任何添加劑來改善風味。

魚卵

　　所有來自水中的食物，就數魚卵最昂貴也最奢華。魚子醬是經過鹽漬的鱘魚子，等於動物界裡的松露，風味卓著，但因野生來源遭人類入侵，已變得越發稀有。值得欣慰的是，現代的鱘魚養殖場已能生產優質的魚子醬，也有以其他魚卵製成的魚子醬，提供人們價格較低廉的另一種選擇。

　　魚的卵巢或「魚子」蓄積了大量待產出的卵，單一條鮭魚就有多達2萬顆，鱘魚、鯉魚或鱈魚等則有幾百萬顆。因為一個細胞要發育成一條小魚所需的所有營養素，魚卵裡全有，因此魚卵的營養成分比魚肉更濃縮，含有更高的脂肪（鱘魚與鮭魚的魚子醬，脂肪含量約10~20%）以及大量的美味胺基酸與核酸。它們往往含有非常漂亮的色素，有時是亮粉紅色或黃色的類胡蘿蔔素，有時是具有偽裝效果的深棕色黑色素。

　　最適合用來烹飪或調味的魚子，必須有點成熟、但又不是完全成熟的卵。未成熟的卵又小又硬，風味很低；但準備要生出的卵則較軟、容易破裂，很快就發出異味。魚子由許多幾乎各自獨立、不相連的卵所構成，存在稀薄的蛋白質溶液中，並封在一個薄而脆弱的膜裡。如果能先將魚子稍微水煮，使蛋白質凝集，並讓質地較為結實黏稠，則後續會比較容易處理。

　　雄魚在體內蓄積精子，好在雌魚排出卵子時同步釋放到水中。精子團塊被稱為魚白或魚精，呈現奶油般的綿密狀，而非顆粒狀（懸浮於蛋白質溶液中的精子細胞要透過顯微鏡才看得到）。在日本，海鯛與鱈魚的魚白很珍貴，通常以很溫和的方式煮成像卡士達醬般細緻的黏稠質感。

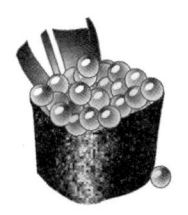

鮭魚卵構造
與雞蛋一樣，內層的蛋黃被富含蛋白質的液體所包圍，並含有脂肪，包括脂溶性類胡蘿蔔素與活的卵細胞。

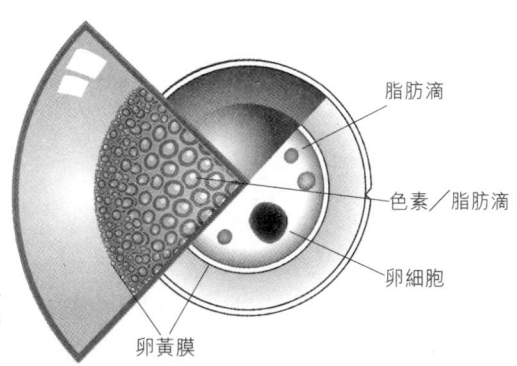

脂肪滴
色素／脂肪滴
卵細胞
卵黃膜

以鹽轉換魚卵的風味與質地

重鹽醃漬：Bottarga

魚子很少直接食用，通常先予以鹽漬。鹽原本只是一種保存魚卵的方法。數千年來，地中海一帶都是以食鹽塗抹在整個鯔魚與鮪魚的卵巢上，擠壓、乾燥後做成極富盛名的bottarga（亞洲也有幾乎相同的作法：烏魚子）。鹽漬與乾燥使胺基酸、脂肪酸與糖濃縮，彼此交互反應後產生複雜的褐變，使其顏色轉成深紅棕，產生豐富、迷人的口味，令人聯想到帕瑪森乾酪，甚至熱帶水果！Bottarga現在已經成為一種佳餚美味，通常切得像紙一樣薄，當作前菜，或磨碎灑在熱的義大利麵上。

輕鹽漬：魚子醬

將鹽灑在魚卵上，除了能使魚卵鬆散、濕潤之外，少量的鹽也能引發魚卵中蛋白分解酶的作用，產生各種能刺激味覺的游離胺基酸。它也引發另一種酵素（轉麩醯胺酶）的作用，能促使外膜上的蛋白質進行交叉連接，使卵膜變硬，讓魚卵呈現不同的質地。當鹽水進入卵黃膜與外膜之間時，鹽分讓卵子膨脹、變圓變硬。此外，它也改變了內部蛋白質的表面電荷分布，造成蛋白質分子彼此結合，使魚卵裡的蛋白質溶液變濃，成就其如蜂蜜般的奢華口感。

總而言之，薄鹽輕漬能讓魚卵從一種單純令人感到愉悅的美食，升級成魚子醬這種奢華的名菜佳餚：瞬間在口齒間留下原始的鹹味，以及賦予所有生命活力的鮮美風味。

魚子醬（Cavia）

魚子醬似乎是在公元1200年左右起源自俄國，比傳統的鱘魚卵巢保存方式更加美味。Caviar一詞，在過去數百年來都是專指鬆散的鱘魚卵，但現在已普遍用來指任何一種輕度鹽漬的鬆散魚卵。最搶手的魚子醬仍然來自俄

羅斯與伊朗的少數幾種鱘魚卵，主要捕撈地點是那些將注入裏海的河流。

　　在150多年前，北半球許多大型河川仍經常出現鱘魚，魚子醬在俄國仍相當豐足，當時俄國著名廚藝作家伊蓮娜‧莫洛科維（Elena Molokhovets）還建議用它來使海鮮高湯變清及裝飾酸菜，「好讓酸菜看來像充滿了罌粟種子！」但是，由於過度捕撈、水壩與水力發電廠的建造以及工業污染，許多種鱘魚已經瀕臨滅絕，到公元1900年前後，鱘魚子已經變成罕見、昂貴、十分搶手的奢侈品，身價更是大漲。目前這趨勢並無減緩跡象，由於裏海的鱘魚數量大減，聯合國考慮禁止該地區出口魚子醬。近幾十年來，魚子醬的生產持續往東邊的地區蔓延：俄羅斯與中國邊境的阿穆爾河（黑龍江）沿岸，以及美國和其他地方的鱘魚養殖場。

經常食用的魚卵種類

來源	特性，名稱
鯉魚	非常小、淡粉紅色 ；有時鹽漬 希臘：tarama
鱈魚、綠鱈	非常小、粉紅色 ；有時鹽漬、壓製、乾燥、煙燻 日本：ajitsuki, tarako, momijiko
飛魚	小、黃色、通常染成橘色或黑色，口感爽脆 日本：tobiko
灰鯔魚（烏魚）	小 ；通常鹽漬、壓製及乾燥製成 bottarga 義大利：bottarga　希臘：tarama　日本：karasumi
鯡魚	中型、金黃色 ；有時鹽漬 在日本，若卵產於海帶上則備受喜愛 日本：kazunoko
圓鰭魚	小、北大西洋與波羅的海常見的魚種 ； 魚卵綠色，常染成紅色或黑色，重鹽漬，而後滅菌裝瓶
鮭魚	大（4–5 毫米）橘紅色的魚卵，主要來自狗鮭（Oncorhynchus keta），通常薄鹽輕漬，趁鮮販售 日本：全卵巢 sujiko　粒粒分明的魚卵 ikura
西鯡	小，是鯡魚的近親魚種
鱘魚	中型 ；薄鹽輕漬做成魚子醬
鱒魚	大、黃色，來自大湖鱒
鮪魚	小 ；通常鹽漬後壓製乾燥做成 bottarga 義大利：bottarga
白鮭	小、金色、口感爽脆，來自鮭魚在北半球淡水水域的近親魚種 ；通常會加味或煙燻

製作魚子醬

傳統的魚子醬作法，是以漁網捕捉活鱘魚，將魚敲昏後，立即先取出卵囊，再進行宰殺。製造魚子醬的人將魚子過篩，以使魚子彼此分開，並除去卵巢膜，同時將魚卵分級，然後抹鹽，並徒手混拌2~4分鐘，讓鹽的濃度達到3~10%（從1870年代以來就有添加少量鹼性硼砂的習慣，以取代部分鹽，使魚子醬味道更甜，並延長保存期。但美國與一些國家禁止進口含有硼砂的產品）。魚卵放置約5~15分鐘脫水，而後裝入大罐子中，並冷卻到-3°C（鹽能防止魚卵在此溫度下結冰）。

身價最不凡的魚子醬也最容易腐壞。魚子醬在俄羅斯名為malossol，也就是「少鹽」的意思，鹽濃度約在2.5~3.5%左右。經典的裏海魚子醬具有獨特的大小、顏色與味道。Beluga是最稀有、最大、最昂貴的一種；Osetra則是最常見的野生魚子醬，主要來自黑海和在黑海東北角的亞速海，帶褐色調，具有牡蠣般的風味。Sevruga魚子醬顏色較深，味道較單純。「濃縮魚子醬」是相對便宜、含鹽較高（7%）、滋味較濃的糊狀魚子醬，由過熟的卵子製成，可以凍存。

鮭魚及其他魚子醬

俄國人在1830年代首開先河，發明了鮭魚魚子醬，這種卵粒碩大、帶著鮮粉紅色澤的半透明魚子醬，是另一種美味但價格相對低廉的替代品。分離成一顆顆的狗鮭卵與紅鮭卵以飽和食鹽水浸泡2~20分鐘，使其最後達到3.5~4%的鹽度，然後在12小時內瀝乾。圓鰭魚魚子醬則溯自1930年代，圓鰭魚是較少食用的魚，其魚卵的大小與閃光鱘卵相仿，鹽漬後染成閃光鱘卵的顏色。白鮭卵的大小也差不多，但不染色，保留其原本的金黃色。近年來，鯡魚、鰻魚，甚至龍蝦的魚子都已被用來製造魚子醬。魚子醬可以滅菌（50~70°C，1~2小時）來延長保存期限，但會產生橡膠般的異味，口感也會變得比較韌。

part
two

第二部

chapter 1

烹調方法與器具材質

part two

　從火烤到微波加熱的每一種基本烹調方法，各自會對食物產生特有的影響。本章將簡要說明這些烹調方法的原理，並介紹各種金屬與陶瓷烹飪器皿的特性。

　首先要談的當然是褐變反應。這種反應會出現在每一種烹飪方式，只要食材經過充分加熱，都會產生這種重要的轉化作用。本書每一章節幾乎都提到了褐變反應，包括煉乳、烤肉、巧克力，乃至啤酒等各式各樣的食物，其味道與外觀都受到這類反應的強烈影響。

褐變反應及其風味

食物經中溫加熱後，其原有風味將會變得較淡或較濃烈，但褐變反應卻能產生新的風味，成為烹調過程的特色。這些作用通常使食物轉變成褐色，因此稱為褐變反應，但實際上的顏色變化，會根據不同的加熱條件而變成黃色、紅色或黑色等。

■ 焦糖化作用

最簡單的褐變反應是糖類的焦糖化，是經一連串複雜的變化所形成的（見第三冊）。我們使用的普通砂糖，基本上就是蔗糖分子，在受熱時首先會融化成濃稠的糖漿，然後慢慢變為淺黃色，再逐步變深為黑褐色。它一開始嘗起來是甜的，聞起來沒有氣味，然後慢慢出現酸味與些許苦味，並散發出豐富的香氣。這轉變牽涉到許多化學反應，所形成的反應產物也有數百種之多，其中包含有酸味的有機酸、具甜味及苦味的衍生物質、許多揮發性芳香分子，以及黃褐色的聚合物等。這個劇烈變化帶來食用的愉悅：它是讓許多糖果與甜食充滿美妙食趣的功臣。

■ 梅納反應

梅納反應帶來美好及更豐富的變化，能使主成分並非糖類的食物（如麵包脆皮、巧克力、咖啡、深色啤酒與烤肉等），在煮熟後有更多樣的顏色與氣味。1910年左右，法國醫生梅納（Louis Camille Maillard）首先發現並描述了這個「梅納反應」。這一系列的作用，始於一個碳水化合物分子（游離的糖分

由焦糖化反應產生的代表性香氣分子（上圖左；見第三冊），以及碳水化合物與胺基酸之間的梅納反應所產生的代表性香氣分子（上圖右）。胺基酸提供氮與硫原子以產生吡咯（pyrrole）、吡啶（pyridine）、吡嗪（pyrazine）、噻吩（thiophene）、噻唑（thiazole）及噁唑（oxazole）等獨特的中央環（從頂端順時針而下），每種環狀結構都可以藉由其碳原子與其他結構連結。梅納反應的風味產物種類多元且特性各異，包括葉子與花的香氣、泥土味與肉味等。

子或組成澱粉的糖分子；葡萄糖與果糖比蔗糖更容易起反應）與胺基酸（游離胺基酸或蛋白質鏈的一部分）的交互作用，兩者會先形成一個不穩定的過渡性結構，再經由進一步的反應產生出數百種不同的副產物，進而帶來褐色的外觀與豐富、濃郁的香氣。梅納反應所造成的氣味比焦糖化產生的氣味更加複雜、更有肉味，因為在這過程中，胺基酸的氮及硫原子，與含有碳、氫和氧的化合物作用，產生新類型的分子，增加了香味的層次（見312頁下方）。

高溫與乾燒法

焦糖化與梅納這兩種褐變反應必須在相當的高溫下才會快速進展。砂糖的焦糖化通常在大約165°C時最為顯著，梅納褐變的溫度稍低，差不多低了50°C左右（約120°C）。由於褐變反應來自分子間的交互作用，需耗用大量能量，因此大多數食品的褐變現象只發生在表層，而且是在乾熱的情況下才會發生。在水分蒸發前，溫度都不會高於100°C（除非在壓力鍋的高壓之下），因此，水煮或清蒸的烹飪方式，以及富含水分的肉類與蔬菜在烹調時，都不會超過100°C。然而用油烹調或用烤爐來料理食物時，食物表面會迅速脫水，且溫度上升到與周遭環境相同，大約159~260°C。因此食物若以煮、蒸、燉等「濕煮」法煮熟，顏色通常比用烤、烘、炸等「乾煮」法處理的要淡白許多。這是一個值得記住的實用原則。例如，要讓燜煮的食物滋味濃郁，關鍵就是在添加任何液體之前，先將肉類、蔬菜與麵粉等煎炒過以令其發生褐變。但另一方面，如果想強調食物的原味，則應避免高溫，以免製造出那些很強烈卻較沒個性的褐變口味。

濕潤食材的慢速褐變

一般而言，褐變反應發生的溫度得高於沸點，但也有例外。要讓富含水分的食物也出現梅納反應的顏色與香味，方式有：在鹼性條件下烹煮、濃

縮的碳水化合物與胺基酸溶液，以及延長烹飪時間等。例如，雞蛋的蛋白屬於鹼性，它含有豐富的蛋白質、微量葡萄糖及90％的水，在長煮12小時之後會變成褐色。釀造啤酒的基液是萃取自大麥芽的水溶液，含有來自發芽穀物的糖與胺基酸，活性很高，煮沸數小時之後，顏色與味道都會加重。含水量高的肉類或雞肉也一樣，在煮到濃縮成燒汁狀時也會有褐變現象。柿子布丁因為含有葡萄糖及鹼性的碳酸氫鈉，又經過數小時的烹煮，因而幾乎變成黑色；義大利黑醋也會因久放數年而變成幾乎全黑！

褐變反應的壞處

褐變反應也有一些缺點。首先，許多脫水水果在室溫下放了數週或數月之後容易逐漸發生褐變，這是因為碳水化合物與含有胺類的分子在這情況下會高度濃縮（因酵素造成褐變也可能是因素之一）。這些食品通常會添加少量的二氧化硫，以防止顏色和味道發生這些不受歡迎的改變。其次，褐變反應會改變或破壞胺基酸，而略微減損其營養價值。

此外，有證據顯示，一些褐變反應的產物可能會破壞DNA，而有致癌之虞。2002年，瑞典研究人員發現薯片、炸薯條及其他澱粉類的油炸食品，含有大量的丙烯醯胺（acrylamide），這可能是醣類與冬醯胺（asparagine）反應後的產物。由於這種化合物會讓實驗大鼠罹癌，因此食物含有大量丙烯醯胺會令人擔憂，但目前我們還不清楚丙烯醯胺與相關物質對人體健康的影響。不過褐變食物在今日及過去數千年間一直無所不在，或許意味著它們應該不致於對公眾健康造成重大威脅。也有研究發現，一些其他的褐變反應產物能夠防止DNA損傷！但也許比較明智的作法是避免經常食用燒烤與油炸食品，偶爾小小享受一下即可。

來自焦糖化與梅納褐變反應的一些風味產物

焦糖化 165°C以上	梅納反應 120°C以上
甜（蔗糖、其他醣類） 酸味（醋酸） 苦（複合分子） 果香（酯） 雪利酒般的氣味（乙醛） 奶油糖（二乙醯） 焦糖（麥芽酚） 堅果（呋喃）	香鹹（多肽、胺基酸） 花香（噁唑） 洋蔥味、肉香（含硫化合物） 綠色蔬菜（吡啶、吡嗪） 巧克力（吡嗪） 馬鈴薯、泥土味（吡嗪） 加上焦糖化的香味

加
熱
的
形
式

在一般的定義中,「烹飪」是將生的食物轉化成另一種不同東西的過程。多數情況下,我們是以加熱的方式來轉化食物:從熱源將能量傳遞給食物,使食物的分子移動加快、碰撞更劇烈,因而能互相作用,形成新的結構與風味。我們使用的各種烹調方式:沸煮、燒烤、烘焙、油炸等,各採用完全不同的材料作為熱能傳遞的介質,並運用不同形式的傳熱方式,來達到不同的效果。熱的傳導方式有三種,充分認識它們,有助於我們了解這些烹飪技法是怎樣影響食物。

熱傳導:直接接觸

當熱能是透過粒子的碰撞或運動(例如,經由電子的吸引或排斥)由一個粒子傳遞給旁邊的另一個粒子時,這種過程就稱為「傳導」。儘管熱傳導是物體內部最直接的傳熱方式,但不同材料的傳導方式並不盡相同。例如,一般來說金屬是優良的熱導體,它們的原子雖然被固定在網狀晶格結構之中,但有一些電子很容易脫離原子,而能在固體裡形成自由移動的「液相」或「氣相」,將能量從一個區域攜帶到另一個區域。這種電子的流動,也讓金屬成為良好的電導體。但是,非金屬固體(如瓷器)的傳導性便十分難以理解。它似乎不是藉由高能電子的移動來傳導熱能(以離子鍵或共價鍵結合的化合物固體中,電子並不能自由移動),而是藉由個別分子或部分晶格的振動,將振動的能量傳遞到周圍。熱能藉由振動傳遞比藉由電子流動緩慢許多,且效率較低,因此非金屬通常被認為是熱或電的絕緣體,而非導體。由於液體與氣體的分子間距較遠,因此是非常差的導體。

材料的導熱性決定了它在爐火上的表現,導熱越好,鍋子升溫與降溫的速度越快,熱能在鍋底的分布也越均勻。加熱不均勻會造成熱點,可能在煎油過程或是熬煮濃湯或醬汁時把食物燒焦。

食物中的傳導

熱能也會藉由傳導作用從固體食物外部傳遞到內部(例如魚、肉或蔬菜)。

由於食物的細胞結構會妨礙熱能傳導，和金屬相較，食物簡直有如絕緣體，加熱速度相當緩慢。要把菜餚燒好，關鍵之一就是要把食物內層煮到剛好，而外層也不會煮過頭。但這絕非易事，因為各種食物受熱和熟透的速度都不一樣，其中最重要的變數是食物的厚度。我們一般認為，要煮熟一片2公分厚的肉，所需時間應為1公分肉片的兩倍，但事實證明，實際上需要的時間，是介於2~4倍，至於確切的倍數則取決於肉片整體的形狀：小片的肉排或肉塊需要時間短些，大片肉排或肉片則長一點。沒有一種絕對可靠的方法，可以預測熱量從食品表面傳導至中心所需要的時間，因此，最好的規則就是不斷檢查它煮熟了沒。

■ 對流：液體的流動

另一種熱能交換的形式稱為「對流」，是流體中較溫暖區域的分子移動到較冷區域所造成的熱能轉移。流體可以是液體（如水），也可以是空氣或其他氣體。對流的過程結合了「傳導」與「混合」：富含能量的分子從空間中的一點運動到另一點，然後與速度較慢的粒子碰撞。對流是一個極具影響力的現象，因為它讓地球有風、暴風雨、洋流，它能暖化我們的家、使爐子上的水沸騰。流體會這樣上下流動，是因為空氣與水分子在吸收能量並加速移動時，會占用較多空間（密度變小，相較下就比較輕），所以加熱時流體會向上流，冷卻後（變較重）則再度向下沉。

■ 輻射：輻射熱與微波的純能量

我們都知道，地球是因太陽而變得溫暖的。但地球與太陽距離一億五千萬公里，兩者之間幾近真空，並沒有分子可用來傳導或對流。那麼太陽的能量是如何橫越太空抵達地球？答案是熱「輻射」。在熱輻射的過程中，熱源與傳導對象間不需要有實體的直接接觸。任何物體無時無刻都會放出輻射熱，但通常我們只在物體溫度非常高的時候才會發現它的存在。我們從

陽光或爐火所感受到的溫暖，是來自熱輻射，那是原子與分子在吸收能量之後重新釋出的能量，但不是藉由分子加速運動，而是以純能量的波動形式釋放出來。

輻射熱是看不見的「紅外光」輻射

儘管似乎很不可思議，但輻射熱與無線電波、微波、可見光與X射線卻十分相近：這些現象都是「電磁波譜」的一部分，它是帶電粒子（通常是原子內的電子）的運動所造成的能量波動。這種運動會製造出電場與磁場，然後以波動的形式輻射或擴散開來。反之，當這種能量波撞擊其他原子時，便會讓這些原子加速運動。第一位發現熱輻射與光有關的人，是英國雙簧管演奏家兼天文學家威廉・赫歇爾（William Herschel），他在1800年發現，在稜鏡所產生的光譜上，如果拿一個溫度計從其中一端量到另一端，紅光以下的光譜（波長較長，已超出可見光的範圍）溫度最高。科學家根據熱輻射在光譜上的位置，稱它為紅外光（infrared，infra是拉丁文「以下」的意思）。

不同輻射攜帶不同的能量

輻射種類不同，能量也不同，而能量的輻射形式也會決定其效果。
- 無線電波的能階在最底端，能量很弱，只能使自由電子加速。因此會需要金屬天線的流動電子來傳輸與接收這種輻射。
- 接下來是微波，它的能量足以使極性分子（例如水）加速運動。而它之所以稱「微」波，是因為其波長比無線電波還短。由於多數食物皆含有大量水分子，因此微波輻射是一種效率很高的烹調方式。
- 廚師在烹飪時，最主要的熱能來源就是熱輻射了，它能使非極性分子（包括碳水化合物、蛋白質與脂肪）與極性分子（如水）進行加速運動。
- 可見光與紫外光能讓束縛於分子中的電子改變軌域，因此可以啟動化學反應，以破壞色素與油脂，並發出陳腐、臭敗的味道。來自太陽的可見光與紫外光足以破壞牛奶與啤酒的風味，紫外光能灼傷皮膚、損害我們的DNA並導致癌症。

- X與γ射線能穿透物質並讓物質「電離」（亦即奪去分子裡的電子）。這兩種射線與一些特定次原子粒子的光束，都能破壞DNA並殺死微生物，可用於一些食品的「冷滅菌」與消毒。

有用的熱輻射是由高溫所產生

就某種程度而言，所有分子都會振動，因此我們周遭的所有事物無時無刻都至少會發射一些紅外光輻射。物體溫度越高，越能在光譜較高能量區段發出能量，因此，發出可見光的金屬會比未發出可見光的金屬還熱，而發黃光的金屬又比發紅光的還熱。事實上，溫度低於980°C（物體在此溫度以上才開始發出紅光）的物體，所輻射出的紅外光相對而言會低許多。因此以熱輻射烹飪，過程十分緩慢，除非烹調溫度很高（燒烤與炙烤就具有這些特性，高溫可來自發紅的炭火、電熱絲或瓦斯爐的火焰）。在典型的烘烤和煎炸溫度中，傳導與對流的作用往往比紅外光輻射更為重要，然而，隨著烤箱溫度升高，來自爐壁的輻射法熱比例便逐漸上升。廚師控制輻射熱的方法包括：把食物移動到爐壁或爐頂附近以增加食物所受的輻射熱，或以反光鋁箔遮蔽食材來降低輻射熱。

加熱食物的基本方法

在我們的日常生活中，這三種不同的熱能傳播方式很少以單一形式出現。所有加熱器皿多少都有一定程度的熱輻射，廚師通常也會同時借重固體容器的傳導作用與液體的對流來烹調。就算是最簡單的動作，例如在爐火上加熱一鍋水，就牽涉到電熱絲的輻射與傳導（或來自瓦斯火焰的輻射與對流）、鍋內的傳導，以及水的對流。儘管如此，每一種烹飪技法通常還是會以一種傳熱方式為主，再搭配不同烹調器皿，而對食品產生獨特的影響。

燒烤與炙烤：遠紅外光輻射

人類最古老的烹飪技法，是直接在火上或燒紅的炭上烤食物，而燒烤與

炙烤則是其現代版，是更精準的烹調法。燒烤時熱源置於食物下方，炙烤則是熱源在食物上方。雖然空氣對流有助於加熱食物，尤其是在熱源與食物距離較遠的時候，但燒烤基本上是透過紅外光輻射加熱。燒烤與炙烤所使用的熱源都能發出可見光，也有強烈的紅外光輻射能量。紅炭火或電熱用的鎳鉻合金溫度可達1100°C，而瓦斯爐的焰火則接近1600°C，相較之下，烤箱壁很少能超過250°C。由於高熱物體所輻射的總能量與絕對溫度的四次方成正比，因此，1100°C的炭火或電熱棒，其輻射的能量就高於250°C的烤爐壁的40倍。

如此高的熱能，不僅是燒烤與炙烤的極大優點，也是項重大挑戰。一方面，它讓食物表面迅速並徹底褐變，因而產生濃烈的氣味；但另一方面，食物外層受到的熱輻射與食物內部受到的熱傳導，兩者的速率差距極大，這說明了為何牛排的外表已經燒焦，但內部往往仍是冷的。

燒烤與炙烤的成功關鍵，是食物的位置必須與熱源的距離夠遠，使外層褐變的速率能配合內部傳導的速率；或可先用高溫使食物表面發生褐變，然後改用熱能較低的熱源，或是將食物稍微遠離熱源，以此讓食物熟透。像是把燒烤物置於炭火較少的位置，或以溫度較低的烤爐加熱。

烘烤：空氣對流與輻射

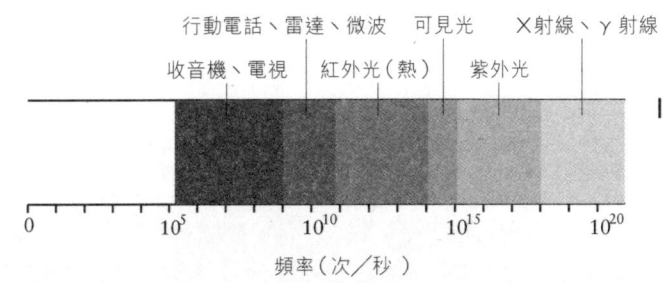

所謂烘烤，就是將熱氣密封在一個封閉空間（烤爐），並結合爐壁的熱輻射以及熱空氣的對流來加熱食物。烘烤能輕易讓食物表面脫水，因此只要烤爐溫度夠高，食物便會發生褐變。烘烤所用的溫度通常遠高於水的沸點，約為150~250°C，但烘烤的傳熱效率反而不及沸煮。與水煮馬鈴薯相比，烘烤的溫度雖然較高，所需的時間卻更長。這是因為在260°C的溫度下，熱輻射與空氣對流都無法非常迅速地將熱能傳遞到食物裡。爐內的空氣密度不到水的千分之一，因此受熱的分子與食物之間的碰撞頻率比在煮鍋裡低（這也是我們可以伸手進烤爐卻不會馬上被燒傷的原因）。旋風式烤箱能藉由風扇帶動熱空氣流動而提高傳熱效率，大大降低烘烤時間。

| 電磁輻射的頻譜：其中微波與紅外光輻射都可用來烹煮食物。（刻度值乃標準科學記號，10^5 表示100000。）

行動電話、雷達、微波　　可見光　　X射線、γ射線
收音機、電視　　紅外光（熱）　　紫外光

0　　10^5　　10^{10}　　10^{15}　　10^{20}
頻率（次／秒）

由於烘烤需要的器具較為複雜，因此這種作法可能較晚才被列入食譜。最早的烤爐大約出現在公元前3000年的埃及，使麵包製作技術更為精進。烤爐的構造為黏土製成的空心圓錐桶，內部鋪了一層煤炭，麵包則附著在內壁。現代烤爐的出現要到19世紀，當時出現了體積較小的金屬盒烤爐，方便一般家庭安裝，但在此之前，大多數烤肉都是直接在火上燒烤。

沸煮與燉煮：水對流

以沸水滾煮或較低溫的文火燉煮，都是以熱水的對流來加熱食物，這種方式能達到的最高溫是沸點（以海平面為基準是100°C），但在這類「濕熱」烹煮法上，100°C並不足以觸發褐變反應。儘管烹調溫度相對較低，但沸煮仍是一種相當高效率的烹調方式。整個食物的外層都能接觸到傳熱介質，而水的密度也夠高，能使分子不斷與食物碰撞，迅速將能量傳遞給食物。

從烹飪技術的發展歷程來看，「沸煮」可能出現在「火烤」之後，但在「烘烤」之前。它需要防水又耐熱的容器，因此很可能是在約1萬年前人類發明陶器之後，才發展出來。

沸點：一個可靠的指標

對廚師而言，要辨識並維持特定的烹調溫度，而且確實重複操作相同的溫度，並非一件容易的事；溫控器、溫度計以及我們的感官，都可能會犯錯。因此以水作為烹飪介質有一項很大的優點：它的沸點是固定的，同時也很好識別：看它是否冒泡。為什麼？當鍋裡的水加熱到接近沸騰時，由於鍋底是鍋裡最熱的地方，因此這裡的水分子會先蒸發為水蒸氣，進而形成一個密度低於周圍液體的區域（剛開始加熱時所形成的小氣泡，是原先溶解於冷水中的氣穴，由於溫度上升、溶解度降低，因此成為氣泡）。由於整個鍋子的熱能都用來蒸發鍋內的水，因此水溫本身保持不變（見第358頁），而水在完全沸騰時只會比剛開始冒泡時稍微熱一點，鍋子的溫度則要等水完全變成氣態之後才會再升高。

電磁感應加熱（Induction Cooking）

「電磁感應加熱」是一種新的加熱技術，藉由加熱鍋子來加熱食物，可替代爐火或電熱爐。它的加熱元件是一個線圈，位於陶瓷爐面之下，流經的交流電流每秒可改變25,000~40,000次電流方向。通過的電流使線圈產生磁場，作用範圍包括線圈周遭，且以相同頻率輪替。如果鍋子的材質是磁性材料，亦即具有適當晶體結構（鐵素體材質）的鑄鐵、鋼、不銹鋼等，只要放在線圈附近，交流磁場便能在鍋體內部感應出交流電流。也就是說，它能讓鍋體內部的電子

海拔高度決定沸點　若環境的條件保持恆定，水的沸點便是固定的，但只要地點變動，沸點也會跟著變化，甚至在同一地點也會有所變化。任何一種液體的沸點，都是取決於施加在液體表面的大氣壓力：壓力升高，液體分子便需要更多能量才能從液體表面逃脫、成為氣體，因此沸騰的溫度也會升高。海拔高度每上升305公尺，沸點便約比標準的100°C降低1°C。在93.3°C烹調食物，比起100°C需要花費更長時間。即使是低壓鋒面也能降低沸點，而高壓鋒面則能提高沸點，其變化幅度可多達0.5~1°C。

壓力鍋：提高沸點　壓力鍋便是運用以上原理來加快烹調速度。壓力鍋之所以能減少烹飪時間，是因為它能將水蒸氣留在鍋裡，以增加液體所承受的壓力，而將沸點（與最高溫度）提高到120°C，這相當於水在海平面以下5,800公尺處的沸騰溫度。

壓力鍋是法國物理學家帕平（Denis Papin）在17世紀所發明。

加入糖與鹽能提高溶液沸點　在純水中加入鹽、糖或任何其他水溶性物質，沸點便會升高，而冰點會降低。這兩種效應來自同一個原因：水分子被溶解在其中的粒子所稀釋，因此液態分子不論是要變成氣態或固態，都會受到干擾。以沸點為例，溶液中的糖分子或鹽離子也會吸收熱能，但它們本身並不能變成氣體，因此水在正常沸點時，能夠吸收足夠的能量以從液態逃脫並形成蒸氣氣泡的分子就變少了，廚師必須輸入更多能量，才能讓氣泡形成。沸點上升與冰點下降的幅度，可以由糖或鹽的濃度變化來預測，這有助於製作糖果與冰淇淋。

沒錯，加鹽能提高水的沸點，因而能縮短烹煮的時間。不過，就算把鹽的濃度提高到每1公升的水加30公克的鹽（約相當於一般海水的濃度），也只能將沸點升高0.5°C而已。在丹佛市（海拔1600公尺）的人若想讓水溶液的沸點調整到跟波士頓（海拔43公尺）一樣的話，必須在1公升的液體裡加入225公克以上的鹽。

移動，迅速產生熱能。

相較於以火焰或輻射加熱，電磁感應加熱有兩個顯著的優點。它與微波加熱一樣效率較高，因為所有能量都會進入受熱物體，而不會散逸到周圍的空氣，因此只有鍋子與內容物會非常熱。感應線圈上的陶瓷爐面只會透過鍋子間接受熱，因為爐面的電子並非游離電子，不會受磁場作用而運動。

低於沸點的烹煮

儘管水的沸點是一個方便的指標,卻不盡然是最好的烹煮溫度。許多魚類與肉類適合以大約60°C烹煮,較能展現出最理想的質地,但沸水的溫度比它更高了40°C,因此容易使食物外層煮過頭,等到中心部位煮熟時,外部可能已經太乾了。降低水煮溫度能有助於避免煮過頭,但也會加長烹調時間。經溫度計驗證,80°C的水溫能兼顧溫度與加熱效率,是一個很好的折衷辦法。

蒸煮:以蒸氣凝結與對流加熱

儘管水蒸氣的分子密度低於液態水,因此接觸食物的頻率較低,但蒸氣的能量較高,因此能彌補這一缺憾。液態水轉變為水蒸氣需要大量的能量,反過來,水蒸氣接觸到冷的物體表面而凝結成液態水時,則會釋放同樣多的能量。因此蒸氣分子不僅會將其分子運動的能量傳遞到食物上,也會將自身氣化的能量傳遞給食物。這意味著以蒸的方式烹調食物,能迅速有效地使食物表面達到沸點,並維持在這個溫度。

煎與炒:傳導

以煎與炒的方式調理食物,主要是以熱油鍋來傳導熱能,溫度約為175~225°C,能造成梅納褐變反應並產生風味。脂肪與油脂有幾項功能:它使表面凹凸不平的食物能均勻接觸到熱源,並且能潤滑食物、防止沾鍋,同時也貢獻一些風味。就跟炭烤一樣,油煎的關鍵在於如何避免食物內部熟了,外部卻已過熟。食材表面因高溫而迅速脫水(聽起來好像很怪,但煎炸的確是一種「乾」的烹調技術),但其內部基本上仍然飽含水分,而且溫度不會超過100°C。為了縮短外部與內部烹煮時間的差距,一般只有切成薄片的食物才用煎的。常見的做法是,一開始先以較高溫的油煎肉的表層,使之產生褐變(將表面大火炙煎),然後才以較低的溫度煮熟食物內部。還

有另一種避免食物外層過熟的技巧，便是用其他材料在食物裹上一層外皮，這不僅能在煎炸時產生令人愉悅的風味，也能作為隔熱材料，保護內部的食物不會直接接觸高溫，像麵包粉與麵糊就是很好的隔熱食材。

煎煮食物的技法始於何時已不可考。《聖經》的〈利未記〉第二章裡面記載的獻祭規則，明確區分了以烤爐和煎鍋製作麵包的不同作法，其年代可以追溯到大約公元前600年。生於第一世紀的普林尼，則記錄了一種治療脾臟疾病的處方，是將蛋浸泡在醋中，然後油炸。14世紀，在英國詩人喬叟的年代，「煎」已成常見的普通詞語，能拿來作為一種生動的修辭比喻。他的「巴斯婦人」就這樣談到她的第四任丈夫：

我使他在自己的油裡煎熬，
因著怒氣及醋意，
神呀！我可是他在世間的滌罪所，
為此我希望他的靈魂此刻可進入天堂。

■ 油炸：對流

油炸與煎的不同之處在於，油炸時食物是完全浸泡在油裡面。但這種烹調技術的效果反而比較不像煎，而較接近沸煮。兩者主要的差異在於油炸加熱的溫度遠高於水的沸點，因此能讓食物表面脫水、發生褐變。

■ 微波：輻射

微波爐是透過電磁輻射來傳遞熱能，但相較於燒紅煤炭發出的紅外光輻射，微波所攜帶的能量只有它的1%，這種差異使微波具有一種獨特的加熱效果。紅外光波能量較高，能讓幾乎所有的分子加速振動，但微波通常只對極性分子有作用（見第330頁）。極性分子具有電荷不平衡的特性，正好讓輻射得以移動分子，因此含水的食物得以直接以微波爐迅速加熱。但是，

微波爐內的空氣是由非極性分子如氮、氧與氫分子所組成，而非極性材料製成的容器，如玻璃、陶器、塑膠（以碳氫鏈製成）等也不受微波作用，因此容器會變熱，是食物受熱後傳遞給它們的。

微波爐的作用原理是這樣的：它有一個發射器，非常類似無線電發射機，能在微波爐中建立電磁場，並以每秒約20億或50億次的頻率反轉其極性（其運作頻率是每秒9億1500萬或24億5000萬次，相較之下，插座的電流約每秒60次，FM收音機訊號大約每秒1億次）。磁場會拉住食品中具極性的水分子，使之朝向某個方向，但由於磁場不斷變化，水分子便會隨著來回振盪。水分子撞擊周邊分子，將快速來回移動的能量傳遞給它們，因此整個食物的溫度也跟著快速上升。

金屬箔與器皿跟著富含水分的食物一起放入微波爐，是不會有問題的，但前提是它們必須夠大，且食物與器皿以及器皿與爐壁之間要保持一定的距離，以免發生電弧。瓷器器皿上的金屬細紋則會引發火花造成損壞。可以用鋁箔包住食物的某個部分（如魚片的薄邊）以遮蔽微波輻射。

微波爐是晚近的新發明。美國麻州沃爾申市雷神公司（Raytheon）的科學家史賓瑟（Percy Spencer）博士，在1945年實驗以微波爐爆米花。實驗成功之後，便申請了以微波爐烹煮食物的專利。這種輻射方式已用來為關節炎患者進行電療或深度熱療，也用在通訊與導航。1970年代以後，微波爐已成為一種普遍的設備。

微波爐的優缺點

相較於紅外光，微波輻射有一項很大的優點：它烹煮食物的速度更快。微波能穿透食物約2.5公分深，而紅外光的能量則幾乎都被食物表面吸收，得藉由緩慢的熱傳導才能進入食物內部。由於微波能到達更深的部位，它的表現因此略勝紅外光一籌，再加上微波加熱時能集中在食物上而不會加熱到周遭事物，因此是一種非常高效率的能量運用方式。

但微波烹飪也有幾項缺點。其一是，由於加熱迅速，烹煮肉類時可能會讓更多水分流失而讓肉的質地過於乾澀，同時也更難控制火候。部份的克

服=方式為：多次開關微波爐，以降低加熱速度。另一個問題是，許多食物無法藉由微波引發褐變反應，除非它們本身徹底脫水，因為微波時，食物表面的溫度並沒有高於內部。某些特殊的微波食品包裝中會有金屬薄片，它能集中輻射，把食物表面加熱到足以發生褐變的溫度。

烹調器皿的材質

最後，我將簡要討論各種烹調器皿的材質。理想的烹煮器皿理論上有兩個基本特性：容器表面不與食材起化學作用，才不會改變食物的味道或可食性；另外，它必須均勻而有效地導熱，不會產生局部熱點而燒焦食物。然而，目前還沒有任何單一材質能同時具備以上兩種特性。

金屬與陶瓷的不同特性

如上所述，固體內的熱傳導，主要是透過帶能電子的運動或晶體結構的振動。電子移動性夠強的材料很容易導熱，也可能很容易將其電子轉移給其他在表面附近的原子；換言之，導熱性良好的材質（如金屬），通常也容易起化學反應。同樣的道理，惰性化合物通常也就是導熱性較差的材質。陶瓷是由很穩定、不容易起化學反應的化合物混合製成（氧化鎂、氧化鋁、二氧化矽），其共價鍵會緊抓住電子。因此，它們是以低效率的振動方式來緩慢傳熱，如果在爐子上直接以猛火加溫，陶瓷會無法讓熱能均勻擴散，受熱區域會膨脹而未受熱的區域則否，如此便逐漸產生機械張力，使器皿裂開甚至破碎。這就是陶瓷通常只用在烤爐中的原因，因為烤爐的加熱較溫和而均勻；或可於金屬表面塗上一層薄薄的陶瓷材料，由金屬來均勻傳遞熱能。

金屬表面自動形成的陶瓷塗料

事實上，大多數廚房裡常用的金屬器皿，表面都會自然出現一層非常薄的陶瓷層。金屬的電子是會移動的，而氧氣很容易接收電子，因此當金屬

暴露於空氣中，表面的原子便會與大氣發生自發性的化學反應，形成一層非常安定的金屬氧化物。像是銀與銅表面的變色現象（亦即生鏽），其實就是一種金屬硫化物，當中的硫主要來自空氣污染。這些氧化膜不會起化學反應且相當堅硬。氧化鋁若非長在鍋子上而以晶體形式存在時，會形成質地粗糙的金剛砂，而這正是紅寶石與藍寶石的主要材料（寶石顏色來自鉻與鈦的雜質）。但問題是，這些天然塗料在鍋子上往往只有幾個分子的厚度，很容易在烹調過程中被刮掉或磨掉。

冶金學家找到兩種方法，可以利用鍋子表面的金屬氧化物。目前可以用化學處理的方式，在鋁金屬表面做出厚度約0.03毫米的薄膜，相當不透水。而將鐵與其他金屬融合成合金，就能在其表面形成堅硬的氧化物保護層，以製造出不銹鋼（參328頁）。

以下簡要說明現今廚房器皿常用的材料，以及各材質特有的優缺點。

陶

陶、瓷、玻璃

陶是由各種化合物以不同方式混合而成，主要是矽、鋁及鎂的氧化物。「玻璃」算是一種特殊陶器，成分比較固定，通常以矽土（二氧化矽）為主要成分。這些材料直到目前為止，都還是由自然產出的礦砂所製成：陶（ceramic）一字就是來自希臘文的「陶匠的黏土」。「陶」的鑄型與乾燥技術，可溯自約9000年前，那時人類差不多開始馴化動、植物。「瓷」的孔洞比陶土小，也比較不那麼粗糙，矽的成分很高，並經過高溫燒製，已經有玻璃化現象，或變成半玻璃材質。中國人約在公元前1500年之前便發明了這種精製的技術。「白瓷」是一種白色、半透明的陶石，以高嶺土（一種非常輕的黏土）混合一種矽酸鹽礦物製成，並在窯中以高溫燒製而成；其年代可追溯到中國的唐朝（公元618~907年）。這種更精製的陶器隨著17世紀的茶葉貿易引進歐洲，一開始在英國被稱為Chinaware（中國器具），爾後便簡稱為China。第一個玻璃容器並非以模子鑄型，也不是吹製而成，而是從整塊原料費力雕製

而成，年代遠溯自4000年前的近東。

陶製鍋具的特性

陶瓷材料的最大特點是其化學穩定性：它們不起化學作用、抗腐蝕，並且不會影響食物的味道或其他特性（只有一個例外：黏土與釉料有時含鉛，它是一種神經毒素，可能溶進酸性食物。有些產地陶瓷容器的黏土或釉料鉛含量很高，有時會傳出鉛中毒案例）。陶瓷鍋具通常只用於緩慢、均勻的加熱過程（尤其是在烤爐裡烘烤或燉煮時），因為直接的高溫可能造成破裂。耐熱玻璃加入了氧化硼，能減少約三分之一的熱膨脹效應，因此比較不受到熱膨脹的影響，但還是有可能破裂。

搪瓷器皿

還有一種器具「搪瓷」，是將玻璃粉融化製成薄膜，然後塗布在鐵製或鋼製器皿表面。早在19世紀，這種技術就已應用於鑄鐵的製作，時至今日，搪瓷金屬已廣泛應用於乳品、化學、釀造行業以及浴缸。以搪瓷製作廚房器皿時，金屬能將熱源均勻擴散，而陶料塗層則夠薄，可以均勻膨脹與收縮，並隔開食物與金屬。搪瓷器皿相當耐用，但仍需要一些保養。若直接把冷水澆在炙熱的器皿上，可能使陶瓷層碎裂或損壞。

低導熱性的優點

陶瓷材料的低導熱度對食物有良好的保溫效果，成為一項優點。導熱性良好的材質（如銅與鋁），很快便把熱能散發到周圍環境，但陶器卻有很好的保溫能力。同樣的，烤爐若以陶磚作為爐壁，那麼加熱的均勻度可謂無與倫比。烤爐預熱時，爐壁會慢慢吸收及儲存大量熱能，等到食物置入，便會將熱能釋放給食物。現代的金屬烤爐無法儲存太多熱能，因此必須不斷開關其加熱元件。這種作法會造成較大的溫度波動，使麵包等食物在高溫烘焙時烤焦。

▍鋁

　　鋁是地殼裡最豐富的金屬，但人們以它作為鍋具材料的歷史還不到百年。鋁不會以純金屬存在於自然界，人類一直要到1890年之後，才發展出把鋁金屬從礦石中分離出來的方法。炊具材質通常是以鋁及少量的錳混製的合金，有時則是鋁銅合金。鋁的最大優點是成本極低，導熱性僅次於銅，而且密度低，因此材質輕巧易於使用。它用途廣泛，幾乎無所不在，鋁箔包、啤酒罐與汽水罐等都有鋁。不過尚未經過陽極化處理的鋁，只能產生一層薄薄的氧化層，一些活性較強的食物分子（酸、鹼，以及烹煮雞蛋時生成的硫化氫）便很容易滲透到金屬表面，形成各種灰色或黑色的氧化鋁與氫氧化鋁複合物，把淺色食物弄髒。目前大多數鋁製器皿都會先塗上一層不沾塗料，或做陽極化處理。陽極化處理是在硫酸溶液中，以該金屬作為正極（陽極）並迫使其表面氧化，製造出具有保護作用的厚厚氧化層。

▍銅

　　銅是一種很獨特的常見金屬，因為它能以純金屬狀態存在於自然界中，因此，約在1萬年前，它成為第一個用來製造工具的金屬。銅具有絕佳的導熱性，它能快速而均勻地加熱食物，因此成為廚房裡最珍貴的鍋具。此外，由於銅的導電性高，成為埋佈了百萬公里的電線的首選材料，因此價格也較昂貴。要讓銅器保持光亮相當麻煩，因為它對氧和硫都有高度親和力，暴露在空氣中會形成一層綠色表面。最重要的是，銅製炊具可能有害，其氧化物表層有時會有孔洞或變成粉狀，而銅離子很容易滲入食物的汁液。

　　不過，銅離子也有一些有用的效果：它能穩定發泡蛋白（見第135頁），同時為煮熟的綠色蔬菜增色。不過人體能代謝的銅量有限，而且攝入過量可能引起腸胃不適，嚴重的話還會損害肝臟。沒有人會因為偶爾用銅碗打蛋而中毒，但是純銅器皿也並不適合天天拿來做菜。為了克服這個重大缺點，製造商會在銅製鍋具塗上不銹鋼，或是以更傳統的方法，在鍋具塗上

▍不沾塗料與矽「鍋」

不沾塗料的材質是20世紀中葉由工業化學家所發明，1960年代市場上開始出現不沾鍋具。鐵氟龍等類似的材質，都是長鏈碳原子，氟原子則從其骨幹中伸出。它們具有塑膠般的材質，表面光滑，在中溫烹調下與陶瓷一樣相當不容易起化學反應。然而到了250°C以上，它們會分解成一些有害及有毒的氣體。因此，使用不沾鍋具必須特別小心避免過熱。這種塗料的另一個缺點是容易刮傷，造成食物黏附在刮痕上。

錫，不過錫本身也有其侷限（見第328頁）。

鐵與鋼

鐵是較晚才發現的金屬，主要是因為它以氧化物的形式存在於地殼之中，除非是真的很偶然的意外，例如在裸露的礦石上剛好發生大火，才可能發現純鐵。雖然一般認為鐵器時代始於公元前1200年左右，當時鐵器與銅及青銅（一種銅錫合金）一樣受到普遍使用；但事實上鐵製品早在公元前3000年左右便已出現。「鑄鐵」（cast iron）是一種合金，大約摻了3%的碳，好讓鐵金屬質地堅硬，它也包含了一些矽。「碳鋼」（carbon steel）含碳量較少，且經過加熱處理，讓合金更堅固、較不容易脆裂，可製成較薄的鍋子。鑄鐵與碳鋼最吸引人的地方在於便宜與安全。過量的鐵很容易排出體外，而實際上大多數的人也可以因此從食物中獲得更多鐵質。其最大的缺點是容易鏽蝕，不過只要經常保養（詳下）與溫和清潔便可避免。鐵與碳鋼都像鋁一樣，能使食物變色。鐵的導熱性比銅或鋁差，但正因如此，再加上它的密度比鋁高，鑄鐵鍋能比銅鍋或鋁鍋吸收更多熱量，並保溫更久。厚的鑄鐵鍋能提供穩定、均勻的熱源。

鑄鐵鍋與碳鋼鍋的保養

喜好使用鑄鐵與碳鋼鍋的廚師，為了改善其表面容易腐蝕的缺點，會以人工塗覆一層保護層。他們以食用油塗抹鍋子表面然後加熱數小時來「保養」這些鍋子。食用油能滲入鐵的孔隙與裂縫，封住它們，以防止空氣與水侵蝕。金屬遇到熱以及空氣時，能氧化脂肪酸鏈，促使它們互相鍵結（聚合），形成緻密、堅硬的乾燥表層（正如以亞麻籽與其他「乾油」來處理木材與繪畫的效果）。高度不飽和油脂（黃豆油、玉米油）特別容易氧化及聚合。為了避免保護油層脫落，廚師會以溫和的肥皂以及具有磨砂作用的水溶性物質（如食鹽），來小心清潔保養過的鑄鐵鍋，而不使用洗潔劑與刷布。

從1980年代開始，以矽膠製成的可彎曲不沾板與容器受到烘焙師傅的青睞，用來鋪在金屬烤盤上，或乾脆取代金屬烘焙模具。矽膠也是一種長鏈分子，其骨幹是由矽與氧原子交替組成，並且有像脂肪般的小碳鏈伸出表面。它的骨幹結構使它具有靈活性，而突出的疏水表面讓鍋子表面就像永遠塗了油一樣。烹飪用矽膠在240°C以上便會分解，因此矽膠烘焙用品與不沾鍋一樣，使用時必須非常謹慎。

不銹鋼

鐵是唯一不會形成表面保護層的金屬，它暴露在空氣與水氣之下便會生鏽。氧化鐵與水形成的橙色複合物（$Fe_2O_3 \cdot H_2O$）呈現鬆散的粉末狀，而非一片連續的薄膜，因此無法隔絕空氣來保護金屬表面。除非能以其他方式加以保護，否則鐵金屬會持續鏽蝕（這就是自然界中不會發現純鐵的原因）。人類為了使這種廉價又礦藏豐富的元素更有抗鏽性，在19世紀發明了不銹鋼。它是一種鐵碳合金，在鍋具中還含有大約18%的鉻及8~10%的鎳。鉻是光亮與永久閃耀的代名詞，因為鉻非常容易氧化，並能自然形成一層厚厚的保護層。在不銹鋼的混合物中，氧容易與表層的鉻原子發生反應，如此鐵就沒有機會生鏽了。

這種化學穩定性需要以金錢來換取。不銹鋼的價格比鑄鐵與碳鋼昂貴，導熱性卻較差。這是因為加入大量的非鐵原子，讓金屬結構與電子排列變得不規則，干擾了電子的運動。有幾種方式可以改善不銹鋼鍋的導熱性，像是在鍋底外層塗上一層銅，或在鍋底內層嵌入銅片或鋁片，或是將鍋子做成兩層或更多層，中間夾著導熱性佳的金屬。當然，這些改進方式還會再提高鍋具的成本，不過這種混合材質的鍋具最接近我們理想中的器皿，既不容易起化學反應，導熱性又佳。

錫

人類最早用到錫，可能是用來與銅結合製造出更堅硬的合金：青銅。現在，錫通常是銅製器皿的內層塗料，具有無毒、不起化學反應的優點。錫的用途不廣，最主要是它有兩個相當不利於烹調的特性：其一是熔點太低（230°C），有些烹飪方式可能會達到更高溫度；其二是很柔軟，因此容易磨損。錫合金稱為錫臘（pewter），過去多少含些許的鉛，但現在是混合7%的銻與2%的銅，不過並未廣受使用。

chapter 2

四種基本的食物分子

part two

本章要談的是全書經常提到的四種主要食物化學物質及其在烹調過程中的特性。

- 水幾乎是所有食物（以及人體）的主要成分，也是我們藉由加熱來改變食物風味、質地與穩定度時，所使用的介質。酸鹼度則是水溶液的一項重要特性，不僅是風味的來源，對食物中其他分子的行為也具有重大影響。

- 脂肪、油以及它們在化學上相近的分子，與水是互相排斥的。它們與水同樣是生命體與食物的成分之一，也是烹調常用的介質，但它們的化學性質相當不同，不同到無法與水相混。生命體利用這種油水不相容的特性，以脂肪來保住細胞中的水分。廚師運用油脂的這種特性，能將食物炸得酥脆並使食物褐變，或是能以完整的脂肪微滴讓醬汁變濃稠。脂肪也帶有香氣並能產生香氣。

- 植物特有的碳水化合物（包括糖、澱粉、纖維素與果膠），通常能與水混合。糖能賦予許多食物風味，而澱粉與細胞壁的碳水化合物成分則形成食物的內容物與質地。

- 蛋白質是相當敏感的食物分子，只有乳、蛋、魚、肉等動物性食物才有。它們的外形與行為都因加熱、酸、鹽甚至空氣而產生極大改變，乳酪、卡士達、醃漬與煮熟的肉類，以及發酵過的麵包，都是因蛋白質改變而產生其特殊質地。

329

水

水是我們最熟悉的化學物質。在基本食物分子中，它是最小也最簡單的一種，只有三個原子：H_2O，兩個氫原子和一個氧原子。水的重要性無與倫比，它除了形塑了地球的大陸與氣候，所有的生命體（包括我們自己）也都存在於水溶液之中，那是數十億年前生命自海洋起源後的遺產。以重量來算，我們的身體有60%是水，生肉約含75%的水，而蔬果則高達95%。

水分子具有極強內聚力

水的各種表現都是來自它的極性。每一個水分子的電荷都是不對稱的，稱為極性：它有一個正電端與一個負電端。這是因為氧原子對於它與氫原子共用的電子具有較強的拉力，再加上兩個氫原子自氧原子的一邊伸出，形成一個V字形，因此水分子有一個氧原子端與一個氫原子端，且氧原子端的負電荷比氫原子端更強。這種極性意味著，每一個水分子中帶負電的氧原子端，與另一個水分子中帶正電的氫原子端能互相吸引。這種引力使兩個水分子彼此靠近、互相吸引，稱為氫鍵。在固態冰與液態水中，每個水分子在任何時刻都會形成1~4個氫鍵。然而，液態下的分子運動相當劇烈，足以勝過氫鍵的強度，並將它們打斷，因此在液態水中形成的氫鍵是暫時性的，它們會不斷形成也不斷斷裂。

這種水分子間自然形成鍵結的傾向，對於我們的日常生活與烹調，都有重大影響。

水可輕易溶解其他物質

水分子不只與其他水分子形成氫鍵，也與其他物質形成氫鍵，而這些能

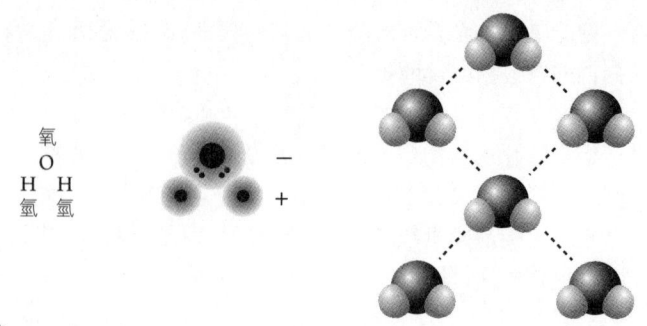

水分子結構
水分子由一個氧原子與兩個氫原子組成，呈現方式有三。由於氧原子對於它與氫原子共用的電子（以小黑點表示）拉力較強，因此水分子的電荷是不對稱的。由於正電與負電的電荷中心分離，因此不同分子間的正負電荷中心會形成微弱的鍵結。這些分子之間的微弱鍵結便是氫鍵，在此以虛線表示。

與水形成氫鍵的物質，至少都帶有一點極性，其正電荷與負電荷的分布不能太均勻。其他比水更大、更複雜的主要的食物分子（如碳水化合物與蛋白質）也都具有極性。水分子會受到這些極性分子的吸引，群集在其周圍，形成獨立的團塊。這個作用一旦進行得徹底，每個分子周圍幾乎都圍繞著水分子，這些物質便溶解在水裡了。

水與熱：從冰到蒸氣

水分子之間的氫鍵，大大影響了水對熱能的吸收與傳遞。在低溫下，水以固態冰的形式存在，其分子固定不動，形成排列整齊的晶體。當它受熱後，先會融化成液態水，然後再進而蒸發成為蒸氣。每一相態都受氫鍵作用所影響。

冰晶能損傷細胞

一般而言，物質在固態時的密度較液態高。當固態分子間的吸引力大於活動力時，分子會按照其幾何形狀排列成緊密的結構。但是水在固態時，水分子的堆積必須讓氫鍵得以平均排列，因此其固態結構的排列反而更占空間，比液態的體積還多出約1/11。由於水在結冰時會膨脹，因此冬天時若暖氣故障，水管便會爆裂；瓶裝啤酒放入冷凍庫中急凍，若一時忘記取出，也會把瓶塞彈開；容器中湯或醬汁若盛裝過滿，一旦放入冷凍庫，也會因為液體膨脹而爆開。因此冷凍會使生鮮動植物的細胞組織受損，而在解凍時會流出湯汁。凍結時膨脹的冰晶會破壞細胞膜與細胞壁，於是當冰晶融化時，細胞內部的液體便會流失。

液態水加溫慢

同樣拜水分子間的氫鍵之賜，水分子具有較高的比熱。比熱是物質提高一定溫度所需的能量，也就是說，水在溫度升高前需要吸收大量的能量。例如，使每單位的水升溫1度，所需的能量，是使相同重量的鐵上升1度的

硬水：溶於水中的礦物質

水很容易溶解其他物質，因此除非是蒸餾水，一般很難發現純水。自來水的成分變異相當大，取決於其最原始的來源（水井、湖泊、河流）及自來水廠的處理方式（加氯、加氟等）。自來水中最常見的兩種礦物質是鈣與鎂的碳酸鹽（CO_3^-）與硫酸鹽（SO_4^{2-}）。鈣、鎂離子的麻煩之處，是它們會與肥皂起反應，形成不可溶的渣垢，而且在蓮蓬頭與茶壺裡沉澱形成硬脆物質。這種硬水也會影響蔬菜的顏色與質地，以及麵團的質地（參見第二冊）。硬水軟化的工作可在水廠進行，也可以在家裡，方法通常有二：添加石灰以沉澱鈣與鎂，或以離子交換機制，以鈉取代鈣與鎂。蒸餾水是將一般的水煮沸後收集冷凝的蒸氣，沒有雜質。

10倍。在爐子上加熱鐵鍋到燙手的程度，所需時間不長，但同樣的加熱時間，水只會稍微變溫。要增加水分子的移動速率、讓溫度上升，水必須先吸收一些熱能以打破氫鍵，先讓分子自由，然後才可以快速移動。

基於這種特性，含水的物體（我們的身體、一壺水或整座海洋）能吸收大量的熱能，但物體本身並不會迅速變熱。在廚房裡，這意味著一鍋水需要吸收兩倍以上的能量，才能和一鍋油達到同樣的溫度；相反地，在熱源移除之後，水的溫度能保持更久。

液體水蒸發成蒸氣時會大量吸熱

氫鍵也使水具有極高的「汽化潛熱」，這是水從液態變為氣態時，在溫度恆定的情況下所吸收的熱能。這也是出汗能使我們降溫的原因：當我們的身體過熱，汗水從皮膚上蒸發時會吸收大量的熱能，帶到空氣中。一些古老的文化也用同樣的原理來冷卻飲用水與葡萄酒，方法是將飲料儲放在多孔性的土製容器中，讓水氣不斷蒸散。廚師在烘焙較精巧的甜點時（例如卡士達），也會利用這項原理，他們會將容器的一部分浸在沒有加蓋的水浴中，以中火隔水加熱，或以烤爐低溫慢烤肉類，或在未加蓋的鍋子裡熬煮高湯。上述料理方式，都是以蒸發作用帶走食物或周圍環境的能量，讓食物在溫和的溫度下烹煮。

水蒸氣凝結成水時會大量放熱

相反地，當水蒸氣遇冷凝結成液態水時，會釋放出與汽化熱等量的熱能，因此在相同溫度下，蒸氣加熱食物的效率比熱空氣或瓦斯還高。我們可以把手伸進100°C的烤爐，停留一段時間，直到忍受不了再抽出來；但蒸鍋卻可能在1~2秒鐘內就把我們燙傷。烘烤麵包時，最初那一瞬間的蒸氣能加速麵團膨脹（或稱爐內膨脹），使麵包較為蓬鬆。

水與酸度:pH值

酸與鹼

水的分子式雖然是 H_2O,但即便是絕對的純水,也含有不同的氫氧組合方式。化學鍵在物體中會不斷形成與斷裂,在水中也不例外。它有輕微解離的傾向,從某個水分子中斷裂出的氫原子,偶爾會與附近另一個電中性水分子重新鍵結,形成一個帶負電荷的 OH^-,以及一個帶正電的 H_3O^+。正常情況下,只有極少數水分子處於解離狀態,大約是1/2000萬。這數值雖小,但影響重大,因為這些活動力強的游離氫離子是正電荷(質子)的基本單位,能對溶液中的其他分子產生強烈的影響。一個化學結構被少數質子包圍時還能穩定存在,而一旦附近出現許多質子便可能變得不穩定。質子濃度果是如此重要,以致於人類發展出獨特的味覺來偵測它:酸味。這種將質子釋放到溶液中的化合物,在英文稱為acids,這來自拉丁文的acere,意思就是嚐起來有酸味。而與酸互補、能接受質子並與它中和的化合物則稱為鹼(bases或alkalis)。

酸與鹼對於我們日常生活的影響無所不在,幾乎我們所吃的每一種食物,從牛排、咖啡到柑橘等,多少都帶點酸性,而烹飪介質的酸度,對於食物的特性也有很大的影響,包括水果及蔬菜的顏色、肉類及蛋類蛋白質的質地等。我們顯然需要一種度量酸度的方式,為此人們制訂了一個簡單的量表。

pH值

溶液中質子活性的標準度量是pH值,由丹麥化學家索倫森(S. P. L. Sørenson)於1909年提出。它基本上是簡化的濃度標示方式,以說明極微量的參與分子含量(相關細節見下頁)。pH值從0~14,中性純水的pH值定為7,因為它具有相同數目的氫離子與氫氧根離子。pH值低於7表示氫離子濃度較高,因此為酸性溶液,而pH值高於7表示氫氧根離子較多,所以是一種鹼性溶液。以下是一些常見溶液的pH值。

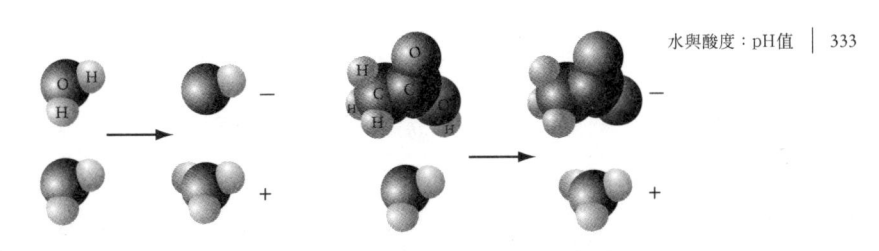

酸

酸是在水中會釋放氫離子(就是質子)的分子,中性水分子會接收氫離子而帶正電荷,而這些酸本身則帶負電荷。上圖左:水本身是弱酸性。上圖右:醋酸。

液體	pH	液體	pH
人類胃液	1.3~3.0	牛奶	6.9
檸檬汁	2.1	蛋白	7.6~9.5
柳橙汁	3.0	小蘇打水	8.4
優酪乳	4.5	家用氨水	11.9
黑咖啡	5.0		

脂肪、油及類似的分子：脂質

脂質與水不互溶

　　脂肪與油都隸屬同一群龐大的化學家族：脂質（lipids）。lipids一詞是來自希臘文的「脂肪」。脂肪與油是廚房裡的無價之寶：它們賦予食物風味，帶來令人愉快的光滑口感；它們滲入食物中並弱化其結構，因而讓食物軟化；它們是烹調的介質，使我們能以遠高於水沸點的溫度加熱食物，因此使食物表層脫水，產生酥脆的質地與豐富的風味。這些特質許多都與脂質的基本特性有關：它們的化學特性迥異於水，且彼此完全不相容。拜這個特性之賜，脂質從一個生命誕生後便對所有活細胞的功能有重大影響。由於脂質無法與水混合，因此非常適合作為含水細胞的細胞膜。這一功能主要由類似卵磷脂（見第340頁）的磷脂質所負責，廚師也利用磷脂質分子形成微小油滴周圍的薄膜。脂肪與油是由動物與植物所產生、儲存的高密度化學能量形式，熱量為等重的糖或澱粉的兩倍。

　　除了脂肪、油與磷脂質之外，脂質家族還包括β－胡蘿蔔素及類似的植物色素、維生素E、膽固醇與蠟等。它們都是生物體所製造的分子，其結構主要由一條碳原子鏈組成，並從鏈中伸出氫原子。每個碳原子可與其他原子形成四條鍵結，因此每個鏈中的碳原子通常除了連結前、後兩個碳原子之外，還連結兩個氫原子。

　　這種碳鏈結構對於脂質有一個最重要的影響：不溶於水，它們是「疏水」或「怕水」的物質。主要原因是，碳原子與氫原子對於其共用電子的拉力幾乎不相上下，因此碳－氫鍵與氫－氧鍵不同，它們是非極性鍵結，整個碳

pH值的定義

溶液pH值的定義是「氫離子濃度的負對數」，而氫離子的濃度則以每公升的莫耳數表示。一個數值的對數，是指其指數或次方。例如，純水的氫離子濃度是每公升10^{-7}莫耳，因此純水的pH值為7。氫離子濃度越高，其指數的負數值越小，因此較酸的溶液，其pH值低於7，而酸性更低、鹼性更高的溶液，pH值則高於7。pH值每增減1，代表著氫離子濃度增減了10倍，因此在pH值為5的溶液中，氫離子的濃度是pH值為8的溶液的1000倍。

氫化合物的長鏈也不具極性。當極性的水與非極性的脂質混合在一起時，極性水分子彼此形成氫鍵，長鏈脂質則彼此形成一種較弱的鍵結（凡得瓦鍵結，第355頁），兩種物質各自聚集。油脂會逕自凝聚成一團，以盡量減少與水接觸的表面積，並有抗拒被分為小油滴的傾向。

不同種類的脂質，因為化學性質相近，可以彼此互相溶解。因此諸如類胡蘿蔔素（胡蘿蔔的β-胡蘿蔔素、番茄的茄紅素），以及分子尾端帶有一脂質結構的完整葉綠素等，其顏色較容易溶入烹調用油中，而較不會進入水中。

脂質還有另外兩個特點，其一是它們都又黏又稠又油，這些特性來自其長碳氫鏈之間所形成的許多微弱鍵結。此外，這些分子的體積都相當龐大，因此所有的天然脂肪（無論固體或液體），都會浮於水面。水分子因為充滿了氫鍵，能讓分子更緊密地靠在一起，因此密度比油脂還高。

脂肪的結構

脂肪與油同屬於三酸甘油酯家族下的成員。兩者不同之處只在於其熔點：室溫下，油為液體、脂肪為固體。在談到這些化合物時，我不用三酸甘油酯這個科學術語，而會以「脂肪」來統稱。油是液態的脂肪，它們都是寶貴的烹調原料，由於具有黏著性，因此能賦予許多食物濕潤、濃膩的特性，再加上沸點高，所以成為理想的烹飪介質，能讓食物產生濃烈的褐變風味（見第310頁）。

甘油與脂肪酸

天然的脂肪與油，除了有微量的其他種脂質外，主要是三酸甘油酯（三個脂肪酸分子與一個甘油分子結合而成的化合物）。甘油是以一個三碳的短鏈分子為其共用骨幹，上頭連結三個脂肪酸。這些分子之所以稱為脂肪酸，是因為它們有一條長長的碳氫鏈，其一端帶有一氫氧基，能釋出氫離子。脂肪酸以其酸性基與甘油骨幹結合，形成甘油酯：甘油加上一個脂肪酸，便形成單甘油酯，甘油加兩個脂肪酸，則形成二酸甘油酯，而甘油加上三

個脂肪酸，則形成三酸甘油酯。脂肪酸在與甘油骨幹形成鍵結之前，其酸性端與水一樣具有極性，因此游離的脂肪酸有部分能與水分子形成氫鍵。

脂肪酸鏈的長度可從4碳到35碳，但一般食物中常見的脂肪酸主要是在14碳到20碳之間。三酸甘油酯分子的特性取決於其三個脂肪酸的結構，以及它們在甘油骨幹上的相對位置。而脂肪的特性則取決於它所包含的三酸甘油酯種類。

飽和與不飽和脂肪、氫化，以及反式脂肪酸

飽和的意義

一般人可能對「飽和」與「不飽和」脂肪等名詞相當熟悉，它們出現在食品的營養標示上，也出現在許多飲食與健康的大眾議題中，但它們的含義卻很少得到清楚的解釋。在飽和脂質中，碳鏈上填滿了氫原子（完全飽和狀態）：碳原子之間沒有雙鍵，因此碳鏈中的每個碳都與兩個氫原子鍵結。在不飽和脂質的碳鏈上，碳原子之間有一個或多個雙鍵，因此連結於雙鍵上的碳都只剩下一個能與氫原子鍵結的位置。具有一個以上的雙鍵脂肪分子，稱為多元不飽和脂肪。

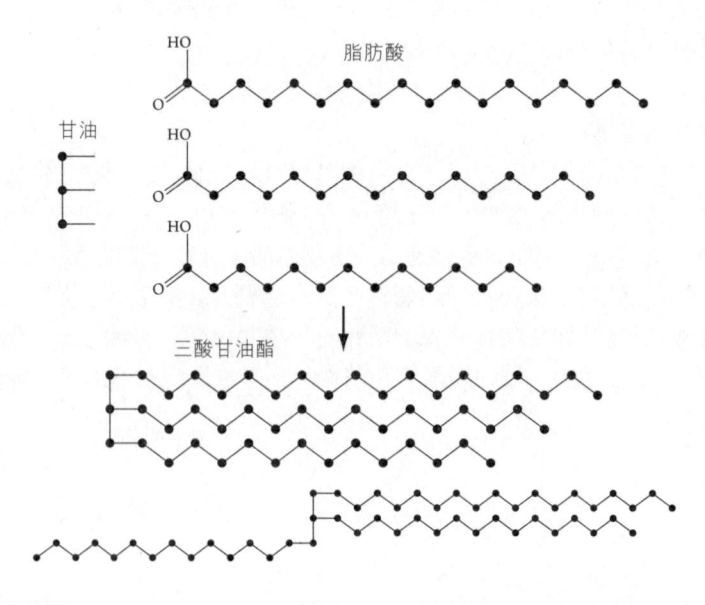

脂肪與脂肪酸

脂肪酸主要由碳原子鏈構成，在此以黑點顯示。（每個碳原子都會伸出兩個氫原子；在此不顯示氫原子。）脂肪分子是三酸甘油酯，由一個甘油分子與三個脂肪酸所組成，脂肪酸的酸性端被甘油所包覆且中和，因此三酸甘油酯分子已不再具有極性、也不能與水互溶。脂肪酸鏈連接甘油的這端是可以轉動的，因而形成如同椅子般的結構（圖下）。

脂肪的飽和度與稠度

脂肪分子的飽和與否，對其行為影響極大，原因是脂肪酸的雙鍵能大大改變其幾何形狀以及脂肪酸鏈的規則性，也影響其化學與物理特性。飽和脂肪酸的構造非常規則，並且能伸長為一條直鏈。不過由於碳原子之間的雙鍵會扭曲一般的鍵結角度，因此能使碳鏈在此出現一個轉折，而兩個或兩個以上的轉折便能使脂肪酸捲曲。

相同且排列規律的分子，通常排列上會更整齊、更緊密。以直鏈飽和脂肪酸組成的脂肪，能形成一種有秩序的固體結構（這種過程稱為「夾扣」Zippering），相較之下，有彎折的不飽和脂肪便不易形成這樣的結構。動物脂肪通常飽和與不飽和脂肪各占一半，在室溫下為固態；而植物脂肪大約有85%為不飽和脂肪，在廚房裡為液態。即使同樣是動物脂肪，牛肉、羊肉的脂肪明顯比豬肉或家禽脂肪硬，因為更它們含有更多飽和的三酸甘油酯。

雙鍵並不是決定脂肪熔點的唯一因素。短鏈脂肪酸不像長鏈脂肪那麼容易「夾扣」在一起，因此往往熔點較低。此外，脂肪酸結構越多樣化，其混合而成的三酸甘油酯就越有可能是液態的油。

脂肪飽和度與酸敗

飽和脂肪也比不飽和脂肪更穩定，腐敗速度較慢。不飽和脂肪的雙鍵，會讓碳鏈的一側因為沒有氫原子的保護而形成一個缺口。這樣就會讓碳原

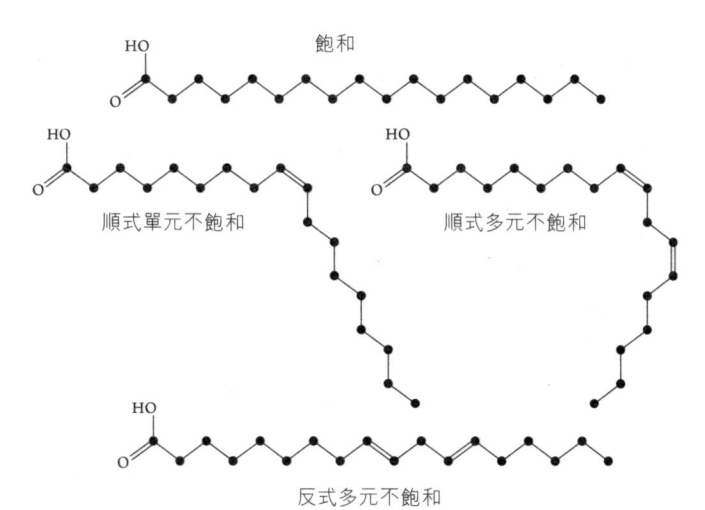

飽和與不飽和脂肪酸

不飽和脂肪酸的碳鏈上具有一個或多個雙鍵，並在此處形成不易轉動的彎折。這種雙鍵造成結構的不規則，使其分子更不容易固化成緊密的晶體結構，因此在特定溫度下，不飽和脂肪比飽和脂肪軟。當植物油經由氫化而變硬時，一些順式不飽和脂肪酸會轉換為反式不飽和脂肪酸，其彎折程度較低，分子較容易固化，因此不論是在人體內或用於烹飪，其表現都更近似於飽和脂肪酸。

子接觸到活性分子，它們會打斷碳鏈並產生小型的揮發性分子。大氣中的氧氣就是這種活性分子，它是造成含脂食物風味惡化的主要原因之一。來自其他食物原料的水與金屬原子也會促使脂肪分解、造成酸敗。越不飽和的脂肪越容易劣化，牛肉的保存期比雞肉、豬肉或羊肉更長，原因就是它的脂肪飽和度較高，因此較為安定。

一些小分子的揮發性不飽和脂肪片段，其實具有宜人的獨特香味。壓碎的綠葉以及黃瓜含有一種典型香氣，便是因為其細胞膜上的磷脂質在受到氧以及特殊的植物酶作用之後，產生的小型風味分子。油炸食品的獨特香氣有部分是來自高溫作用下所產生的某些特定脂肪酸片段。

氫化：改變脂肪的飽和度

早在一百多年前，食品製造業者便已開始將液態的植物油加工製成固態的仿製脂肪，如酥油、人造奶油等，以求得更佳口感並改良保存品質。其製作方式有幾種，最簡單、最常見的是以人為方式將不飽和脂肪酸變為飽和，這種過程稱為「氫化」，亦即將氫原子加入不飽和的脂肪酸鏈中。作法是添加少量的鎳作為催化劑，與油脂混合後暴露於高溫高壓的氫氣環境，待油脂吸收足量的氫，再將鎳濾除。

反式脂肪酸

不飽和脂肪酸經過氫化處理之後，會有一定比例的彎折處被拉直，但原因並非加了氫原子，而是因為雙鍵經過重新安排後，彎折度變小。這些分子的化學結構仍然處於不飽和狀態（兩個碳間的雙鍵仍存在），但它們已經從一個彎曲不規則的順式（cis）幾何構造，變成更規則的反式（trans）結構（見第337頁插圖）。Cis在拉丁文是「同側」的意思，trans是「對面」的意思；描述的就是碳原子雙鍵上相鄰氫原子的相對位置。由於反式脂肪酸的結構比較不那麼彎曲，更類似飽和脂肪鏈的結構，因此更容易固化、也更堅實。這種結構的不飽和脂肪酸比較不容易與氧作用，因此更為穩定。不幸的是，反式脂肪酸與飽和脂肪酸一樣，會升高血膽固醇，因此可能有引發心臟病

的風險（見第61頁）。食品製造商必須列出食物中反式脂肪酸的含量，而他們也已研發其他能讓脂肪硬化、卻又不會生成反式脂肪酸的加工技術。

脂肪與溫度

　　大多數脂肪並沒有很明確的熔點，反而常在一個很寬的溫度範圍內逐漸軟化。隨著溫度升高，不同種類的脂肪分子在不同的溫度融化，整體結構也隨之變軟（可可脂是一個有趣的例外，見第三冊）。製作油酥和蛋糕時，這種特性尤其重要，而這也是奶油在室溫下能輕易抹開的原因。

　　脂肪融化後，要到260~400°C的高溫時才會進一步汽化。脂肪分子的沸點遠高於水的沸點，這是因為它們的分子量極大。脂肪分子雖然不會形成氫鍵，但它們的碳鏈之間會形成較弱的鍵結（見第355頁），而由於脂肪分子的碳氫鏈相當長，有機會形成許多鍵結，這些個別的微小交互作用綜合起來便能產生極大的淨效應，亦即要很多熱能才能將這些分子分開。

食物與烹調用油中的飽和與不飽和脂肪酸
脂肪酸的比例是以占總脂肪量的百分比（％）表示

脂肪或油	飽和脂肪酸	單元不飽和脂肪酸	多元不飽和脂肪酸
奶油	62	29	4
牛肉	50	42	4
羊肉	47	42	4
豬肉	40	45	11
雞肉	30	45	21
椰子油	86	6	2
棕櫚仁油	81	11	2
棕櫚油	49	37	9
可可脂	60	35	2
植物性酥油	31	51	14
棉籽油	26	18	50
條狀人造奶油	19	59	18
盒裝人造奶油	17	47	31
花生油	17	46	32
大豆油	14	23	58
橄欖油	13	74	8
玉米油	13	24	59
葵花籽油	13	24	59
葡萄籽油	11	16	68
菜籽油	7	55	33
紅花油	9	12	75
核桃油	9	16	70

發煙點

大多數脂肪在未達沸點溫度時，便會開始分解，甚至只要它們的油煙接觸到爐火，便可能自燃。由於這種特性，烹飪用脂肪便有最高使用溫度的限制。脂肪到達某個溫度後，便開始分解成可見的氣體，這個溫度稱為發煙點。油脂一旦達到發煙點，不僅油煙令人厭惡，殘存在油液裡的其他物質（包括具有化學活性的游離脂肪酸），也往往會破壞食物的風味。

發煙點取決於脂肪原先的游離脂肪酸含量，游離脂肪酸含量越低，脂肪越穩定，其發煙點越高。一般而言，植物油的游離脂肪酸含量較動物低，精煉的油又比未精煉過的低，新鮮的油也比陳舊的油脂低。新鮮精製的植物油開始冒煙的溫度大約為230°C，動物脂肪則約190°C。含有其他物質，如乳化劑、防腐劑等的脂肪，以及含有蛋白質與碳水化合物的奶油，其發煙點就比純脂肪低。利用窄口深底的鍋子來油炸食物，能降低油脂與空氣的接觸面，減緩脂肪在高溫下的分解速度。油脂每經過一次油炸，其發煙點便會降低一些，這是因為即使在溫和的溫度下，油脂還是多少會分解，而且也因為總是會殘留食物碎屑，造成麻煩。

乳化劑：磷脂、卵磷脂、單甘油酯

二酸甘油酯及單甘油酯的結構與三酸甘油酯相似，而且也是非常有用的化合物。它們可以用來作為乳化劑，使正常情況下無法混合在一起的脂肪與水，能混合成細緻的鮮奶油狀混和物（例如美乃滋與荷蘭醬等）。最重要的天然乳化劑是蛋黃裡的磷脂質（一種二酸甘油酯），其中以卵磷脂含量最多（約占所有蛋黃脂質的1/3）。二酸甘油酯的甘油骨幹上只連有兩條脂肪酸鏈，而單甘油酯只有一個，它們甘油骨幹上剩餘的位子被小型的極性分子

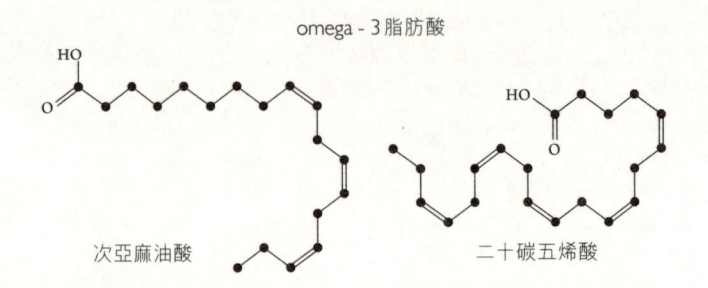

omega－3脂肪酸

次亞麻油酸　　　　　　　　　二十碳五烯酸

Omega-3 脂肪酸

Omega-3脂肪酸是不飽和脂肪酸，其第一個雙鍵是從倒數第三個碳原子開始（最常見的不飽和脂肪酸是Omega－6脂肪酸）。Omega-3脂肪酸對人類飲食健康非常重要，因為它們關係到免疫系統與心血管系統功能的健全性。次亞麻油酸為18碳的脂肪酸，其中包含3個雙鍵，存在於綠葉及某些種子油之中。二十碳五烯酸有20個碳原子與5個雙鍵，幾乎只存在於海鮮之中（見第234頁）。

或原子所占據，因此這些分子的頭端為水溶性，尾端則為脂溶性。磷脂質會在細胞膜內排成兩層，其中一層的極性頭端朝向含水的內部，另一層則是頭部朝向含水的外部（細胞內部與外部皆為多水環境），而兩層磷脂的尾部則在中間相交並纏繞。當廚師將些許脂肪混入含有乳化劑的水溶液（例如將油混到蛋黃中），在正常情況下，脂肪所形成的微小液滴會先聚成一片後再分散，但是乳化劑尾端會逐漸溶解於油滴中，而帶電的頭端則伸出來包住油滴，讓它們無法彼此接觸，如此一來，乳化的油滴便十分穩定。

這些「表面活性」分子還有許多其他的應用。例如，烘焙業者數十年來都使用單甘油酯來延長食物的保存期限，這可能是因為它能與直鏈澱粉結合，防止澱粉分解成更小的分子。

碳水化合物

碳水化合物是一群龐大的化合物家族，之所以稱為碳水化合物，是因為早期人們認為它們是由碳與水所組成的分子。事實上，它們是由碳、氫、氧原子所組成，但這些分子中的氧與氫並非以水分子的形式存在。碳水化合物是由植物與動物製造出來的，目的在於儲存化學能量，而對植物而言，碳水化合物也構成支撐其細胞的骨架。單醣與澱粉都是儲存能量的形式，而果膠、纖維素與其他細胞壁的碳水化合物則是建構植物的材料。

糖類

糖類分子是構造最簡單的碳水化合物，但由於每一種糖類的碳原子數和

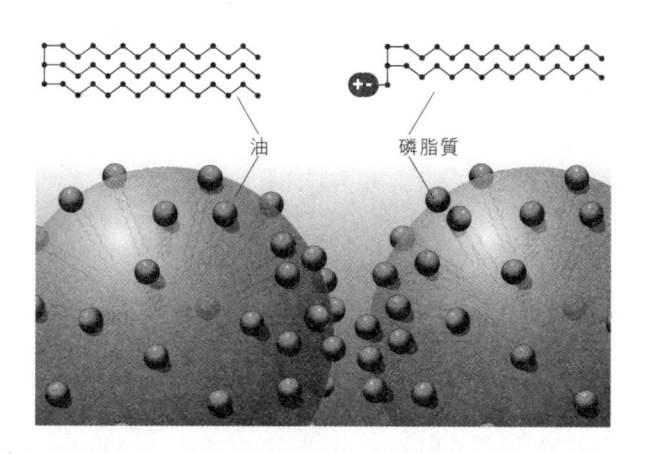

油　　磷脂質

磷脂乳化劑
磷脂屬於二酸甘油酯，能夠安定油與水的混合物，是極好的乳化劑。它們有一個具極性又親水的頭端，因此與三酸甘油酯相當不同。這些乳化劑能將其脂肪酸尾端埋在油滴當中，而將與水相容、帶電荷的頭端伸出表面，阻止油滴互相接觸及凝聚。

排列方式不同，因此種類很多。五碳糖對所有生命體尤其重要，因為其中的核糖與去氧核糖，是遺傳密碼攜帶者核糖核酸（RNA）與去氧核糖核酸（DNA）的基本組成分子。葡萄糖分子是六碳糖，是生命體用來維持細胞生化機制的能量來源。正因為糖是一種重要的營養成分，人類也演化出特定的味覺，專門用來偵測糖。糖嚐起來是甜的，而對大多數人而言，甜味能帶來愉悅的感受。糖也是我們餐後甜點的要角，而且糖果與甜食都少不了它。糖其他的相關特性，詳情請見第三冊。

寡糖

棉子糖、水蘇糖與毛蕊花糖，分別是包含三個、四個、與五個碳環的寡糖（由數個單醣組成），它們的分子較大，無法觸發我們的甜味味覺，因此吃起來是無味的。寡醣類常見於植物的種子與其他器官，供應植物的部分能量。人類的消化道中並沒有適用的消化酶，能夠將它們分解為單醣好讓腸道吸收，因此消化道無法消化的完整寡糖分子會直接進入結腸，之後便由結腸中的細菌來消化，並製造出大量二氧化碳與其他氣體（見第二冊）。

多醣：澱粉、果膠、樹膠

多醣包括澱粉與纖維素，是糖的聚合物，由許多個別的醣單元所組成，其組成的醣單元數量可多到成千上萬。多醣類分子通常僅由一種或少數幾種單醣種類所組成，並依其整個大分子的特性來分類：分子大小、平均組成，及類似的性質。多醣類與其組成的糖分子一樣，含有許多暴露在外的

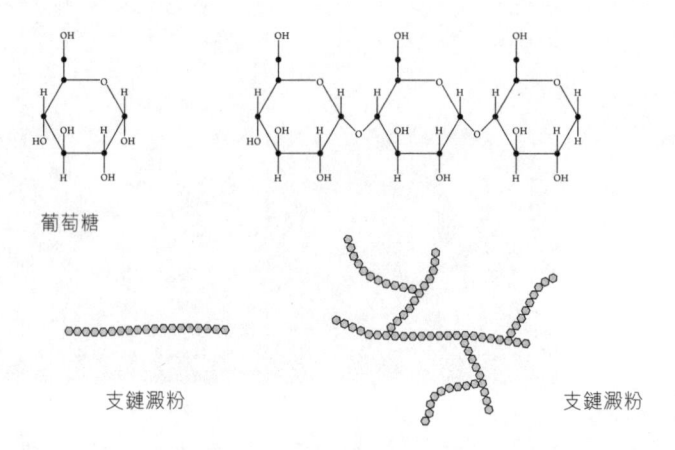

葡萄糖

支鏈澱粉　　　　　　　　　　　　支鏈澱粉

| 單醣（葡萄糖）以及多醣（由葡萄糖鏈組成的澱粉）結構
植物產生兩種不同形式的澱粉：單一長鏈者稱為直鏈澱粉，具有許多支鏈的稱為支鏈澱粉。

氧原子與氫原子，因此能形成氫鍵、吸收水分。然而，它們未必能溶於水中，其溶水性取決於聚合物本身的吸引力。

澱粉

對廚師來說，最重要的多醣是澱粉，它是一種結構緊密、不容易起反應的聚合物，植物則以它來儲存糖類。澱粉是一條葡萄糖鏈，植物所生產的澱粉有兩種不同的構形：完全直鏈的「直鏈澱粉」，以及具有許多支鏈的「支鏈澱粉」，而每個澱粉分子都可能包含成千上萬個葡萄糖單元。在顯微鏡下可以觀察到澱粉分子聚集在一起，形成一層又一層的同心圓，最後成為結實的顆粒。含有澱粉的植物組織放在水中烹煮時，顆粒會吸水、膨脹，並釋放出澱粉分子；再次冷卻時，澱粉分子會重新鍵結，形成潮濕的固態凝膠。在第三冊會對澱粉做詳盡的介紹，包括澱粉如何影響米飯的質地、澱粉麵條的構成，以及澱粉在製作麵包、糕點與醬汁時的作用等。

肝醣

肝醣也稱「動物澱粉」，是一種動物性的碳水化合物，類似支鏈澱粉，但分支更多。它在動物組織中含量相當小，因此在肉中含量也不高，但屠宰動物時，肉中肝醣的濃度會影響肉的最終pH值，從而影響其口感（見第185頁）。

纖維素

纖維素與直鏈澱粉一樣，是完全由葡萄糖組成的單一長鏈植物性多醣。不過這兩種化合物的葡萄糖連結方式略有不同，因此特性也很不同：烹煮能溶解澱粉顆粒，但纖維素卻完全不受影響；大多數動物能消化澱粉，卻不能消化纖維素。纖維素是一種結構性的支撐物，以細小纖維的形式鋪在細胞壁中，類似鋼筋，其結構相當耐久，不易破壞。只有極少數的動物能消化纖維素，而吃乾草的牛與吃木材的白蟻之所以能消化纖維素，是因為它們的消化道中具有能消化纖維素的細菌。但對其他動物來說（包括人類），纖維素是無法消化的纖維（這自然有其價值；見第二冊）。

半纖維素與果膠質

半纖維素與果膠等多醣（包括半乳糖、木糖、阿拉伯糖等各種不同的糖類）與纖維素同樣存在於植物的細胞壁中。如果說纖維素是細胞壁的鋼筋，那麼半纖維素與果膠質便像是果凍狀的水泥，塞填在纖維素鋼筋之間。對廚師的意義在於它們有部分水溶性，不像纖維素是完全不溶，因此蔬菜與水果在煮熟後能軟化。柑橘類水果與蘋果富含果膠，萃取出來後能讓水果糖漿變得濃稠，可製成果醬與果凍。這類的碳水化合物會在第二冊詳細說明。

菊糖

菊糖（inulin）是一種果糖聚合物，每個菊糖分子的果糖數可從寥寥幾個到好幾百個。菊糖是能量儲存的一種形式，在洋蔥、萵苣等蔬菜家族，特別是大蒜和朝鮮薊之中，則扮演防凍劑的角色（糖能降低水溶液的冰點）。菊糖與寡糖一樣無法消化，因此會由大腸中的細菌來分解並產生氣體。

植物膠

廚師與食品製造業者還發現，其他的植物碳水化合物可以有更多用途，例如使液態食物變濃稠或成膠狀、幫助乳化穩定性，或是讓冷凍製品與糖果更滑順。這些植物膠就像細胞壁的水泥一樣，通常是由好幾種不同的糖類或相近的碳水化合物所合成，是較為複雜之聚合物。常見的植物膠包括：
- 瓊脂膠（洋菜）、褐藻膠及鹿角菜膠，是取自各種海藻細胞壁的聚合物。
- 阿拉伯膠，在相思樹屬（Acacia）樹幹削切後所滲出的汁液當中。
- 黃蓍膠，由黃蓍（Astralagus）灌木所分泌
- 關華豆膠，得自關華豆（Cyamopsis tetragonoloba）灌木的種子
- 刺槐豆膠，得自刺槐（Ceratonia siliqua）的種子
- 三仙膠和結冷膠，是在工業發酵中，由某些特定細菌所產生的多醣

蛋白質

在所有主要的食物分子裡，蛋白質是最具烹調挑戰性、變化最豐富的分子。水、脂肪與碳水化合物等分子的性質相當安定，且變化不大，然而蛋白質只要接觸一些熱、酸、鹼，或是暴露在空氣中，其行為就會發生劇烈變化。這種多變的特性也反映出它們在生物體裡的使命。碳水化合物與脂肪較不活躍，主要是用來儲存能量或作為支撐結構的材料。但是蛋白質是生命的活動機制，負責製造建構細胞所需的所有分子，也負責摧毀它們；蛋白質負責將分子從細胞的某一處運輸到另一處；當蛋白質以肌纖維的形式存在時，還能讓整隻動物活動。蛋白質是一切有機活動、生長與移動的核心，它們的特性是既活躍又敏感。含有蛋白質的食物在烹煮時，便會充分發揮它們的動態特質，創造出新的結構與口感。

胺基酸與胜肽

蛋白質與澱粉、纖維素一樣，都是由較小的分子單元聚合而成的大型聚合物。這些小單元稱為胺基酸，主要是由10~40個碳、氫、氧原子組成，其中至少含有一個帶有氮原子的胺基（NH_2），這也是胺基酸家族命名的來由。有些胺基酸分子含有硫原子。食物中約有20種主要胺基酸，而某些具有數十到數百個胺基酸的蛋白質分子中，也都會包含這20種主要胺基酸。較少量的胺基酸形成的聚合物則稱為胜肽。

胺基酸與胜肽為食物添加風味

對於廚師而言，胺基酸有三個特別重要的作用。首先，胺基酸能參與褐變反應，在高溫烹調下產生風味（見第311頁）；其次，許多單一胺基酸與短鏈胜肽本身都具有特殊風味，含有這類胺基酸的食物，部分蛋白質在分解後（熟成的乳酪、醃漬火腿、醬油），食物的整體風味也會隨之增加。最美味的胺基酸不是帶點甜味就是帶點苦味，有些胜肽也是苦的。但是，可製成味精的麩胺酸以及一些胜肽，則具有獨特的風味，我們常以可口、鮮美與umami（日語「美味」之意）等字詞來加以形容。富含這些胺基酸的食物（像

是番茄、某些海藻以及鹽漬與發酵製品等），因此具有另外一種層次的風味。含硫胺基酸在加熱分解後則能產生蛋味與肉香味。

胺基酸對蛋白質行為的影響

胺基酸的第三個重要特徵是它們有多樣的化學性質，因此不同的胺基酸會讓蛋白質產生不同的結構與行為。有些胺基酸的部分結構與水相似，能與許多其他分子（包括水分子）形成氫鍵。有些胺基酸則具有類似脂肪的短碳鏈或碳環，能與其他相似分子形成凡得瓦鍵結。還有一些胺基酸（特別是含有硫原子的）非常容易起化學反應，能與其他含硫胺基酸或其他分子形成強大的共價鍵。這意味著同一條蛋白質鏈上往往具有許多不同的化學條件：親水部位、疏水部位，以及容易與自身或其他蛋白質類似部位形成強固鍵結的部位。

蛋白質的結構

蛋白質的連接方式，是由一個胺基酸的胺基氮連接另一胺基酸的碳原子，形成「胜肽鏈」，同樣的鍵結會一直重複，形成一條長達幾十到幾百個胺基酸的長鏈。蛋白質分子的這種碳－氮骨幹會形成一種之字形的曲折結構，骨幹旁側則伸出一群「側基」(side groups)，也就是各個胺基酸上的其他原子。

蛋白質螺旋

胜肽鏈具有一定的規律性，能使整個蛋白質分子彎曲，形成一種螺旋狀結構。很少有蛋白質的整體結構是簡單規律的螺旋形，然而一旦如此，通常都能形成一束強力的纖維，例如肉類的結締組織膠原蛋白，它是決定肉類嫩度的重要因素，也能分解成膠質（見第171頁）。

蛋白質會摺疊

胺基酸的側基是另一個影響蛋白質結構的因素，由於蛋白質鏈非常長，

可以彎曲摺疊，因此在同一條蛋白質鏈上相距甚遠的兩個胺基酸能靠在一起。具有相似側基的胺基酸，可用許多種不同方式互相鍵結，包括氫鍵、凡得瓦鍵結、離子鍵（見第354頁），以及強大的共價鍵（尤其是硫原子之間）。這種鍵結讓蛋白質分子形成特定形狀，使它能執行特定工作。蛋白質中的氫鍵與疏水性鍵結是力道較弱、臨時性的鍵結，能讓蛋白質在作用時改變形狀。蛋白質可以是一條長而伸展、主要為螺旋式結構的分子，間或帶著一些彎折與迴圈；也可以是緊密而細緻摺疊的分子，稱為「球」蛋白。膠原蛋白就是一種螺旋式的蛋白質，而雞蛋裡的各種蛋白質則主要是球狀。

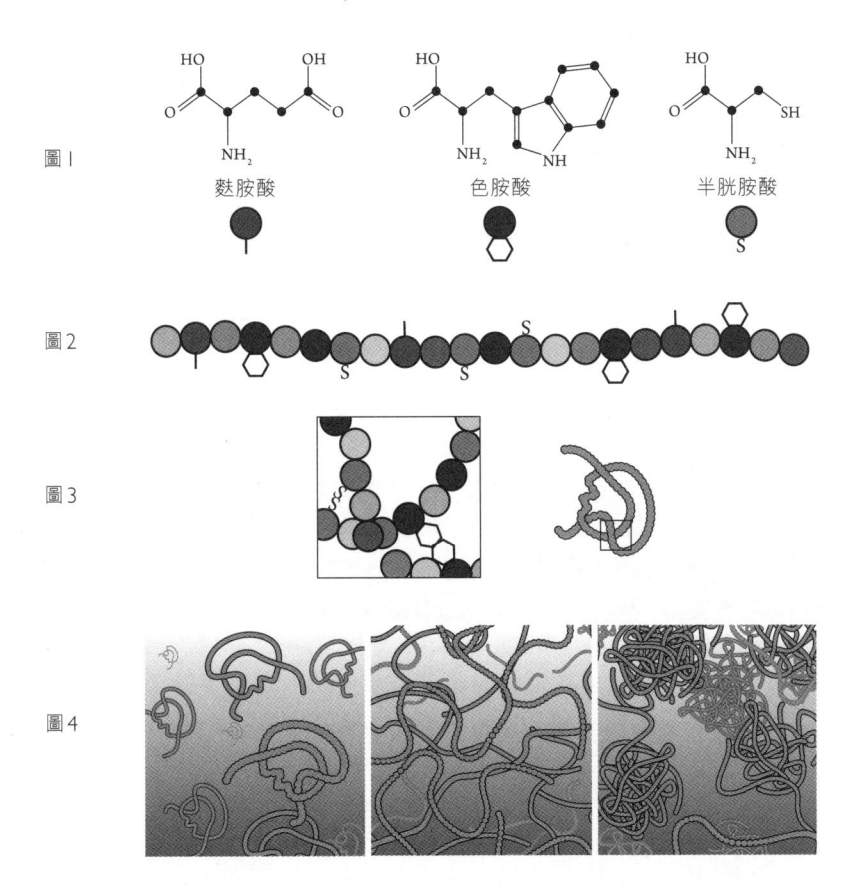

圖1

麩胺酸　　色胺酸　　半胱胺酸

圖2

圖3

圖4

胺基酸與蛋白質、變性與凝聚

圖1：食物中常見的胺基酸有20多種，這是其中三種。胺基酸彼此之間以同樣的胺基（NH_2）端相鍵結，形成蛋白質長鏈，胺基酸的另一端是一個變化多端的「側基」，能與其他胺基酸形成不同類型的鍵結。圖2：從骨幹伸出一些側基的胺基酸鏈，以簡圖表示。胺基酸鏈可以摺疊，有些側基能彼此形成鍵結，使胺基酸鏈維持特定的摺疊形狀。圖4：加熱等烹調方式能打破那些令蛋白質摺疊的鍵結，使蛋白質長鏈展開或變性（圖3左），暴露出的側基讓不同的蛋白質鏈形成新的鍵結，蛋白質因而凝聚，形成永久鍵結的固體（圖3右）。

水裡的蛋白質

在生物系統以及多數食物中,蛋白質分子周圍總是環繞著水。蛋白質多少都能形成氫鍵,因此能吸收及抓住一些水分子,不過其保水量隨蛋白質側基種類及其整體結構而有所不同。水分子能留在蛋白質鏈的「內部」(沿著骨幹),或「外側」(由極性側基抓住水)。

蛋白質的水溶性不一,要視分子間的鍵結強度以及水分子的氫鍵是否能將蛋白質分子分開而定。小麥蛋白能使麵粉與水混合時形成麵筋,是一種能吸收大量水分但不會溶解的蛋白質,這是因為蛋白質鏈中有許多特性類似脂肪的側基,能彼此鍵結,使蛋白質凝聚在一起,對水形成排斥作用。同樣的,肉類中收縮性肌纖維的蛋白質,是藉由離子鍵與其他種鍵結聚合。相反的,牛奶與雞蛋中許多蛋白質的水溶性則相當高。

蛋白質的變性

蛋白質還有另一個非常重要的特性,就是很容易便能藉由化學或物理方法鬆開其自然結構,發生變性。這有賴於在極端條件或消化酶的幫助下,打斷骨幹的強力鍵結,使分子從維持原來結構的摺疊狀態鬆開,進而發生變性。變性只是蛋白質結構的變化,並沒有改變其化學組成。但結構能決定蛋白質的行為,因此蛋白質變性後,行為也會改變。

有許多種方式可使蛋白質變性:高溫(通常是在60~80°C左右)、高酸性、氣泡,或結合以上條件。上述各項例子,都是利用不尋常的化學或物理條件(增加分子擾動、具有活性的氫離子,或是氣泡與其周圍液壁的劇烈落差),來破壞胺基酸側基間的鍵結,使蛋白質分子從特定摺疊狀態鬆開。如此長鏈蛋白質便會展開,讓更多具活性的胺基酸側基暴露在充滿水的環境之中。

蛋白質的凝聚

大部分食物蛋白質在變性後,常見的結果有幾種。由於分子長度變長,

蛋白質更容易互相碰撞，再加上胺基酸側基充分暴露在外，能與其他分子形成鍵結，因此變性蛋白質會開始鍵結而凝聚。食物蛋白質凝聚後，會形成一片連續的蛋白質網，並將水分留置在蛋白鏈之間的空隙。因此，食物能發展出一種細緻優雅且令人愉悅的厚實度或緻密度，例如一個即將成形的卡士達，或一塊烹煮得宜的魚。但是，如果使蛋白質變性的極端物理或化學環境持續下去，只有最強的鍵結得以形成並存下來，也就是蛋白質間的鍵結會越來越緊密並且無法回復。一旦發生這樣的現象，蛋白質間隙裡的水分被擠出，卡士達就會變硬，水分則會從固體分離出來；至於魚肉則會變硬變乾。

任何一種食物蛋白質的變性與凝聚反應，都是錯綜複雜又引人入勝的。例如，酸與鹽能使雞蛋的蛋白質在未展開之前就開始凝聚，因此會影響炒蛋與卡士達的稠度。這些細節會在個別的食物中做詳盡介紹。

酶

對廚師來說，還有一小群特別的蛋白質也很重要，它們不會直接影響食物的質地與稠度，但會改變食物的其他組成，這些蛋白質就是酶。酶是生物性的催化劑，也就是說，它們會提高特定化學反應的速率，沒有它們的話，反應就會很慢。因此，酶能引起化學反應：有些能將分子組合起來，或是加以修改；有些則能分解分子。例如，人類的消化酶能把蛋白質分解為個別的胺基酸，把澱粉分解為單醣。酶分子可以在一秒之內催化高達100萬次的反應。

酶對廚師來說很重要。食物中的酶，是植物或動物還活著時用來執行重要工作的蛋白質，而現在卻會改變食物的顏色、質地、口味或營養，把食物破壞掉。酶能使蔬菜中葉綠素的綠色變成黯淡的橄欖色、讓切開的水果變褐色並氧化其維生素C，以及讓魚肉變糊。此外，細菌造成食物腐敗，主要也是因為細菌的消化酶將食物分解成可供細菌使用的分子。廚師通常希望能抑制食物中酶的活性，但也有少數例外（以肉裡的酶嫩化肉質、先讓蔬

菜變得堅實再進一步烹煮，或是一般常見的發酵作用）。將食品儲存於低溫下能延緩其敗壞，因為低溫能降低腐敗微生物的增長速度，而且能減緩酶在食物裡的活性。

烹煮有助於發揮和阻斷酶的作用

　　酶的活性取決於其結構，任何結構的改變都會破壞其效力。因此充分烹煮食物，便足以使酶變性並失去活性。最明顯的一個例子，是生鳳梨與熟鳳梨在膠質中的差異：鳳梨與其他水果含有一種能將蛋白質分解成小分子的酶，如果將生鳳梨與膠質混和製成果凍，生鳳梨的酶會消化膠質分子並使果凍液化；至於罐頭中的鳳梨則充分加熱過使酶變性，因此可以做出結實的果凍。

　　但酶的作用相當複雜。大多數化學反應的速率是隨著溫度升高而增加，根據一般的經驗法則，每升高10°C反應速率便加倍。酶的作用也遵循相同趨勢，直到溫度達到酶的變性範圍，效率才開始遞減，最後完全失效。這意味著烹煮讓酶能夠隨著溫度上升而加快破壞食物分子的速度，直到達到變性溫度後才會停止作用。因此加熱食物通常最好要快，直接將它們煮沸，以縮短酶在最佳溫度下作用的時間。相反地，有些酶的作用是我們想要的（例如讓肉變嫩），此時可在到達變性溫度前慢慢加熱，使酶的作用發揮到最大。

chapter 3

化學入門：原子、分子、能量

part two

　　烹飪是一門應用化學，因此若要更清楚了解食物本身及其變化，就得對分子、能量、熱、化學反應等基本化學概念有所認識。只要對這些概念有粗淺了解，閱讀本書都不是問題。若有讀者想更深入了解這些學理，請見下方扼要的探討。

原子、分子與化學鍵

「原子」的概念源於古希臘時代，人們認為它是物質最基本的顆粒，因為太小，肉眼無法看見。至於「原子」（atom）這個字，在希臘文便是「無法切割」、「不可分割」之意。古希臘哲學家認為，世界上只有土、氣、水、火這四種基本粒子，所有物質，包括我們的身體、食物以及其他一切物質，都由這些基本粒子所構成。現代科學對於物質內部不可見基本粒子的觀念則更為複雜，同時也更精準，帶來更多啟發。

原子與分子

地球上所有物質都是由大約100種純物質構成，稱為「元素」，如氫、氧、氮、碳等。元素在不失去其特性的情況下，能被分割成的最小粒子，便是原子。原子的確很小：一個像英文句點般大小的顆粒，可能就含有好幾百萬個原子。所有原子都是由更小的「次原子」粒子所組成，包括電子、質子與中子。不同原子有不同的性質，是因為它們各有不同的次原子組合，尤其是質子與電子的數量。氫原子含有一個質子與一個電子，氧原子各有8個，鐵則各有26個。

兩個或兩個以上原子藉著共用電子而連結在一起，便能形成「分子」（molecule，來自拉丁文的「一團」、「一批」）。分子之於化合物，就像原子之於元素一樣，是具備原本物質特性的最小單位。地球上大多數的物質（包括食物），都是由不同化合物組合而成。

質子與電子分別帶有正電荷與負電荷

不管是生物體運作或是食物烹調，所有化學活動的背後都由一個主要的力量來驅動：質子與電子之間的電荷引力。質子攜帶正電荷，電子攜帶等電量的負電荷（中性的中子則不帶電）。相反的電荷能互相吸引，相同的電荷則互相排斥。質子位於原子核中心，電子雲則各以不同距離的恆定軌道繞著原子核轉。穩定存在的元素是電中性的，電中性原子則擁有等數目的質子與電子。

（如果同電荷彼此相斥、異電荷彼此相吸，那麼為什麼原子核裡的質子不會相斥，軌道上的電子也不會直接墜入原子核？原來在原子中還有其他作用力。質子與中子是受到強核力作用而結合，至於電子，它的天性就是會不斷運動。因此，質子和電子總是互相吸引，也彼此牽制，但無論如何，它們是不會因為相吸而結合的。）

電荷不平衡、化學反應與氧化

電子位於原子核周圍，而原子核束縛力的強弱，決定了它繞行的軌道半徑。有些電子緊靠著原子核，受到強力束縛，有些則遠離原子核，束縛力較弱。最外層電子的行為會大大影響元素的化學性質，例如，金屬元素（銅、鋁、鐵等）對其外層電子的束縛力非常弱，很容易就把電子讓渡給其他元素，像是氧、氯等喜歡電子、愛搶電子的原子。不同元素間的電荷拉力，便是大多數化學反應的基本條件。當原子或分子相遇，便會搶奪或是共享電子，於是發生化學反應，進而改變這些原子與分子的原有特性。

在所有喜歡搶奪電子的元素當中，氧是最為重要的一個，化學家還因此把所有搶奪電子的化學作用，都統稱為「氧化」，就算在反應中搶走電子的是氯原子也一樣。氧化對於食物烹調非常重要，因為空氣裡充滿氧氣，隨時能搶走油脂與芳香分子碳氫鏈上的電子。這種氧化會引發一連串後續的氧化與其他反應，最後將原有的大型脂肪分子分解成味道較強的小分子。抗氧化劑（例如從植物中發現的許多酚類化合物）能在不引起連串反應的情況下，阻止氧分子奪走電子，因此能保護脂肪分子不受氧化。

電荷不平衡與化學鍵

搶奪電子也是形成化學鍵的基礎。化學鍵是一種交互作用，原子或分子藉此結合在一起，這種連結可能鬆散、可能緊密，可能是暫時、也可能是永久的。化學鍵有幾種不同類型，不論是在廚房或在自然界，都相當重要。

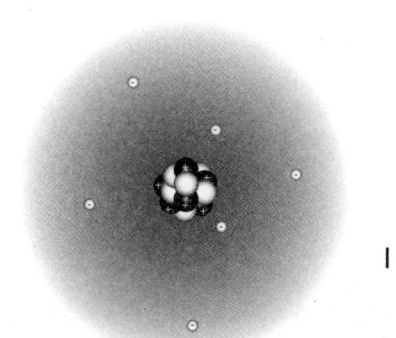

碳原子的結構
碳的原子核中有6個質子與6個中子，外圍則有6個電子環繞。

離子鍵；鹽

離子鍵是化學鍵的一種，若兩個原子捕捉電子的能力相差甚大，其中一個原子能完全搶走另一個原子的電子，便會形成離子鍵。以離子鍵緊密結合的化合物，溶解在水中時不僅會分開，其中一個原子還會失去電子，讓另一個原子獲得電子，因而解離成個別的離子或帶電原子。（「離子」這個詞是由電學先驅法拉第所創造出，源自希臘字的「出走」，指的是在水溶液電場中移動的帶電粒子。）鹽是最常見的調味料，是以離子鍵將鈉與氯結合起來的化合物，在純鹽的固態晶體中，帶正電荷的鈉離子與帶負電荷的氯離子交錯排列，而鈉將電子提供給氯。由於食鹽中一直是數個帶正電的鈉離子吸引著數個帶負電的氯離子，因此實際上並沒有一個鈉原子結合一個氯原子所形成的單一鹽分子。鹽在水中會溶解成單獨帶正電的的鈉離子與帶負電的氯離子。

形成分子的緊密鍵結

另一種化學鍵稱為共價鍵（covalent 源自拉丁文，意思為「力量相等的」），能產生穩定的分子。當兩個原子對電子的親和力大致相同時，它們會共用電子，而不是完全得到或失去電子。為了能共用電子，兩個原子的電子雲必須重疊，電子因此能在兩個特定原子之間形成固定的排列，構成穩定的結構。這種幾何結構決定了分子的整體形狀，而分子的形狀又決定了該分子與其他分子反應的方式。

對地球上多數生物而言，最重要的元素（氫、氧、碳、氮、磷、硫等），都容易形成共價鍵，因而能產生複雜、穩定的化合物，以組成人類身體與各種食物。廚房裡大家最熟悉的純化合物有：水，它是由兩個氫與一個氧共價鍵結而成的化合物；還有蔗糖（或調味用的糖），它則是碳、氧與氫原

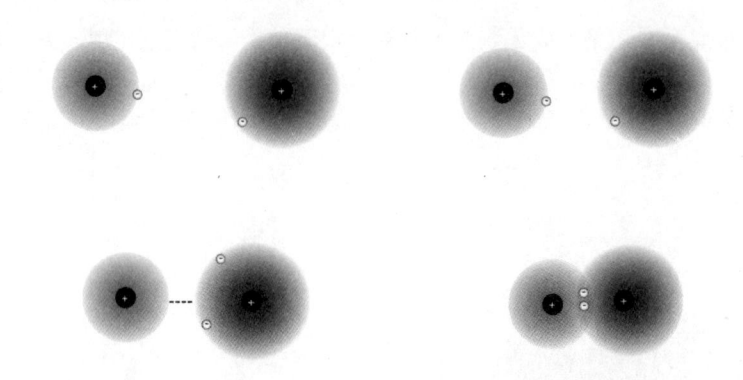

離子與共價鍵

左：一個原子完全搶去另一個原子的一個或多個電子，使得兩個原子電荷相反，相吸形成離子鍵（虛線）。右：原子共價鍵結時，各原子共用電子，因而形成穩定的組合，稱為分子。

子結合而成。通常共價鍵在室溫下是堅固穩定的，也就是說，除非加熱或加入反應力強的化學物質（包括酶），否則它們不會大量分解。共價鍵結的分子溶解後，通常仍維持完整的電中性，不像食鹽那樣溶解成帶電離子。

極性分子間的微弱鍵結：水

第三種化學鍵是氫鍵，其強度與穩定度大約是共價鍵的1/10。氫鍵是一種「微弱」的鍵結，它無法構成分子，但能在不同分子間（或一個大分子的不同部位間）形成臨時性的鍵結。這是由於大多數共價鍵形成之後，參與的原子會帶有輕微的電荷不平衡，因此會和其他分子形成微弱的鍵結。以水為例，其化學分子式是 H_2O，其中氧原子對電子的拉力比兩個氫原子大，因此共用電子的位置較接近氧原子，使氧原子周邊區域呈現負電，而氫原子附近則為正電。這種電荷分配的不均勻，加上共價鍵的幾何結構，使分子具有一個正電端及一個負電端。由於它有兩個分離的電荷中心（或電極），因此稱為極性。

氫鍵是不同極性分子（或同一分子的不同部位）間，相反電荷端相互吸引所造成。這種鍵結相當重要，因為它在含水物質中相當常見，能將各種不同分子緊密連結在一起，同時也因為氫鍵很微弱，以氫鍵連結的分子可以在室溫下迅速變動。植物與動物細胞裡的化學交互作用都是透過氫鍵。

非極性分子間極微弱的鍵結：脂肪與油

第四種化學鍵為凡得瓦鍵（van der Waals bonds），它實際上極其微弱，大約只有共價鍵的1/100~1/10000。荷蘭人凡得瓦是首位描述這種極微弱鍵結現象的化學家，他發現這種微弱鍵結是一種斷續存在的電荷引力，即使是非極性分子也能因為結構的短暫變動，而彼此感應吸引。具極性的液態水分子是靠著氫鍵而彼此連結；而非極性的脂肪分子則以凡得瓦力聚集在一起，形成濃稠的液體。儘管凡得瓦鍵結相當微弱，聚少成多也能形成顯著的力量：脂肪分子的長鏈構造中包含了幾十個碳原子，因此和較小的水分子相比，一個脂肪分子能與更多其他分子互相作用。

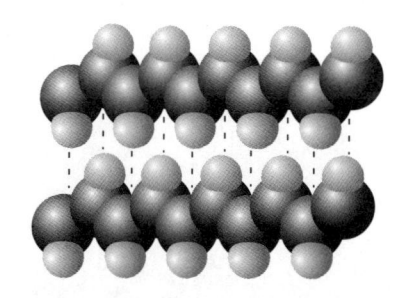

| 凡得瓦鍵
由於共用電子在不同位置也會有所變動，因此即使是脂肪分子中非極性的碳氫鍵，都能產生相當微弱的電荷引力（虛線）。

能量

能量帶來變化

以上描述的各種強弱、容易或不容易形成與打斷的鍵結，對於烹飪而言相當重要，因為大部分烹飪過程，其實就是系統化地破壞和形成某些化學鍵結。化學鍵結行為的關鍵便是 energy（能量），這在希臘文是複合字，意思是「進入」與「力量」（或「活動」），目前的標準定義為「工作的能力」，或「跨越某段距離所施的力」。簡而言之，能量是物理系統的一種特性，能造成變化。系統若是能量稀少，通常是不會有顯著變化的；相反地，物體可用的能量越高，物體受到改變或改變周遭環境的可能性也就越高。這是烹飪的主要原理。爐火與烤爐都能把熱輸入食物而改變食物特性，而冰箱則是帶走熱，減緩造成食物敗壞的化學變化，因而能保存食物。

原子與分子吸收或釋放能量的形式有許多種，其中在烹飪中比較常見的有兩種。

熱的特性：分子運動

「動能」是一種運動的能量，讓原子與分子能從一處移動到另一處，或在原地旋轉或震動，這些位置或方向的改變都需要能量。「熱」是一種物質動能的表現，可以溫度來衡量：食物或鍋子的溫度越高、越熱，分子的移動與彼此碰撞的速度也就越快。單純的運動便是轉變分子與食物的關鍵，分子移動速度越快、衝力越大，運動與碰撞的力量便能克服那些將它們束縛在一起的電荷引力，使一些原子自由運動，並尋找其他新的原子，重新組合排列成新的分子。這就是加熱能促進化學反應與化學變化的原因。

化學鍵能

另一種在烹飪上很重要的能量，是將分子結合在一起的化學鍵能。兩個以上的原子因共用電子而鍵結成一個分子時，將它們拉在一起的便是電荷

引力。因此在形成鍵結的過程中，有些原子的電能會轉化成動能。電能越強，原子互相靠近的速度就越快；形成的鍵結越強，分子藉由運動釋出的能量也就越高。因此強鍵結所保留的能量，比弱鍵結更少，換句話說，它們比弱鍵結更穩定、更不易改變。

所謂的「化學鍵強度」，就是原子形成鍵結時所釋出的能量，也就是說，若要打破其鍵結，也需要同樣的能量。分子內的原子受熱會開始移動，若移動的動能與當初鍵結時釋出的能量是一樣的，鍵結便逐漸瓦解，分子因而開始發生反應與變化。

若要破壞主要食物分子（蛋白質、碳水化合物、脂肪）內的強勁共價鍵，大約需要分子在室溫下平均動能的100倍。也就是說，室溫下很難破壞這些鍵結，除非加熱，否則很難明顯改變它們。至於分子間約束力較弱且屬暫時性的氫鍵與凡得瓦鍵結，在室溫下則不斷被破壞，也不斷重新形成，且溫度越高，活動也就越劇烈。這就是脂肪受熱時會融化、濃稠度變低的原因：動能逐漸克服了那些把分子束縛在一起的力量。

物質的相態變化

在我們的日常生活中，常能看到物質的三種不同狀態，稱為相態（phases，來自希臘文的「外觀」或「表現」）。物質的三種相態是固態、液態與氣態，而物質融化（從固態轉變為液態）以及沸騰（從液態轉變為氣態）的溫度，取決於原子或分子鍵結的強度。鍵結越強，需要越多能量來克服，因此物體從一個相態轉變成另一個相態所需的溫度也越高。在轉變過程中，所有加諸於物質的熱量完全是用來進行相態變化，因此在固體完全融化之前，固、液混合體的溫度是維持不變的。同樣的，用大火燒煮一壺滾水，在所有液態水完全變成蒸氣之前，溫度也會一直維持在沸點，並不會升高。

固體

在低溫下，原子的運動僅限於旋轉與振動，固定不動的原子或分子彼此

緊密鍵結，形成堅固、緻密、明確的結構，這便是物質的固態結構。在結晶固體中（鹽、糖、調溫巧克力tempered chocolate），粒子以重複的圖形規則排列，而在非結晶固體中（融化的糖果、玻璃），粒子則隨機排列。大而不規則的分子（如蛋白質與澱粉），往往在同一大團塊物質當中同時出現排列規則的晶態區與不規則的非晶態區。在固態物質中，離子鍵、氫鍵與凡得瓦鍵結的束縛力可能同時存在。

液體

當溫度逐漸升高，固態物質內個別分子的旋轉與振動會跟著變大，上升到某個特定溫度時，便足以克服電荷的引力。此時物質的固定結構便開始瓦解，使分子能從一處自由流動到另一處。不過，大多數分子只是緩慢移動，彼此依舊受原來的束縛力所影響，因此仍鬆散地連結在一起。它們能自由移動，但得一起移動，這種既流動又凝聚的相態便是液態。

氣體

若持續加溫，分子移動的動能越來越高，直到完全擺脫對彼此的影響，能自由移動到空氣中。此時，物質成為另一種類型的流體，也就是氣體。在液態到氣態的變化中，人們最熟悉的是水的沸騰：液態水變成水泡、蒸氣。肉眼比較不容易察覺的，是水在低於沸點時的蒸發，因為它是一種緩慢的過程。液態物質中，各個分子所具有的動能有時差距會很大，少部分的水分子能在室溫下，以夠快的移動速度擺脫液態表面、進入空氣中。

事實上，水分子甚至可以直接從固態冰逃脫成氣態！這種直接從固態轉變成氣態的現象稱為昇華，它是造成食物「凍傷」的原因，因為冰晶會直接蒸發到冷凍庫寒冷而乾燥的空氣之中。冷凍乾燥便是運用這種原理，在受控制的條件中令食物脫水。

許多食物分子無法改變相態

廚師平日料理的大多數食物分子，往往無法藉由加熱便從一個相態轉變成另一個相態。它們會發生反應，形成完全不同的分子。這是因為食物分子相當大，分子間形成的許多微弱鍵結，合起來成為強大的束縛力。要打破這束縛力，耗費的能量就跟破壞分子內部鍵結一樣大，因此這些分子並不融化或蒸發，而是發生轉變。例如，糖會從固態融化成液態，但它不會像水那樣蒸發成氣體，而是分解並形成數百種新的化合物：這個進程稱為焦糖化。脂肪與油會融化，但它們在沸騰之前就會分解並冒煙。澱粉是彼此結合在一起的長鏈糖分子，它甚至不會融化：它與蛋白質都是非常大的分子，在固態下便開始分解。

混合相態：溶液、懸浮液、乳化液、凝膠、泡沫

廚師很少會處理到純化合物或甚至單一相態的食物。食物是由許多不同分子、以不同相態甚至不同混和類型所組成的混合物！以下簡單介紹廚房裡幾種主要的混合物。

- 溶液（solution）是指個別離子或分子分散在液體中，鹽水與糖漿就是最簡單的例子。
- 懸浮液（suspension）是指物質的眾多分子成團或成粒地分散於液體。脫脂牛乳就是乳蛋白顆粒懸浮在水中。懸浮液通常很混濁，因為團塊很大，能使光線偏折（個別溶解的分子太小，無法折射光線，因此溶液會是清澈的）。
- 乳化液（emulsion）是一種特殊懸浮液，其懸浮物質是液態，但是無法與周

物質的相態
鹽與糖等結晶固體是由排列整齊的原子或分子相互鍵結而成。非晶態固體（如硬糖果與玻璃）是一群隨機排列的原子或分子相互鍵結而成。液體是一群流動的原子或分子，鍵結相當鬆散，而氣體則是一團分散流動的原子或分子。

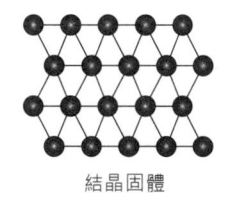

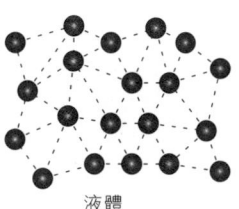

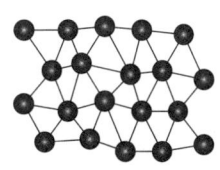

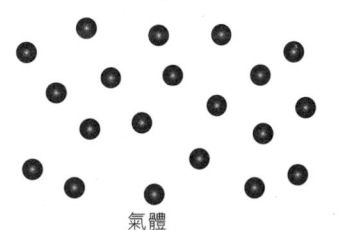

結晶固體

玻璃狀固體

液體

氣體

圍的液體均勻混和。鮮奶油是奶油脂肪懸浮在水中的乳化液,而油醋醬一般是醋懸浮在油裡的乳化液。

- 凝膠(gel)是水懸浮在固體中:固體分子形成一種海綿狀網絡,而水則被困在網絡中。像是以膠質製成的各種美味香甜的膠凍,以及以果膠製成的水果果凍。
- 泡沫(foam)是氣泡懸浮在液體或固體中,舒芙蕾、麵包以及啤酒的上層都是泡沫。

參考資料

烹飪書籍之多,真是族繁不及備載,而關於食物的科學和歷史著作,也同樣是卷帙浩繁。我把撰寫本書時參閱的資料來源,選出幾本列在下方,許多重要事實和觀念都來自於此,從中還可以挖掘到更多更詳細資訊,提高研究和翻譯的可信度。我首先列出整本書都有用到的參考書籍,再列出各章的參考書籍和文章,並細分為兩部分:前半部適合一般讀者閱讀,後半部適合專業讀者和研究。

一般參考資料

關於食物與烹飪

Behr, E. *The Artful Eater*. New York: Atlantic Monthly, 1992.
Child, J., and S. Beck. *Mastering the Art of French Cooking* 2 vols. New York: Knopf, 1961, 1970.
Davidson, A. *The Oxford Companion to Food*. Oxford: Oxford Univ. Press, 1999.
Kamman, M. *The New Making of a Cook*. New York: Morrow, 1997.
Keller, T., S. Heller, and M. Ruhlman. *The French Laundry Cookbook*. New York: Artisan, 1999.
Mariani, J. *The Dictionary of American Food and Drink*. New York: Hearst, 1994.
Robuchon, J. et al., eds. *Larousse gastronomique*. Paris: Larousse, 1996.
Steingarten, J. *It Must've Been Something I Ate*. New York: Knopf, 2002.
———. *The Man Who Ate Everything*. New York: Knopf, 1998.
Stobart, T. *The Cook's Encyclopedia*. London: Papermac, 1982.
Weinzweig, A. *Zingerman's Guide to Good Eating* Boston: Houghton Mifflin, 2003.
Willan, A. *La Varenne Pratique*. New York: Crown, 1989.

字的意義和來源

Battaglia, S., ed. *Grande dizionario della lingua italiana*. 21 vols. Turin: Unione tipografi-coeditrice torinese, 1961–2002.
Bloch, O. *Dictionnaire étymologique de la langue française*. 5th ed. Paris: Presses universitaires, 1968.
Oxford English Dictionary. 2nd ed. 20 vols. Oxford: Clarendon, 1989.
Watkins, C. *The American Heritage Dictionary of Indo-European Roots*. 2nd ed. Boston: Houghton Mifflin, 2000.

關於食物科學(適合一般讀者)

Barham, P. *The Science of Cooking*. Berlin: Springer-Verlag, 2001.
Corriher, S. *CookWise*. New York: Morrow, 1997.
Kurti, N. The physicist in the kitchen. *Proceedings of the Royal Institution* 42 (1969): 451–67.
McGee, H. *The Curious Cook*. San Francisco: North Point, 1990.
This, H. *Révélations gastronomiques*. Paris: Belin, 1995.
This, H. *Les Secrets de la casserole*. Paris: Belin, 1993.

地方風味烹調

Achaya, K.T. *A Historical Dictionary of Indian Food*. New Delhi: Oxford Univ. Press, 1998.
———. *Indian Food: A Historical Companion*. Delhi: Oxford Univ. Press, 1994.
Anderson, E.N. *The Food of China*. New Haven: Yale Univ. Press, 1988.
Artusi, P. *La Scienza in cucina e l'arte di mangier bene*. 1891 and later eds. Florence: Giunti Marzocco, 1960.
Bertolli, P. *Cooking by Hand*. New York: Clarkson Potter, 2003.
Bugialli, G. *The Fine Art of Italian Cooking*. New York: Times Books, 1977.
Chang, K.C., ed. *Food in Chinese Culture*. New Haven: Yale Univ. Press, 1977.
Cost, B. *Bruce Cost's Asian Ingredients*. New York: Morrow, 1988.
Ellison, J.A., ed. and trans. *The Great Scandinavian Cook Book*. New York: Crown, 1967.
Escoffier, A. *Guide Culinaire*, 1903 and later editions. Translated by H.L. Cracknell and R.J. Kaufmann as *Escoffier: The Complete Guide to the Art of Modern Cooking*. New York: Wiley, 1983.
Hazan, M. *Essentials of Classic Italian Cooking*. New York: Knopf, 1992.
Hosking, R. *A Dictionary of Japanese Food*. Boston: Tuttle, 1997.
Kennedy, D. *The Cuisines of Mexico*. New York: Harper and Row, 1972.
Lo, K. *The Encyclopedia of Chinese Cooking*. New York: Bristol Park Books, 1990.
Mesfin, D.J. *Exotic Ethiopian Cooking*. Falls Church, VA: Ethiopian Cookbook Enterprises, 1993.
Roden, C. *The New Book of Middle Eastern Food*. New York: Knopf, 2000.
St.-Ange, E. *La Bonne cuisine de Mme E. Saint-Ange*. Paris: Larousse, 1927.
Shaida, M. *The Legendary Cuisine of Persia*. Henley-on-Thames: Lieuse, 1992.
Simoons, F.J. *Food in China*. Boca Raton: CRC, 1991.
Toomre, J., trans. and ed. *Classic Russian Cooking: Elena Molokhovets' A Gift to Young Housewives*. Bloomington: Indiana Univ. Press, 1992.
Tsuji, S. *Japanese Cooking : A Simple Art*. Tokyo: Kodansha, 1980.

食物的歷史

Benporat, C. *Storia della gastronomia italiana*. Milan: Mursia, 1990.
Coe, S. *America's First Cuisines*. Austin: Univ. of Texas Press, 1994.
Dalby, A. *Siren Feasts: A History of Food and Gastronomy in Greece*. London: Routledge, 1996.
Darby, W.J. et al. *Food: The Gift of Osiris*. 2 vols. New York: Academic, 1977. Food in ancient Egypt.
Flandrin, J.L. *Chronique de Platine*. Paris: Odile Jacob, 1992.
Grigg, D.B. *The Agricultural Systems of the World: An Evolutionary Approach*. Cambridge: Cambridge Univ. Press, 1974.
Huang, H.T., and J. Needham. *Science and Civilisation in China*. Vol. 6, part V: Fermentations and Food Science. Cambridge: Cambridge Univ. Press, 2000.
Kiple, K.F., and K.C. Ornelas, eds. *The Cambridge World History of Food*. 2 vols. Cambridge: Cambridge Univ. Press, 2000.
Peterson, T.S. *Acquired Taste: The French Origins of Modern Cooking*. Ithaca: Cornell Univ. Press, 1994.
Redon, O. et al. *The Medieval Kitchen*. Trans. E. Schneider. Chicago: Univ. of Chicago Press, 1998.
Rodinson, M., A.J. Arberry, and C. Perry. *Medieval Arab Cookery*. Totnes, Devon: Prospect Books, 2001.
Scully, T. *The Art of Cookery in the Middle Ages*. Rochester, NY: Boydell, 1995.
Singer, C.E. et al. *A History of Technology*. 7 vols. Oxford: Clarendon, 1954–78.
Thibaut-Comelade, E. *La table médiévale des Catalans*. Montpellier: Presses du Languedoc, 2001.
Toussaint-Samat, M. *History of Food*. Trans. Anthea Bell. Oxford: Blackwell, 1992.
Trager, J. *The Food Chronology*. New York: Holt, 1995.
Wheaton, B.K. *Savoring the Past: The French*

Kitchen and Table from 1300 to 1789. Philadelphia: Univ. of Penn. Press, 1983.

Wilson, C.A. *Food and Drink in Britain.* Harmondsworth: Penguin, 1984.

歷史性資料

Anthimus. *On the Observation of Foods.* Trans. M. Grant. Totnes, Devon: Prospect Books, 1996.

Apicius, M.G. *De re coquinaria: L'Art culinaire.* J. André, ed. Paris: C. Klincksieck, 1965. Edited and translated by B. Flower and E. Rosenbaum as *The Roman Cookery Book.* London: Harrap, 1958.

Brillat-Savarin, J. A. *La Physiologie du goût.* Paris, 1825. Translated by M.F.K. Fisher as *The Physiology of Taste.* New York: Harcourt Brace Jovanovich, 1978.

Cato, M.P. *On Agriculture.* Trans. W.D. Hooper. Cambridge, MA: Harvard Univ. Press, 1934.

Columella, L.J.M. *On Agriculture.* 3 vols. Trans. H.B. Ash. Cambridge, MA: Harvard Univ. Press, 1941–55.

Grewe, R. and C.B. Hieatt, eds. *Libellus De Arte Coquinaria.* Tempe, AZ: Arizona Center for Medieval and Renaissance Studies, 2001.

Hieatt, C.B. and S. Butler. *Curye on Inglysch.* London: Oxford Univ. Press, 1985.

La Varenne, F.P. de. *Le Cuisinier françois.* 1651. Reprint, Paris: Montalba, 1983.

Platina. *De honesta voluptate et valetudine.* Ed. and trans. by M.E. Milham as *On Right Pleasure and Good Health.* Tempe, AZ: Renaissance Soc. America, 1998.

Pliny the Elder. *Natural History.* 10 vols. Trans. H Rackham et al. Cambridge, MA: Harvard Univ. Press, 1938–62.

Scully, T., ed. and trans. *The Neapolitan Recipe Collection.* Ann Arbor: Univ. of Michigan Press, 2000.

———, ed. and trans. *The Viandier of Taillevent.* Ottawa: Univ. of Ottawa Press, 1988.

———, ed. and trans. *The Vivendier.* Totnes, Devon: Prospect Books, 1997.

Warner, R. *Antiquitates culinariae.* London: 1791; Reprint, London: Prospect Books, n.d.

食物科學和科技百科

Caballero, B. et al., eds. *Encyclopedia of Food Sciences and Nutrition.* 10 vols. Amsterdam: Academic, 2003. [2nd ed. of Macrae et al.]

Macrae, R. et al., eds. *Encyclopaedia of Food Science, Food Technology, and Nutrition.* 8 vols. London: Academic, 1993.

關於食物化學、微生物學、植物學和生理學

Ang, C.Y.W. et al., eds. *Asian Foods: Science and Technology.* Lancaster, PA: Technomic, 1999.

Ashurst, P.R. *Food Flavorings.* Gaithersburg, MD: Aspen, 1999.

Belitz, H.D., and W. Grosch. *Food Chemistry.* 2nd English ed. Berlin: Springer, 1999.

Campbell-Platt, G. *Fermented Foods of the World.* London: Butterworth, 1987.

Charley, H. *Food Science.* 2nd ed. New York: Wiley, 1982.

Coultate, T.P. *Food: The Chemistry of Its Components.* 2nd ed. Cambridge: Royal Society of Chemistry, 1989.

Doyle, M.P. et al., eds. *Food Microbiology.* 2nd ed. Washington, DC: American Society of Microbiology, 2001.

Facciola, S. *Cornucopia II: A Source Book of Edible Plants.* Vista, CA: Kampong, 1998.

Fennema, O., ed. *Food Chemistry.* 3rd ed. New York: Dekker, 1996.

Ho, C.T. et al. Flavor chemistry of Chinese foods. *Food Reviews International* 5 (1989): 253–87.

Maarse, H., ed. *Volatile Compounds in Foods and Beverages.* New York: Dekker, 1991.

Maincent, M. *Technologie culinaire.* Paris: BPI, 1995.

Paul, P.C., and H.H. Palmer, eds. *Food Theory and Applications.* New York: Wiley, 1972.

Penfield, M.P., and A.M. Campbell. *Experimental Food Science.* 3rd ed. San Diego, CA: Academic, 1990.

Silverthorn, D.U. et al. *Human Physiology.* Upper Saddle River, NJ: Prentice Hall, 2001.

Smartt, J., and N. W. Simmonds, eds. *Evolution of Crop Plants.* 2nd ed. Harlow, Essex: Longman, 1995.

Steinkraus, K.H., ed. *Handbook of Indigenous Fermented Foods.* 2nd ed. New York: Dekker, 1996.

第一部分

第1章 乳和乳製品

Brown, N.W. *India and Indology.* Delhi: Motilal Banarsidass, 1978.

Brunet, P., ed. *Histoire et géographie des fromages.* Caen: Université de Caen, 1987.

Calvino, I. *Mr. Palomar.* Trans. W. Weaver. San Diego. CA: Harcourt Brace Jovanovich, 1985.

Grant, A.J., trans. *Early Lives of Charlemagne.* London: Chatto and Windus, 1922.

Macdonnell, A.A. *A Vedic Reader for Students.* Oxford: Oxford Univ. Press, 1917.

Masui, K., and T. Yamada. *French Cheeses.* New York: Dorling Kindersley, 1996.

O'Flaherty, W.D., ed. and trans. *The Rig Veda.* Harmondsworth: Penguin, 1981.

Polo, M. *Travels* (ca. 1300). Trans. W. Marsden. New York: Dutton, 1908.

Rance, P. *The French Cheese Book.* London: Macmillan, 1989.

———. *The Great British Cheese Book.* London: Macmillan, 1982.

Blackburn, D.G. et al. The origins of lactation and the evolution of milk. *Mammal Review* 19(1989): 1–26.

Bodyfelt, F.W. et al. *The Sensory Evaluation of Dairy Products.* New York: Van Nostrand Reinhold, 1988.

Buchin, S. et al. Influence of pasteurization and fat composition of milk on the volatile compounds and flavor characteristics of a semi-hard cheese. *J Dairy Sci.* 81 (1998): 3097–108.

Curioni, P.M.G., and J.O. Bosset. Key odorants in various cheese types as determined by gas chromatography-olfactometry. *International Dairy J* 12 (2002): 959–84.

Dupont, J., and P.J. White. "Margarine." In Macrae, 2880–95.

Durham, W. H. *Coevolution: Genes, Culture, and Human Diversity.* Stanford, CA: Stanford Univ. Press, 1991.

Fox, P.F., ed. *Cheese: Chemistry, Physics, Microbiology.* 2 vols. London: Elsevier, 1987.

Garg, S.K., and B.N. Johri. Rennet: Current trends and future research. *Food Reviews International* 10 (1994): 313–55.

Gunderson, H.L. *Mammalogy.* New York: McGraw-Hill, 1976.

Jensen, R.G., ed. *Handbook of Milk Composition.* San Diego, CA: Academic, 1995.

Juskevich, J.C., and C.G. Guyer. Bovine growth hormone: Human food safety evaluation. *Science* 249 (1990): 875–84.

Kosikowski, F.V., and V.V. Mistry. *Cheese and Fermented Milk Foods.* 3rd ed. Westport, CT: F.V. Kosikowski LLC, 1997.

Kurmann, J.A. et al. *Encyclopedia of Fermented Fresh Milk Products*. New York: Van Nostrand Reinhold, 1992.

Mahias, M.C. Milk and its transmutations in Indian society. *Food and Foodways* 2 (1988): 265–88.

Marshall, R.T., and W.S. Arbuckle. *Ice Cream*. 5th ed. New York: Chapman and Hall, 1996.

Miller, M.J.S. et al. Casein: A milk protein with diverse biologic consequences. *Proc Society Experimental Biol Medicine* 195 (1990): 143–59.

Muhlbauer, R.C. et al. Various selected vegetables, fruits, mushrooms and red wine residue inhibit bone resorption in rats. *J Nutrition* 133 (2003): 3592–97.

Queiroz Macedo, I. et al. Caseinolytic specificity of cardosin, an aspartic protease from the cardoon: Action on bovine casein and comparison with chymosin. *J Agric Food Chem.* 44 (1996): 42–47.

Reid, G. et al. Potential uses of probiotics in clinical practice. *Clinical and Microbiological Reviews* 16 (2003): 658–72.

Robinson, R.K., ed. *Modern Dairy Technology*. 2 vols. London: Chapman and Hall, 1993.

Schmidt, G.H. et al. *Principles of Dairy Science*. 2nd ed. Englewood Cliffs, NJ: Prentice Hall, 1988.

Scott, R. *Cheesemaking Practice*. London: Applied Science, 1981.

Stanley, D.W. et al. Texture-structure relationships in foamed dairy emulsions. *Food Research International* 29 (1996): 1–13.

Starr, M.P. et al., eds. *The Prokaryotes: A Handbook on Habitats, Isolation, and Identification of Bacteria*. 2 vols. Berlin: Springer-Verlag, 1981.

Stini, W.A. Osteoporosis in biocultural perspective. *Annual Reviews of Anthropology* 24 (1995): 397–421.

Suarez, F.L. et al. Diet, genetics, and lactose intolerance. *Food Technology* 51 (1997): 74–76.

Tamime, A.Y., and R.K. Robinson. *Yoghurt: Science and Technology*. 2nd ed. Cambridge, UK: Woodhead, 1999.

Virgili, R. et al. Sensory-chemical relationships in Parmigiano-reggiano cheese. *Lebensmittel-Wissenschaft und Technologie* 27 (1994): 491–95.

The Water Buffalo. Rome: U.N. Food and Agriculture Organization, 1977.

Wheelock, V. *Raw Milk and Cheese Production: A Critical Evaluation of Scientific Research*. Skipton, UK: V. Wheelock Associates, 1997.

第2章 蛋

Davidson, A., J. Davidson, and J. Lang. Origin of crême brulée. *Petits propos culinaires* 31(1989): 61–63.

Healy, B., and P. Bugat. *The French Cookie Book*. New York: Morrow, 1994.

Hume, R.E. *The Thirteen Principal Upanishads Translated from the Sanskrit*. Oxford: Oxford Univ. Press, 1921.

Radhakrishnan, S. *The Principal Upanisads*. Atlantic Highlands, NJ: Humanities, 1992.

Smith, P., and C. Daniel. *The Chicken Book*. Boston: Little Brown, 1975.

Wolfert, P. *Couscous and Other Good Foods from Morocco*. New York: Harper and Row, 1973.

Board, R.G., and R. Fuller, eds. *Microbiology of the Avian Egg*. London: Chapman and Hall, 1994.

Burley, R.W., and D.V. Vadehra. *The Avian Egg: Chemistry and Biology*. New York: Wiley, 1989.

Chang, C.M. et al. Microstructure of egg yolk. *J Food Sci.* 42 (1977): 1193–1200.

Gosset, P.O., and R.C. Baker. Prevention of graygreen discoloration in cooked liquid whole eggs. *J Food Sci.* 46 (1981): 328–31.

Jänicke, O. Zur Verbreitungsgeschichte und Etymologie des fr. meringue. *Zeitschrift für romanischen Philologie* 84 (1968): 558–71.

Jiang, Y. et al. Egg phosphatidylcholine decreases the lymphatic absorption of cholesterol in rats. *J Nutrition* 131 (2001): 2358–63.

Maga, J.A. Egg and egg product flavor. *J Agric Food Chem.* 30 (1982): 9–14.

McGee, H. On long-cooked eggs. *Petits propos culinaires* 50 (1995): 46–50.

McGee, H. J., S.R. Long, and W.R. Briggs. Why whip egg whites in copper bowls? *Nature* 308 (1984): 667–68.

Packard, G.C., and M.J. Packard. Evolution of the cleidoic egg among reptilian ancestors of birds. *American Zoologist* 20 (1980): 351–62.

Perry, M.M., and A.B. Gilbert. The structure of yellow yolk in the domestic fowl. *J Ultrastructural Res.* 90 (1985): 313–22.

Stadelman, W.J., and O.J. Cotterill. *Egg Science and Technology*. 3rd ed. Westport, CT: AVI, 1986.

Su, H.P., and C.W. Lin. A new process for preparing transparent alkalised duck egg and its quality. *J Sci Food Agric.* 61 (1993): 117–20.

Wang, J., and D.Y.C. Fung. Alkaline-fermented foods: A review with emphasis on pidan fermentation. *CRC Critical Revs in Microbiology* 22 (1996): 101–38.

Wilson, A.J., ed. *Foams: Physics, Chemistry and Structure*. London: Springer-Verlag, 1989.

Woodward, S.A., and O.J. Cotterill. Texture and microstructure of cooked whole egg yolks and heat-formed gels of stirred egg yolk. *J Food Sci.* 52 (1987): 63–67.

———. Texture profile analysis, expressed serum, and microstructure of heat-formed egg yolk gels. *J Food Sci.* 52 (1987): 68–74.

第3章 肉

Cronon, W. *Nature's Metropolis*. New York: Norton, 1991.

Kinsella, J., and D.T. Harvey. *Professional Charcuterie*. New York: Wiley, 1996.

Paillat, M., ed. *Le Mangeur et l'animal*. Paris: Autrement, 1997.

Rhodes, V.J. How the marking of beef grades was obtained. *J Farm Economics* 42 (1960): 133–49.

Serventi, S. *La grande histoire du foie gras*. Paris: Flammarion, 1993.

Woodard, A. et al. *Commercial and Ornamental Game Bird Breeders Handbook*. Surrey, BC: Hancock House, 1993.

Abs, M., ed. *Physiology and Behavior of the Pigeon*. London: Academic, 1983.

Ahn, D.U., and A.J. Maurer. Poultry meat color: Heme-complex-forming ligands and color of cooked turkey breast meat. *Poultry Science* 69 (1990): 1769–74.

Bailey, A.J., ed. *Recent Advances in the Chemistry of Meat*. London: Royal Society of Chemistry, 1984.

Bechtel, P.J., ed. *Muscle as Food*. Orlando, FL: Academic, 1986.

Campbell-Platt, G., and P.E. Cook, eds. *Fermented Meats*. London: Blackie, 1995.

Carrapiso, A.I. et al. Characterization of the most odor-active compounds of Iberian ham headspace. *J Agric Food Chem.* 50 (2002): 1996–2000.

Cornforth, D.P. et al. Carbon monoxide, nitric oxide, and nitrogen dioxide levels in gas ovens related to surface pinking of cooked beef and turkey. *J Agric Food Chem.* 46 (1998): 255–61.

Food Standards Agency, U.K. *Review of BSE Controls*. 2000, http://www.bsereview.org.uk.

Gault, N.F.S., "Marinadè̀d meat." In *Developments in Meat Science*, edited by R. Lawrie, 5, 191–246. London: Applied Science, 1991.

Jones, K.W., and R.W. Mandigo. Effects of chopping temperature on the microstructure of meat emulsions. *J Food Sci.* 47 (1982): 1930–35.

Lawrie, R.A. *Meat Science*. 5th ed. Oxford: Pergamon, 1991.

Lijinsky, W. N-nitroso compounds in the diet.

Mutation Research 443 (1999): 129–38.
Maga, J.A. Smoke in Food Processing. Boca Raton, FL: CRC, 1988.
———. Pink discoloration in cooked white meat. Food Reviews International 10 (1994): 273–386.
Mason, I.L., ed. Evolution of Domesticated Animals. London: Longman, 1984.
McGee, H., J. McInerny, and A. Harrus. The virtual cook: Modeling heat transfer in the kitchen. Physics Today (November 1999): 30–36.
Melton, S. Effects of feeds on flavor of red meat: A review. J Animal Sci. 68 (1990): 4421–35.
Milton, K. A hypothesis to explain the role of meat-eating in human evolution. Evolutionary Anthropology 8 (1999): 11–21.
Morgan Jones, S.D., ed. Quality Grading of Carcasses of Meat Animals. Boca Raton, FL: CRC, 1995.
Morita, H. et al. Red pigment of Parma ham and bacterial influence on its formation. J Food Sci. 61 (1996): 1021–23.
Oreskovich, D.C. et al. Marinade pH affects textural properties of beef. J Food Sci. 57 (1992): 305–11.
Pearson, A.M., and T.R. Dutson. Edible Meat Byproducts. London: Elsevier, 1988.
Pinotti, A. et al. Diffusion of nitrite and nitrate salts in pork tissue in the presence of sodium chloride. J Food Sci. 67 (2002): 2165–71.
Rosser, B.W.C., and J.C. George. The avian pectoralis: Biochemical characterization and distribution of muscle fiber types. Canadian J Zoology 64 (1986): 1174–85.
Rousset-Akrim, S. et al. Influence of preparation on sensory characteristics and fat cooking loss of goose foie gras. Sciences des aliments 15(1995): 151–65.
Salichon, M.R. et al. Composition des 3 types de foie gras: Oie, canard mulard et canard de barbarie. Annales Zootechnologie 43 (1994): 213–20.
Saveur, B. Les critères et facteurs de la qualité des poulets Label Rouge. INRA Productions Animales 10 (1997): 219–26.
Skog, K.I. et al. Carcinogenic heterocyclic amines in model systems and cooked foods: A review on formation, occurrence, and intake. Food and Chemical Toxicology 36 (1998): 879–96.
Solyakov, A. et al. Heterocyclic amines in process flavours, process flavour ingredients, bouillon concentrates and a pan residue. Food and Chemical Toxicology 37 (1999): 1–11.
Suzuki, A. et al. Distribution of myofiber types in thigh muscles of chickens. Journal of Morphology 185 (1985): 145–54.

Varnam, A.H., and J.P. Sutherland. Meat and Meat Products: Technology, Chemistry, and Microbiology. London: Chapman and Hall, 1995.
Wilding, P. et al. Salt-induced swelling of meat. Meat Science 18 (1986): 55–75.
Wilson, D.E. et al. Relationship between chemical percentage intramuscular fat and USDA marbling score. A.S. Leaflet R1529. Iowa State University: 1998.
Young, O.A. et al. Pastoral and species flavour in lambs raised on pasture, lucerne or maize. J Sci Food Agric. 83 (2003): 93–104.

第4章 魚貝蝦蟹

Alejandro, R. The Philippine Cookbook. New York: Putnam, 1982.
Bliss, D. Shrimps, Lobsters, and Crabs. New York: Columbia Univ. Press, 1982.
Davidson, A. Mediterranean Seafood. 2nd ed. London: Allan Lane, 1981.
———. North Atlantic Seafood. New York: Viking, 1979.
Kurlansky, M. Cod. New York: Walker, 1997.
McClane, A.J. The Encyclopedia of Fish Cookery. New York: Holt Rinehart Winston, 1977.
McGee, H. "The buoyant, slippery lipids of the snake mackerels and orange roughy." In Fish: Foods from the Waters, edited by H. Walker, 205–9. Totnes, UK: Prospect Books, 1998.
Peterson, J. Fish and Shellfish. New York: Morrow, 1996.
Riddervold, A. Lutefisk, Rakefisk and Herring in Norwegian Tradition. Oslo: Novus, 1990.

Ahmed, F.E. Review: Assessing and managing risk due to consumption of seafood contaminated with microorganisms, parasites, and natural toxins in the US. Int J Food Sci. and Technology 27 (1992): 243–60.
Borgstrom, G., ed. Fish as Food. 4 vols. New York: Academic, 1961–65.
Chambers, E., and A. Robel. Sensory characteristics of selected species of freshwater fish in retail distribution.
J Food Sci. 58 (1993): 508–12.
Chattopadhyay, P. et al. "Fish." In Macrae, 1826–87.
Doré, I. Fish and Shellfish Quality Assessment. New York: Van Nostrand Reinhold, 1991.
Flick, G.J., and R.E. Martin, eds. Advances in Seafood Biochemistry. Lancaster, PA: Technomic, 1992.
Funk, C.D. Prostaglandins and leukotrienes: Advances in eicosanoid biology. Science 294 (2001): 1871–75.
Gomez-Guillen, M.C. et al. Autolysis and protease inhibition effects on dynamic viscoelastic properties during thermal gelation of squid muscle. J Food Sci. 67

(2002): 2491–96.
Gosling, E. The Mussel Mytilus: Ecology, Physiology, Genetics and Culture. Amsterdam: Elsevier, 1992.
Haard, N.F., and B.K. Simon. Seafood Enzymes. New York: Dekker, 2000.
Hall, G.M., ed. Fish Processing Technology. 2nd ed. New York: VCH, 1992.
Halstead, B.W. Poisonous and Venomous Marine Animals of the World. 2nd rev. ed. Princeton, NJ: Darwin, 1988.
Hatae, K. et al. Role of muscle fibers in contributing firmness of cooked fish. J Food Sci. 55 (1990): 693–96.
Iversen, E.S. et al. Shrimp Capture and Culture Fisheries of the United States. Cambridge, MA: Fishing News, 1993.
Jones, D.A. et al. "Shellfish." In Macrae, 4084–118.
Kobayashi, T. et al. Strictly anaerobic halophiles isolated from canned Swedish fermented herring. International J Food Microbiology 54 (2000): 81–89.
Korringa, P. Farming the Cupped Oysters of the Genus Crassostrea. Amsterdam: Elsevier, 1976.
Kugino, M., and K. Kugino. Microstructural and rheological properties of cooked squid mantle. J Food Sci. 59 (1994): 792–96.
Lindsay, R. "Flavour of Fish." In Seafoods: Chemistry, Processing, Technology, and Quality, edited by F. Shahidi and J.R. Botta, 74–84. London: Blackie, 1994.
Love, R.M. The Food Fishes: Their Intrinsic Variation and Practical Implications. London: Farrand, 1988.
Mantel, L.H., ed. Biology of Crustacea. Vol. 5, Internal Anatomy and Physiological Regulation; vol. 9, Integument, Pigments, and Hormonal Processes. New York: Academic, 1983; Orlando, FL: Academic, 1985.
Martin, R.E. et al., eds. Chemistry and Biochemistry of Marine Food Products. Westport, CT: AVI, 1982.
Morita, K. et al. Comparison of aroma characteristics of 16 fish species by sensory evaluation and gas chromatographic analysis. J Sci Food Agric. 83 (2003): 289–97.
Moyle, P.B., and J.J. Cech. Fishes: An Introduction to Ichthyology. 4th ed. Upper Saddle River, NJ: Prentice Hall, 2000.
Nelson, J.S. Fishes of the World. 3rd ed. New York: Wiley, 1994
Ò Foighil, D. et al. Mitochondrial cytochrome oxidase I gene sequences support an Asian origin for the Portuguese oyster Crassostrea angulata. Marine Biology 131 (1998): 497–503.
Ofstad, R. et al. Liquid holding capacity and structural changes during heating of fish

muscle. *Food Microstructure* 12 (1993): 163–74.

Oshima, T. Anisakiasis: Is the sushi bar guilty? *Parasitology Today* 3 (2) (1987): 44–48.

Pennarun, A.L. et al. Identification and origin of the character-impact compounds of raw oyster *Crassostrea gigas*. *J Sci Food Agric*. 82 (2002): 1652–60.

Royce, W.F. *Introduction to the Practice of Fishery Science*. San Diego, CA: Academic, 1994.

Shimizu, Y. et al. Species variation in the gel-forming [and disintegrating] characteristics of fish meat paste. *Bulletin Jap Soc Scientific Fisheries* 47 (1981): 95–104.

Shumway, S. E., ed. *Scallops: Biology, Ecology, and Aquaculture*. Amsterdam: Elsevier, 1991.

Sikorski, Z.E. et al., eds. *Seafood Proteins*. New York: Chapman and Hall, 1994.

Sternin, V., and I. Doré. *Caviar: The Resource Book*. Moscow and Stanwood, WA: Cultura, 1993.

Tanikawa, E. *Marine Products in Japan*. Tokyo: Koseisha-Koseikaku, 1971.

Taylor, R.G. et al. Salmon fillet texture is determined by myofiber-myofiber and myofibermyocommata attachment. *J Food Sci*. 67 (2002): 2067–71.

Triqui, R., and G.A. Reineccius. Flavor development in the ripening of anchovy. *J Agric Food Chem*. 43 (1995): 453–58.

Ward, D. R., and C. Hackney. *Microbiology of Marine Food Products*. New York: Van Nostrand Reinhold, 1991.

Whitfield, F.B. Flavour of prawns and lobsters. *Food Reviews International* 6 (1990): 505–19.

Wilbur, K.M., ed. *The Mollusca*. 12 vols. New York: Academic, 1983.

第二部分

第1章 烹調方法與器具材質

Fennema, O., ed. *Food Chemistry*. 3rd ed. New York: Dekker, 1996.

Hallström, B. et al. *Heat Transfer and Food Products*. London: Elsevier, 1990.

McGee, H. From raw to cooked: The transformation of flavor. In *The Curious Cook: More Kitchen Science and Lore*, 297–313. San Francisco: North Point, 1990.

McGee, H., J. McInerny, and A. Harrus. The virtual cook: modeling heat transfer in the kitchen. *Physics Today* (November 1999): 30–36.

Scientific American. Special issue on "Materials." September 1967.

第2章 四種基本的食物分子

Barham, P. *The Science of Cooking*. Berlin: Springer-Verlag, 2001.

Fennema, O., ed. *Food Chemistry*. 3rd ed. New York: Dekker, 1996.

Penfield, M.P., and A.M. Campbell. *Experimental Food Science*. 3rd ed. San Diego, CA: Academic, 1990.

第3章
化學入門：原子、分子和能量

Hill, J.W., and D.K. Kolb. *Chemistry for Changing Times*. 8th ed. Upper Saddle River, NJ: Prentice Hall, 1998.

Snyder, C.H. *The Extraordinary Chemistry of Ordinary Things*. New York: Wiley, 1992.

索引

1~5 劃

人造奶油 Margarine 54, 61, 338-339
十七世紀的舒芙蕾 Timbales 146
三仙膠 xanthan 344
三甲胺 Trimethylamine (TMA) 240, 247, 265
三磷酸腺苷 Adenosine triphosphate (ATP) 188, 246
土耳其凝塊鮮奶油 Kaymak 52
土味素 Geosmin 246, 247
大比目魚 Halibut 245, 256-257
大豆油 Soybean oil 339
大海鰱 Tarpon 249
大菱鮃 Turbot 233-235, 256-257
大腸桿菌 E. coli 71, 165, 193
大鯰魚 Sheatfish 249
小球菌 Pediococci 226
小鱗犬牙南極魚 Toothfish 254
山羊 Goats (Capra hircus) 26, 28, 30-31, 41, 71, 79-89
不飽和脂肪 unsaturated fat 31, 41, 61, 108, 176, 241
中溫水煮 Poaching 100, 272, 276, 303, 311
六線魚 Greenling 250
切希爾乳酪 Cheshire cheese 77, 88, 91
切達乳酪 Cheddar cheese 77, 82, 85, 88-89, 93, 95
反式脂肪酸 trans fat 61, 338
巴氏殺菌法 Pasteurization 43-44, 80
巴約納火腿 Bayonne 225
戈根索拉乳酪 Gorgonzola cheese 84, 89
支鏈澱粉 Amylopectins 343
方頭魚 Tilefish 236, 250
日本漬鯖魚 Shimesaba 302
比目魚 Flounder 250, 256
比菲德氏菌 Bifidobacteria 70-71
毛蕊花糖 Verbascose 342
水牛 Water buffalo 26, 31
水果凝乳 Fruit curds 134
水蘇糖 Stachyose 342
火焰雪山 Baked Alaska 145
火雞 Turkey 173, 182-184
牙鱈 Whiting 253
牛 Cattle 179-180, 186
牛油 Tallow 218
牛網油 Suet 218
丙酸桿菌 Propionibacter shermanii 82
丘利左香腸 Chorizos 228
以鹽醃製 Brining 195, 222-223
加糖煉乳 Sweetened condensed milk 47
包心菜狀鮮奶油 Cabbage cream 52
北梭魚 Bonefish 249
半乳鮮奶油 Half-and-half 50
半胱胺酸 Cysteine 347
半纖維素 Hemicellulose 344
卡士達 Custards 126-134
卡士達奶油餡 Crème pâtissière 126, 132-134, 148

卡夫特 Kraft 94
可可油 Cocoa butter 239
奶油冰 Glace au beurre 63
奶油葡萄酒 Syllabub 46
尼羅河鱸 Nile perch 200
布包鵝肝 Torchon 217
玉子豆腐 Tamago dofu 128
玉米黃素 Zeaxanthin 108
玉梭魚 Escolar 238, 250
甘油 Glycerol 335
甘胺酸 Glycine 240
生魚片 Sashimi 262
甲基異茨醇 Methylisoborneol 247
甲硫胺酸 Methionine 42
甲藻 Dinoflagellates 237-238
白念珠菌屬 Leuconostoc 68, 227
白香腸 Boudin blanc 220
白脫乳 Buttermilk 56, 57, 69-74
白鮭 Whitefish 239, 253, 306
皮蛋 Pidan 153-155
石首魚 Croaker 250
石斑魚 Grouper 238, 250
冰淇淋 Ice cream 49, 62-67
冰魚 icefish 250, 254
印尼鹹魚調味品 Kecap 297
印度牛乳軟糖 Burfi 47
印度冰淇淋 Kulfi 65, 66
印度清奶油 Ghee 60-61
印度甜甜圈 Gulabjamun 47
印度甜點 Rasagollah 47
印度甜點 Rasmalai 47
印度濃縮牛乳糖 Khoa 46-47

6~10 劃

多環芳香烴 Polycyclic aromatic hydrocarbons (PAHs) 164
多醣 Polysaccharides 343
安尼線蟲 Anisakid worms 238
安地斯乾牛肉 Charqui 223
灰綠青黴 Penicillum glaucum 83
竹筴魚 Bluefish 250
羊魚 Goatfish 250
羊搔癢症 Scrapie 166
肉桿菌 Carnobacteria 226
艾波瓦塞乳酪 Epoisses cheese 83, 88
血紅素家族 Heme group 173-174
西鯡 Shad 251
吲哚 Indole 41
串烤 Spit-roasting 205
克弗酒 Kefir 73
卵白蛋白 Albumen, of eggs 107, 108, 110, 117, 136, 139
卵白蛋白 Ovalbumin 77, 78, 80, 85, 102
卵運鐵蛋白 Ovotransferrin 107, 108, 117
卵磷脂 Lecithin 340
卵黏蛋白 Ovomucin 107, 117
吳郭魚 tilapia 250, 254
吸蟲 Flukes 239

均質化 Homogenization 38, 44, 46
希臘菲達羊酪 Feta cheese 88, 85
抗生素 Antibiotics 168
抗氧化劑 Antioxidants 353
杜父魚 Sculpins 250
沙丁魚 Sardines 232, 251, 268
沙巴雍 Sabayon 115
沙門桿菌 Salmonella 114, 115, 123
牡蠣 Oysters 237, 283-286
狂牛症 Mad cow disease 166-167, 179-180
肝醣 Glycogen 280, 343
角黃素 Canthaxanthin 105, 248, 279
乳油分離 Creaming 49-50
乳脂狀 Creaminess 49-50
乳清 Whey 28, 30, 33, 38-43, 60
乳球蛋白 Lactoglobulin 40, 71
乳酪白醬 Mornay sauce 92
乳酪醬／乳酪鍋 Cheese fondue 93
乳酪燉鍋底的酥皮 Religieuse 93
乳酸桿菌 Lactobacilli 37, 68, 227
乳酸球菌 Lactococci 37, 68, 82
乳酸菌 Lactic acid bacteria 68-72, 82-84
乳糖 Lactose 31-32
乳糖不耐症 Lactose intolerance 33
乳糖酶 Lactase 32-33
乳鴿 Squab 183, 184
亞洲水牛 Bubalus bubalis 26
亞麻油酸 Linolenic acid 339
亞麻籽油 Linseed oil 152, 237
亞麻短桿菌 Brevibacterium linens 83
刺棘薊 Cardoons 82
刺槐豆膠 locust-bean 344
岩魚 Rockfish 238, 265
帕達諾乳酪 Grana Padano cheese 92
帕瑪火腿 Parma 225
弧菌屬 Vibrio 237, 260
拉丁白乳酪 Queso blanco 91
拉丁美洲肉乾 Carne seca 223
明斯特乳酪 Münster cheese 77, 88
東南亞酸辣魚生沙拉 Kinilaw 263
果膠 Pectins 343
河鱸 Perch 253-254
法式水煮蛋 Oeuf à la coque 120
法式卡士達奶油餡 Bouillie 148
法式冰淇淋（卡士達）French ice cream (custard) 65, 66
法式肉派 Pâté 220-222
法式炸魚丸 Croquettes, fish 276
法式海鮮高湯 Court bouillon 272
法式脆皮焦糖布丁 Crème brûlée 130-131
法式魚泥 Mousselines 275-276
法式魚高湯 Fumets 215
法式魚餃 Quenelles 275, 276
法式焦糖布丁 Crème caramel 130-131
法式酸奶油 Crème fraîche 72, 75
法式鹹派 Quiche 130
法國卡門貝爾乳酪 Camembert cheese 80, 83-86, 88-89, 93

法國布里乳酪 Brie cheese 29, 76, 80
法國洛克福乳酪 Roquefort cheese 27, 83-85, 87-89, 91, 93
法國康塔勒硬乳酪 Cantal cheese 88, 92
法國愛曼塔乳酪 Emmental cheese 80, 82, 85, 87, 91
法國葛黎耶乳酪 Gruyère cheese 79, 80, 83, 88, 92-93
法國鞏特乳酪 Comté cheese 80
法蘭克福香腸 Frankfurters 220
沸煮 Boiling 318-319
油封 Confits 228
油魚 waxy 238
炒 Sautéing 60, 118-119, 124, 164, 208, 320
炙烤 Broiling 316-317
狗母魚 Lizardfish 250
狗魚 Pike 238
狗鱈 Hake 250
的鯛 Dory 250
直鏈澱粉 Amylose 343
矽酸鈉 Sodium silicate 154
芳汀乳酪 Fontina cheese 92-93
花生油 Peanut oil 339
芬蘭的發酵乳 Viili 72
虱目魚 Milkfish 250
表皮短桿菌 Brevibacterium epidermidis 83
金眼鯛 Alfonsino 250
長尾鱈 Grenadier 250
長槍魚 Billfish 250, 256
阿拉伯膠 gum arabic 344
阿富汗凝塊鮮奶油 Qymaq 52
青黴菌 Penicillium molds 83
保加利亞乳酸桿菌 Lactobacillus delbrueckii bulgaricus 70
俄羅斯低鹽魚子醬 Malossol 306
南非肉乾 Biltong 223
活魚生魚片 Ikizukuri 258
炸 Deep frying 321
疣鼻棲鴨／紅面番鴨 Cairina moschata 183
皇家糖霜 Royal icing 144
秋刀魚 Saury 250
紅色吳郭魚 Oreochromis nilotica 254
紅花油 Safflower oil 339
紅原雞 Gallus gallus 182
紅點鮭 chars 250, 253
美式肉乾 Jerky 223
胚芽乳酸桿菌 Lactobacillus plantarum 71
胡瓜魚 Smelt 235, 249
英國卡爾菲利乳酪 Caerphilly cheese 91-92
英國萊斯特乳酪 Leicester cheese 88
飛魚 flying 249
香蒜乳酪馬鈴薯泥 Aligot 92
胜肽 Peptides 345
原牛 Bos primigenius 25, 167
原鴿 Columba livia 183
埃及式蛋餅 Eggah 130
夏威夷魚生沙拉 Lomi 263
夏威夷魚生沙拉 Poke 263
家牛 Bos taurus 25
庫賈氏症 Creutzfeldt-Jakob disease (CJD) 166

扇貝 Scallops 237, 273, 283-287
挪威肉乾 Fenalår 223
挪威的發酵乳 Tättemjölk 72
挪威發酵魚 Rakefisk 299
挪威鹼煮魚 Lutefisk 294
核桃油 Walnut oil 338
核黃素 Riboflavin, in milk 36, 42
氧化三甲胺 Trimethylamine oxide (TMAO) 247, 265
氨 Ammonia 89-90, 119, 240

11~15 劃
海豚魚 Dolphin fish 250
海蜇／水母 Jellyfish 293
海膽 Sea urchins 292
海鯛 Sea bream 250
海鱸 Sea bass 250
烘烤 roasting 317-318
烘焙 Baking 206, 313
珠雞 Guinea hen 184
真鯛 Porgy 238
真鰈 Sole 231, 236, 250
秘魯香檸魚生沙拉 Ceviche 263
脂肪酸 Fatty acids 335
胭脂樹紅色素 Annatto 56
茶碗蒸 Chawan-mushi 128-129
茨醇 Borneol 246
馬乳酒 Kourniss 28, 69, 73
馬賽魚湯 Bouillabaisse 273
高的鯛 Oreo 250
高湯 Stocks 210, 265
胺基酸 Amino acids 90, 345-349
乾熟成 Dry-aging 187
乾醃火腿 dry-cured 225
堅果油 nut 339
屠體僵直 Rigor mortis 187, 257-259
帶魚 Cutlassfish 250
旋毛蟲症 Trichinosis 166, 193
梭魚 Barracuda 237, 250
梅納反應 Maillard reaction 310, 311
氫化 Hydrogenation 60-61, 336
清魚凍 Aspics 274
涮涮鍋 Shabu shabu 180
瓷 Stoneware 324-325
瓷器 Porcelain 234-235
甜點奶油 Beurre pâtissier 57
硫化氫 Hydrogen sulfide 40, 44, 119
笛鯛 Snapper 237, 238, 250, 261
細胞色素 Cytochromes 173, 175, 196
組織胺 Histamine 95, 237
組織蛋白酶 Cathepsins 188
羚羊 Antelope 184, 185
莫扎瑞拉乳酪 Mozzarella cheese 41, 82, 88, 90-91
荷蘭白蘭地蛋酒 advocaat 118
荷蘭豪達乳酪 Gouda cheese 85, 88, 93
蛋酒 Eggnog 118, 126
蛋捲舒芙蕾 Omelette soufflé 145-147
野兔 Hare 184
野鹿 Venison 184

野鴿 Doves 183
陶 Earthenware 324-325
雀鱔 Gar 249
章魚 Octopus 286, 291-293
魚精 Laitance 302
魚醬 Fish paste 296-299
魚露 Fish sauce 296-299
鳥蛤 Cockles 237
鹿 Deer 184-185
鹿角菜膠 Carrageenans 344
麥銀漢魚 Silversides 250
焗烤 Gratins 93
傑克乳酪 Jack cheese 88, 92
單鈉麩胺酸鹽（味精）Monosodium glutamate (MSG) 297, 302
唾液鏈球菌 Streptococcus salivarius 71
幾丁質 Chitin 278
斑節蝦屬 Penaeus 281
斯第爾頓乳酪 Stilton cheese 77, 88
棕櫚仁油 Palm kernel oil 339
棘皮動物 Echinoderms 292
棘鯛 Roughy 235, 238
棘鱗蛇鯖 Ruvettus pretiosus 235
植物膠 Gums, vegetable 805
萜烯 Terpenes 80, 176
棉子糖 Raffinose 342
殼菜蛤 Mytilus 288
無水奶油 Beurre concentré 57
無糖卡士達奶油餡 Panade 148
猶太式燉菜 Beid hamine 122
猶太料理魚丸凍 Gefilte fish 239, 276
番茄醬 Ketchup 297
發光桿菌屬 Photobacterium 237
發泡鮮奶油 Whipped cream 47-53
發煙點（油脂）Smoke point, of fats 340
發酵乳 fermentation of milk 69-74
發酵蛋 fermentation of eggs 154
發酵鮮奶油 of cream 69, 72, 74
短乳酸桿菌 Lactobacillus fermentum brevis 71
硝酸鉀 Potassium nitrate 224
結冷膠 Gellan 344
菜籽油 Canola oil 339
蛤蜊 Clams 283-288
貽貝 Mussels 237-238, 286-289
超高溫殺菌 Ultrapasteurization 49
鄉村火腿 country 225
黃蓍膠 gum tragacanth 344
黑香腸 Boudin noir 220
黑鱈 Sablefish 235
嗜酸乳酸桿菌 Lactobacillus acidophilus 45
嗜酸菌牛乳 Acidophilus milk 45
嗜熱鏈球菌 Streptococcus salivarius thermophilus 71
圓弧青黴菌 Penicillium cyclopium 95
圓鰭魚 Lumpfish 250
塞拉諾火腿 serrano 225
塞爾維拉特燻臘腸 Cervelats 228
塑性鮮奶油 Plastic cream 50
微球菌 Micrococci 226
搪瓷 Enamelware 325

新堡乳酪 Neufchâtel cheese 84
溶液 Solutions 818
煎炸 Frying 60-62, 123, 163, 194, 208-209
煎蛋捲 Omelets 125
瑞士艾班諾乳酪 Appenzeller cheese 29
瑞可達乳酪 Ricotta cheese 41, 88, 91
瑞典式發酵魚 Surlax 298
瑞典式發酵魚 Sursild 299
瑞典的發酵乳 Långfil 72
瑞典醃鯡魚 Surstrømming 299
節肢動物 Arthropods 277
條蟲 Diphyllobothrium latum 239
義大利牛肉乾 Bresaola 223
義大利乳酪醬 Fonduta 92-93
義大利佩科里諾乳酪 Pecorino cheese 27, 88, 92
義大利帕瑪乳酪 Parmesan cheese 80, 82, 85-88, 90
義大利波伏洛乳酪 Provolone cheese 88, 90
義式冰淇淋 Gelato 65, 67
義式香腸 Salami 228
義式蛋餅 Frittata 130
義式調味豬肉脂肪 Lardo 218
聖奈克戴爾乳酪 St-Nectaire cheese 83, 88
葵花子油 Sunflower seed oil 339
葉黃素 Xanthophylls 108
葡萄籽油 Grapeseed oil 239
葡萄球菌 Staphylococcus 71
葡萄糖 Glucose 343
酪胺 Tyramine 93, 95
酪蛋白 Casein proteins 40-44, 80-84, 94
酪蛋白乳酸桿菌 Lactobacillus fermentum casei 71
雉雞 Pheasant 184-185
飽和脂肪 saturated fat 31, 61, 337, 339
壽喜燒 Sukiyaki 180
寡糖 Oligosaccharides 343
旗魚 Swordfish 256, 265, 567, 569
瑪莎拉酒 Marsala wine 151
綠頭野鴨 Anas platyrhynchos 192
綿羊 Sheep 26-29, 31, 35-36, 41, 71, 79, 161, 176-181
維也納香腸 Wieners 220
維菲塔乳酪 Velveeta 94
聚磷酸鈉 Sodium polyphosphate, in process cheese 94
蒸 Steaming 211-212, 320
蒸發乳 Evaporated milk 45-46
裹脂（肉）Basting, of meat 207
裹麵糊（肉）Batters, on meat 209-210
酸奶油 Sour cream 40, 73-74
魟 Rays 240, 244, 246
廚師奶油 Beurre cuisinier 57
摩特戴拉香腸 Mortadella 221
標準（費城式）冰淇淋 standard (Philadelphia-style) 65
槳吻鱘 Paddlefish 250
歐亞野豬 Sus scrofa 181
熟成 Ripening, or Affinage 85-86
熬 Simmering 210, 211, 272-274, 332
瘤牛 Zebu 25, 28, 31

膠質 Gelatin 169-172, 180, 197
蝦 Shrimp 277-282
蝦紅素 Astaxanthin 279
褐藻膠 Alginates 344
褐變反應 Browning reactions 311-313
豬 Pigs 161, 181
豬油 Lard 218, 229
醋魚 Escabeche 301, 302
魷魚 Squid 239, 283, 286, 291-292
麩胺酸 Glutamic acid 225, 240, 286, 297, 302, 345
氂牛 Yak 26, 28
魴鮄 Searobin 250

16~20劃

凝乳酶 rennet 81-82
凝塊鮮奶油 Clotted cream 51-52
凝膠 Gels 360
橄欖油 Olive oil 339
澱粉 Starch 343
澱粉酶 Amylase 105, 132-134
燉 Stewing 210-211, 273
燒烤 Grilling 269, 316-317
燜 Braising 210
螃蟹 Crabs 238-239, 263, 277-282
鋸蓋魚 Snook 250
駱駝 Camel 27-28
鮑魚 Abalone 283, 284, 287
鮑魚屬 Haliotis 287
鴨 Duck 183-185, 196, 229
鮟鱇魚 Goosefish 250
龍蝦 Lobsters 277-280
龍蝦膏 Tomalley 282
優格／優酪乳 Yogurt 28, 33, 39, 68-69, 70-72
磷脂質 Phospholipids 340
磷酸鈉 Sodium phosphate 94
薄魚片 Paupiettes 272
霜降牛肉 Shimofuri 180
鮮味 Umami 345
鮮綠青黴菌 Penicillium viridicatum 95
鮪魚 Tuna 248, 255, 262, 302
鮭魚 Salmon 243, 252, 258, 266, 298-299, 306
醣蛋 Zaodan 154
鴿 Pigeons 183
螯蝦 Crayfish 277, 279, 281
檸檬酸鈉 Sodium citrate, in process cheese 94
燻烤 Barbecuing 205
燻鮭魚 Lox 296
翻車魚 Moonfish 254, 249
薩巴里安尼 Zabaglione 150-152
藍紋乳酪 Blue cheese 88, 90, 95
藍酪黴菌／洛克福青黴菌 Penicillium roqueforti 83
轉糖鏈球菌 Streptococcus mutans 95
雜色麴菌 Aspergillus versicolor 95
雜環胺 Heterocyclic amines (HCAs) 163
雙乙醯 Diacetyl 57, 72, 82
雞 Chicken 182, 184, 186
顎針魚 Needlefish 250
鯊魚 Shark 246, 249
鯉魚 Carp 247, 250-252, 303

鯉魚與鯰魚家族 carp and catfish family 251-252
鵝 Goose 284, 229,
鵝肝 Foie gras 216, 229
壞疽 Faisandage 185
瓊脂膠／洋菜 Agarose 344
蟹肉棒 Surimi 276
鏈球菌屬 Streptococcus 68
關華豆膠 guar 344
類卵黏蛋白 Ovomucoid 107
類胡蘿蔔素 Carotenoids 45, 248, 264, 279, 303
鯧魚 Butterfish 250
鯖魚 mackerel 250, 257
鵪鶉 Quail 99
麴菌 Aspergillus 223
鯰魚 Catfish 251-252
鯔魚／烏魚 Mullets 250, 261, 304
鯕鰍魚 Mahimahi 238, 248
鯡魚家族 herring family of 231, 232, 251
藻類 Algae 280, 283, 286
鹹蛋 Xiandan 153-154
鰈魚 Flatfish 256
鰈魚 flatfish 250 257
鯷魚 Anchovies 251, 262, 295-297, 306

21劃以上

鰩魚 Skates 240, 249
鰻魚 Eel 234
鷓鴣 Partridge 184
鱈魚 Cod 231, 253, 258, 261
鱈魚家族 cod family of 253, 258, 261
鱈魚線蟲 Pseudoterranova 238
鰹節／柴魚 katsuobushi 300
纖維素 Cellulose 343
鱒魚 Trout 241, 245, 252-253, 261
鱘魚 Sturgeon 231, 233, 244, 299, 301, 304
鹽水醃肉 wet-cured meat 225
鹽厭氧菌 Haloanaerobium 299
鹽漬 Salting 186, 223, 262, 293-296
鱸魚 basses 250, 254